VENEZUELA

VON

DR. W. SIEVERS,
DOCENT AN DER UNIVERSITÄT WÜRZBURG.

MIT EINER KARTE DER VENEZOLANISCHEN CORDILLERE, BEARBEITET UND GEZEICHNET AUF BASIS DER SIEVERS'SCHEN FORSCHUNGEN
VON
L. FRIEDERICHSEN.

HAMBURG,
L. FRIEDERICHSEN & Co.,
LAND- UND SEEKARTENHANDLUNG,
GEOGRAPHISCHE UND NAUTISCHE VERLAGSHANDLUNG.
NEUERWALL 61. 1.
1888.

Vorwort.

Dieses Buch ist die Frucht einer vierzehnmonatlichen Reise in Venezuela, welche der Verfasser vom Oktober 1884 bis Dezember 1885 zunächst auf eigene Kosten, dann mit Unterstützung der Geographischen Gesellschaft in Hamburg ausführte.

Der Geographischen Gesellschaft in Hamburg und dem Verein für Erdkunde zu Leipzig, welcher mich mit einigen Instrumenten gütigst ausstattete, möge hier der wärmste Dank ausgesprochen werden.

Sodann gebührt derselbe der Kaiserlich Deutschen Regierung sowie ihrem Vertreter, Herrn Ministerresident Legationsrat Dr. Otto Peyer in Carácas, und namentlich auch der Centralregierung der Vereinigten Staaten von Venezuela, sowie den Regierungen der einzelnen Staaten dieses Landes, welche mich durch Rat und That auf das ausgiebigste unterstützten.

Ferner bitte ich meine sämtlichen liebenswürdigen Landsleute in Venezuela, an dieser Stelle meinen herzlichsten Dank für ihre vielfach aufopfernde Gastfreundschaft entgegenzunehmen, insbesondere die Familien Stelling in Carácas, Baasch in Puerto Cabello, Winckelmann in La Guaira, Jüdell in Valencia, Betge in Maracaibo, Birtner z. Z. in Maracaibo, damals in San Cristóbal, Avé-Lallemant in San Cristóbal, damals in Tovar, dann die Herren der Häuser Minlos Breuer & Co. und Van Dyssel Thies & Co., vor allen Herrn H. E. Breuer selbst, aber auch die Herren Hesselmann, Pfingsthorn, Rode in Cúcuta; auch der leider inzwischen verschiedenen Herren Thies und Federico Minlos gedenke ich mit warmem Danke, endlich der Herren Dr. Ernst, A. Rójas, A. Jahn jun. und Carlos Engelke in Carácas, Witzke in Maracaibo, Kubisch in Tóvar, Meyer in Valera.

Ganz ebenso verpflichtet bin ich zahlreichen Venezolanern, in deren Häusern ich die weitgehendste Gastfreundschaft und Unterstützung genoſs, vor allem den Herren Elias Burguera in Tovar, Salomon Briceño in

Merida, Juan Carrillo Guerra in Trujillo, José Gandica in La Grita, Dr. Salas in La Plata, Fabricio Gabaldón in Boconó, Tomás Andonaegui in Barquisimeto, Poggioli in Monte Carmelo.

In Deutschland bitte ich Herrn Ludwig Friederichsen, den Verleger dieses Buches und Bearbeiter meiner kartographischen Reiseresultate, den Sekretär der Geographischen Gesellschaft in Hamburg, auch an dieser Stelle nochmals meinen wärmsten Dank für seine langen und unentwegt fortgesetzten Bemühungen um das Zustandekommen der Reise und ihrer Resultate entgegennehmen zu wollen.

Die Karte der venezolanischen Gebirge, welche Herr L. Friederichsen nach meinem Material gezeichnet hat, ist diesem Buche beigegeben und wird das Verständnis des Textes erleichtern.

Die wissenschaftlichen Resultate meiner Reisen in Venezuela sind in dem Werke: „Die Cordillere von Merida“, Geographische Abhandlungen von A. Penck, III 1. Wien, Hölzel 1888, niedergelegt.

Das vorliegende Buch soll dagegen einen allgemein verständlichen Überblick über Land und Volk in Venezuela geben. Es erschien aber nötig, auch etwas höher gestellten Ansprüchen an populäre Reiseschilderungen durch Einschiebung einiger belehrender Kapitel Rechnung zu tragen; doch habe ich dafür gesorgt, daſs nach Möglichkeit die belehrenden und schildernden Kapitel mit einander wechseln.

Die ungeraden Nummern der Kapitel (I—XXI) sind die belehrenden (auſser Kapitel XI), während die geraden Nummern dagegen häufiger Schilderungen des Landes bieten. Möge denn dieses Buch eine freundliche Aufnahme finden!

Würzburg, 5. Juli 1888.

W. Sievers.

Inhaltsverzeichnis.

Erstes Kapitel.

Allgemeine Einleitung.

Der südamerikanische Kontinent besteht aus drei voneinander sehr verschiedenen Oberflächenformen: aus dem Hochgebirge im Westen, dem alten Urgebirgsland im Osten und den gewaltigen Ebenen zwischen dem Hochgebirge und dem alten Tafelland oder auch zwischen den einzelnen Abteilungen dieses letzteren.

Das Hochgebirge, die Anden oder Cordilleren, ziehen sich an der ganzen Westküste entlang von dem Feuerland über Chile, Bolivia, Peru, Ecuador nach Colombia hinein und enden hier teils am Delta des Magdalena, teils an der Goajira-Halbinsel, teils aber treten sie in nordöstlicher Richtung im Süden des Sees von Maracaibo in das Gebiet der heutigen Vereinigten Staaten von Venezuela hinüber.

Das alte Urgebirge, meist Granite, Gneise und Schiefer, mit darüber lagernder jüngerer Sandsteinbedeckung, nimmt den Osten des Kontinents ein und zerfällt in zwei bedeutende Komplexe, das Gebirgsland von Guayana und das von Brasilien, welche durch den Rio Amazonas voneinander getrennt werden, während im Norden dès Berglandes von Guayana der Orinoco, mit dem Apure, Meta, Guaviare u. s. w., im Süden des Berglandes von Brasilien die vereinigten Ströme Paraná, Paraguay, Uruguay, Pilcomayo als Rio de la Plata in den Atlantischen Ocean fliefsen.

Der Lauf dieser Flüsse bezeichnet denn auch das Vorkommen der dritten zum Aufbau des Kontinentes beitragenden Oberflächenform, der grofsen Ebenen, die im Norden als Llanos bekannt und mit nur geringer Baumvegetation bestanden sind, während in der Mitte im Amazonasthal ungeheure Wälder zwischen den beiden Massiven von Guayana und Brasilien sich ausbreiten und endlich im Süden die argentinischen Pampas und Campos in ihr Recht treten.

Zwischen den Anden und dem Berglande von Guayana und Brasilien hängen alle diese grofsen Ebenen miteinander zusammen und belassen sogar die Möglichkeit, von einem Flufssystem in das andere zu gelangen, so dafs man von den Gebirgen Venezuelas bis nach den argentinischen Pampas eine wenigstens in der Regenzeit ununterbrochene Wasserstrafse vorfindet.

Nicht alle südamerikanischen Staaten besitzen in ihrem Territorium alle diese drei Elemente der Bodenkonfiguration. Brasilien fehlen die Hochgebirge, den anderen Staaten, Chile, Bolivia, Peru, Ecuador das abgeschliffene alte Urgebirgsmassiv; Colombia besitzt nur noch die westlichsten Ausläufer desselben. Venezuela allein darf grofse Teile aller dieser drei Elemente, des Hochgebirges, der Ebenen und des alten Urgebirgsmassives zu seinem Besitze rechnen.

Die grofsen Ebenen, die Llanos, scheiden das Hochgebirge von dem Massiv und erstrecken sich südlich bis zum Orinoco. Alles, was südlich des Orinoco liegt, gehört zu Guayana und somit zum Urgebirge; alles, was nördlich der Llanos liegt, kann als Hochgebirgsland bezeichnet werden.

So zerfällt Venezuela naturgemäfs in drei Teile, welche von Süden nach Norden aneinander schliessen und in derselben Richtung auch an Bedeutung zunehmen. Es ist hier zu bemerken, dafs die nördlichen Gebirgslandschaften die beiden übrigen Glieder des Landes, namentlich Guayana, also das Land südlich des Orinoco, das bisher eigentlich noch gar keinen Wert für die Gesamtheit der Republik besitzt, an Bedeutung bei weitem übertreffen. Man zählt nur e i n e gröfsere Stadt in Guayana, nämlich Angostura, oder, wie sie jetzt heifst, Ciudad Bolívar, die Bolivarstadt. Erst in dem vorigen Jahrzehnt hat Guayana durch die Entdeckung und Ausbeutung ganz hervorragend ergiebiger Goldminen Fortschritte gemacht und seinen Platz unter den drei Gliedern des Landes eingenommen.

Guayana mufs auch in seiner nördlichen venezolanischen Hälfte als ein verhältnismäfsig niedriges Bergland betrachtet werden, dessen granitische Unterlage in einer Reihe anscheinend wirr durcheinander gewürfelter Bergzüge an die Oberfläche tritt und dem Ganzen das Aussehen zerrissener, unzusammenhängender kleiner und gröfserer Hügelketten giebt, die von den zahlreichen wasserreichen Strömen und einer Reihe von Stromschnellen und Kataraktenn durchbrochen werden. Auf dem granitischen Gebirge liegen zum Teil gewaltige Klötze und Kuppen weifsen und roten Sandsteins, dessen Alter nicht mit voller Sicherheit bestimmt werden kann. Diese Sandsteinmassive fallen auf allen Seiten scharf gegen das niedere Hügelland ab und sind häufig fast unersteiglich. Der berühmteste dieser Sandsteinberge, die in ihrer Form entschieden an das Elbsandsteingebirge mit seinen „Steinen", dem Königsstein, Lilienstein, Papststein, Zirkelstein u. s. w. erinnern, ist der Roraima an der Grenze Brasiliens, Englisch-Guayanas und Venezuelas, der nach vielen vergeblichen Versuchen, u. a. auch der berühmten Reisenden Robert und Richard Schomburgk, endlich im Jahre 1886 von E. Im Thurm erstiegen worden ist. In der Umgebung des Roraima erheben sich noch eine Reihe anderer ähnlicher Sandsteinmassive, wie der Kukenam, der Twekkway, die bisher noch nicht näher bekannt geworden sind.

Gegen Norden scheinen die Berghöhen Guayanas abzunehmen und am Orinoco laufen sie in Gestalt niedriger Hügel aus, die nach der Ansicht H. Karstens auch noch in die Llanos, z. B. bei El Baúl, als sogenannte Galeras hinübertreten. Entlang dem nordwestlichen Rande des Berglandes von Guayana strömt der Orinoco, welcher hier in zahlreichen Katarakten, besonders bei Maypures und Atures, welche durch Humboldt berühmt geworden sind, aus dem Gebirge tritt, dann nach Aufnahme der grofsen Nebenflüsse Ynirida, Guaviare und Meta an der Mündung des Apure bei Caicara ein Knie bildet und in der Laufrichtung des Apure gegen Osten fortströmt, auch hier stets am Rande des Massivs von Guayana, bis er endlich gegenüber Trinidad in einem sehr grofsen Delta den Atlantischen Ocean erreicht. Seinen Quellen kam im Jahre 1886 der französische Reisende Chaffanjon nahe. Noch im venezolanischen Gebiete liegt auch die bekannte Bifurcation des Orinoco unterhalb von Esmeraldas, von wo aus der Casiquiare nach SW. zum Rio Negro, also zum Stromgebiete des Amazonas entsendet wird. In diese entlegenen Gegenden sind aufser Humboldt nur wenige Reisende eingedrungen. Beide Schomburgk hielten sich weiter östlich und erst neuerdings, in den Jahren 1880 bis 1882 hat eine venezolanisch-brasilianische Grenzkommission gröfsere Teile der südlichen Grenzgebirge gegen den Rio Negro erforscht, aufgenommen und unter Leitung des Oberstlieutenant Lopez de Araujo aus Rio de Janeiro in guter kartographischer Darstellung genauer bekannt gemacht. Für den venezolanischen Teil Guayanas besitzen wir jedoch noch keine genügenden Aufnahmen; namentlich die Stromgebiete des Caroní und des Caura, der beiden grofsen südlichen Orinoco-Nebenflüsse, die östlich bez. westlich von Ciudad Bolívar in den Riesenstrom münden, sind noch sehr wenig bekannt und harren noch eines entsagungsreichen Erforschers.

Über das zweite Element der Oberflächen-Zusammensetzung in Venezuela, die Llanos, werden wir ein gesondertes Kapitel (XIV) bringen und erwähnen hier nur, dafs die Llanos für die allgemeine Entwicklung der Republik von der gröfsten Bedeutung gewesen sind, indem sich in ihnen der letzte Widerstand gegen die mehrmals überwältigenden Erfolge der spanischen Occupationstruppen vereinigte. Leider sind die Llanos stark in ihrer Bedeutung zurückgegangen, sie sind heute, wie schon bemerkt, fast ohne Einflufs auf die Geschicke der Republik, deren Mittelpunkt jetzt ausschliefslich in den Zentralstaaten der Gebirgszone liegt.

Diese Gebirgszone, welche sich im Norden an die Llanos anschliefst und mit ihren nördlichen Rändern das Meer berührt, trägt den bei weitem gröfsten Teil der Bevölkerung des Landes, fast alle gröfseren Städte, die Intelligenz und die gröfste Arbeitskraft.

Das höhere Gebirgsland Venezuelas besteht aber aus zwei Teilen, nicht, wie man bisher vielfach lesen konnte, aus einem geschlossenen Zuge. Die Anden, welche aus Colombia nach Venezuela hinübertreten, setzen sich nicht bis zur Ostküste und der Insel Trinidad fort, sondern enden bei Barquisimeto. Alles östlich von Barquisimeto, dem Yaracui, dem Cojedes gelegene Land gehört einem zweiten Gebirgssystem an, dessen Beziehungen zu dem westindischen Archipel gröfser sind als zu den Anden.

In meinem wissenschaftlichen Werke [1]) über meine Reisen in Venezuela habe ich diese Ansicht, die schon Suess in seinem Buche: „Antlitz der Erde" andeutet, des näheren begründet.

Hier mag nur darauf hingewiesen werden, dafs die Beschaffenheit der Gesteine und der innere Bau der Gebirge nicht erlauben, auch das östliche Gebirgsland im Osten des Yaracui als einen Teil der Anden zu bezeichnen. Eine tiefe Senke, in welcher die Flüsse Cojedes und Yaracui fliefsen, trennt die Ausläufer der Anden von dem von mir so genannten Karibischen Gebirge, welches von hier aus in mehrfach durchbrochenem Zuge bis nach Trinidad hinein verfolgt werden kann.

Auch in der äufseren Anordnung zeigt sich die Verschiedenheit der beiden Gebirgssysteme. Im Osten sehen wir im Karibischen Gebirge zwei mehr oder minder parallel streichende Ketten der Küste und dem Rande der Llanos entlang ziehen, welche zwischen sich Querriegel besitzen, von denen die beiden Hauptketten miteinander verbunden werden. In den abgeschlossenen Thälern zwischen den Querriegeln und den Hauptketten entwickelten sich Seeen, von denen die meisten schon ausgetrocknet sind, deren gröfster Vertreter aber in dem Tacarigua oder See

---

[1]) „Die Cordillere von Merida." Geogr. Abhandl. III. 1. Wien 1888.

von Valencia noch fortdauert. Diese Anordnung des Karibischen Gebirges lässt sich sowohl in dem westlichen Abschnitt von Nirgua bis Valencia, als auch in dem mittleren von Valencia bis zum Busen von Barcelona, und endlich auch in dem östlichen, vom Busen von Barcelona bis Trinidad erkennen, ja auch auf Trinidad selbst tritt diese Eigentümlichkeit noch hervor. Im westlichsten Abschnitt sind es die kleinen Thäler von Nirgua, Miranda, Bejuma, Chirgua, die zwischen den einzelnen Ketten ein grofses Längsthal erzeugen, im mittleren Abschnitt üben der See von Valencia und das Tuythal diese Funktion aus, im östlichen Abschnitt der Busen von Cariaco und die Lagunenlinie zwischen der Halbinsel Araya und dem Bergland von Cumanacoa und dem Bergantin-Turumiquire.

Die Zerstückelung des Karibischen Gebirges spricht sich auch in der Querrichtung aus; quer durch dasselbe hindurchgehende Einschnitte finden sich dreimal, nämlich am Yaracui, am Busen von Barcelona und an der Boca Grande zwischen dem Festlande und Trinidad. Und in ähnlicher Weise sind auch aufserhalb des geschlossenen Gebirges der Küste noch eine Reihe von Trümmern zu erkennen, die wahrscheinlich früher dem Karibischen Gebirge angehört haben und sich in Gesteinsbeschaffenheit, allgemeinem Aufbau und auch der Form nach als Reste einer früheren nördlichen Parallelkette zu erkennen geben. Das sind die Inseln Tortuga, Margarita, vielleicht auch Tabago, während noch Zweifel darüber herrschen können, ob die zweite, aufserhalb des Festlandes liegende Inselreihe Aruba, Curaçao, Bonaire, Aves, Roques, Orchilla, Blanquilla, Los Hermanos, Los Testigos ebenfalls einst zum Karibischen Gebirge gehört haben kann.

Demgegenüber gehört das gesamte nordwestliche Venezuela von der Yaracui-Mündung bis nach der colombianischen Grenze sicher den Anden an, die unter dem Namen Cordillere von Merida oder Sierra de Merida ein bis über die Schneelinie aufsteigendes Gebirge bilden, welches die höchsten Gipfel der Republik trägt. Diese gewöhnlich einfach „La Cordillera“ genannte Gebirgsmauer erhebt sich zwischen den Llanos und dem See von Maracaibo bis zu 4700 m Höhe und zieht von SW. gegen NO. unter Bildung mehrerer Hochketten nach Barquisimeto und Coro hinein; eigentümlich und für den andinen Charakter typisch ist dabei die häufige Ausstrahlung und Anschaarung der einzelnen Ketten, die mehrfach von einem bestimmten Punkte ausgehen, um dann wieder zusammen zu laufen, bis sie bald darauf abermals auseinander treten. Von Pamplona in Colombia an bilden sie zahlreiche Ketten, die sich in zwei Hauptästen nach Nord und Nordost erstrecken, nämlich in der Cordillere von Ocaña, später Cordillere von Perijá genannt, und der Cordillere von

Merida. Erstere bildet die Grenze zwischen Colombia und Venezuela im Westen des Maracaibo-Sees, letztere ist das oben genannte Hochgebirge. In diesem findet nun am Knoten von Mucuchies eine abermalige Virgation, eine Ausstrahlung in mehrere Ketten statt, die nach Nord, Nordnordost und Nordost auseinander laufen, und bei der letzteren Kette sehen wir endlich noch einmal eine Virgation an den Páramos von Jabon und Rosas eintreten, von wo die Barquisimeto und Coro erfüllenden niedrigeren Bergzüge ausgehen. Dieser eigentümliche Charakter der Cordillere erhält sich bis gegen den Yaracui hin ungeschwächt und hier stösst er auf den ebenso eigentümlichen, scharf ausgeprägten Typus der parallelen Anordnung der Ketten im Karibischen Gebirge.

So erkennen wir im äufseren Bau einen tief eingreifenden, die Verkehrs- und Handelsverhältnisse in hohem Grade beeinflussenden Unterschied, welcher denn auch die beiden Hälften des Gebirgslandes, das leicht aufzuschliefsende Karibische Gebirge und die schwer zugängliche Cordillere oftmals in Gegensatz zu einander gebracht hat, während Barquisimeto, die zentrale Landschaft, zwischen beiden Gegensätzen vermittelt.

Dem höheren Gebirgslande liegt im Norden noch eine Zone niederen Hügellandes vor, dessen einzelne Ketten wahrscheinlich Ausläufer der Cordillere sind. Sie setzen den Boden der Landschaft Coro zusammen, welche von allen venezolanischen Distrikten zuerst von den Spaniern in Besitz genommen wurde.

Ferner haben wir im Westen des Hügellandes von Coro den gewaltigen See von Maracaibo, dessen Mündung in den Golfo de Venezuela durch eine sehr unangenehm störende Barre versperrt ist. Um denselben gruppiert sich ein durch Sumpf, Morast und ungeheure Vegetation fast unbewohnbar gemachtes Tiefland.

Diese Elemente, das Bergland von Guayana, die Llanos, die Gebirgszone des Nordens mit ihren geringen Vorlandsdistrikten um Maracaibo und Coro bilden nun die Republik Venezuela, oder besser die Vereinigten Staaten von Venezuela, Estados Unidos de Venezuela.

Venezuela liegt zwischen 1° 40′ S. B. und 12° 26′ N. B., dehnt sich also über vierzehn Breitengrade aus und umfasst ebenso in der Länge fast siebzehn Grade, von 60½° W. Gr. bis 77½° W. Gr., doch reicht die Republik an der colombianisch-venezolanischen Grenze im G e b i r g e nur bis 72° 30′ nach Westen.

Es ergiebt sich daraus, dafs Venezuela durchaus in der heifsen Zone gelegen ist und infolgedessen ein heifses Klima hat, soweit dasselbe nicht durch die hohen Gebirge gemäfsigt wird.

Das Areal der Republik Venezuela beträgt etwa 1¼ Millionen Quadratkilometer, auf welchem riesigen Gebiete eine Bevölkerung von nur fast 2 Millionen Seelen lebt.

Ich selbst habe nicht die ganze Republik durchzogen, sondern nur diejenigen Striche, welche für die Entwicklung der Kultur maſsgebend gewesen sind, also den nördlichen Gebirgssaum. Doch auch von diesem kenne ich alles, was östlich von Carácas liegt, nicht und kann daher auch in diesem Buche auf den „Oriente“, den Osten des Landes, nicht eingehen. Dagegen glaube ich den Rest des Landes, mit Ausnahme von Coro, namentlich die Cordillere, so gründlich kennen gelernt zu haben, wie es eben bei einem nur einjährigen Aufenthalt möglich ist.

Die erste Kenntnis von der Nordküste des südamerikanischen Kontinentes, also des jetzigen Venezuela, brachte die dritte Reise des Columbus, auf welcher am 31. Juli 1498 die Küste von Paria entdeckt wurde. Im folgenden Jahre 1499 befuhren dann Alonso de Ojeda, Juan de la Cosa und Amerigo Vespucci die Küste gegen Westen bis zum Cap de la Vela an der Goajira-Halbinsel, besuchten also das gesamte venezolanische Küstenland und gelangten dabei auch in den Golf von Maracaibo, an dessen Ufern sie ein indianisches Pfahlbautendorf fanden, welches sie so sehr an die ebenfalls im Wasser erbauten Häuser Venedigs erinnerte, daſs sie diesen Ort Klein-Venedig, Venezuela, nannten, womit dann später das gesamte Hinterland bezeichnet worden ist.

Doch wurde die Entdeckung des Landes nicht von Maracaibo, sondern von Coro aus betrieben, welches von dem Kaiser Karl V. im Jahre 1527 den Welsern, jenen bekannten Kaufleuten aus Augsburg, als Pfand für eine Schuldverschreibung übergeben wurde. Diese hatten nur das eine Interesse, möglichst viel Gold und Edelmetalle aus dem Lande zu ziehen und das Dorado aufzufinden, welches die geängstigten Einwohner, je weiter man in das Land eindrang, desto weiter ins Innere verlegten.

Die Welser setzten nach und nach eine Reihe von Feldhauptleuten als Gobernadores ein. Nachdem Juan de Ampiés im Jahre 1527 am Tage von St. Anna (26. Juli) die Stadt Coro gegründet hatte, deren Name von der für die ganze Küste gebrauchten indianischen Bezeichnung Curiana abgeleitet ist, folgte schon im Jahre 1528 ein deutscher Gobernador, der berüchtigte Ambrosius Alfinger oder d'Alfinger, dessen Raubzüge und unerhörte Grausamkeiten bald die ganze Küste von Coro bis zum Magdalena erfüllten. Er durchzog die Gelände des Maracaibo-Sees, die Goajira und das Cesarthal im heutigen Staate Magdalena in Colombia, erstieg dann die Cordillere von Ocaña, gelangte nach Pamplona, brachte viel Gold und edle Steine zusammen, starb aber bei

Chinácota infolge einer durch die erbitterten Indianer erlittenen Verwundung.

Seine Nachfolger Georg von Speyer und Nicolaus Federmann dehnten ihre Kriegszüge nach Süden aus, besuchten aber ebenfalls vorzugsweise die Umgebung des Maracaibo-Sees. Noch weitere Deutsche waren bei der Entdeckung des Landes thätig, z. B. der unglückliche Philipp von Hutten, in spanischer Entstellung Felipe de Urre, welcher 1545 mit Juan de Carbajál die Stadt Tocuyo gründete und bald darauf von diesem ermordet wurde.

Doch genügte die Landschaft Coro und das umliegende Land den Welsern durchaus nicht, da die Funde an Gold und Edelmetallen gering waren. Es traten Streitigkeiten mit den für Coro ernannten Kirchenfürsten ein, und im Jahre 1558 wurde Coro den Welsern durch kaiserliches Dekret entzogen. Allmählich hatte man die östlicher gelegenen Distrikte, namentlich das Land um den Valencia-See und um das heutige Carácas, besser kennen und schätzen gelernt, das sandige, unfruchtbare Coro vermochte keinen Anziehungspunkt mehr abzugeben, bei Buría am Rio Barquisimeto fand man gröfsere Gold- und Kupferminen, und das Interesse wendete sich daher bald den besser bewässerten, weniger heifsen und fruchtbareren Landstrichen zwischen Barquisimeto und Carácas zu. Aber erst lange Zeit nach der Gründung von Coro, Tocuyo, Carora wurden die grofsen Städte des Karibischen Gebirges, Valencia 1555, Carácas unter dem Namen Santiago de Leon 1567 gegründet. Seitdem schwand der Glanz Coros schnell; 1578 wurde der Sitz der Regierung nach Carácas verlegt und 1583 folgte dorthin auch der Bischof, welcher seit 1536 in Coro residiert hatte.

Wir werden im vierten Kapitel näher auseinandersetzen, wie die Kultur in der Cordillere verbreitet wurde, und können hier nur darauf hinweisen, dafs auch diese im Laufe des sechzehnten Jahrhunderts von Westen und Osten, von Pamplona und Coro-Barquisimeto aus allmählich erobert wurde.

Am Ende des sechzehnten Jahrhunderts drangen die Conquistadores auch nach den Llanos vor, gründeten Pedraza, Barínas und andere Städte, besiedelten auch die östlichen Llanos von Araure, San Carlos, Calabozo und breiteten ihre Herrschaft im Laufe des siebzehnten Jahrhunderts überall im Norden des Orinoco aus.

Über die nun folgenden Jahrhunderte ist wenig zu sagen. Die Krone zog bedeutende Summen aus den Kolonieen; Ackerbau und namentlich auch die Viehzucht blühten in ungeahnter Weise auf. Die Mönchsorden, Dominikaner, Kapuziner, Augustiner und auch Jesuiten, teilten sich in kirchlicher Beziehung in das Land, und die Entwicklung desselben vollzog sich im Anfange rasch.

Aber im achtzehnten Jahrhundert begann das Mutterland engherzig darüber zu wachen, dafs der Handel der südamerikanischen Kolonieen sich ausschliefslich ihm, Spanien, zuwende, legte dem Verkehr die gröfsten Beschränkungen auf und brachte es durch diese einsichtslose Interessenpolitik schliefslich soweit, dafs allgemeine Unzufriedenheit in den Kolonieen entstand. Spanien verlangte, dafs die Kolonieen allen ihren Bedarf dem Mutterlande entnehmen sollten, und in Spanien selbst hatten nur einzelne Städte, zuerst Sevilla, dann seit 1720 Cadix das Monopol mit Amerika, wobei der Gewinn der Besitzer des Monopols ein geradezu unerhörter war. Die Kolonieen durften nur in seltenen Fällen Schiffe nach Spanien senden, und der Verkehr wurde allmählich so gering, dafs wenige Schiffe ausreichten, um sowohl die Kolonieen zu verproviantieren, als auch die Ernte eines ganzen Generalkapitanates, z. B. die von Guatemala, aus dem Lande zu schaffen. Die Preise stiegen ins Ungeheure, Schmuggelhandel, von den Holländern und Engländern unterstützt, blühte auf. Dazu kam, dafs die spanische Regierung nur geborenen Spaniern die häufig einträglichen Stellen in der Verwaltung der Kolonieen übertrug, ganz wie es noch jetzt mit Cuba und den Philippinen der Fall ist. Infolgedessen entstand ein Hafs der Criollos, der im Lande geborenen Weifsen, gegen die echten Spanier, sodafs es schon im achtzehnten Jahrhundert zu Exzessen kam. Die spanischen Beamten ihrerseits übten grobe Willkürlichkeiten gegen die Criollos aus und bedrückten dieselben im Verein mit der Geistlichkeit in jeder Weise. Für die Bildung des Volkes wurde sehr wenig gethan, und wenn dennoch schon im achtzehnten Jahrhundert bedeutende Gelehrte im spanischen Südamerika erstanden, so verdankten sie ihre Kenntnisse entweder dem Aufenthalte in Europa oder eingeschmuggelten Büchern.

So kam es, dafs schon um die Mitte des achtzehnten Jahrhunderts die Keime zu einer Revolution gelegt waren und rasch reiften. Im Jahre 1749 erhob ein gewisser Juan Francisco de Leon die Fahne des Aufstandes in Carácas; der erste Anlafs dazu lag in der Gründung und dem Vorgehen der Guipuzcoana-Handelskompagnie, welche sich seit 1729 in Venezuela festgesetzt hatte. Aristides Rojas hat in einer lichtvollen, fliefsend geschriebenen und schön ausgestatteten Schrift „Origines de la Revolucion Venezolana", welche 1883 bei Gelegenheit des hundertjährigen Geburtstages des Befreiers, Simon Bolívar, in Carácas veröffentlicht wurde, die ersten Anfänge revolutionärer Regungen in Venezuela behandelt. Die Compañia Guipuzcoana hatte vor allen Dingen das Tabaksmonopol in Händen, welches ihr 1728 verliehen war; aufserdem aber riſs sie allmählich den gesamten Handel des Landes an sich und erbitterte dadurch die Einwohner aufs äuſserste.

Der genannte Leon sollte nun in seiner Eigenschaft als Gerichtsbeamter ohne Grund durch einen andern Beamten, Echeverria, ersetzt werden, welcher der Guipuzcoa-Gesellschaft angehörte. Auf die Vorstellungen, die Leon bei dem Gobernador Luis de Castillanos erhob, verwilligte dieser gar nichts, sondern lieſs der Sache ihren Lauf. Infolgedessen erhob sich das Volk von Guatire, Guarenas, Panaquire, Caucagua gegen die Guipuzcoa-Gesellschaft und es kam zum Blutvergieſsen, Leon stellte sich an die Spitze der Unzufriedenen und rückte mit 9000 Mann in Carácas ein, um die Beamten der Guipuzcoana zu verjagen. Der Gobernador floh in Mönchskleidern nach La Guaira, wo ihn Leon belagerte; die Guipuzcoana gab La Guaira auf und zog sich nach Macuto zurück; Leon hob darauf die Belagerung auf und begab sich nach Caucagua.

Nachdem diese Vorgänge, welche sich im Jahre 1749 abgespielt hatten, in Santo Domingo bekannt geworden waren, schickte der dortige Generalgouverneur den obersten Auditeur der Kolonieen, Francisco Galindo Quiñones zur Beruhigung der Gemüter und zur Untersuchung der Sache nach Carácas, und eine Zeit lang schien sich unter dem Nachfolger des Luis de Castillanos die Angelegenheit gut anzulassen. Allein 1751 kam der Brigadier Ricardos mit bewaffneter Mannschaft in La Guaira an, begünstigte die Guipuzcoana in jeder Weise und ergriff scharfe Maſsregeln gegen Leon und seine Anhänger. Diese widersetzten sich und es folgte ein regelrechter Kampf, in dem sich jedoch Leon dem Ricardos nicht gewachsen zeigte. Er wurde geächtet, floh, irrte sechs Monate im Lande umher, stellte sich endlich freiwillig mit seinem Sohne und wurde nach Spanien abgeführt. Wahrscheinlich starb Leon an Bord der ihn überführenden Fregatte, doch wird auch von seinem gewaltsamen Tode mittelst Ertränkens gerüchtweise gesprochen. Sein Sohn Nicolas kehrte jedoch einige Jahre später nach Carácas zurück. Das war die erste Unabhängigkeitsregung.

Nach der Niederschlagung derselben ging die spanische Kolonialpolitik in ihrer Engherzigkeit immer weiter, bis endlich gegen Ende des Jahrhunderts, 1778, das Monopol der Stadt Cadix aufgehoben und allen Spaniern der Handel mit den Kolonieen gestattet wurde. Allein zu spät! Von nun an haben wir über unaufhörliche Rebellionen zu berichten. In Peru und Colombia (Cundinamarca) kam es 1782, in Venezuela 1797 zum Aufstand; die französische Revolution begann den gröſsten Einfluſs auf die Staaten der neuen Welt zu üben, und zwar nicht allein durch die dabei zur Geltung gekommenen freiheitlichen Ideen, sondern auch durch die Sendung von Männern, wie z. B. Miranda. Francisco de Miranda, Sohn eines schon 1769 gemaſsregelten Kapitäns Sebastian Miranda, war Venezolaner von Geburt, beteiligte sich bereits 1797 an einer Verschwörung gegen Spanien und gab dann, als das Mutterland in den schweren Kampf gegen Napoleon verwickelt war, den Anstoſs zu der groſsen Revolution, welche die Unabhängigkeit von Spanien herbeiführte.

Man kann allerdings nicht sagen, daſs die Venezolaner und überhaupt die Südamerikaner Spanien im Kampfe gegen Frankreich verlassen hätten, vielmehr regten sich überall die Sympathieen für das glorreich kämpfende Mutterland. Allein als die Kolonialregierung jede leise Regung auch sogar zu Gunsten des Mutterlandes unterdrückte, da begann der Unabhängigkeitskrieg, welchen zuerst erklärt zu haben Venezuela der Ruhm gebührt. 1810 stellte sich Miranda an die Spitze der Bewegung, nachdem schon 1806 in Carácas und 1809 in Quito Aufstände ausgebrochen waren; am 19. April 1810 erfolgte die Unabhängigkeitserklärung und nun begann jener zwanzigjährige Kampf, dessen Resultat für Spanien der Verlust aller kontinentalen Kolonieen war.

Es gelang zunächst Miranda, die Spanier aus dem Lande zu treiben und das Jahr 1811 hindurch sich zu halten. Im Jahre 1812 aber eroberte der spanische General Murillo Venezuela zurück und nun trat Simon Bolívar, früher Oberst unter Miranda, in die erste Stelle ein. Er erklärte Anfang 1813 den Spaniern die guerra á muerte und durchzog in ungehemmtem Siegeslauf das Land von der Cordillere bis nach Carácas. Aber wiederum wechselte das Kriegsglück; 1814 muſste Bolívar Venezuela abermals preisgeben und der Kriegsschauplatz wurde nun nach Colombia verlegt. Doch schon 1816 landete Bolívar wieder auf der Insel Margarita, verkündete die Aufhebung der Sklaverei und drang langsam vor, bis endlich vom Jahre 1819 an die spanischen Truppen mehr und mehr an Boden verloren und bald mehrere wichtige Siege über dieselben erfochten wurden, so bei Trujillo 1820 und bei Carabobo nahe Valencia am 24. Juni 1821, welche letztere Schlacht für Venezuela die Entscheidung zu Gunsten der Revolution gab. Ganz besonders kräftige Unterstützung wurde Bolívar in diesem Kriege durch den General Paez zu teil, welcher sich namentlich auch schon in den unglücklichen Jahren 1814—1816 in den Llanos mit der äuſsersten Zähigkeit hielt und das Verdienst für sich in Anspruch nehmen kann, den Funken der schon stark abnehmenden Erhebung nicht wieder haben erlöschen zu lassen.

Schon 1819 war Venezuela mit Colombia und Ecuador vereinigt worden, welche Landesteile damals noch die Bezeichnungen Generalkapitanate von Carácas, Santafé und Quito führten. Bolívar wurde 1819 und nochmals 1821 Präsident der neuen Republik, und nachdem auch Peru und die Grenzdistrikte gegen Chile durch die Siege des Generals

Sucre bei Ayacucho und Bolívars selbst bei Junin von den spanischen Truppen befreit worden waren, da entstand die zu Ehren Bolívars noch heute so genannte Republik Bolivia 1825.

Damit begann der Niedergang Bolívars, welcher nun als Präsident die Notwendigkeit empfand, gegen die vielen ehrgeizigen Pläne einzelner aufzutreten und durch stramme Maſsregeln den festen Zusammenhalt der neu gegründeten Freistaaten begründen wollte. Dadurch erregte er den Unwillen aller derer, welche sich unter der neuen Aera absolutester Freiheit erfreuen wollten. Man beschuldigte ihn des Verrats, sowie monarchischer Pläne, die Republik Peru erklärte den Krieg, auch Colombia verlieſs ihn, und 1829 sah er sich genötigt, abzudanken, worauf er 1830 bei Santa Marta starb.

Bolívar war zweifellos der bedeutendste Mann der bisherigen Geschichte Südamerikas, ein groſser Patriot, ein bedeutender Strategiker, ein tapferer General und ein umsichtiger Staatsmann. Diese letztere Eigenschaft, seine Einsicht und Voraussicht, trat erst nach seinem Tode gebührend hervor, denn bald wurden die Republiken der Spielball ehrgeiziger Generäle.

Die nächste Folge des Todes Bolívars war die Auflösung der groſsen Republik Colombia in drei Bestandteile unter dem Namen Ecuador, Nueva Granada und Venezuela.

Venezuela hatte sich allerdings von 1831 bis 1847 einer leidlich glücklichen, ruhigen Zeit zu erfreuen, die nur durch einen kleinen Aufstand 1835 unterbrochen wurde, allein die übrigen Republiken kamen nicht zur Ruhe.

Auch Venezuela verfiel mit dem Jahre 1847 den gröſsten Unruhen, welche fast ununterbrochen 23 Jahre andauerten. Als der General Monagas 1847 Präsident geworden war und bald begann, sich durch schlechte Verwaltung auszuzeichnen, erhoben sich bedeutende Führer gegen ihn, und als Paez in die Bewegung eingreifen wollte, wurde dieser verhaftet. Paez muſste nach Nordamerika flüchten, und die Wirren dauerten fort. Nachdem lange Zeit eigentlich ausschlieſslich zwischen den Anhängern und Gegnern von Monagas gekämpft worden war, nahmen die Gegensätze schlieſslich prinzipielle, nicht mehr persönliche Färbung an, indem die Liberalen und Konservativen oder die Gelben und die Blauen, wie sie nach ihrer Lieblingsfarbe hieſsen, einander gegenübertraten. Dieser Zustand dauerte bis zum Jahre 1870 und artete besonders in den letzten fünf Jahren vor 1870, also von 1866—1870, in den grauenvollen Krieg der fünf Jahre, die guerra de cinco años aus, in welcher namentlich der Wohlstand der Llanos zertreten und überhaupt der Kredit des Landes aufs tiefste geschädigt wurde.

Seit 1870 hat der General Antonio Guzman Blanco die Ruhe und Ordnung wiederhergestellt, die Konservativen vollständig vernichtet und alle seine Kräfte auf die Wiederbelebung des Kredites des Landes, den Ausbau der Verkehrswege, die Hebung des Ackerbaues und Handels, die Gründung von Schulen und höheren Lehranstalten, die Verschönerung der Hauptstadt Carácas verwendet; dafs es ihm gelungen ist, viele Punkte seines Programms glücklich auszuführen, wird im letzten Kapitel dieses Buches gezeigt werden, und wenn auch die Zustände der Republik noch in mancher Beziehung verbesserungsfähig sind, so kann doch nicht geleugnet werden, dafs Venezuela in den letzten zehn Jahren ganz bedeutende Fortschritte gemacht hat.

Zweites Kapitel.

Maracaibo, der Maracaibo-See und die Urwaldzone von Zulia.

Nachdem ich Ende Oktober 1884 in dem Hafen La Guaira unterhalb Carácas angelangt und in letzterer Stadt vier Wochen geblieben war, um die Sprache zu erlernen, die Sitten und Gebräuche des Landes in mich aufzunehmen und meine Vorbereitungen zur Landreise zu treffen, brach ich am 25. November von Carácas auf, gelangte bis zu dem Rande der Llanos, zog über das Südufer des Sees von Valencia und über die Küstenkette nach Puerto Cabello, dann wieder zurück nach Valencia und war eben im Begriff, definitiv über Land nach der Cordillere aufzubrechen, als mich kaum vier Stunden von Valencia entfernt, auf der Hacienda Montebernon des Sr. Gonzalez Guinan ein heftiges Fieber erfaſste und zum unfreiwilligen Aufenthalt nötigte. Da gleichzeitig Nachrichten einliefen, daſs in der Cordillere, namentlich in Trujillo, ein Aufstand ausgebrochen sei, so entschloſs ich mich nach meiner Heilung in Valencia kurzerhand, die Landreise auf die Rückkehr zu verschieben, und auf dem Seewege die Cordillere zu erreichen.

Es war mir noch beschieden, im gastlichen Hause der Familie Baasch in dem idyllischen San Esteban bei Puerto Cabello das Weihnachtsfest nach deutscher Art zu feiern; unmittelbar darauf fuhr ich per Dampfer nach Curaçao und vertraute mich und meine Habseligkeiten, da der Dampfer der Zweiglinie Curaçao-Maracaibo sich verspätet hatte, am 29. Dezember 1884 einer Goleta an, einem Küstenfahrer, welcher den stolzen Namen Cleopatra trug und mit einem Kapitän (Padron), fünf Negern und einem bildschönen Manne aus der Cordillere bemannt war.

Nachdem wir die Halbinsel Paraguaná passiert hatten, lähmte uns am zweiten Tage in dem sogenannten „Saco“, dem südlichsten Teile des Golfes von Venezuela, zwischen Coro und der Halbinsel Goajira, eine Windstille, und zwang uns, vor der Barre, die den Eingang zum See von Maracaibo verschliefst, Anker zu werfen und die Nacht vor derselben auf das Unangenehmste umherzuschaukeln. Die kurzen Wellen vor der Barre erzeugen ähnlich wie im englischen Kanal und der Nordsee ein ununterbrochenes Stofsen und eine höchst ungleichmäfsige Bewegung, welche schon bei laufendem Schiffe unliebsam fühlbar, aber vor Anker geradezu unerträglich wird und mich, den auf seine Gefeitheit gegen Seekrankheit Pochenden, fast derselben dennoch in die Arme geworfen hätte.

Nach einer höchst ungemütlichen Nacht, deren Ruhe nur durch das Klatschen und Anschlagen der Wellen des Golfes an den Schiffsbord und das unaufhörliche Spucken, Aufstofsen und Jammern des mit 21 Kindern, darunter neun ehelichen, gesegneten Padrón unterbrochen wurde, passierten wir endlich am folgenden Morgen die Barre zwischen der Halbinsel von San Carlos im Westen und der von Zapara im Osten, welche durch kleine Wasserarme von der Boca Paijana bez. Boca Oribono eigentlich zu Inseln gemacht worden sind, und wurden darauf durch die Zurückbehaltung des Kapitäns im Fort San Carlos noch um einen weiteren Aufenthalt reicher. Mit genauer Not erreichten wir am letzten Tage des Jahres bei Dunkelwerden Maracaibo.

Prachtvoll ist die Fahrt von San Carlos nach Maracaibo. Die hier nahe zusammentretenden Ufer des Sees von Maracaibo sind zum Teil mit Palmen, namentlich an der Punta de Palma und gegen die Ortschaft Altagracia zu bestanden; inmitten der Erweiterung des engen Halses des Sees zwischen Maracaibo und der Barre liegt die Insel Toas, welche nicht haben untersuchen zu können mich noch jetzt gereut, und gegenüber Maracaibo die Isla de Burros y Pájaros, die „Esel- und Vogel“-Insel.

Die Stadt Maracaibo sieht man erst, wenn man die Landspitze südlich derselben umfahren hat, und läuft dann in den Hafen zwischen der genannten Spitze und der Punta de Santa Lucía ein.

Das Bild, welches sich da plötzlich entrollt, ist ein grofsartiges zu nennen. Keine venezolanische Hafenstadt hat mir einen so bedeutenden Eindruck gemacht wie Maracaibo. Die lange Reihe der grofsen Warenhäuser, des Zollhauses und anderer öffentlicher Gebäude macht einen fast europäischen Eindruck, indem namentlich die häufig zweistöckige Bauart weniger an Venezuela als an andere nicht so erdbebenreiche Länder gemahnt. Denn wenn auch Maracaibo oftmals von heftigen Erdstöfsen erschüttert wird, so ist doch meines Wissens niemals durch dieselben ein irgendwie bedeutender Schaden angerichtet worden, und daher ist die geringere Ängstlichkeit oder die gröfsere Sorglosigkeit entschieden gerechtfertigt.

Wie eine Bombe platzte ich in das gastfreundliche, von dem Herrn Witzke präsidierte Junggesellenhaus der Firma Minlos Breuer & Co. hinein und fand bald Ruhe, Obdach und ein nach langer Seefahrt und schmaler Kost doppelt willkommenes Mahl.

Die Stadt Maracaibo wurde am 20. Januar 1571 von Don Alonso Pacheco unter dem Namen Nueva Zamora gegründet und 1678 zur Hauptstadt der Provinz Maracaibo erhoben. Nach der Unabhängigkeitserklärung wurde die Stadt Hauptstadt des Departamento del Zulia, welches die Territorios Trujillo, Merida, Táchira, Maracaibo und Coro umfafste (1821—1830). Seit 1830 nach der Trennung Venezuelas und Colombias blieb sie Hauptstadt der Provinz Maracaibo bis 1863, dann Hauptort des Departamento Zulia. Nachdem im Jahre 1882 der Staat Falcon-Zulia gegründet worden war, wurde, da Maracaibo und Coro beide die Eigenschaft als Hauptstadt anstrebten und sich nicht über den Vorrang einigen konnten, der kleine Ort Capatárida, zwischen Maracaibo und Coro, zur Hauptstadt erklärt, und Maracaibo mufste sich mit dem zweiten Range als Vorort der Seccion Zulia begnügen.

Maracaibo dürfte zur Zeit 25—30000 Einwohner besitzen und wetteifert in dieser Beziehung mit Valencia um den zweiten Platz in der Republik. Die Stadt besitzt sechs Kirchen und drei Kapellen, ein neues Theater, vier Hospitäler, eine Reihe anderer öffentlicher Gebäude und sogar einen protestantischen Friedhof. Unter den öffentlichen Plätzen ist die Plaza de la Concordia die bedeutendste, ein wirklich schöner Platz, ferner die Plaza de San Sebastián mit einer Statue Bolívars. Die Stadt ist im allgemeinen äufserst regelmäfsig gebaut; am auffallendsten ist die Calle Ancha, die Breite Strafse, welche vom Hafen ins Innere führt. Eine Reihe zweistöckiger, alter guter spanischer Häuser mit gewaltigen Mauern und grofsen Höfen, dazu eine Anzahl europäischer Warenhäuser, z. B. das grofse der Firma Minlos Breuer & Co. am Hafen, geben den Strafsen einen grofsartigeren Anstrich, als es sonst der Fall zu sein pflegt. Die äufseren Teile der Stadt sind allerdings bei weitem unansehnlicher, viele niedrige Hütten allerelendester Bauart.

Der Boden, auf welchem Maracaibo steht, ist völlig flach und eben; hinter der Stadt beginnt sogleich die Ebene, häfsliches Kaktusgebüsch, und die bekannte Vegetation der trockenen Distrikte des Tieflandes, Dornen, Mimosen und Gestrüpp. Auf der Ebene, ein wenig nördlich der Stadt, liegt das neue Wasser-Reservoir, welches Anfang Januar 1885 allerdings noch nicht fertig gestellt und aus Mangel an Mitteln vorläufig seinem Schicksale überlassen worden war, jedoch seitdem wohl vollendet sein mag; seine Dimensionen machten den Eindruck eines sehr kostspieligen und schwierigen Werkes.

Besonders interessant ist in Maracaibo der Markt, auf welchem ein recht reges Leben herrscht. Ich sah dort aufser Gürteltieren, die von der niederen Bevölkerung sehr gern gegessen werden und auch zuweilen auf den Tisch der besseren Klassen kommen, besonders viele Eidechsen, grofse Leguane, Iguanas, die mit den Schwänzen aneinander gebunden waren und daher einem Rattenkönig gleich auseinanderstrebten. Ihr Fleisch soll demjenigen von alten zähen Hühnern täuschend ähnlich sein.

Das Leben der Deutschen in Maracaibo erschien mir verhältnismäfsig reich an allerhand Abwechslungen und Zeitvertreib. — Es existierten ein Ruderklub und eine Kegelgesellschaft. Ersterer macht zuweilen Ausflüge nach dem Dorfe Santa Rosa am oder besser im See; denn es ist auf Pfählen erbaut, welche Bauart bereits zur Zeit der ersten Entdecker üblich war und Veranlassung zu dem Namen Venezuela gegeben haben soll, wie Seite 7 auseinandergesetzt worden ist. Übrigens hat schon Alfinger an der Stelle des heutigen Maracaibo ein paar Hütten gebaut.

Etwas südwestlich von Maracaibo liegt die Villenkolonie der Europäer und Nordamerikaner, Los Haticos, wörtlich „die Viehhöfe“, eine lange Strafse von kleinen luftigen Häusern mit aller Bequemlichkeit tropischer Hafenplätze. Los Haticos ist auch ein Dorf und zwar ein wenig jenseits der Villenkolonie. Beide, Dorf und Fremdenquartier, sind durch Pferdebahn, oder wie besser gesagt werden müfste, Maultierbahn mit der Stadt Maracaibo verknüpft. Überhaupt fehlt es nicht an Genüssen der Zivilisation; sogar eine Eismaschine ist bereits nach Maracaibo gelangt, deren Thätigkeit das häufig getrunkene Bier erheblich kühler macht, als es wohl für die Gesundheit in dieser aufserordentlich heifsen Stadt gut wäre.

Maracaibo ist verrufen wegen seiner Hitze und überhaupt wegen seines Klimas, welchem ein so schlechter Ruf vorangeht, dafs sogar eine Maracaibera, eine Dame aus Maracaibo, die jetzt in Hamburg lebt, mir riet, nicht über Maracaibo zu reisen, wenn es nicht durchaus notwendig wäre. Allerdings mufste ich schliefslich doch diese Stadt berühren, allein ich beeilte mich denn auch, sie schleunigst wieder zu verlassen.

Es ist nicht zu leugnen, dafs das gelbe Fieber einheimisch ist, allein ich glaube, dafs nur ein sehr geringer Prozentsatz von Fremden, speziell Deutschen, demselben erliegt und dann gewöhnlich nicht ohne eigene Schuld, d. h. infolge von Exzessen, unregelmäfsiger Lebensweise oder Krankheiten anderer Art, zu denen dann oft das Fieber tritt. Ebenso schlimm erscheint mir die Dysenterie, welche wohl nicht so unbedingt tödlichen Charakters, aber gerade wegen ihrer schleichenden Natur zu fürchten ist. (S. S. 38/39.)

Das deutsche Element überragt in Maracaibo wie in allen venezolanischen Hafenstädten alle übrigen, und auch in dem grofsen amerikanischen Handelshause von Boulton & Co. fand ich einen Deutschen als Chef.

In Los Haticos verlebte ich einige angenehme Stunden, umsomehr, als Maracaibo damals gerade verhältnismäfsig heifs war, und alle Welt über die zu Anfang Januar ungewöhnliche Hitze klagte.

In Maracaibo sind die Goajiro-Indianer aus der Halbinsel Goajira ständige Gäste, indem sie allerlei Lebensmittel und Geräte zum Verkaufe ausbieten, auch namentlich Pferde und Maultiere, in deren Zucht die Goajiros wohl erfahren sind, oder besser waren. Obwohl ich beide Eingangspforten nach der Goajira-Halbinsel, die Städte Maracaibo und Rio Hacha, kennen gelernt habe, ist es mir doch nicht beschieden gewesen, diese öde, sterile, mit spitzen Bergen bedeckte terra incognita und ihre eigentümlichen Bewohner zu studieren, da teils Furcht vor dem Klima, teils Streitigkeiten der Indianer selbst, teils schliefslich Geldmangel mich verhinderten. Daher verweise ich auf einige Bemerkungen über die Goajiros in meinem Buche: Reise in der Sierra Nevada de Santa Marta, Leipzig 1887.[1]) Die Goajiros verkaufen oftmals ihre Kinder in sehr jungem Alter, die dann als Dienstboten in Venezuela verwandt werden und als solche sehr gute Eigenschaften zeigen sollen. Sie sind an ihrem grofsen Kopfe, ihren stark vorspringenden Backenknochen und ihrem meist ausnehmend unschönen Gesichte unter hundert Personen auf ebensoviele Schritte hin zu erkennen.

Maracaibo ist Hauptstapelplatz des Handels der Cordillere, namentlich also Ausfuhrort für Kakao, Kaffee, Häute etc. und Einfuhrhafen für europäische Waren alle Art. Mehrere Dampfschiffskompagnieen vermitteln den Verkehr mit den Häfen des Maracaibosees, La Ceiba für Trujillo, Santa Barbara und San Carlos del Zulia für Tovar, Boca de Catatumbo und den Zuliaflufshäfen für den Táchira und das colombianische Departamento Santander. Dagegen ist Maracaibo nur durch einen einzigen Dampfer mit dem Auslande verbunden, den Steamer „Maracaibo“ der nordamerikanischen „Red D. Line“, welcher alle zehn Tage die Reise Maracaibo-Curaçao und zurück macht; die Reisedauer beträgt nur eine Nacht. Tiefergehende gröfsere Dampfer vermögen die Barre nicht zu passieren, so dafs keine der grofsen Linien von Europa nach Südamerika Maracaibo anläuft.

Man will nun angeblich den Hafen Cojoró an der Goajiraküste als

---

[1]) S. auch Simons, Proceedings Royal Geogr. Society London 1885 Decemberheft.

neuen Anlegeplatz errichten und denselben durch eine Eisenbahn mit Maracaibo verbinden, doch dürfte bis zur Verwirklichung dieses Planes noch manches Jahr vergehen. Unerquicklich ist für Maracaibo und den Cordillerenhandel die Notwendigkeit des Umladens, und zwar dreimaligen Umladens, 1) vom Maultier in den Dampfer in La Ceiba, 2) in Maracaibo vom Dampfer auf andere Schiffe, 3) nochmals in Curaçao. Für den Verkehr mit dem Táchirá und Merida kommt ein viertes Umladen in der Boca de Catatumbo bez. Zulia hinzu.

Nach nur viertägiger Anwesenheit in Maracaibo begab ich mich auf den Dampfer „Progreso" und wachte nach einer Fahrt von einer Nacht vor dem Hafen La Ceiba am Südostufer des Maracaibosees auf. Wenngleich ich auf diese Weise nicht viel vom See zu Gesicht bekommen habe, will ich doch bemerken, dafs die Ufer desselben überall flach und mit ungeheueren Sümpfen bedeckt sind, die dann wieder eine ebenso riesige Vegetation von beispielloser Üppigkeit tragen. Eine sehr grofse Anzahl von Flüssen mündet in den See, unter denen namentlich der Catatumbo, Zulia, Escalante, Chama, sowie auch der Motatán viel Wasser führen. Eine Reihe von Lagunen, halb Morästen, halb Wasserflächen, die Laguna de Zulia, Ciénaga del Chama u. s. w. bedecken den südlichen Küstenstrich.

Der See von Maracaibo ist am Südufer am breitesten, etwa 120 km von der Ensenada de Zulia bis zum Busen La Mochila, im mittleren Teile etwa 85 km von Laguneta bis zur Punta de Misoa, am Beginn der Einschnürung zwischen Punta de Palmas del Sur und Punta Icotea 22 km, gegenüber Maracaibo nur noch 15 km. Der Kanal an der Barre hat nur 500 m Breite auf einer kleinen Strecke von 30 m Länge, bald darauf gegen SO. 585, 668, endlich 1463 m.

In der Barre ist die Tiefe des Sees 2 m bei Ebbe, $3^1/_2$ m bei Flut, im Mai und Oktober bis 4 m und ebenso im sogenannten Tablazo bei der Insel Toas. Zwischen Punta de Palmas und Maracaibo dagegen schon 150 m und gegen Süden nimmt die Tiefe bis zu 250 m zu. Das Wasser hat eine Temperatur von 26° C. und ist süfs; nur von Tablazo nordwärts ist es brackisch und bei starker Flut auch noch südlich bis zur Punta de Camacho.

Grofsartig war der Anblick, den ich vor dem Hafen La Ceiba genofs, vor dem wir den ganzen fünften Januar liegen blieben, da der Kapitän den zur Schlichtung der Streitigkeiten in der Cordillere abgeordneten General Eladio Lara bis ins Land hinein begleiten mufste. So hatte ich Mufse, den Blick auf die Cordillere zu geniefsen; denn diese stieg vor meinen erstaunten Augen im Süden auf, und in der That, so riesig hatte ich sie mir nicht vorgestellt. Von hier aus gesehen, bietet das Gebirge entschieden denjenigen Anblick, welchen man von den Anden erwartet; das Großartige, Riesige, Ungeheure, das mit dem Namen der Anden mit Recht verknüpft wird, ergreift hier den Beschauer auf das Tiefste und läßt ihn staunend und bewundernd immer und immer wieder sein Auge zu den starren, mauergleich einherziehenden Gipfeln emporheben, bis die Nebel und Dünste des späteren Vormittags die Kette in einen duftigen Schleier hüllen und die glühende Hitze des Tieflandes, welche sich namentlich auf einem vor Anker liegenden, des Luftzuges entbehrenden Schiffe in verstärktem Maße fühlbar macht, den Europäer zu der während der Mittagsstunden erwünschten Siesta zwingt.

Abends spät ging ich vor der Mündung des Rio Escalante auf einen elenden kleinen, völlig schattenlosen Flußdampfer über und hatte hier Gelegenheit, am folgenden Morgen die ersten Anfänge der prachtvollen Vegetation des Zulia-Landes zu bewundern. Wälder von Apfelsinenbäumen ziehen sich längs den Ufern hin, und die ziegelrot blühenden Bucares bilden einen entzückenden Kontrast gegenüber dem Grün der Bananenwälder und dem Gelb der Orangen. Schlingpflanzen überwuchern die einzelnen Bäume, erfüllen die Kronen mit ihrem Laubgewirr, ragen hoch über sie hinaus und siedeln sich an den einzelnen Ästen an. Ihr Gewirr nimmt die Gestalt alter Ruinen mit Zinnen und Türmen an, sodaß die von den Schlingpflanzen überwucherten einzeln nebeneinander stehenden Bäume einer in Ruinen liegenden Straße nicht unähnlich sind. Schmetterlinge und Kolibris tummeln sich im Röhricht, Wasservögel stolzieren am Ufer und Kaimans sollen sich in Menge im Flusse befinden.

Am 6. Januar nachmittags gelang es uns, vor den einander gegenüberliegenden kleinen Orten Santa Barbara und San Carlos del Zulia anzukommen, ersteres am rechten, letzteres am linken Ufer des Rio Escalante gelegen. San Carlos del Zulia ist im Jahre 1774 gegründet worden, Santa Barbara jedenfalls neueren Ursprungs. Um einen Begriff zu geben, wie viele verschiedenen Bezeichnungen im Laufe der Jahre infolge der andauernden Veränderungen in der Distriktseinteilung und Benennung vorkommen können, will ich bemerken, daß der Distrikt von San Carlos del Zulia sich bis 1864 Canton Zulia nannte, von 1864—1869 Departamento Zulia, dann bis Oktober 1874 Distrito Fraternidad, vom Oktober 1874 an Distrito Colón; vielleicht hat der Bezirk seitdem seinen Namen schon wieder einmal gewechselt.

San Carlos del Zulia und Santa Bárbara liegen unmittelbar am Rio Escalante und zugleich fast am Rande des großen Urwaldes des Zulia. Es sind meist Strohhütten, in denen jedoch ein verhältnismäßig lebhafter Verkehr herrscht, da von der Cordillere doch immerhin ziemlich beträchtliche Mengen von Produkten, namentlich Kaffee, herabkommen und auch umgekehrt viele Waren, besonders nach Tovar, eingeführt werden. Dort, wo dieselben aus dem Dampfer auf die Maultiere verladen werden müssen, liegen die obengenannten beiden Ortschaften, und darin liegt ihre Bedeutung. In der That fand ſich denn auch in diesem abgelegenen Dorfe einen Deutschen, welcher mich freundlich unterstützte und mir zur Erlangung von Last- und Reittieren behülflich war. Dies war in Santa Bárbara zur Zeit keine leichte Aufgabe, da der in der Cordillere herrschenden Unruhen wegen kein Maultierverkehr zwischen Santa Bárbara und Tovar stattfand. In Friedenszeiten kommen fast täglich Maultierzüge von der Cordillere herab und man kann dann leicht ein Lasttier mieten, um auf dem Rücken desselben den Weg durch den Sumpfwald zurückzulegen; denn bei der buchstäblichen Grundlosigkeit des Zuliawaldes empfiehlt es sich, mehr auf gewöhnlichen Lasttieren zu reiten, als die feineren Reittiere in die entschieden vorhandene Lebensgefahr zu bringen. Denn wenn die Tiere auch nicht immer gleich den Hals brechen, so ist doch Gefahr vorhanden, daſs sie infolge des Schlammes, faulenden Wassers und der Pestluft krank werden oder auch in dem bodenlosen Sumpf stecken bleiben können.

Allein Anfang Januar 1885 verkehrten keine Maultierzüge im Zulia, und ich weiſs nicht, ob ich nicht mehrere Wochen hätte in Santa Bárbara sitzen müssen, hätte mir nicht jener liebenswürdige Deutsche sein eigenes Pferd zur Reise zur Verfügung gestellt, obwohl er nicht sicher war, ob dasselbe schon den Weg nach Tovar gemacht hatte, weshalb man annehmen konnte, daſs es eventuell unterwegs den Hals brechen würde, und obwohl er riskieren muſste, daſs die Aufständischen mir dasselbe wegnehmen würden. Ich war übrigens ebenso leichtsinnig, und vertrauend darauf, daſs ich Ausländer sei und auſserdem zu der Firma Elias Burguera & Co. in Tovar ging, welche sehr angesehen ist, kaufte ich für allerdings nur 40 Thaler ein ziemlich elend aussehendes Pferd mit Sattel von einem nordamerikanischen Juden, der in Santa Bárbara hausierte. Meine Voraussicht, gut durchzukommen, täuschte mich nicht, denn ich habe überhaupt keinen Aufständischen zu Gesicht bekommen.

Am 7. Januar morgens 11 Uhr brach ich von Santa Bárbara auf, so spät, weil der Pferdekauf so lange gedauert hatte, weil man von der Hitze nicht viel zu leiden hat, da stets Schatten ist und weil es wünschenswert war, in dem ersten Nachtlager Caño del Padre möglichst kurze Zeit zu bleiben, insofern es übermäſsig elend und auch ungesund ist. Wir traten nun in die gröſste Wildnis, die beispielllos groſsartigste Tropenlandschaft ein, die sich wohl denken lässt. Der ungeheuere Gürtel von tropischem Urwald, welcher den See von Maracaibo im Westen, Süden und Osten umgiebt, ist zuweilen bis 100 km breit; an der Stelle, wo wir ihn kreuzen wollten, etwa 40 km. Wir brauchten am ersten Tage 6, am zweiten $7^{1}/_{2}$ Stunden, um ihn zu durchschreiten. Wer nicht einen solchen tropischen Urwald gesehen, kann sich mit dem besten Willen keinen Begriff davon machen. Die ungeheuere wandartige Pflanzenmasse, die sich zu beiden Seiten des sogenannten Weges ausdehnt, das domartige Gewölbe ganz riesiger Palmen aller möglichen Arten, welche im Verein mit anderen Bäumen, namentlich Schlingpflanzen von beispielloser Wucherung, ein undurchdringliches Laubdach über uns bilden, rufen gänzliche Abgeschlossenheit hervor. Kaum ein Strahl der Sonne kann in diesen Wust von Vegetation eindringen, ungeheuere Wurzeln spannen sich am Boden aus, Wurzeln, die eine Höhe bis zur Brusthöhe eines ausgewachsenen grofsen Mannes bilden; von oben herunter hängen Ranken und Luftwurzeln bis zur Dicke von Schiffstauen; auf ihnen turnen die verschiedenen Papageienarten, die grofsen rotschwänzigen Guacamayos, in Europa meist Aras genannt und in den zoologischen Gärten häufig, dann die mittelgrofsen Loros, die, durch die Mannigfaltigkeit der Farben ausgezeichnet, hauptsächlich aber grün gefärbt sind, endlich die kleinen Pericos, welche sehr zahm sind, stets zu zweien fliegen, und von denen man sagt, dafs sie „inseparables“ seien, sodafs, wenn einer stirbt, der andere sofort nachfolgt. Sie kommen auch in Scharen vor, und ich sah mehrfach solche Schwärme, die mit ganz fürchterlichem störendem Lärm plötzlich die tote Stille des Urwaldes erfüllten, in der man sonst nur das Echo des Hufschlages, das Atmen der Pferde und das Brechen und Knacken der Zweige allein vernimmt. Grauenhaft grofsartig ist diese Ruhe; plötzlich fangen dann die Affen an zu lärmen, die Papageien schwatzen ihre sonderbaren Laute, weiter giebt es keine Abwechselung. So geht es stundenlang. Auch gröfsere Tiere sind häufig. Der Jaguar, „tigre“ genannt, durchstreift den Wald. Von dem Vorkommen des Löwen, des kleinen amerikanischen Pumas, geben die zahlreichen Felle in den Ranchos Kunde. Tapire sind sehr häufig; ich habe indessen nichts von alledem gesehen, da wir zur Tageszeit reisten. Und das mufsten wir auch. Denn der Weg war zwar nicht leicht zu verfehlen, aber er war so beispiellos scheufslich, wie es nach Ansicht aller Kenner dieser Gegenden und aller Kenner der Cordillere keinen schändlicheren giebt. Die Tiere versanken bis an die Kniee im Morast, der Weg war so ausgetreten, dafs er folgendes Ansehen hatte . In diese bis $^{1}/_{2}$ m hohen Stufen, welche morastig und wassergefüllt waren, mussten die Tiere hineintreten und ermüdeten infolge dessen sehr schnell, da die einzelnen Erhöhungen ihnen bis an die Mitte des Unterschenkels gingen. Fortwährend mufste man sich vor Baumzweigen hüten, Dornen ergriffen den Schleier meines englischen Helms und raubten ihn mir; Dornen auch zerrissen meine leichte Jacke. Als ich einmal gerade nach den Affen sah, die hoch oben sich schaukelten, ging mein Pferd unter einem quer über den Weg in Brusthöhe des Reiters liegenden Baumstamme hindurch, sodaſs ich gerade noch Zeit hatte, mich an denselben zu klammern; dann hing ich daran, und das Pferd blieb stehen, eine höchst lächerliche Scene. Mein englischer Hut ging alle Augenblicke verloren und sah bald mehr braun als grau aus. Um $5^1/_2$ Uhr Abends langten wir in Caño del Padre an. Hier war ein elendes Wirtshaus in dem kleinen, nur aus einigen Hütten bestehenden Orte, welcher auf Meilen weit die einzige Ortschaft ist, während man sonst hier und da eine Hütte, einen Viehhof mitten im Walde in einer Lichtung findet. Das Wasser im Caño del Padre war nicht einmal zum Waschen brauchbar, so daſs ich froh war, unter den wenigen Sachen, die ich in meinen Reittaschen mit mir führte, Eau de Cologne zu besitzen, welches ich hineingoſs; auch das Essen war schwach. Am 8. Januar früh 7 Uhr brach ich wieder auf; der Weg wurde immer schlechter und spottete jeder Beschreibung, indeſs versicherte mich sowohl mein Diener wie auch alle Welt, er sei sehr gut, in der Regenzeit stehe er überhaupt ganz unter Wasser, die Tiere wüſsten dann nicht mehr, wohin sie treten sollten, überschlügen sich und gingen zu grunde. Dies schien mir unbedingt glaublich; war ich doch schon darauf gefaſst gewesen, daſs sich mein Tier irgendwie den Hals bräche.

Die Tierwelt wurde immer lebhafter, mannigfaltiger. Schmetterlinge wunderbarer Färbung gaukelten dort, wo die Sonnenstrahlen eindringen konnten. Eine Art Iltis oder Marder lief über den Weg. Schlangen sah ich nicht, aber fuſslange Eidechsen.

Nachdem wir uns am Morgen $5^1/_2$ Stunden gequält hatten, langten wir um $12^1/_2$ Uhr in Caño Negro an, einem einsam im Walde gelegenen Hause, welches den Arrieros, Maultiertreibern, als Rastort dient. Eine schlechte Posada sollte es sein und war es auch. Ich war froh, daſs wir uns in Santa Bárbara mit zwei Büchsen, enthaltend eine Taubenpastete und Schnittbohnen, versehen hatten; dieselben lieſsen wir dort wärmen; im übrigen gab es Käse, Bananen, Kaffee, und die Tiere erhielten Mais, um sich zu stärken. Für alles dieses letztere bezahlte ich zusammen 2 reales = 80 Pfennig für 2 Personen und 2 Pferde, ein lächerlich billiger Preis.

Um 2 Uhr nachmittags brachen wir schon wieder auf und gelangten auf etwas besserem Wege $3^1/_2$ Uhr an einen steil ansteigenden Pfad, der einem kleinen Hügel hinaufführte; es war der Anfang der langersehnten Cordillere. Bergauf, bergab ging es nun. Riesige Vegetation immer noch; zur Linken im Grunde der klare Rio Chama, der Fluſs von Merida. Der Weg wurde immer steiniger, die Temperatur immer frischer, obwohl wir auch im Zuliawalde nicht mehr als 31° gehabt hatten und über Hitze nicht hatten klagen können, da dieselbe feucht war und andauernd Schatten herrschte. Um 4½ Uhr erkletterten wir eine äuſserst steile Mesa, ein Plateau, und wurden hier von einem heftigen Regenguſs erfaſst. Dafür aber entschädigte uns auch ein wunderbarer Ausblick auf die endlosen Wälder des Zulia, hinter denen am äuſsersten Nordhorizont ein Silberstreifen die Wasser des Sees von Maracaibo andeutete. Nach Süd dagegen erhob sich die Cordillere schon zu beträchtlicher Höhe, dichte schwarze Wälder auf ihrem Rücken tragend, mit wohlgerundeten schönen Bergformen; anmutig, dort wo menschliche Wohnungen spärlich sich fanden, düster und geheimnisvoll, wo dieselben fehlten.

Die durch den Regen durchweichten Wege, welche zum Teil äuſserst steil waren, erschwerten den ermüdeten Tieren den Weg, und als wir die Mesa de las Culebras erreicht hatten, brach die Nacht herein; um 6¾ Uhr aber erreichten wir glücklich unser Ziel, ein einzelstehendes Wirtshaus, Las Palmitas, wo ein liebenswürdiger Wirt uns eine angenehme Aufnahme bereitete.

Wir aſsen ein Huhn; weiter gab es wegen der Kriegszeit nichts. Das Bett enthielt leider Ungeziefer im seltsamen Gegensatz zu der Thatsache, daſs der Wirt dem Waschwasser ein Stück Seife beilegte, ein Luxus, der mir in Venezuela noch nie vorgekommen war. Am 9. Januar standen wir zu spät, erst 6½ Uhr, auf, da der Morgen sehr trüb war. Mein Wunsch, von dieser etwa 800 m hoch liegenden Stelle einen guten Blick zu haben und die Schönheit eines Sonnenaufganges im Gebirge zu genieſsen, ging nicht in Erfüllung; vielmehr setzte der Regen, welcher die ganze Nacht gefallen war, auch am Morgen nicht aus. Die Temperatur betrug nur 20° C., also die Zimmerwärme von 16° R. in Deutschland. Wir empfanden daher Kälte. Der Regen strömte vom Himmel; wollten wir aber Tovar am Abend noch erreichen, so muſsten wir aufbrechen. Um 7¼ Uhr setzten wir uns in Bewegung und erreichten auf einem ganz fürchterlichen Wege von vier Stunden um 11 Uhr das Haus des Don Salvador in Buenaventura bei La Tala, welches etwa in der Höhe von Carácas (900 m) liegt. Der Regen hatte mittlerweile aufgehört, das stark gegliederte Terrain aber hatte dort, wo keine Steine lagen, eine seifenartige Glätte angenommen; als wir einen solchen rasenbewachsenen Abhang hinaufrutschten, stürzte mein Pferd und rollte mit mir den Grashang hinab, wo wir beide im Grase liegen blieben. Mein Diener sollte mir zu Hilfe kommen, stürzte aber ebenfalls zweimal hintereinander. Zum Glück stürzt man nur da, wo es glatt ist; da aber ist der Abhang selten steil. Würde man an den Abgründen, die wir passierten, zu Fall gekommen sein, so wäre es übel abgelaufen, aber an ihnen liegen stets so viele Steine, dafs die Tiere festen Fufs fassen können. Um 11 Uhr setzte ich mich zum Frühstück auf die Terrasse hinter dem Hause des Don Salvador, der augenblicklich wegen politischer Unruhen verfolgt wurde. Seine Haushälterin bereitete mir eine gute Schokolade, das erste Mal in Venezuela, was um so auffallender ist, als ja Venezuela das Land des besten Kakaos ist. Kaum safs ich, so zerrifs der Nebelschleier und mein Blick fiel auf die von der Sonne beleuchteten Schneefelder der klar über den Wolken sich hervorhebenden Spitzen der Sierra Nevada von Merida, ein überwältigend schöner Anblick; dazu das Bewufstsein, endlich im Lande der Verheifsung angekommen zu sein. Ich hatte nicht geglaubt, dafs die Sierra Nevada so viel Schnee trägt. Es war der erste Punkt, von wo ich sie hätte sehen können, und gleich da sah ich sie so klar, so schön wie selten. Bald darauf verschwand sie wieder im Nebel. Wir setzten um 12 Uhr bereits unsern Weg fort, obwohl unsere Tiere kaum noch vorwärts konnten, und erreichten um 2 Uhr Mucuties am gleichnamigen Flusse, einem Strom von der Breite der Alster oberhalb Hamburg. In Mucuties wollte ich die Pferde wechseln, aber weder Don Lino Molina noch Don Simon Consalvi, die beiden Hauptpferdebesitzer der ganzen Gegend, hatten noch solche; denn am selben Morgen hatten die Aufständischen überall die Pferde und Maultiere mit Beschlag belegt. Hier zweigt der Weg nach Merida ab und weit hinten hoch am Berge sieht man die Ortschaft Chiguará. Wir ritten sofort weiter, trieben die Tiere zur Eile, erreichten um 3 Uhr das Dorf Santa Cruz, um $6^1/_2$ Uhr Tovar, im schönen Thale des Rio Mucuties zwischen ziemlich kahlen Bergen gelegen. Die Ortschaft erschien tot und ausgestorben. Da wir langsam ritten, verbreitete sich das Gerücht der Ankunft zweier Reiter sofort. Mifstrauisch und scheu sah die Bevölkerung auf mich; einen Menschen mit englischem Hut und schwarzem Regenrock sahen sie selten und nun noch zur Zeit der Revolution!

Im Hofe des Hauses des Herrn Avé Lallemant stieg ich ab und wurde auf das Liebenswürdigste aufgenommen. Der Kriegszeit wegen hatte ich keine Depesche schicken können; doch hatte der Postbote bereits die Nachricht mitgebracht, in Santa Bárbara sei ein Aleman (alle Fremden in ganz Venezuela, ob Engländer, Franzosen oder Deutsche, wenn sie im Innern reisen, sind stets Alemans), der keine Tiere habe bekommen können, angelangt. In dem schönen, klimatisch bevorzugten Tovar ruhte ich für längere Zeit aus; hier mag daher auch ein kurzer Excurs über das Klima des Landes gegeben werden.

Drittes Kapitel.

Klima.

Über die klimatischen Verhältnisse der Cordillere besitzen wir leider keinerlei genaues Material, und auch für die östlichen und centralen Staaten befinden wir uns in wissenschaftlicher Beziehung völlig im Dunkeln. Nur für die Hauptstadt Carácas liegen einige Werte vor, während das ziemlich genau erscheinende Material Codazzis fast wertlos ist, da weder bekannt ist, mit was für Instrumenten er die Beobachtungen gemacht hat, noch auch die kurze Zeit, die er bei seinem notorisch stets sehr bewegten Leben auf den Aufenthalt in einem bestimmten Orte verwenden konnte, irgendwie ausgereicht haben kann, um auch nur einigermafsen zuverlässige Werte zu erzielen.

Was ich daher über das Klima der Cordillere mitzuteilen imstande bin, beruht ausschliefslich auf eigenen Untersuchungen, vielfach auf Schätzungen und Vermutungen, deren Übereinstimmung mit der Wirklichkeit natürlich nicht in allen Fällen genau sein kann. Doch hat andrerseits ein Reisender, welcher ein Jahr lang ein Gebirge nach allen Richtungen durchzieht, einen klareren Eindruck von den Temperaturverhältnissen, als etwa regelmäfsige Beobachtungen auf einer einzelnen Station in einem abgeschlossenen Hochthal der Cordillere zu bieten vermöchten.

Entsprechend den verschiedenen Höhenstufen der Cordillere unterscheiden wir auch hier mehrere Temperaturregionen, die in Südamerika überall eine dreifache Gliederung, die Tierra caliente, das heifse Land, die Tierra templada, das gemäfsigte Land, die Tierra fria, das kühle Land, erfahren haben. Dafs natürlich diese einzelnen Stufen verschieden sind, je nachdem die betreffenden Länder näher oder entfernter vom Äquator liegen, bedarf keiner weiteren Auseinandersetzung.

In der Cordillere rechne ich die Tierra caliente von dem Meeresspiegel bis etwa zur Höhe von 550 m, der Grenze der Kokospalme und des Kakaos, also der ein ausgesprochen heifses Klima liebenden Pflanzen; die Tierra templada geht von 550 m bis 2200 m, der Grenze der Banane und der Yuca, sowie auch des Zuckerrohrs; darüber folgt die Tierra fria, die Region des Weizens, der Gerste, Kartoffeln, Erbsen und Bohnen. Diese Regionen sind nach den Grenzen der einzelnen Nutzpflanzen abgeteilt, entsprechen jedoch auch den Temperaturzonen, indem die Tierra caliente die mittleren Jahrestemperaturen von 30—25° C., die Tierra templada solche von 25—15° C., die Tierra fria diejenigen unter 15° C. umfafst. Auf diese Weise finden wir eine leidliche Übereinstimmung zwischen den Temperaturgrenzen, den Höhenabstufungen und den Vegetationsregionen.

Infolge des Aufragens der hohen Cordillerenketten bis über 4600 m macht sich nun ein ungeheurer Unterschied der Temperaturen bemerkbar, der sich zum Teil auf einen sehr kleinen Raum zusammendrängt. Es ist natürlich, dafs gerade einige der tieferen Thäler der Cordillere infolge ihrer Einschliefsung zwischen hohen Bergen sehr hohe Temperaturen aufzuweisen haben, indem sich die Wärme dort lange erhält und auch nicht durch kalte Winde beeinträchtigt und vermindert wird.

Daher bestehen die gröfsten Temperaturgegensätze nicht so sehr am Aufsenrande, als vielmehr gerade im Innern der Cordillere. Die steilen Abhänge der Randketten sind nämlich sehr schwer zu passieren, und ehe man z. B. auf die Culata-Kette hinaufgelangt, hat man vom Maracaibo-See aus mehrere Tage zu reiten und zu klettern, so dafs man sich allmählicher an die Änderung der Temperatur gewöhnt, als es zu erwarten ist. Gäbe es einen guten gang- oder reitbaren Weg, z. B. vom Pan de Azúcar nach Torondoi, auf dem rasches Fortkommen möglich wäre, so würde man den Übergang sehr schnell durchmachen und infolgedessen einem der schärfsten Temperaturwechsel ausgesetzt sein, die in den Tropen denkbar sind. So aber brauchen wir mehrere Tage zur Ersteigung der hohen Páramos und empfinden den Übergang nicht so stark, wie wir vermuteten.

Wo dagegen in den inneren Ketten gute oder wenigstens leidliche Wege scharf abwärts führen, da wird der Gegensatz unvermittelter. Man kann schon auf relativ günstig gelegenen Gebieten den Temperaturwechsel erheblich spüren, z. B. wenn man von der Sierra Nevada de Merida nach der Stadt Merida hinuntergelangt, wobei der Höhenunterschied etwa 2000 m, die Differenz der Mitteltemperaturen etwa 15° beträgt. Allein man kann sich hier nicht nach Mitteltemperaturen richten, sondern mufs die Extreme in Betracht ziehen, die ja vor allen Dingen auf den Körper wirken. Man mufs also oben im Gebirge bis zu 0°, in Merida bis zu 35, ja 40° annehmen, und findet auf diese Weise bereits einen viel stärkeren Unterschied. Daher kommt es denn auch, dafs, je tiefer die Thäler liegen, desto stärker und empfindlicher der Wechsel ist, und es kommt hier mehr auf die grösseren Hitzegrade, als auf die höheren Kältegrade an. Ist man einmal in die kalten Nebelregionen der Páramos eingetreten, so verschlägt es nur wenig, ob die Temperatur dort oben + 5° C. oder 0° ist; dagegen spürt man eine sehr entschiedene Verminderung des Wohlbefindens im Tieflande und in den tiefen Thälern, wenn die Temperatur von + 35° C. auf + 40° C. steigt. Was bei + 35° C. noch zu ertragen ist, grenzt bei + 40° schon an das Unerträgliche und bei jedem einzelnen Grade steigt das Unbehagen in sehr hohem Maſse. Wenn dennoch sehr hohe Temperaturen leidlich zu ertragen sind, so liegt dies einerseits darin, daſs man vielleicht lange Zeit im heiſsen Lande gereist und daher an so hohe Grade gewöhnt ist, oder daran, dass die Luft klar und rein ist, nicht, wie bei uns in Deutschland, schwül. Ich habe stets gefunden, daſs gerade in den inneren Thälern der Cordillere der Übergang aus der Kälte in die Hitze am schlimmsten ist. So z. B. gelangt man auf der Reise Boconó-Trujillo von dem 3000 m hohen Páramo de la Cristalina mit einer Temperatur von etwa 8—10° in vier Stunden plötzlich nach dem in heiſsem, engem Thale gelegenen Orte Trujillo, dessen Mitteltemperatur höher ist, als man nach seiner Lage in 850 m Höhe erwarten sollte, und etwa 26° beträgt. Allein, was hier besonders zu berücksichtigen ist, ist die Sonnenhitze. Denn man trifft nicht überall die mittlere Jahrestemperatur, sondern wer z. B. noch um 4 Uhr nachmittags in das heiſse Thal von Trujillo hinabsteigt, kann sich auf 40° C. auf staubigem Wege gefaſst machen. Also tritt in diesem Falle ein Unterschied von 30° C. in vier Stunden ein — gewiſs ein extremer Fall.

Ähnlich geschieht ein ungeheuerer Wechsel bei dem Abstieg von dem Páramo del Molino nach dem unteren Mucutiesthale bei Santa Cruz, welches in nur 590 m Höhe in einem engen Thale liegt, und so heiſs ist, daſs ganz in der Nähe bei La Mucuties Kakaopflanzungen in gröſstem Maſsstabe möglich sind, während auf dem Páramo del Molino in 3300 m Höhe in den nebligen Morgenstunden eine Temperatur von 5—7° herrscht. Und gerade in diesen überschreitet man den Páramo, nicht etwa in den Mittagsstunden, wo die Temperatur höher liegt; und ebenso gelangt man in das Thal von Santa Cruz nicht in den Morgen- oder Abendstunden, sondern nachmittags, also gerade dann, wenn die Hitze um 3 Uhr ihren höchsten Grad erreicht hat. Ähnlich verhält es sich z. B. bei dem Abstieg von dem Páramo de Mucuchies nach der Vega de Timotes, wo der Unterschied in etwa acht Stunden 30°, die Höhendifferenz 2600 m beträgt, ferner bei dem Abstieg vom Páramo de Aricagua (3400 m) nach Aricagua (1000 m), wo der Unterschied also ungefähr derselbe ist, und bei vielen andern Übergängen über Páramos.

Wie ich bereits bemerkte, ist der Wechsel der Temperatur viel fühlbarer beim Abstieg aus kalten in warme Regionen, als beim Aufstieg aus warmen in kalte; an die Kälte gewöhnt sich der Europäer schneller, als an die ungeheuer hohen Temperaturen der tiefer gelegenen Landstriche. Allerdings denken die Venezolaner umgekehrt; sie lieben es durchaus nicht, die Páramos zu passieren, da der Wind dort schneidend bläst, die Nebel den Reiter umwallen, alles von Feuchtigkeit trieft und die Sonne ihre Kraft verliert. Mein Diener Manuel bekam z. B. fast jedesmal bei einem plötzlichen Übergang über einen Páramo einen leichten Fieberanfall, während ich meinerseits häufig Kopfschmerzen verspürte, wenn ich von einem Páramo in die heifsen Flufsthäler hinabgestiegen war. So langte ich nach dem Übergang über den Páramo de Mucuchies abends mit Kopfweh in der Vega de Timotes an, und auch beim Abstieg vom Molino nach Santa Cruz und von der Cristalina nach Trujillo wurde ich von Erhitzung geplagt.

Dabei ist nicht zu leugnen, dafs es auch wesentlich darauf ankommt, ob man lange in der Tierra fria oder der Tierra caliente zugebracht hat, oder ob man nur durchreist. Wenn man wochenlang, oder auch Monate in der Tierra fria gereist ist, so kann man mit ziemlicher Sicherheit darauf rechnen, am Tage der Ankunft in der Tierra caliente von Kopfweh, Erhitzung, Appetitlosigkeit, Übelkeit, also von den Vorboten eines Fiebers befallen zu werden, das jedoch meistens nicht ausbricht, wenn man dem Körper Ruhe, vor allem guten Schlaf, gönnt. Reist man jedoch nur einmal für kurze Zeit über einen Páramo, so hat man beim Abstieg in die Tierra caliente wenig zu befürchten, dagegen ist der Übergang über den Páramo dann meist unangenehmer, lästiger. In letzterem Falle sind die meisten Venezolaner, in ersterem nur die in den Páramo-Gebieten wohnenden, in ersterem auch die Reisenden, welche lange im Hochgebirge bleiben, in letzterem aber die europäischen Kaufleute, die nur, wenn es eben gerade notwendig ist, den Páramo überschreiten, im übrigen aber ihre Geschäfte in den mittelhohen und heifsen Teilen der Cordillere abzuwickeln pflegen, aus dem einfachen Grunde, weil in diesen Gegenden die weitaus gröfsere Anzahl der handeltreibenden Ortschaften liegt, während die auf den Páramos gelegenen Dörfer meist der Viehzucht gewidmet und kommerziell unbedeutend sind.

In den unteren Gebieten der Cordillere ist die Hitze naturgemäfs sehr grofs, wenngleich nicht so extrem, wie in vielen andern Tropengegenden. Namentlich mildert die grofse Feuchtigkeit die Wärme sehr, so dafs vor allen Dingen am Nordabhange keine so hohen Hitzegrade erreicht werden, wie auf dem Südabhang, in den Llanos und auch in

Central-Venezuela. Denn die Feuchtigkeit mildert einerseits an und für sich die Hitze, anderenteils aber erzeugt sie üppige Vegetation und durch diese werden dann ebenfalls die sengenden Sonnenstrahlen abgehalten. Die grofsen Wälder, welche den gesamten Nordabhang der Cordillere umrahmen, sind natürlich warm, zuweilen heifs, doch hält sich die Temperatur dort auf 30—32°, und erreicht nie einen so hohen Wert, wie in baumlosen Gebieten. Allerdings werden diese Hitzegrade von 30—32° das ganze Jahr hindurch wirksam sein, da in diesen Gegenden keine Unterschiede der Jahreszeiten vorkommen; und wirklich herrscht in den Zulia-Wäldern das ganze Jahr hindurch eine feuchte Brüthitze, die aber nicht gerade unangenehm wird. Ich bin stets lieber in einem feuchtheifsen Walde gereist, als in kahlen, sterilen, wasserlosen Gegenden, auf welche die Sonne mit aller ihrer Kraft herabbrennt und die in der Cordillere und ihrer Umgebung durchaus nicht etwa selten sind.

Die höchsten Wärmegrade dürften wohl die Städte und Ebenen der Llanos besitzen, die insofern gegenüber den Küstenstädten benachteiligt sind, als ihnen der mildernde Einflufs des Seeklimas fehlt. In diesen Städten der Llanos, namentlich am Apure und Orinoco, dürfte die mittlere Jahrestemperatur 30° übersteigen, doch sind die höchsten Extreme der Temperaturen verhältnismäfsig gering. In Acarigua, südlich der Portuguesakette, in den Llanos in 200 m Höhe gelegen, fand ich als höchste, überhaupt von mir beobachtete Temperatur am 14. Oktober 1885 2^h p. m. + 52° C., bei gleichzeitiger Schattentemperatur von + 32. An der Küste sind es namentlich die drei Städte La Guaira, Puerto Cabello und Maracaibo, welche wegen ihrer aufserordentlichen Hitze bekannt sind. Maracaibo soll der heifseste dieser drei Plätze sein, dann La Guaira und endlich Puerto Cabello. Doch heifst La Guaira auch „el infierno de Venezuela“, die Hölle von Venezuela.

Ich halte dafür, dafs die Temperaturen dieser Städte, obwohl die von Maracaibo und La Guaira 29° Mittelwert übersteigen dürften, doch nicht an die hohen Wärmegrade der Llanosstädte, wie z. B. von Calabozo, San Fernando de Apure und anderen, heranreichen. Sachs fand in Calabozo im Februar 1877 als Mittel von 2 Uhr nachmittags $35{,}_7$° C., was jedenfalls die Seestädte nicht aufweisen können.

Überhaupt sind die kahlen, trockenen, offenen Landstrecken heifser als die bewaldeten. Besonders das Hügelland von Barquisimeto und Tocuyo hat eine viel höhere Temperatur, als es seiner Lage nach zu erwarten wäre. Denn seine Höhe über dem Meere beträgt 600—700 m, und es würde bei genügendem Wasserreichtum bereits in die Tierra templada gehören, während es thatsächlich so hohe Temperaturen aufweist, wie sie den unteren Teilen der Tierra caliente zukommen. Diese

Eigentümlichkeit verdankt Barquisimeto der Waldlosigkeit und dem infolgedessen fühlbaren Wassermangel. Auch Coro halte ich für ein heifses Land. Zwar kenne ich Coro nicht aus eigener Anschauung, entnehme aber aus allen Beschreibungen und Erzählungen, dafs es im höchsten Grade öde, dürr, steril und waldlos ist, dafs kleine Hügelzüge vorherrschen, zwischen denen weite Ebenen liegen, und dafs das Land einen ganz ähnlichen Charakter habe wie Barquisimeto. Doch liegt es tiefer, kaum 200—400 m über dem Meere und mufs daher noch heifser sein als Barquisimeto. Kaktus und Dornen, Mimosen, Agaven, Euphorbien dürften die Charakterpflanzen für Coro sein, Ziegen und Esel die Charaktertiere. Die Ausfuhr von Ziegenfellen aus Coro ist eine ganz enorme und diese Tiere gedeihen am besten in dürren, sandigen, warmen Strichen.

Im Innern der Cordillere richtet sich die Temperatur zunächst nach der Höhe, und man kann annehmen, dafs ungefähr für je 100 m die Wärme um etwas mehr als einen halben Grad, also etwa pro 700 m um 4° nach oben hin abnimmt. Wenn wir daher für den Meeresspiegel im Durchschnitt eine Mitteltemperatur von 28° C. ansetzen, so erhalten wir für 700 m Höhe: 24° C., für 1400 m: 20°, für 2100 m: 16°, für 2800 m: 12°, für 3500 m: 8°, für 4200 m: 4°, für 4900 m: 0°.

Doch mufs auch in der Cordillere wieder als ein zweites Moment von grofsem Einflusse die Bekleidung mit Wald und die gute Bewässerung angesehen werden, welche im allgemeinen die Temperatur erniedrigen, während im Gegensatze dazu die kahlen Thäler erheblich höhere Wärmegrade aufzuweisen haben.

Als ein Beispiel für den erwärmenden Einflufs des Waldmangels kann man namentlich das Thal von Trujillo in 850—900 m Höhe bezeichnen, welches aufserdem eng und schmal ist und zwischen völlig verwitterten, von der Sonne verbrannten Bergen liegt. Vor allem sind überhaupt die Schiefergebirge wärmer, als zu erwarten ist, wie z. B. die Thäler von Aricagua, Mucusurú, Mucuchachí im Süden des Chamathales, ferner das Thal von Burbusai in Trujillo. Auch solche Ortschaften, die durch hohe, zu beiden Seiten aufsteigende Ketten geschützt sind, dort aber in verhältnifsmäfsig niedriger Lage sich befinden, sind zu warm. Bei Jají, am Südfufse der Conejos- und Tamborkette, steigt die Banane bis über 2000 m, während sie z. B. in Bailadores in 1740 m schon nicht mehr vorkommt. Überhaupt ist das gesamte Chamathal, von Ejido abwärts, zu warm; die Gegend von Lagunillas, Chiguará und Estanques gehört zu den heifsesten der Cordillere, obwohl die beiden ersteren Orte in 900—1050 m Höhe, Estanques noch in 420 m Höhe liegen. Berüchtigt wegen seiner Hitze ist der Weg an den Laderas am südlichen Ufer des Chama, entlang den krystallinischen Schieferfelsen von Pueblo Nuevo.

Betrachtet man dagegen den Nordabhang, dessen Wälder sich über ungeheure Strecken ausdehnen, so zeigt sich, dafs die hier gegründeten Ortschaften sich eines relativ kühlen Klimas erfreuen, wie z. B. in Trujillo die Orte Monte Carmelo, Pocó, Caus, auch Geguïnes am oberen Rio Escalante, wahrscheinlich auch Palmira und Torondoi. Hier macht der gewaltige Wald seinen erfrischenden, kühlenden Einflufs geltend.

In den kahlen Höhen tritt nun ein weiteres Moment zur Bestimmung des Klimas hinzu; das sind die kalten Winde und die reichlichen Niederschläge der Páramos. Wo Ortschaften am Fufse der Páramos gegründet sind, finden wir stets kühle Temperaturen, die zum Teil kühler sind, als die grofse Höhe erwarten läfst. Die Dörfer Pueblo Llano am Rio Chinón, Santo Domingo, Mucuchies, Mucurubá, auch Niquitao und Las Mesitas am oberen Rio Burate in Trujillo sind kälter, als sie sein sollten. Dasselbe gilt von den in der Tierra templada gelegenen Städten La Grita und Bailadores, deren Lage zwischen den gewaltigen Páramos del Batallon, Portachuelo, Callejon Colorado und Zumbador ihnen ein kühleres Klima verschafft.

In den höchsten Teilen der Cordillere ist die Temperatur sehr schwankend. So fand ich bei der Besteigung der Sierra Nevada dicht unterhalb der Schneelinie in etwa 4200 m Höhe am Gipfel Concha am 27. Juni mittags 1 Uhr noch $+ 13^{0}$ bei hellem Sonnenschein, während wenige Stunden darauf nur noch 5^{0} Wärme waren. Am Fufse des Gipfels Coluna in 4200 m Höhe hatte ich am 6. Juli früh 9 Uhr nur $+ 0{,}5^{0}$ bei heftigem Schneetreiben und am 3. Juli früh 5 Uhr im Hause Quintero unterhalb des Pan de Azúcar am Rio Mucujún nur $+ 5^{0}$. Diese Temperaturen wechseln je nach dem Sonnenstande und den Niederschlägen. In den grofsen Höhen der Sierra Nevada und des Pan de Azúcar, sowie im gesamten Gebirge um Mucuchies und Pueblo Llano schneit es oft noch bei Temperaturen, die weit über dem Gefrierpunkt liegen, gewifs bei + 8 und 9^{0}. Es ist meines Erachtens der Schneefall durchaus nicht an die Temperaturen um 0^{0} gebunden. Wo kalte Winde den gröfsten Teil des Jahres hindurch herrschen, kommt Schneefall häufig auch bei momentan höheren Temperaturen und stärkerer Besonnung vor. Allerdings schmilzt der Schnee rasch, sobald die Mittagssonne stärker einzuwirken vermag. Oft mag ein gröfserer Teil des Hochgebirges in den Morgenstunden in eine Schneedecke gehüllt sein, bis dann mit stärker werdender Bestrahlung die weifse Decke verschwindet.

Die Niederschläge fallen in der Cordillere ebenfalls nicht mit derjenigen Regelmäfsigkeit, welche die Ebenen und das tiefere Land auszeichnet. Denn einesteils sind es lokale Einflüsse, welche die Regen hier und da beschränken, an andern Punkten steigern, fast überall aber in irgend einer Weise modificiren; anderenteils erstreckt sich die Cordillere über verschiedene Breitengrade und infolge dessen ist der Charakter der Regenzeit nicht überall gleichartig.

Man unterscheidet im Táchira und dem westlichen Mérida zwei Regenzeiten, die kleinere Frühjahrs-Regenzeit und die gröfsere Sommer-Regenzeit, welche durch eine relativ trockene Periode voneinander getrennt sind. Diese Zeit heifst der kleine St. Johannis-Sommer, el veranito de San Juan, weil sie im allgemeinen um die Zeit des Johannistages einzutreten pflegt; die Sonne steht dann am weitesten nördlich, und die Niederschläge lassen nach, während sie um die Zeit, wenn die Sonne den Zenith passiert, sowie kurz hinterher am stärksten sind. Ihr Durchgang wechselt nach der geographischen Breite der einzelnen Teile der Cordillere, fällt jedoch meist in den April und August; in diesen Monaten fallen dann auch die bedeutendsten Niederschläge, und tritt damit die Regenzeit ein. Im allgemeinen beginnt die kleine Regenzeit im Táchira um Mitte bis Ende April und dauert bis Anfang Juni; doch fallen schon vorher geringe Regen, meist in Begleitung von Gewittern. Während meiner Anwesenheit in der Cordillere fielen in Tovar die ersten Regen am 9. März, in San Cristóbal am 19. März, hielten jedoch nicht lange an, gingen zwar für einige Tage aus gewitterähnlichen Güssen in leise Landregen über, machten aber schon am 22. März der Trockenzeit abermals Platz, die dann im Táchira den Namen „el veranito de la chicharra“ führt, und zwar weil unmittelbar nach den ersten Regen die chicharras (Grillen) ihr ohrenzerreifsendes Gepfeife und Getön anzustimmen beginnen und zu dieser Zeit ganz besonders lebhaft sind. Im Táchira fielen dann abermals Anfang April schwere Regen, womit denn auch die kleine Regenzeit begann. Im Juni und Juli war es im Innern der Cordillere im allgemeinen ziemlich trocken, aber zu Ende Juli begann dann die grofse Regenzeit, welche mit geringen Unterbrechungen bis in den November hinein dauerte. Noch gegen Mitte November fand ich weit im Osten, bei Ortiz und Parapara am Rande der Llanos von Calabozo alles tief unter Wasser gesetzt und unaufhörliche Regenströme vom Himmel herabstürzend. Man darf sich aber die Regenzeit nicht als ein ununterbrochenes Regnen darstellen, sondern auch die Regenzeit hat ihre schönen, trockenen, sonnigen, heifsen Tage aufzuweisen, ja zuweilen eine grofse Reihe von derartigen Tagen hintereinander. Allerdings giebt es Gegenden, die fast jeden Nachmittag, namentlich zwischen zwei und drei, aber auch bis gegen sechs Uhr, ihr Gewitter haben, allein diese sind auf die Tiefländer im Norden und Süden des Gebirges beschränkt.

In der Cordillere selbst giebt es nun viele lokale Unterschiede, und zwar sind es vor allen Dingen gewisse Bergketten, welche die Regen abhalten. So giebt es im Táchira eine bedeutende Wetterscheide in dem Bergland von Capacho, einem nur 1800 m hohen Rücken, der die Thäler des Torbes mit der Stadt San Cristóbal von der Senke von Cúcuta, San Antonio und Rosario scheidet. Diese Wetterscheide soll so scharf ausgeprägt sein, dafs man annehmen zu können meint, dafs, wenn es in Cúcuta regnet, in San Cristóbal trockenes Wetter herrscht und umgekehrt, was ich jedoch nicht als richtig verbürgen will. Jedenfalls scheint mir das Thal von San Cristóbal ein besonders feuchtes, regenreiches, fruchtbares, ja üppiges Klima zu besitzen, während Cúcuta ein trockenes, niederschlagarmes, heifses Klima hat.

Sicher ist der Einflufs der grofsen Trujillokette zu spüren, welche im Sommer die Regen von dem nördlich davon gelegenen Lande, dem eigentlichen Kern der Landschaft Trujillo, entfernt hält. Im Jahre 1885 vergingen fast der ganze Juli und August in Trujillo ohne ernsthaften Regen; erst Anfang September brach hier die Regenzeit mit einem furchtbaren Gewitter und wahrhaft kolossalen Wassermassen herein. Während ich in Boconó und am Südabhange der Cordillere andauernd im Wasser gewatet hatte, fiel in Trujillo kaum ein Tropfen Regen; die Bevölkerung klagte über den Verlust der Ernte, über Dürre ärgster Art. Die Grenze beider Zonen lag genau auf dem Kamme der Trujillokette in 3000 bis 4000 m Höhe. Ich konnte das sehr gut und deutlich bei dem Uebergange über den Páramo de la Cristalina bemerken, wo der südliche Abhang nach Boconó zu reich bewässert und fast schlüpfrig, der nördliche gegen Trujillo völlig dürr, verbrannt, versengt war.

Auch die nördliche Küstenkette übt einen ähnlichen Einflufs aus. Als ich Anfang Januar, also zur Trockenzeit, von dem Zulia-Walde aus über die Cordillere nach dem Mucutiesthale hinabstieg, fand ich einen ähnlichen Wechsel der Witterung, indem die nördlichen Abhänge der Cordillere von Regen gepeitscht wurden, während, sobald ich über den Kamm des Gebirges nach dem inneren Thal gelangte, trockene Witterung eintrat. Denn auch in der Trockenzeit hat der Nordabhang der Cordillere häufige Niederschläge zu erwarten, da der Passat über das Meer weht und die dort aufgesogene Feuchtigkeit an der hohen Randkette, auf die er hier stöfst, absetzt. Auf diese Weise kann man am Nordabhang zu allen Jahreszeiten auf Regen rechnen. Namentlich die höheren Teile des Nordabhanges sind sehr regenreich, und dies ist überhaupt ein Charakteristikum für alle hohen Ketten der Cordillere.

Man mag zu jeder beliebigen Zeit von dem tiefen Lande nach den Páramos hinaufsteigen, stets wird man auf Regen stofsen. Es vergehen nur wenige Tage im Hochgebirge, ohne dafs irgend ein, wenn auch nur geringes, Quantum von Niederschlägen fiele. Das Klima der Páramos ähnelt in dieser Beziehung häufig dem ganz Nordwest-Europas, ein Umstand, der dazu beiträgt, dem Europäer die Páramo-Natur anheimelnd zu machen. Aber die Regen im Hochgebirge verlieren hier schon ganz den tropischen Charakter: ein leiser Landregen fällt, Nebel ziehen an den Bergen einher, ein grauer Schleier liegt über der Landschaft; von grofser elementarer Gewalt der niederstürzenden Regenmengen, wie sie sich im tieferen Lande zeigt, ist hier nicht die Rede. Doch hat die fast tägliche, wenn auch nur geringe Menge der Niederschläge den Effekt, dafs das Gestein stark gelockert wird und infolge des nachts oft hinzutretenden Frostes sehr leicht zerfällt. Die Wege auf den Páramos sind daher meist aufserordentlich glatt, schlüpfrig, lehmig und schwer gangbar.

Je weiter man sich von der Cordillere aus gegen Osten entfernt, desto verschiedenartiger werden die Verhältnisse. Schon in der Cordillere selbst tritt die Regenzeit nicht überall gleichzeitig ein. In Trujillo beginnen die Regen gewöhnlich erst im Mai. Der Grund dafür liegt darin, dafs der Passat sich hier wegen der nördlicheren Lage später zurückzieht als in Táchira, und die Sonne den Zenith später passiert; daher treten die Regen in Trujillo später ein; auch hören sie früher wieder auf, als im Táchira, da der Passat hier früher wieder einsetzt als weiter südlich.

Denn es sind wesentlich die Winde, welche die Jahreszeiten mit sich bringen. Wenn die Sonne anscheinend von Süden gegen Norden wandert, so zieht sich mit ihr der trockene Passat nach Norden zurück, und die Cordillere fällt dann in das Gebiet der Kalmen, die Regen und Gewitter mit sich führen. Später, im September, Oktober, beginnt der NO.-Passat im Gefolge der Sonne wieder gegen Süden vorzurücken und ihm entspricht dann wieder die Trockenzeit von November bis April. Ähnlich dringt der entgegengesetzte Passat, der SO.-Passat, vor und bringt hier auch noch die Abhänge der Cordillere in seinen Bereich; nach erfolgter Rückkehr der Sonne zieht er sich dann ebenfalls wieder nach Süden zurück, und so bilden im Laufe des Jahres die Winde die Jahreszeiten, indem sie die Regen verhindern oder durch ihr Fernbleiben von der Cordillere denselben freies Spiel lassen.

Gegen Osten zu werden die Jahreszeiten etwas andere. In Barquisimeto und nach Carácas hin ziehen sich die beiden kleinen Regenzeiten, wie es der nördlicheren Lage entspricht, in eine gemeinsame Regenzeit zusammen; der Veranito de San Juan fällt weg, man zählt dann die Regenzeit von Mai bis November.

In Coro sollen nach Codazzi die Jahreszeiten ganz andere sein, und zwar beginnen dort die Regen im östlichen Coro im Oktober und dauern bis Mai, um dann der Trockenzeit Platz zu machen. Im westlichen Coro liegt eine ähnliche merkwürdige Umkehrung der Verhältnisse vor; doch ist dort die Summe der Niederschläge nur gering, insofern der Boden sehr undurchlässig ist, so daſs die Feuchtigkeit schnell wieder verdunstet. Infolgedessen wird im Osten eine reichere Vegetation ermöglicht als im Westen, zumal da die Gebirgszüge gegen Nordosten gerichtet sind und daher ihren Westfuſs von den Niederschlägen absperren.

Die Küste von Coro fällt nicht mehr in die Region der Kalmen, sondern noch im August in die Zone des Nordostpassats, der hier fast das ganze Jahr hindurch weht und gerade bei Coro in $10^1/_2$—12° NB. die Südgrenze seines Rückgangs nach Norden erreicht.

Eine Merkwürdigkeit in meteorologischer Beziehung ist von dem Nordabhange der Cordillere in den Wäldern von Zulia zu erwähnen. Hier sieht man, besonders in den Monaten der Regenzeit, ein heftiges Wetterleuchten, starke elektrische Entladungen in ununterbrochener Folge, so daſs der Himmel in einem unaufhörlichen Feuermeer aufzuflammen scheint. Diese Erscheinung heiſst im Volksmunde „El farol de Maracaibo“, der Leuchtturm von Maracaibo, weil man diese elektrischen Erscheinungen bei der Einfahrt in die Barre von Maracaibo als Führer benutzen kann. Die Schiffer, welche in dunkler Nacht vor die Barre gelangen, halten die Spitze des Schiffes den Blitzen zu. Auch von der Cordillere aus vermag man dieses natürliche Leuchtfeuer deutlich wahrzunehmen. Ich sah im April 1885, also zu Anfang der Regenzeit, von der Stadt Rubio im Táchira deutlich die ganze Nacht hindurch dieses regelmäſsig, fast taktmäſsig verlaufende Leuchten, das unaufhörlich die Nacht erhellte. Wo diese Erscheinung ihren Ursprung hat, hat bisher nicht genau festgestellt werden können, wahrscheinlich ist er an der Mündung der Flüsse Catatumbo und Zulia in dem ungeheuren Morast und Sumpf des Urwaldes zu suchen. Hier fallen ganz besonders groſse Wassermassen; hier ist die Verdunstung denn auch besonders stark, und die Luft erscheint mit Wasserdampf, namentlich in der Regenzeit, ununterbrochen gesättigt. Es scheint daher, daſs diese elektrischen Entladungen den genannten Umständen ihre Entstehung verdanken. Als Analogieen kann man zwei Fälle aus andern Tropenländern aufführen, nämlich einerseits von der Habana, andererseits von den Calimata-Inseln im javanischen Archipel, wo diese Erscheinungen auch ganz besonders häufig zur Regenzeit auftreten sollen.

Überhaupt sind die Gewitter in der Cordillere oftmals sehr groſsartig, und zwar teils an und für sich durch ihre Heftigkeit, teils aber auch wegen des gewaltigen Echos, welches nach den Donnerschlägen in den hohen Bergen ertönt und den Donner sowohl weit stärker erscheinen läſst, als er thatsächlich war, als auch die Dauer des einzelnen Schlages durch fortwährendes Rollen und Grollen in die Länge zieht, bis ein zweiter Schlag erfolgt, so daſs zuweilen für lange Zeit überhaupt keine Pausen in dem Knattern und Rasseln, dem Rollen und Brüllen des Donners wahrnehmbar sind.

Prachtvoll sind namentlich die Gewitter von hohen Standpunkten im Gebirge aus gesehen, obwohl man sich dann meist in dem Gewitter selbst befindet; allein es gewährt einen höchst interessanten Anblick, wenn ein Gewitter in einem Thale fortschreitet und unter allen Begleiterscheinungen, dem Aufwirbeln von Staub, heftigem Regen, Stoſswinden, Wirbelwinden und starkem Blitzen, dahinzieht. Ich habe zuweilen gesehen, wie ein Gewitter mit rasender Eile ein Thal hinauf- oder hinabzog, bis es sich an einem vorlagernden Querriegel staute und nun wieder rückwärts flüchtete. Meist lösen sich die Gewitter in leisen Regen auf oder erfüllen die umliegenden Berge mit Gewölk, das sich erst in der Nacht zerstreut. Im Thale von Carácas kommen die Gewitter meist von Ost und Südost, dem Laufe des Rio Guaire entgegen, herauf und stauen ihre Wolkenmassen an der Küstenkette.

Sehr selten habe ich Gewitter am Vormittag beobachtet, ebenso wenig früh am Morgen; ihre Hauptzeit ist von drei bis sechs Uhr nachmittags, doch auch bis Mitternacht. Feuerschäden habe ich niemals gesehen, noch auch von ihnen gehört. Die unangenehmsten Wirkungen des Gewitters sind für mich wie auch für die Venezolaner selbst stets die Überschwemmungen, das Austreten der Flüsse, die Vernichtung der gebahnten Wege, die Verwüstungen in Pflanzungen, das Wegreiſsen von Brücken, kurz, die durch das Wasser, nicht durch das Feuer, angerichteten Schäden gewesen. In der Regenzeit kündigen sich die Gewitter meist schon am Morgen durch groſse Hitze, schwüle Luft, ferner durch aufsteigendes bald weiſses, bald schwärzer gefärbtes Gewölk an, bis etwa um 12 oder 1 Uhr eine unheimliche Ruhe über das Land kommt, der um 2 oder 3 Uhr endlich der Ausbruch des Wetters folgt. Häufig tritt derselbe mit beispielloser Schnelligkeit ein, so daſs es kaum noch möglich wird, ein Haus zu erreichen.

Es dürfte hier am Platze sein, einige Bemerkungen über den Einfluſs des Klimas auf die Gesundheits-Verhältnisse zu geben.

Im allgemeinen kann man Venezuela als ein verhältnismäſsig gesundes Land bezeichnen. Es ist selbstverständlich, daſs in einem unter 2—12° NB. gelegenen, mit der denkbar üppigsten Vegetation ausgestatteten Lande tropische Fieber nicht fehlen, doch muſs einerseits gelten, daſs die südamerikanischen Fieber überhaupt im ganzen genommen nicht so gefährlich sind wie die afrikanischen, und daſs andererseits bereits viel für die Verbesserung der Gesundheitsverhältnisse gethan worden ist.

Wenn man in Deutschland von dem Klima Venezuelas spricht, so heifst dies nichts weiter als Klima der wenigen von Deutschen bewohnten Handelsplätze; denn über das Klima des Innern weifs man in Deutschland fast gar nichts. In Betracht kommen nur die Städte Carácas, La Guaira, Valencia, Puerto Cabello und Maracaibo als die hauptsächlichsten Sitze der Deutschen. Neuerdings sind noch einige kleine Orte im Innern, wie San Cristóbal, Tovar, Valera, sowie Cúcuta in den Gesichtskreis der Kaufmannschaft gezogen worden.

Es ist allerdings Thatsache, dafs das gelbe Fieber in früheren Jahren an der Küste Venezuelas grofse Verheerungen angerichtet hat; aber mit der zunehmenden Vorsorge der Behörden für die Hygieine sind manche Städte, in denen das gelbe Fieber und die Malaria-Fieber früher endemisch waren, nunmehr fast vollständig davon befreit. Namentlich Puerto Cabello hat seinen früher schlechten Ruf als völlig unberechtigt erwiesen, besonders seitdem der die beiden Teile der Stadt, Puente dentro und Puente fuera, trennende Meeresarm zugeworfen ist. La Guaira hat sich ebenfalls bedeutend gebessert, und auch Maracaibo halte ich für lange nicht mehr so gefahrbringend wie früher. Es kommt dazu, dafs die Kunst der Ärzte in den letzten Jahrzehnten aufserordentlich fortgeschritten ist, und dafs neue Methoden der Behandlung jetzt in vielen Fällen Leben retten, die in früherer Zeit bei der alten Art von Kuren verloren gegangen wären.

Maracaibo hat von jeher den schlechtesten Ruf unter den Küstenstädten Venezuelas gehabt, und auch jetzt noch ist das gelbe Fieber, die mit dem vomito negro, dem schwarzen Erbrechen, verbundene schärfste Form der südamerikanischen Fieber, dort entschieden noch endemisch. Allein der Prozentsatz der dort am gelben Fieber sterbenden Deutschen und Europäer sowie Nordamerikaner ist doch, meines Erachtens, sehr gering. Wenn man die Todesfälle der Deutschen während der letzten zehn Jahre überblickt, so ergiebt sich, dafs der gröfsere Teil der Verstorbenen nicht dem gelben Fieber allein, sondern anderen Krankheiten zum Opfer gefallen ist. Allerdings können junge Leute, welche frisch aus Deutschland anlangen, sich darauf gefafst machen, etwa einen bis drei Monate nach ihrer Ankunft, je nach der Jahreszeit, das gelbe Fieber zu bekommen und infolgedessen eine ziemlich lange Zeit körperlich aufserordentlich schwach zu bleiben; allein, wer kraftvoll und mit seiner vollen Widerstandsfähigkeit nach Maracaibo kommt, wird ohne Zweifel dem gelben Fieber Trotz bieten können. Wenn Todesfälle vorkommen, so sind sie sehr häufig durch die eigene Unvorsichtigkeit der Betreffenden veranlafst, indem diese Kranken teils nicht die notwendige Diät beobachten oder sich zu früh der Sonne oder dem Nachtwinde aussetzen, oder aber deshalb erliegen, weil sie bereits irgend eine andere Krankheit in sich tragen. Wer z. B. syphilitisch ist, vermag in der Regel dem Ansturm eines schweren Fiebers nicht zu widerstehen.

Sehr gefährlich und meines Erachtens mehr als das Fieber zu fürchten ist die Dysenterie, welche ebenfalls in Maracaibo nicht selten ist, und bald nach meiner Anwesenheit einen hoffnungsvollen jungen Württemberger dahinraffte, aber auch hier wieder nicht ohne Schuld seiner selbst, indem er, bereits in der Genesung begriffen, sich auf der Kegelbahn dem kühlen Abendwinde aussetzte; zwei Tage darauf starb er. Die Dysenterie ist deshalb vielleicht mehr zu fürchten als das Fieber, weil sie die Körperkräfte langsam, aber sicher untergräbt, mit der Zeit die Einnahme kräftiger Nahrung mehr und mehr unmöglich und auf diese Weise die Widerstandsfähigkeit auch ganz gesunder Menschen illusorisch macht, während das Fieber mit grofser, wahrhaft kolossaler Gewalt die Körperkräfte reduziert, dann aber nach glücklicher Überstehung der Krisis rasch verschwindet und den Kräften erlaubt, sich ebenso schnell wieder zu heben, wie sie herabgegangen waren. Und insofern ist das Fieber meines Erachtens besser und mit gröfserer Sicherheit zu überstehen, als die Dysenterie, weil ersteres heftig und akut verläuft, bei Anwendung der richtigen Mittel aber rasch beseitigt werden kann, während die Dysenterie immer wieder von neuem durch unzählige sich wiederholende Anfälle den Kranken schliefslich so schwächt, dafs auch ein geringer Anlafs genügt, um die Auflösung herbeizuführen.

Das gelbe Fieber ist ganz neuerdings zum gröfsten Erstaunen und Schrecken der Eingeborenen und Fremden in Gegenden vorgedrungen, welche es bisher nicht berührt hatte, und in Höhen eingeschleppt worden, in welchen man sich bisher völlig immun geglaubt hatte. Die Hauptstadt der Republik, Carácas, ist seit 1884 dem gelben Fieber geöffnet, obwohl sie ca. 920 m über dem Meere liegt. Meines Wissens hatte man in Carácas niemals vorher Epidemieen von gelbem Fieber gehabt, und bei meiner Ankunft daselbst stritt sich noch alle Welt darüber, ob die betreffende Krankheit, welche in kurzer Zeit viele Todesfälle herbeiführte, wirklich das echte gelbe Fieber sei oder nicht. Bei meiner Rückkehr nach Carácas, Ende 1885, gab es keinen Zweifel mehr darüber. Das gelbe Fieber war zweifellos in der Stadt und man konnte nicht mehr von einer „fiebre perniciosa“ sprechen, die von den Llanos eingedrungen sei. Diese Fieber hatten im Jahre 1884 den Rand des Karibischen Gebirges gegen die Llanos zu auf das Ärgste verwüstet;

namentlich die Orte San Juan de los Morros, San Sebastián de los Reyes, und Ortiz, sowie Parapara, im Jahre 1885 auch La Victoria im Thal von Aragua, waren in einer Weise mitgenommen worden, die das gröfste Elend herbeiführte und das tiefste Mitleid erzeugen mufste. Als ich trotz mancher Warnungen gleich am Anfang meiner Reise wagte in diese Fiebergegenden einzudringen, was mir auch nicht weiter geschadet hat, sah ich mit Schrecken die entsetzlichen Zustände, welche die Epidemie dort angerichtet hatte. Der Ort San Juan de los Morros war von 1200 Einwohnern auf 100 herabgesunken, teils infolge Todes, teils wegen erfolgter Flucht der Bewohner. Ähnlich erging es San Sebastián. In San Juan reichte der Friedhof nicht mehr für die Beerdigungen aus, man brachte die Toten in Hängematten nach den benachbarten Bergen, „al cerro“ und setzte sie dort aus. Die Ärzte waren machtlos. Ich glaube noch jetzt, dafs diese Epidemie das gelbe Fieber gewesen ist, da sie ganz ähnlich verlief, wie in Carácas, wo gleichzeitig schwere Verluste an Menschenleben erfolgten. Wenn dennoch nur wenige Fremde starben, so mag dies wohl in der besseren Ernährung und in der reinlicheren Lebensweise, sowie der stärkeren Widerstandskraft derselben seinen Grund gehabt haben; denn, wie alle Epidemieen, so räumte auch diese hauptsächlich unter der ärmeren Bevölkerung auf.

Die einzelnen Fälle verliefen meist sehr schnell und das Ende trat bald nach dem sogenannten „vomito negro“, dem „schwarzen Erbrechen“ ein. Wer davon befallen wurde, galt als aufgegeben, doch kamen einige wenige durch. Diese Krankheitsphase heifst auch „vomito prieto“, „braunes Erbrechen“.

Als Carácas eine Zeit lang von dieser Epidemie heimgesucht war, glaubte man, dafs die Krankheit nun bald abziehen würde, allein nach allem, was ich bisher gehört, scheint das gelbe Fieber sich in Carácas dauernd behauptet zu haben. Ob der Grund in den ausnahmsweise trockenen Jahren 1884/1885 oder in der Heuschreckenplage lag, welche die Brunnen und Wasserleitungen verpestete, wird schwer zu entscheiden sein. Jedenfalls wurde auf diese Weise das frühere Verhältnis, dafs Carácas gesünder sei als das an der Küste gelegene La Guaira, vollständig umgekehrt, so dafs ich im November 1884 nahe daran war, meinen Wohnsitz für die Zeit zur Vorbereitung meiner Reise nach La Guaira zu verlegen.

Ein ähnlicher Fall ist nach meiner Abreise im Jahre 1886 im Táchira eingetreten; plötzlich drang das gelbe Fieber in die Grenzlande zwischen Colombia und Venezuela ein, verheerte Cúcuta, dezimierte San

Antonio und richtete furchtbare Verwüstungen an. Leider habe ich nichts Näheres über diese Epidemie erfahren können und weiſs daher nur, daſs viele Menschen derselben zum Opfer gefallen sind.[1])

Sieht man von diesen auſsergewöhnlichen Fällen ab, so ist im allgemeinen Venezuela ein leidlich gesundes Land. Die Fieberdistrikte sind wesentlich auf die Küste, die Llanos und die groſsen Wälder im Tieflande beschränkt.

An der Küste sind es die Mangroven (Rhizophora Mangle), deren aus dem Wasser bis zu groſser Höhe herausragende Wurzeln allerlei Getier des Meeres, namentlich Muscheln und Krebsen, Obdach geben, die dann dort absterben und die Luft verpesten. Ungeheuere Mengen von Mangroven ziehen sich aber an der Küste entlang und bilden z. B. bei Puerto Cabello förmliche Schutzdämme gegen das offene Meer, so daſs der Hafen von Puerto Cabello ihnen seine Brauchbarkeit verdankt. An der Steilküste ohne Vorland, wie bei La Guaira selbst, fehlen sie. Dagegen befinden sie sich auch am Maracaibo-See und tragen auch hier zur Verschlechterung der Gesundheitsverhältnisse bei.

In den Llanos sind die Umgebungen der Flüsse besonders fieberreich, zumal wo abgetrennte Arme der groſsen Ströme stinkende Tümpel bilden, die faulendes Wasser enthalten und unter dem Einfluſs der brennenden Sonnenglut in Gärung übergehen; ebenso begünstigen die verwesenden Pflanzenteile und die sich zersetzenden Kadaver groſser Kaimans und anderer Tiere, soweit sie nicht von den Zamuros, den Aasgeiern, aufgezehrt werden, die Verpestung der Luft.

In den groſsen Wäldern der Abhänge der Cordillere und des Karibischen Gebirges sind es vor allem fast ausschlieſslich die verfaulenden Bäume, Stämme, Pflanzen aller Art, welche die Miasmen erzeugen. In diese ungeheueren Waldmassen dringen nur spärliche Sonnenstrahlen. Die Temperatur erhält sich dauernd auf etwa 30°. Die Pflanzen verwesen auſserordentlich rasch, ein dumpfer Modergeruch erfüllt den Wald und schlägt dem in denselben Eintretenden sofort deutlich merkbar entgegen. Das sind die Sitze des Malariafiebers. Zu ihnen gehören vor allen Dingen die gewaltigen Urwälder des Zulia, der Landschaft am Südufer des Maracaibo-Sees, die Randwälder der Cordillere, die Llanos von Monai in Trujillo, die West- und Ostufer des Maracaibo-Sees und das Waldland von dem Rio Tocuyo über die Mündungen der Rios Aroa und Yaracui bis nach der Stadt Puerto Cabello.

Doch bestehen auſserdem eine groſse Reihe lokaler Fieberherde,

[1]) Ende 1887 hat auch Trujillo, namentlich die Ortschaft Betijoque, schwere Epidemieen durchzumachen gehabt.

namentlich an den Unterläufen der Flüsse, wie am unteren Torbes, am unteren Motatán, am unteren Táchira, sowie am Südabhange in den riesigen Wäldern am Rande der Llanos, der Selva de Ticoporo, Selva de Turén und Selva de Camilo. Wer durch diese Gegenden reist, kann mit Sicherheit auf Fieber rechnen, und zwar sind alle diese eigentliche Malaria. Doch schwanken die verschiedenen Arten der Fieber ganz erheblich in der Dauer. Manche packen scharf an und verschwinden nach einigen Tagen spurlos; andere nisten sich gleichsam im Körper ein und brechen bei irgend welcher Unvorsichtigkeit oder Erkältung wieder aus; endlich giebt es die Wechselfieber, welche einen um den anderen Tag auftreten und den dazwischen liegenden Tag freilassen, so daſs sie als an jedem dritten Tage wiederkehrend im Lande „terciana" heiſsen. Mein Diener Manuel hatte einmal ein Fieber, welches er sich im Puerto Villamizar bei Cucuta geholt hatte, volle zehn Monate nicht wieder loswerden können und andererseits kenne ich Leute genug, die stets einen Tag krank, den folgenden ganz gesund und den dritten wieder krank waren.

Ich selbst litt viermal am Fieber; das erste Mal am heftigsten, dann immer schwächer. Einmal lag ich in der Nähe von Valencia in einem elenden kleinen Wirtshause drei Tage lang und schlief fast ununterbrochen, so daſs ich von dem Fieber nicht viel gemerkt und keinerlei Schmerzen gehabt habe, abgesehen von den Gürtelschmerzen, dolor de cintura, deren Vorhandensein ein meist sicheres Anzeichen von Fieber ist; meine Kräfte nahmen so rasch ab, daſs ich unmittelbar nach überstandenem Anfall nicht einmal von dem Zimmer ins Freie gelangen konnte, sondern wie ein Trunkener die Thür verfehlte. Darauf aber nahmen die Kräfte dann auch so schnell wieder zu, daſs ich bald darauf wieder völlig wohl war; die Natur sucht dann durch einen geradezu gewaltigen Appetit den Ausfall an Kraft wieder zu ersetzen.

Ein anderes Mal hatte ich in Tovar in der Cordillere einen starken Fieberanfall zu bestehen, der wahrscheinlich aus dem Zulia-Walde stammte, aber erst mehr als zwei Wochen nach meiner Durchreise durch jene Fiebergegend ausbrach. Am 7.—8. Januar hatte ich den Zulia-Wald passiert, am 25. Januar erfaſste mich ein Fieberanfall, der am 27. Januar stärker wiederkehrte, am 29. und 30. seinen höchsten Grad erreichte und am 31. gebrochen war. Wie rasch sich die Kräfte dann heben, geht aus dem Umstande hervor, daſs ich am 5. Februar schon wieder eine anstrengende Reise nach den Gebirgsdörfern Guaraque und Pregonero antrat. Damals behandelte mich ein gewisser Dr. Hernandez, der ursprünglich in Tovar Kommis im Hause Elias Burguera & Co. gewesen war, es aber einträglicher gefunden hatte Fieber zu kurieren;

er lebte nun unten am Escalante in Santa Barbara und kurierte mich, wie ich nicht leugnen kann, leicht, schnell und sicher. Allerdings hatte ich so beträchtliche Mengen Chinin zu schlucken, dafs ich mehrere Tage lang beinahe taub war.

Schliefslich fand ich bei einem späteren Fieber in Ortiz im Guárico einen kenntnisreichen Arzt, der mich mit allen Chicanen der neueren Medizin, mit Digitalin, Aconitin, Strychnin-Arseniat und Salicyl kurierte, indessen wenig Erfolg damit erzielte. Mir hat stets eine grofse Schwitzkur am besten geholfen. Gleich zum erstenmal, als ich gänzlich hülflos ohne Arzt nahe Valencia dalag, packten die Bewohner des Wirtshauses mich in eine Menge Decken ein und liefsen mich andauernd sehr heifses Zuckerwasser mit hineingeträufeltem Safte der Limon-Frucht trinken, was mir sehr gut that und von mir jedes spätere Mal wieder mit Erfolg angewendet wurde. Zudem ist dieses Mittel sehr billig, da Zucker fast nichts kostet und die Limonen von den Bäumen an der Strafse gepflückt werden können. Mein Diener führte stets ein gröfsere Menge dieser Früchte mit sich in den Satteltaschen.

Es ist als ein Irrthum anzunehmen, dafs das Fieber in den höheren Theilen der Cordillere nicht mehr ausbrechen könne; wer einmal den Stoff im Körper hat, der kann ebensogut in 2000 m Höhe wie in 200 m Höhe sein Fieber bekommen.

Im allgemeinen aber ist das Gebirge fieberfrei und die höheren Lagen desselben besitzen ein äufserst gesundes Klima. Es giebt namentlich in den mittleren Lagen, etwa um 1200—1800 m Höhe, wunderbar schöne Tage, warme Sonne, frische Nächte, kurz alles, was man von einem angenehmen Sommertage in Europa nur wünschen mag.

Die Stadt Merida liegt z. B. in der Höhe von 1640 m und hat infolgedessen eines der frischesten, schönsten Klimate der Cordillere, auch im Karibischen Gebirge giebt es solche angenehm kühle Bergstädte, wie Los Teques; und auch die niedriger gelegenen Orte mit schon heifserem Klima, wie San Cristóbal, sind sehr wohl für Europäer bewohnbar. Allerdings ist nicht zu leugnen, dafs, je länger man als Europäer in einem scharfen Tropenklima, z. B. dem von Cúcuta lebt, desto weniger Widerstandskraft behalten wird. Nach einer Reihe von Jahren fühlen die meisten die Notwendigkeit, eine Kur in Deutschland zu unternehmen, um sich von Nervösität, Schlaflosigkeit und allerlei kleinen, jedoch in ihrer Gesamtheit lästigen Übeln zu befreien.

In den höheren Strichen der Cordillere kann jedoch ein Europäer ohne jeglichen Schaden für seine Gesundheit sehr lange leben, und ich behaupte sogar, dafs im allgemeinen die Europäer das heifse, fieberreiche Tieflandsklima, wie z. B. dasjenige von Maracaibo, besser vertragen als die Eingeborenen, welche in der Tierra templada und Tierra fria geboren sind. Während der kurzen Zeit meiner Anwesenheit starben mehrere Meridenser in Maracaibo am Fieber und ebenfalls erlagen viele Studenten aus Merida der Epidemie in Carácas.

Nüchterne ruhige Lebensweise, ohne Excesse irgendwelcher Art, tägliche Bewegung, Vorsicht in der Diät und überhaupt in jeder Beziehung, das sind diejenigen Präservative gegen das Fieber, welche meines Erachtens mehr Wert haben als alle Medikamente.

Viertes Kapitel.

Die Cordillere.

Mit der Ankunft in Tovar hatte ich mein eigentliches Ziel, die Cordillere von Merida, erreicht und war dessen aufrichtig froh, da ich während meines Fieberzustandes in Valencia und auch später infolge der Kriegswirren kaum noch gehofft hatte, dieses Gebirge jemals erreichen zu können.

Allein nun war ich tief im Innern des Gebirges angelangt, gleichsam plötzlich mitten in dasselbe hineingeworfen, und ich glaubte mich mit einem Schlage in einen weit entfernten Teil Südamerikas versetzt. Die Umgebung der hohen Ketten, die eigenartige Landschaft der Cordillere, der verhältnismäfsig geringe Grad von Kultur, und namentlich die völlig von dem centralen Venezuela abweichende Bevölkerung, alles dies brachte den Eindruck des Neuen, Fremdartigen, Abgelegenen, Eigentümlichen hervor. Ich brauchte mehrere Wochen, um mich diesen Einflüssen zu entziehen und in der Cordillere festen Fufs zu fassen.

Die Cordillere von Merida, in Venezuela schlechthin „la Cordillera“ im Gegensatz zu dem östlichen karibischen Gebirge und Barquisimeto sowie Coro so genannt, hat in der That eine eigenartige fest geschlossene Stellung im Lande. Sie ist gleichsam die Citadelle Venezuelas und gleicht den innersten, am stärksten befestigten Teilen einer Festung; wenn wir in diesem Bilde bleiben wollen, so würden die Llanos das Glacis, und das östliche Venezuela die eigentliche befestigte Stadt mit Aufsenwällen in Gestalt der hohen Küstenkette des karibischen Gebirges und der Serrania del Interiór bilden.

Die Cordillere aber ist von allen Seiten aus fast sturmfrei. Wer Venezuela erobern wollte, würde in der Cordillere vielleicht sein Moskau finden; denn eine endlose Guerilla würde dort unausrottbar sein. Schon zur Zeit der ersten Entdeckung machte die Cordillere naturgemäfs die gröfsten Schwierigkeiten. Die Llanos konnten bequem durchmessen werden, Coro und Barquisimeto wurden gleich anfangs erobert, der Osten Venezuelas vermochte ebenfalls nicht lange dem Andrängen der Conquistadores zu widerstehen, wenn auch eine besonders kraftvolle und streitbare Bevölkerung dort sefshaft war — allein in die Cordillere drang man überhaupt erst spät ein.

Zum ersten Male soll allerdings schon 1531 ein gewisser Francisco Martin, ein Söldner Alfingers, die Cordillere durchzogen haben. Alfinger hatte von der Laguna de Tamalameque am untern Rio Cesár im heutigen Departamento Magdalena in Colombia eine Anzahl Soldaten gegen Osten zurückgesandt, um das im Laufe der Feldzüge zusammengeraubte Gold nach Coro zu schaffen, allein im Walde des Zulia hatten sich diese verirrt und waren alle bis auf den erwähnten Martin umgekommen. Martin hatte sich sodann in die Cordillere gerettet und war von dem Kaziken der dortigen Indianer in der Gegend von Merida freundlich aufgenommen und mit der Tochter desselben verheiratet worden. Als dann nach dem Tode Alfingers bei Chinácota im Jahre 1532 die Truppen desselben den Rückmarsch antraten, fanden sie ihren Genossen unter den Indianern vor und nahmen ihn mit sich zurück nach Coro. Diese Nachrichten sind jedoch durchaus nicht verbürgt und ebensowenig diejenige, welche die Gründung der Stadt Merida in das Jahr 1542 setzt. Auch eine andere Überlieferung, wonach Diego de Lozada 1547 vom Westen aus nach Merida gelangt sein soll, ist nicht stichhaltig.

Aber um das Jahr 1550 begann doch auch in der Cordillere die ernsthafte Besetzung durch die Spanier. Von Westen und Osten zugleich drangen dieselben ins Land und zwar zunächst nach Trujillo. Ein gewisser Diego Ruiz Vallejo gelangte 1549 nach Trujillo und Boconó. Der weitere Vormarsch nach dem Innern soll angeblich aus Furcht vor den kalten Páramos unterblieben sein, obwohl die Schneeberge schon gesehen wurden und lebhaftes Erstaunen erregten.

Doch erst im Jahre 1556 kam es wirklich zu einer Städtegründung. Die lachenden Thäler von Escuque lockten die Spanier; hier errichtete Diego Garcia de Paredes in dem genannten Jahre ein Fort und legte eine Besatzung hinein; allein die Excesse, welche diese an den umwohnenden Indianern beging, reizten letztere zum Widerstand, und Paredes sah sich genötigt, den festen Platz wieder aufzugeben. Aber schon im Jahre 1559 wurde der vorgeschobene Posten wieder besetzt und erhielt von Francisco Ruiz, dem Gesandten des Gutierrez de la Peña, den Namen Miribel. Dieser Name wich bald der ersten Bezeichnung Trujillo infolge des Auftretens des Don Pablo Collado.

Allein damit war die Stadt doch noch nicht endgültig gesichert; vielmehr zwangen Indianerunruhen und angeblich auch die Ungesundheit des Platzes die Spanier, ihre Gründung bald nach dem engen heifsen Thale von Trujillo zu verlegen, wo dann die Stadt endlich zur Ruhe kam und noch jetzt steht.

Um dieselbe Zeit erfolgte die Gründung der beiden andern Hauptstädte der Cordillere, San Cristóbal und Merida, und zwar von Westen her. Hier hatten die Spanier im Thale von Pamplona festen Fufs gefafst und drangen nun von dort aus gegen Osten vor. Der Justicia Mayor von Pamplona, Velasquez, beschlofs seine Machtsphäre auszudehnen und schickte den Juan Rodriguez Juarez oder Suarez mit 60 Mann und 84 Pferden nach der Cordillere. Derselbe entledigte sich seines Auftrages mit grofser Schnelligkeit, marschierte so eilig durch die jetzige Landschaft Táchira, dafs die Indianer von Capacho keine Zeit fanden ihn anzugreifen, überstieg die Ketten von La Grita und Bailadores und gelangte in das Thal von Merida; etwa neun Meilen von der Sierra Nevada gründete er 1558 die Stadt Merida im jetzigen Thale von Acequias. Allein auch in Venezuela war damals schon die Eifersucht unter den einzelnen Befehlshabern rege, und Juarez' Nebenbuhler Juan Maldonado bemühte sich denn auch so lange bei dem Justicia Mayor Velasquez, bis dieser ihm die Erlaubnis erteilte, den Juarez seines Kommandos zu berauben und seinerseits die Cordillere zu durchziehen. Juan Maldonado brach mit 50 Mann, 30 Pferden und 200 indianischen Hilfstruppen nach derselben auf, besiegte den Juarez und schickte ihn nach Pamplona zurück. Er entwickelte nun eine rege Thätigkeit in der Cordillere, verlegte die Stadt Merida nach dem jetzigen Orte im Chamathal und bekriegte die Timotesindianer, deren Wohnsitze vermutlich in der Gegend des heutigen Pueblo Timotes gesucht werden müssen. Darauf griff er auch die Cuicasindaner an, welche in Trujillo gesessen haben dürften, da westlich von Carache noch jetzt der Name des Dorfes Cuicas auf sie deutet. Dieses Unternehmen beweist, dafs im Jahre 1559 der Anschlufs der Eroberungen von Westen und von Osten her in Trujillo erreicht worden sein mufs. In den folgenden Jahren verlegte Maldonado seine Thätigkeit wieder in den Westen zurück und gründete hier im Torbesthal unter den Torososindianern die Stadt San Cristóbal an der heutigen Stelle. Maldonado ist daher als der eigentliche „Pacificador" der Cordillere zu betrachten.

Es scheint jedoch, als ob dieselbe die Spanier nicht allzusehr angezogen hätte, vermutlich wegen der geringen Menge edler Metalle und des völligen Mangels an Gold. Denn der Gang und die Schnelligkeit der Eroberungen und Neugründungen in Südamerika richtete sich damals nach dem gröfseren oder geringeren Quantum des gefundenen Goldes.

Im Westen ist mir nur eine Stadt bekannt, die noch im Laufe des 16. Jahrhunderts gegründet wurde; das ist La Grita, die schöne Bergstadt im Thale des gleichnamigen Flusses. Im Osten dagegen scheinen die Spanier energischer vorgegangen zu sein und die besten und fruchtbarsten Thäler besiedelt zu haben. So fallen die Gründungen der Städte Boconó, Mendoza, Tostós und der jetzigen kleinen Dörfer Motatan, Sabana Larga de los Truenos sowie Monai in das Ende des 16. Jahrhunderts. Endlich stiegen die Eroberer zu jener Zeit auch von der Cordillere herab und legten die ersten Städte in den Llanos an, nämlich Barínas 1580, Pedraza 1591 und ebenso am See von Maracaibo 1592 Gibraltar.

Damit war die Hauptarbeit gethan, das Land von allen Seiten aus in Besitz genommen und feste Plätze gegründet, von denen aus nun die Unterwerfung der Indianer und die Verbreitung spanischer Ansiedlungen in grofsem Stile betrieben werden konnte. Diese Bemühungen wurden ganz besonders durch die Ordenspriester fortgesetzt, welche seit dem Anfange des 17. Jahrhunderts in die Cordillere gelangten und hier zugleich die christliche Lehre und die spanische Nationalität ausbreiteten. Zu ihnen sind besonders die Brüder Dominikaner, Franziskaner und Augustiner zu rechnen, zu denen sich dann auch die Jesuiten gesellten, die jedoch im Jahre 1767 das Land wieder verlassen mufsten. Sie alle gründeten Orte im hohen Gebirge, wie Las Piedras, 1600, Timotes, das unter dem Namen Mucurujún schon lange als Indianerdorf bestand, 1619, sodann Niquitao 1625, La Ceibita am Maracaibosee 1635, El Burrero 1632, Tabai 1698, ferner wahrscheinlich auch Mucuchies, Mucurubá, beides Indianerdörfer. Im allgemeinen sehen wir aus dieser Zusammenstellung, wie die neu eingewanderten Patres und Soldaten die kühleren Striche des Hochgebirges bevorzugten, indem der gröfsere Teil der soeben genannten Ortschaften aufser Ceibita auf die Gegend um den Gebirgsknoten von Mucuchies, namentlich in das Chamathal fallen. Endlich entstanden im Westen der Cordillere im Táchira die Höfe La Yeguera an der Stelle des heutigen Rubio, und Lobatera, ferner das Dorf Tariba im Gebiete der gleichnamigen Indianer.

Im 18. Jahrhundert erfolgten nur wenige Neugründungen, wie denn überhaupt dieses Jahrhundert in den spanischen Kolonieen überall eine Stagnation, wenn nicht einen Rückgang hervorrief, dessen Folgen dann in den Unabhängigkeitskriegen klar zu tage traten. Nur wenige Ortschaften entstanden im 18. Jahrhundert, doch scheint namentlich Trujillo damals emporgekommen zu sein, wo Carache, Betijoque 1784, Burbusai

1721, Quebrada, Santana, La Mesa de Esnojaque 1738 gegründet wurden, während in der übrigen Cordillere mit Sicherheit nur San Pedro de Seboruco und Pregonero sowie El Cobre im Táchira, El Morro und Chiguará in der Seccion Merida in diese Zeit fallen.

Dagegen sind in unserem Jahrhundert denn auch die übrigen Landstriche in Angriff genommen worden, deren heiſses Klima, wie es scheint, im Anfang die Conquistadores abgeschreckt hatte. Dahin gehören Valera 1820, Escuque 1828, Torondoi 1830, Cuicas 1844, Ureña 1848, Colón, Palmira 1850, Zea 1853, Isnotú 1855, Chejendé 1868. Ferner wurden auch noch im höheren Gebirge Ansiedlungen gegründet, wie z. B. La Punta 1805, Campo Elias 1836, Bolivia 1840, Queniquea 1850, Las Mesitas 1854, sowie in gemäſsigten Strichen San Lázaro, La Concepcion 1810, Aricagua 1810, und andere.

Zu letzteren gehören auch Capacho Nuevo und Michelena, die den Erdbeben von 1875 bez. 1849 ihre Entstehung verdanken.

Da wir einmal von der Höhenlage der Ortschaften der Cordillere sprechen, so wollen wir hier darauf hinweisen, daſs ganz deutliche Unterschiede in den Höhenzonen vorherrschen, insofern gewisse Lagen ganz besonders gern ausgesucht worden zu sein scheinen. Es ist namentlich die Höhe von 800—1200 m, die eine sehr groſse Zahl von Ortschaften der Cordillere trägt und deren Klima wahrscheinlich für diese Auswahl maſsgebend gewesen ist. Fast alle gröſseren Kaffeedistrikte liegen in dieser Zone, und auch der Mais und das Zuckerrohr gedeihen hier am besten, während der Kakao nur in den unter 600 m Höhe liegenden Gegenden fortkommt. So finden wir denn unter 600 m nur sehr wenige Orte, und vor allem zeigt sich eine groſse Lücke zwischen 600 und 800 m Höhe.

Unterhalb von 600 m und bis 630 m liegen nur fünf Orte, unter denen allerdings die beiden Ausgangspforten der Cordillere im Nordwesten und Nordosten befindlich sind, nämlich Cúcuta mit 355 m und Valera mit 620 m; ferner gehören hierher San Antonio mit 455 m, Santa Cruz de Mora mit 590 m und Betijoque mit 630 m. Es sind dies also alles Städte und Dörfer an den Ausgängen der Cordillere, Handelscentren und äuſserste Stationen der aus dem Innern herausführenden Wege.

Nun folgt die bereits bemerkte Lücke, und erst mit 800 m Höhe beginnt eine neue Serie von Ortschaften, die fast alle in den inneren Thälern der Cordillere liegen. Hierzu gehören:

Colón 805 m, San Cristóbal 845, Trujillo 850, Rubio 860, San Lazaro 875, Tariba 880, Seboruco 905, Salazar 920, Tovar 960, Lobatera 985, Monte Carmelo 990, Mucuchachí 1000, Aricagua 1015, Cuicas

1040, Escuque 1075, Chejendé 1080, San Juán 1105, Lagunillas 1110, El Morro (Campo Elias) 1110, Geguines 1110, Humucaro Bajo 1165. Wir haben unter den genannten Ortschaften einige Hauptstädte der Cordillere wie Trujillo, San Cristóbal, Tariba, Rubio, Tovar, Escuque, Lagunillas, sowie auch zahlreiche Neugründungen, z. B. Colón, Rubio, Mucuchachí, Aricagua, Cuicas, Chejendé, Morro, ferner Salazar und Arboledas in Colombia. Dies beweist, dafs die fruchtbaren Höhenlagen von 800—1200 m ganz besonders auch in neuester Zeit zur Anlage von Städten gewählt werden.

Es ist nicht zu leugnen, dafs diese Höhenlagen auch in dem karibischen Gebirge mehrere gröfsere Städte besitzen, wie z. B. Carácas 922 m, Nirgua 820 m, und auch in Colombia liegen im Caucathal die grofsen Ortschaften Cali 1014 m, Buga 960, Cartago 912 in derselben Höhenzone.

Darauf folgt eine Reihe von Städten und Dörfern von ebenfalls grofser Bedeutung in den höheren Teilen der mittleren Lagen des Gebirges von 1200—1600 m; unter ihnen haben wir stark ackerbauende Städte wie Boconó, Carache, La Grita, Ejido, Capacho, kurz Orte von steigender Bedeutung, deren Hauptarbeitskraft namentlich auch hier noch der Kaffeekultur gewidmet ist. Hierher gehören Ejido 1215 m, Boconó 1225 m, Michelena 1230, Carache 1260, Mendoza 1265, Pregonero 1275, Capacho Nuevo 1295, Bolivia 1390, Capacho Viejo 1395, La Grita 1450, Tostós 1490, Quebrada Grande 1490, Borotá (Constitucion) 1505, Canaguá (Libertad) 1525 m.

Sodann folgen die bereits in den höchsten Teilen des gemäfsigten Landes gelegenen Ortschaften, meist von sehr geringer Bedeutung, doch die Hauptstadt der ganzen Cordillere, Merida, unter sich zählend. Alle diese liegen in den höheren Teilen der Flufsbetten der Cordillere, nur Santana nimmt als auf einem sterilen Höhenrücken erbaut eine Ausnahmestellung ein. Hierher gehören Merida 1630 m, Guaraque 1630, Queniquea 1640, Santana 1715, Bailadores 1740, Tabai 1760, Las Piedras 1805, Jají 1815, Jajó 1820, La Puerta 1835 m.

Endlich folgen darauf die kühlen Ortschaften der grofsen Höhen, die Bergstädte der Tierra fria, welche bereits des tropischen Charakters entbehren und namentlich in ihren Produkten wenig Ähnlichkeit mehr mit den vorher genannten zeigen, indem sie des Kaffees, Zuckerrohrs, Kakaos, der Bananen entbehren und dafür Weizen, Gerste, Kartoffeln, Erbsen, Bohnen und zahlreiche Knollenfrüchte bauen. Auch hier ist wieder der Gegensatz zwischen der Tierra templada und der Tierra fria durch eine starke Lücke ausgeprägt, welche zwischen der Höhe von La Puerta, 1835 m, und Timotes, 2055 m, besteht. Es sind im ganzen nur sechs Ortschaften aus den centralen Teilen der Cordillere, nämlich Timotes, 2055 m, Niquitao, 2240 m, Pueblo Llano, 2265 m, Mucurubá, 2510 m, Las Mesitas oder General Rivas, 2525 m, Chachopo, 2620 m, dazu Pamplona in Colombia, 2290 m, und schliefslich die höchste Stadt Venezuelas und der Cordillere, der Bergort Mucuchies in 3030 m. Diese sämtlichen Ortschaften haben schon halbwegs Páramo-Charakter, indem unmittelbar über ihnen die kühlen Páramos zu beginnen pflegen; Mucuchies selbst liegt zwar im Thale des Rio Chama, aber bereits oberhalb der Baumgrenze.

Doch giebt es auch oberhalb dieser Ortschaften noch Ansiedlungen im Gebirge, meist einzelne Viehhöfe oder kleine nur zeitweise bewohnte Häuser und Hütten, deren Bewohner meist von unsäglichem Schmutze starren, da die Kälte der Hochgebirge sie davon abhält sich zu waschen. In der Sierra Nevada befindet sich noch in der Höhe von 3150 m eine Hütte des Don Vicente Quintero aus Tabai, dessen Vieh auf den frischen Triften des Hochgebirges grast; allein dieser Rancho ist nicht dauernd bewohnt, sondern dient dem Besitzer nur als Zufluchtsort, wenn ihn Geschäfte auf die Nevada führen. Dagegen liegen im Chamathale noch in bedeutender Höhe ein paar Ansiedelungen, nämlich ein vollständiges Dorf in 3190 m, San Rafaél, oberhalb Mucuchies, das doch wohl noch an 40 Häuser besitzen mag, und bald darauf ein wichtiges Gehöft, Los Apartaderos, in 3270 m am Fufse des grofsen Páramo de Mucuchies oder Timotes an der Kreuzungsstelle der Wege von Barínas über die Callejones nach dem Páramo de Santo Domingo und von Trujillo über den Páramo de Mucuchies-Timotes nach Merida. Ja auch noch weiter aufwärts am Páramo findet sich an der Barro Negro (schwarzer Schmutz) genannten Stelle in 3645 m ein Haus neuerer Entstehung, in welchem jedoch niemand dauernd wohnt. Ferner besitzt das obere Mucujunthal verschiedene Häuser in grofser Höhe. Die letzten bewohnten Hütten, dem Herrn Quintero gehörig, traf ich dort in 2930 m Höhe, aber noch weiter aufwärts in einem ebenen Wiesenthale steht ein nur zeitweise bewohntes Haus auf dem Llano Malpaso in der Höhe von 3440 m.

Dauernd bewohnt sind also in Merida nur das Gehöft Los Apartaderos und das Dorf San Rafael, sowie die Stadt Mucuchies oberhalb von 3000 m; alle diese übertrifft jedoch in Trujillo eine in ungeheuerer Höhe gelegene Ansiedelung an dem Páramo de la Teta de Niquitao, etwa drei bis vier Häuser und dazu gehörige Ställe, in 3530 m Höhe, fast unmittelbar unter dem Kamme des Páramos. Sie liegen auf der Seite des Buratethales, sind einen sehr grofsen Teil des Jahres hindurch in Nebel gehüllt und gehören zu den elendesten, ärmlichsten, schmutzigsten und trostlosesten Ansiedelungen der Cordillere. Sie wetteifern nur mit den im ganz tiefen Lande liegenden Ranchos der Bewohner der grofsen Wälder des Südabhanges bei Guanare, Santa Barbara und Quiú, sowie vom Nordabhange nach Zulia hin; doch haben die Bewohner der heifsen Gegenden das vor denen der Páramos voraus, dafs sie infolge der Wärme dazu genötigt werden, sich öfter zu baden und zu waschen und daher wenigstens keinen so ganz argen Schmutz aufweisen, wie diejenigen des Hochgebirges.

Im allgemeinen liegen die Ortschaften der Cordillere in den Flufsthälern, auf den von den Flüssen gebildeten Schotterterrassen. Solche Orte sind Merida selbst, La Grita, Ejido, Guaraque, Queniquea, Bailadores, Tabai, Las Piedras, Timotes, Niquitao, La Mesa de Esnojaque, Las Mesitas, Mucuchies, Monte Carmelo, Mucuchachí, Boconó, Carache, Mendoza, Tariba, Rubio, San Cristóbal, Arboledas, Salazar, Trujillo, Pregonero. Ohne Schotterterrassen, jedoch in Flufsthälern erheben sich Cúcuta, San Antonio, Colón, Tovar, Aricagua, Escuque, San Lazaro, Quebrada Grande, La Puerta, Pueblo Llano, Pamplona. Andere wieder sind auf dem Gehänge der hohen Ketten gegründet worden, wie Jají, Jajó, Humucaro Bajo, Lagunillas, San Juán, El Morro (Campo Elias), El Morro an der Sierra Nevada, Tostós.

Ein geringer Teil liegt abseits von gröfseren Wasserläufen auf trockenen Berghöhen, wie z. B. Betijoque, Cuicas, Chejendé, Michelena, Capacho Nuevo, Capacho Viejo, Bolivia. Diese letzteren sind denn auch gegenüber den in gröfseren Flufsthälern gelegenen entschieden im Nachteil und ihre Entwickelung schreitet nur langsam fort.

Wer in die Cordillere eindringen will, findet mancherlei Schwierigkeiten. Die ganze Configuration der Cordillere erschwert das Betreten in hohem Mafse. Im Norden und Süden ist der Abfall überall steil, im Osten springen die kolossalen Páramos von Agua de Obispo gleichsam als Bastion oder vorgeschobenes Werk gegen Barquisimeto vor, im Westen geht das Gebirge allmählich in die Berglandschaft von Santander und damit in die colombianische Ostcordillere über. Die Cordillere von Merida erstreckt sich über den ganzen Westen des Landes als ein geschlossenes, scharf gegen die Umgebung abgegrenztes Faltungsgebirge und bildet in dieser Weise sozusagen die Citadelle der Republik.

Zwischen 7° und 9° 15′ N. B. und 72° 40′ und 69° 20′ W. L. gelegen, dehnt sie sich im allgemeinen in der Richtung WSW.—ONO. und SW.—NO. aus.

Ihre Längenausdehnung beträgt 300 km, ihre Breite vom Chamadurchbruch bis Quiú 170 km, an der schmalsten Stelle an der Einschnürung von Mucuchies allerdings nur 80 km. Die Cordillere von

Merida mufs als ein Zweig der colombianischen Cordillera oriental, des östlichen im Osten des Rio Magdalena gegen Norden ziehenden Andenzuges aufgefafst werden, bildet jedoch nicht die ganze Fortsetzung derselben, sondern entspricht nur dem östlichen Teile der Cordillera oriental, indem der westliche Ast derselben sich in nördlicher Richtung nach dem Staate Magdalena hinzieht und hier auf die Sierra Nevada de Santa Marta stöfst; die äufsersten Ausläufer des westlichen im Norden unter dem Namen Sierra de Perijá bekannten Gebirgsastes treten in die Halbinsel Goajira hinüber.

Dagegen wendet sich der östliche Zweig der Cordillera oriental gegen Nordosten, Ostnordosten und Osten und erreicht Venezuela im heutigen Táchira in Gestalt eines nicht sehr hohen Faltengebirges, um dann jedoch nochmals in Merida zu sehr grofsen Höhen anzuschwellen.

Der Punkt, wo die Cordillere von Merida von der colombianischen Ostcordillere abzweigt, kann am besten durch die Stadt Pamplona bezeichnet werden, welche in 2290 m am Rio Pamplonita dort liegt, wo die Grenze des altkrystallinischen Gneifs- und Schiefergebirges gegen die davor liegenden jüngeren sedimentären Randketten einher streicht.

Hier tritt zunächst eine Änderung im Streichen des Gebirges ein, indem dasselbe aus der nördlichen in die nordöstliche Richtung übergeht. Gleichzeitig beginnt die Cordillere sich zu erniedrigen und erreicht im Berglande das Táchira nur selten noch 2000 m. Zugleich tritt das krystallinische Gestein gänzlich zurück und macht dem ausschliefslich herrschenden Sandstein und Kalkstein der jüngeren Formationen Platz, welche den Táchira vollständig erfüllen. Endlich beginnt an der Virgationsstelle, der Stelle, wo das Gebirge sich in rutenförmige Äste spaltet, eine Senke, welche sich nach Nordost zu allmählich erweitert, zunächst in Gestalt der Senke von Cúcuta und der Flüsse Pamplonita, Zulia, Táchira eine Scharte im Gebirge bezeichnet, dann in der Fortsetzung derselben in Gestalt des Sees von Maracaibo, dessen Axe in der Verlängerung der Senke von Cúcuta liegt. In dieser Weise zieht die Cordillere nordostwärts und bildet nun dort, wo die alten krystallinen Schiefer und Gneifse wieder hervortreten, abermals gewaltige Höhen und zugleich mehrere hohe Ketten, die sich in ostnordöstlicher Richtung bis gegen den Kern des Hochgebirges bei Mucuchies erstrecken. Hier bietet die Cordillere den Anblick eines entschieden ausgeprägten Faltengebirges dar und beginnt eine Reihe von scharfen Ketten zu zeigen, welche im allgemeinen langsam und leicht gewellt gegen Süden auslaufen und in der Gegend des Rio Uribante und Rio Caparro-Aricagua niedrige parallele Rücken bilden, während im Norden sehr hohe Ketten in gewaltigen Abstürzen gegen den See von Maracaibo und das darangelagerte morastige Tiefland des Zulia abfallen. Hier zeigt die Cordillere im Norden die ungeheuere Culatakette und die Gneiſs- und Granitkette von Tovar, sowie die hohen krystallinischen Schieferketten vom Batallon und Agrias-Zumbador, während im Süden eine ganze Reihe von kleinen Vorketten überstiegen werden müssen, ehe man auf eine Höhe von 2500 m gelangt, die von Norden aus sowohl nördlich von Bailadores, wie auch nördlich von Ejido und Merida nicht nur sehr rasch erreicht, sondern auch beträchtlich überschritten wird.

Darauf trifft man auf ein kompaktes Centralgebiet in Gestalt des Páramo de Mucuchies und seiner weiteren Umgebung vom Pan de Azúcar im Norden bis zu den Abfällen des Páramo de los Granates und der Sierra de Santo Domingo im Süden; dieses centrale Hochgebirgsland besteht aus Granit und bildet den eigentlichen Kern, den Angelpunkt der Cordillere, um den sich alle Züge und Ketten gruppieren und an den sie heranscharen. Hier liegen die gröſsten Höhen des Gebirges, eine sehr groſse Reihe von Gipfeln mit mehr denn 4000 m Erhebung über den Meeresspiegel. Hier auch zeigt die Cordillere ihre geringste Breite, ihre gröſste Einschnürung, und von hier aus gehen denn auch gegen Osten zu abermals die Ketten in Virgation, d. h. in rutenförmiger Ausstrahlung auseinander.

Es bilden diese auseinanderlaufenden Bergzüge die Landschaft Trujillo, die östlichste der Cordillere; ihre Höhen sind zum Teil noch sehr beträchtlich, ihre Gesteine krystallinisch, woran sich ein jüngerer sedimentärer Mantel legt; die Ketten bilden drei gewaltige Züge, die Mendozakette im Nordwesten, die Trujillokette in der Mitte, die Llanoskette im Südosten, letztere zwei eigentlich ursprünglich einheitlich ein gemeinsames Gebirge bildend, aber durch tief einschneidende Fluſsthäler von einander getrennt. So ziehen sich diese hohen Ketten gegen Nordosten, drehen allmählich gegen Norden und erreichen ihre Endschaft an den ungeheueren Páramos von Agua de Obispo, welche schroff mit 1700—2000 m Abfall gegen Barquisimeto zu hinabstürzen. Hier endet die eigentliche Cordillere, wenngleich auch hier wieder eine rutenförmige Ausstrahlung neuerer niedrigerer Ketten eintritt, die das Hochland von Barquisimeto einschlieſsen, zum Teil nach Coro eindringen und endlich beim Zusammentreffen mit dem karibischen Gebirge ihr Ende erreichen.

Demgemäſs zerfällt denn auch die Cordillere in eine Reihe von einzelnen selbständigen Landschaften, deren Entwickelung in politischer Beziehung abweichend ist. Vor allem bewirkt das centrale Bergland von Mucuchies eine Trennung in zwei Teile, den Westen, Táchira und Merida, und den Osten, Trujillo.

Diese beiden Abteilungen haben einander stets, solange sie existieren, politisch fremd gegenüber gestanden, ja sie sind sogar mehrmals zu Feindseligkeiten übergegangen. Noch im Jahre 1884/85 drangen die Trujillaner unter dem General Araujo mit bewaffneter Macht in Merida ein, eroberten die Stadt Merida selbst und machten sich hier einer recht brutalen Gewaltherrschaft und Willkür schuldig, bis durch das Auftreten des Generals Eladio Lara aus Carácas der Friede geschlossen wurde. Unterdessen befanden sich die Truppen von Merida ihrerseits in Valera und hätten mit leichter Mühe die Stadt Trujillo einnehmen können, wenn es ihnen nicht an der nötigen Kühnheit gemangelt hätte.

Dieser Gegensatz Trujillos und Meridas liegt also in der Abgeschlossenheit und Trennung beider durch den grofsen Querriegel des Páramo de Mucuchies begründet, und er äufsert sich in Sitten und Gebräuchen, wie auch ferner im Dialekt; in Trujillo finden sich eine ganze Reihe von Provinzialismen, die in Merida und Táchira nicht gebraucht werden und umgekehrt. Im allgemeinen kann man sagen, dafs Merida und namentlich Táchira stark colombianische Sitten haben, während Trujillo mehr nach dem Osten der Republik gravitirt.

Die leicht zu bereisenden Zugänge von Colombia, dem Staate Santander, nach dem Innern der Cordillere von Merida haben die colombianischen Sitten von hier aus leichter und schneller eindringen lassen als die von Carácas und den Centralstaaten Venezuelas, also von Osten kommenden stark europäischen Verfeinerungen des Lebens. Infolgedessen ist der Westen, Táchira, Merida, ursprünglicher, patriarchalischer, markiger, kräftiger als der Osten und die Centralstaaten.

Trujillo nimmt eine eigentümliche Stellung ein; es ist abgeschlossen gegen Westen durch die hohen Gebirge um Mucuchies, gegen Osten durch die Páramos von Carache. Die Kultur ist daher von Westen kaum eingedrungen, von Osten zwar etwas mehr, aber doch auch nur spärlich. Die Trujillaner haben auf diese Weise einen selbständigen Entwickelungsgang durchgemacht und sahen sich meist auf die Maracaibo-Seite angewiesen, wenn sie frische Neuheiten der Kultur einführen wollten. Auch dadurch ist Trujillo in einen gewissen Gegensatz zu Merida und Táchira gelangt.

Übrigens gliedern sich beide Hälften der Cordillere wieder in besondere Abschnitte. Trujillo ist ein Land, welches des eigentlichen Centrums entbehrt: eine Reihe von Ketten laufen nebeneinander her und schliefsen zwischen sich Flufsthäler ein, ohne dafs jedoch ein Mittelpunkt von der Natur gegeben wäre; höchstens Valera ist auf dem Wege ein solcher zu werden.

So unterscheidet man auch in Trujillo wieder Einzelgliederungen, z. B. das fast ganz abgeschlossene Bergland von Carache, die Thäler des Boconó und des Rio Burate, das Gebirge um Mendoza und den Abfall der Cordillere um Valera, Escuque, Betijoque. Endlich treten die schwierig zu passierenden Vorberge der Trujilloketten mit ihren Orten San Lazaro, Quebrada, Burrero, Jajó selbständig auf und eine neue Randlandschaft von steigender Bedeutung entwickelt sich im Westen von Carache bei Cuicas und Chejendé.

Zu Trujillo sollten auch noch einige Dörfer, die im Osten des Páramos von Mucuchies liegen, gehören, da sie alle ihre Beziehungen besser zu Trujillo aufrechterhalten könnten als zu Merida: das sind Timotes und Chachopo, deren Thal, das des Motatán, sich ohne irgend einen Zweifel nach Trujillo hin öffnet; doch haben diese Dörfer von jeher, schon zur spanischen Zeit, zu der Abteilung Merida gehört, und die republikanischen Verfassungen und Territorialeinteilungen haben darin nichts geändert. Anders verhält es sich mit den Orten Pueblo Llano und Las Piedras, die ebenfalls östlich des centralen Hochgebirges von Mucuchies liegen, aber andererseits auch von Trujillo durch grofse Hochketten, den Tuñame und den Volcan abgesperrt sind. Sie besitzen eigentlich nur einen einzigen Ausgang, nämlich nach den Llanos von Zamora durch den fürchterlichen Weg der Callejones zum Rio de Santo Domingo. Zwar ist es auch möglich nach Merida zu gelangen über den Páramo de Santo Domingo, allein dieser Weg ist denn doch auch sehr beschwerlich und verlangt die Übersteigung des über 4000 m hohen Berglandes von Santo Domingo. So liegen die drei Orte Las Piedras, Santo Domingo, Pueblo Llano verloren am Fufse der riesigen Páramos, gehören aber noch zu Merida.

Die Landschaft Merida, oder wie sie offiziell heifst: die „Seccion Guzmán“ besitzt im Gegensatze zu Trujillo eine gemeinsame Lebensader, in der sich aller Verkehr konzentriert und um die sich die ganze Masse der kleinen und gröfseren Ortschaften schart. Das ist das Chamathal, welches die Landschaft Merida von Ost nach West durchzieht. In demselben liegen Mucuchies, Mucurubá, Tabai, Merida selbst, Ejido, San Juan, Lagunillas, Chiguará, auf den benachbarten Höhen Jajó, La Mesa, Pueblo Nuevo, Acequias. Kurz, alles gravitiert hierher; die südlich des Chama liegenden kleinen Dörfer im Gebiet der Vorketten, Aricagua, El Morro, Mucuchachí, Libertad (Canaguá) kommen in Bezug auf den Verkehr nicht in Betracht.

Auch das Mucutiesthal, welches noch zu der Landschaft Merida gerechnet wird, gehört noch zu den Tributären des Chamathals und man kann ohne Schwierigkeit über einen nur wenige hundert Meter hohen Bergrücken zwischen Estanques und Mucuchies aus einem Thale in das andere gelangen.

Dort, wo der Páramo del Portachuelo zwischen der Nordwest- und Südostkette am Rio Mucuties einen Riegel bildet, und die Quellen des Rio Mucuties auf der einen, die des Rio de la Grita auf der andern Seite trägt, da befindet sich die Grenze von Merida gegen den Táchira, angedeutet durch zwei Grenzsteine. Der gesamte Rest der Cordillere, westlich der Linie Páramo del Portachuelo — Pregonero ist die Landschaft Táchira, ein prachtvolles Stück Erde. Doch besteht auch der Táchira aus verschiedenen Gruppen von Landschaften, deren Gliederung auch hier wieder noch bis ins einzelne fortgesetzt werden kann. Vor allem ist ein Unterschied zwischen dem westlichen und östlichen Táchira hervorzuheben, welcher darin besteht, dafs die Westhälfte ein offenes relativ niedriges Bergland bildet, die Osthälfte ein kolossales Hochgebirge, die westlichen Ausläufer der Páramos der Centralkette des Batallon. Der grofse Zug der Páramos de las Agrias, Zumbadór, Callejon Colorado und Pino gehört zum östlichen Táchira und die Grenze dürfte durch eine Linie vom San Cristóbal nach Lobatera gebildet werden können.

Der östliche Teil des Táchira zerfällt wieder in einzelne Gruppen, wie das Bergland von La Grita, die Gebirge von Pregonero, ferner die Zumbador-Agrias-Gruppe mit den Ortschaften Cobre und Queniquea; endlich schliefst sich an das Hochgebirge im Süden das Sandsteingebirge am Uribante an, dessen weniger hohe Ketten und weniger scharfe Formen recht wohl einen starken Gegensatz zu dem Hochgebirge bilden.

Der westliche Táchira ist so sehr der Träger der kulturellen Stellung der ganzen Landschaft, und so bedeckt mit Ortschaften und Ansiedlungen, ja Städten, dafs der östliche Táchira mit der einzigen Stadt La Grita völlig dagegen wegfällt, und ich mich daran gewöhnt hatte, unter Táchira ganz unwillkürlich nur denjenigen Teil des Landes zu verstehen, der westlich der Grenzlinie Lobatera-San Cristóbal liegt. Dieser westliche Táchira kann nun auch wieder in eine Reihe von einzelnen Teilen zerlegt werden, unter denen sich das Bergland von Lobatera im Norden hervorhebt, welches durch die schöne, blauduftige Kette Mochileros von dem Torbesthal abgeschlossen ist. Dieses Torbesthal mit den gröfseren Städten Tariba und San Cristóbal bildet wieder einen Abschnitt des Táchira für sich, und eine ebenso selbständige Stellung darf dann auch das Gebiet von Rubio beanspruchen, während das Bergland von Capacho den Vermittler zwischen den drei vorhergenannten bildet. Endlich ist auch der Abfall des Táchira gegen die Senke von Cucuta wegen der grofsen Stadt San Antonio erwähnenswert.

Die Landschaft Táchira ist erst ganz neueren Datums, indem sie erst im Jahre 1856 errichtet worden ist, und zwar unter dem Namen

Estado del Táchira, Staat Táchira, ebenso wie auch die Seccion Guzmán damals Estado de Merida (Staat Merida) hiefs, und auch Trujillo in derselben Weise als Staat eine gröfsere Selbständigkeit besafs als jetzt. Erst im Jahre 1882 liefs der General Guzmán Blanco eine Vereinfachung der Territorialeinteilung Venezuelas eintreten und aus den drei Staaten Táchira, Merida (oder Guzmán) und Trujillo wurde nun der eine grofse Staat Los Andes, mit den drei Secciones Táchira, Guzmán (Merida) und Trujillo, deren Hauptstädte bez. San Cristóbal, Ejido und Trujillo sind, während der Sitz des Präsidenten des Gesamtstaates in Merida sich befindet.

Den drei Landschaften Táchira, Merida, Trujillo entsprechen nun auch drei Ausgangspforten nach der Küste zu, von denen zwei zu beiden Seiten der eigentlichen Cordillerenzüge, die dritte in der Mitte des langgestreckten Nordrandes des Gebirges liegen. Die hohen Ketten, welche den nördlichen Rand der Cordillere bilden, gestatten keinerlei bequeme Ausgänge aus derselben. Nur dort, wo im Westen die Virgation eintritt, unterhalb der Stadt Pamplona am Ufer des Rio Pamplonita öffnet sich das Gebirge in der Senke von Cucuta nach dem Tieflande am Maracaibo-See zu in geeigneter Weise. Hier ist es möglich, von dem genannten See zu Dampfer fast bis gegen den Rand des Gebirges bis zum Hafen Villamizar (San Buenaventura) bei Cucuta zu gelangen, 55 km von dieser Stadt entfernt. Eine Eisenbahn verbindet den Hafen Villamizar mit Cucuta, und von hier aus beginnt dann der gewohnte Maultierverkehr auf zum Teil recht schwierigen Pfaden nach beiden Seiten der Cordillere, nach Colombia (Santander) und dem Táchira in Venezuela. Diese Ausgangspforte benutzt denn auch der gesamte Handel der Landschaft Táchira. Kein Stück der Produkte des Táchira geht einen andern Weg, vielleicht mit der einzigen Ausnahme der Stadt Colón, welche einen Weg nach dem Hafen La Fria am Rio de la Grita besitzt, und auch Pregonero, die östlichste Bergstadt des Táchira gravitiert mehr noch Tovar als nach La Grita. Auch durch die hydrographischen Verhältnisse wird der Westen der Cordillere nach dem Ausgange am Rio Zulia gewiesen, insofern der Rio Táchira und der Rio de la Grita, welche samt dem Rio Lobaterita dem Zulia tributär sind, den gröfsten Teil der kultivierten Flächen der Landschaft Táchira entwässern. Auf diese Weise dringt der Verkehr des gesamten Westens nach Cucuta und dem Rio Zulia.

Ähnlich steht es mit der zweiten grofsen Ausgangspforte nach dem Maracaibosee; das ist diejenige am unteren Motatán bei Valera, Betijoque und La Ceiba. In der Gegend von Escuque verschwindet die Mendozakette, und zwischen ihr und der Trujillokette befindet sich ein Thor, durch welches der Rio Motatán seinen Ausgang nach dem Maracaibo-See nimmt. Doch ist hier im Osten der Flufs nicht Träger des Verkehrs, da er nur seicht ist und Dampfern keine sichere Fahrstrafse bietet, obwohl er schon bei San Gonzalo, einige Stunden unterhalb Valera schiffbar wird. Wenn auch der untere Motatán als künftige Lebensader für Trujillo gilt, so strömen einstweilen die Produkte Trujillos auf dem Landwege aus dem Gebirge heraus, indem sie in Valera gesammelt und von hier aus über Betijoque und Sabana de Mendoza nach dem Hafen La Ceiba durch Maultiere hinuntergeführt werden. Die Entfernung von Valera nach La Ceiba beträgt eine starke Tagereise, man überschreitet zunächst das Hügelland am Alto de Escuque bei Ponemesa, berührt Betijoque und zieht von hier aus hinab ins Waldland der Zulia-Ebene, bis man endlich den Hafen La Ceiba erreicht. Von diesem aus führte schon 1885 eine kleine Pferdebahn ein Stück landeinwärts; seitdem baut man an einer Eisenbahn, die den genannten Hafen mit dem Dorfe Sabana de Mendoza verbinden soll, welches am Fufse des Steilabfalls der Cordillere liegt. Hier wird es auch künftig noch nötig sein, sich dem Rücken der Maultiere anzuvertrauen, bis einst die Mittel der Regierung erlauben werden, die Eisenbahn etwa bis Valera oder bis an den Motatán fortzusetzen. Das ist die zweite grofse Pforte der Cordillere; ihr gehören ganz Trujillo und auch Teile von Merida an. Denn die Post von Merida geht nach Valera, weil die Strafse über den Alto de Mucuchies-Timotes zwar lang und beschwerlich, aber gut ist, und stets begangen werden kann, während die Linie Merida-Chiguará-Santa Barbara aufserordentlich schlecht zu bereisen ist. Von Merida nach Valera braucht der Postbote auf gutem Maultier zwei Tage, von Valera nach La Ceiba, unter Zuhülfenahme der Eisenbahn, einen Tag, also im ganzen drei Tage von Merida nach dem Hafen, und wenn das Schiff regelmäfsig abgeht, einen vierten Tag nach Maracaibo.

Dagegen erfordert die Route Merida-Chiguará-Santa Barbara bei günstigem Wege allerdings nur zwei bis drittehalb Tage, allein man kann nicht immer auf guten Weg rechnen, sondern man mufs darauf gefafst sein, in dem bodenlosen Morast des Zulia-Sumpflandes stecken zu bleiben, oder auch eine beträchtlich gröfsere Anzahl von Tagen darauf zu verwenden, und wenn auch der Postbote meist gut durchkommt, so ist doch der Verkehr für Maultiere äufserst schwierig.

Diese Route am Chamadurchbruch ist die dritte, mittlere, sehr schlechte Pforte der Cordillere, eine Qual für Mensch und Tier (s. S. 22/23). Daher ist denn auch der Verkehr auf diesem mittleren Ausgang am geringsten und beschränkt sich wesentlich auf den Handel mit Tovar, Bailadores, Chiguará, Zea, Geguïnes und allenfalls auch noch Lagunillas, Estanques und San

Juan. Man hat zwar auch hier Eisenbahnprojekte, indem man dem Chamadurchbruch entlang eine Bahn bauen und den Chama kanalisieren wollte, allein bisher ist nicht genügend Geld aufgebracht worden, um dieses Projekt der Verwirklichung näher zu führen. Allerdings läfst sich nicht leugnen, dafs, falls es einmal gelingen sollte, hier eine gute Verbindung nach dem Maracaibo-See herzustellen, damit dann auch das Herz der Cordillere, die fruchtbaren Thäler von Merida, Ejido und Tovar gut aufgeschlossen werden würden, so dafs von dem Bahnbau ein erheblicher Aufschwung erwartet werden kann.

Wenn man nun die Cordillere besuchen will, so hat man zwischen diesen drei Eingangspforten zu wählen, und zwar wird von den meisten Reisenden diejenige über Santa Barbara von vorneherein ausgeschlossen, so dafs nur die beiden über Cúcuta und Valera bleiben. Wer nun nach dem Táchira will, wählt unbedingt Cúcuta, wer nach Trujillo, reist über Valera. Auch die meisten, deren Ziel Merida ist, ziehen den Weg über Valera vor, so dafs dieser stark begangen ist; doch kommt für Cúcuta auch noch der gesamte Verkehr nach Colombia, dem Staate Santander hinzu.

Während diese Zugänge zur Cordillere nicht unbequem sind und von Jahr zu Jahr besser werden, sind alle Versuche, das Gebirge von irgend einem andern Punkte zu ersteigen, äufserst schwierig. Denn der ganze übrige Nordabhang besitzt nur äufserst halsbrechende Wege, wie vor allem z. B. von dem Puerto Arenales nach Jají über den Páramo Tambor, von Torondoi über den Pan de Azucar nach Merida und Mucuchies, endlich durch die Thäler des Rio Caus nach Trujillo. Man hat hier zunächst mit dem Sumpf und Morast, sowie der bodenlos üppigen Vegetation des Tieflandes, dann mit der Pfadlosigkeit in den wilden Wäldern der ersten Vorberge, endlich mit der Kälte, den Stürmen und der Obdachlosigkeit, Menschenleere und Unwirtlichkeit der hohen Páramos zu kämpfen.

Ähnlich liegt die Sache auf der Südseite. Hier führt nur ein allenfalls gangbarer Weg aus der Cordillere nach den Llanos, nämlich derjenige am Rio de Santo Domingo abwärts nach Barínas.

Die übrigen, von Merida über Aricagua nach Quiú und Pedraza, von dem Chamathal über Canaguá, Mucuchachí und den Rio Caparro nach Santa Bárbara, ferner von Mucuchies über den Alto del Fraile nach Curbatí und Pedraza, endlich von Niquitao über den Páramo de la Caldera oder von Boconó über den Páramo de los Rosarios nach Boconó de Zamora, sind fast vollständig ungangbar, zum teil schon aufgegeben und nur noch in der Trockenzeit zu begehen.

Doch giebt es auch westlich und östlich der eigentlichen Cordillere ebenfalls, wie im Norden, zwei Wege, deren Brauchbarkeit allerdings auch vieles zu wünschen übrig läſst, die aber immerhin doch häufiger von Maultierzügen, einzelnen Viehtransporten und Reisenden benutzt werden. Das eine ist der Weg von San Cristóbal über den Puerto Teteo nach dem Rio Uribante-Caparro und weiter nach dem Arauca, ein allerdings äuſserst beschwerlicher Weg, den jedoch alljährlich zahlreiche Rinderherden gehen, die von den fetten Triften der Llanos von Arauca nach San Cristóbal im Táchira getrieben werden. Der andere Pfad läuft im Osten am Rio Guanare aufwärts und umgeht hier die groſsen Páramos auf der Strecke Guanare-Sabana de Biscucui-Humucaro Bajo, dringt jedoch auf der Linie Guanare-Sabana de Biscucui-El Morro (Campo Elias) über einen nur 2100 m hohen Paſs, den Alto del Batatal, in die Cordillere ein. Endlich ist im Westen noch ein dritter Weg vorhanden, nämlich von San Antonio del Caparro nach Pregonero, über den ich nur so viel weiſs, daſs er sehr schlecht sein soll und auſserordentlich wenig begangen wird. Ist doch auch in der That der Handel der Central-Cordillere mit den Llanos recht gering und fast nur auf Vieh, Fische, Käse beschränkt.

Auch von Osten aus kann man die Cordillere erreichen und zwar auf dem Wege Tocuyo-Humucaro-Bajo-Carache, welcher jedoch ebenfalls in einem auſserordentlich schlechten Zustande ist und seiner vielen Steingerölle wegen ganz besonders gefürchtet wird. Er ist auch insofern anstrengend, als er die hohen Páramos von Agua de Obispo übersteigt, und wird auch deshalb vernachlässigt, weil der Handelsverkehr zwischen Carache und Tocuyo sehr gering ist, indem Carache seine Produkte nicht auf dem Landwege nach Osten, sondern auf dem Seewege La Ceiba-Maracaibo oder La Ceiba-Puerto Cabello zu versenden pflegt.

Von allen denjenigen, welche die Cordillere kennen, dürften wohl die meisten das Gebirge von der Seeseite, von Maracaibo aus, zuerst gesehen haben, und sie sind in einer Beziehung, nämlich wegen des groſsartigen Anblicks, daher jedenfalls glücklicher zu preisen als diejenigen, welche die Cordillere zuerst von der Landseite aus zu Gesicht bekommen. Denn letztere Reisende befinden sich bei der Annäherung an die Cordillere bereits auf einer mehr oder weniger bedeutenden Höhe von 200—300 m in den Llanos, von 1000 m bei Humucaro Bajo. Von diesem Orte aus sieht man die hohen Berge der Cordillere etwa 2000 m über den Standort emporragen, und auch von den Llanos aus erblickt man die Cordillere nicht in ihrer ganzen stolzen Schönheit: denn von Santa Barbara und Quiú aus muſs man tagelang reisen, bevor man auf hohe Ketten stöſst, und selbst von der Gegend von Guanare aus, wo die Llanoskette schroff und steil aufsteigt, bietet sich kein imposantes Bild dar. Denn hier steht man schon 200 m hoch, und die Cordillere erreicht etwa 4000 m, so daſs der Unterschied 3800 m ist, während man vom Maracaibo-See aus das Gebirge unmittelbar bis 4700 m Höhe aufragen sieht. Der Weg von Santa Barbara nach Tovar bietet in dieser Beziehung das Beste, weil sowohl von Valera wie von Cúcuta aus zumeist ein niedriges Bergland passiert werden mufs, ehe man an die höheren Ketten gelangt, während auf dem Wege Zulia-Tovar der Eintritt in die hohen Ketten mit sehr grofser Schnelligkeit erfolgt.

Einem jeden, der die Cordillere kennen lernen will, kann ich daher nur raten, sie quer gegen die hohen Ketten der Culata und Sierra Nevada von Norden aus zu besteigen.

Fünftes Kapitel.

Geologie.

Nachdem wir die Cordillere im allgemeinen kennen gelernt haben, müssen wir des Näheren erläutern, wie sie entstanden ist, wie sie sich zu dem östlichen Gebirge und zu ihrer Tieflandsumgebung verhält, und woraus die Gebirge des nördlichen Südamerika überhaupt zusammengesetzt sind; endlich wollen wir im Anschlufs daran einige mit der Geologie zusammenhängende besondere Erscheinungen, wie z. B. die dort vorkommenden Erdbeben und die heifsen Quellen besprechen.

Schon im ersten Kapitel haben wir gesehen, dafs drei hauptsächliche Oberflächenformen im nördlichen Südamerika vorkommen, nämlich das alte, relativ niedrige Urgebirgsmassiv, Tafelland und Hügelland von Guayana, die grofsen Ebenen am Orinoco und seinen Nebenflüssen, und endlich das Hochgebirge, die Cordillere und das Karibische Gebirge.

Diesen drei Abteilungen entspricht nun auch eine verschiedenartige Zusammensetzung des Bodens. Im allgemeinen mufs man für das nördliche Südamerika entschieden eine gewisse Einförmigkeit in den gebirgsbildenden Gesteinen konstatieren. Man findet dort nur vier der grofsen Formationen, welche die verschiedenen Perioden der Erdgeschichte bilden: nämlich die Urgebirgsformation und die Kreideformation, vielleicht auch die Tertiärformation. Dazu kommt dann das Diluvium und Alluvium, die jüngsten Schwemmbildungen.

Durch diese geringe Zahl der Formationen wird an und für sich schon Einfachheit hervorgerufen, da natürlich keine so verwickelten Verhältnisse eintreten können, wie z. B. im mittleren Deutschland, wo wir aufser den oben genannten Perioden auch noch die sämtlichen übrigen bekannten Formationen der Erdgeschichte vertreten finden, Silur, Devon, Karbon (Steinkohlen), Dyas (Kupfer- und Salzgebirge), Trias und Jura.

Als ein weiteres Moment kommt noch das fast völlige Fehlen der Eruptivgesteine hinzu, so daſs auch aus diesem Grunde die Verhältnisse der Bodenzusammensetzung im nördlichen Südamerika einfachere werden. Denn von den ungeheuren vulkanischen Massen, welche an vielen Stellen der Anden in Chile, Argentina, Peru, Bolivia, Ecuador und auch noch in Colombia gefunden werden, existiert in den Anden Venezuelas fast keine Spur.

Wirkliche Vulkane giebt es weder in der Cordillere von Merida, noch im Karibischen Gebirge, noch auch in Guayana. Dagegen sind neuerdings an einigen Stellen Venezuelas Beweise früherer vulkanischer Thätigkeit in Gestalt alter, vor sehr langen Zeiträumen hervorgebrochener Eruptivgesteine gefunden, z. B. in Guayana, wo das Vorkommen des Goldes an die Diabase und Diorite gebunden ist, Gesteine, deren Eruption in die älteren Perioden der Erdgeschichte fällt, die jedoch möglicherweise auch noch in der Kreidezeit hervorbrachen. Auch im Süden des Karibischen Gebirges bei San Juan de los Morros und Parapara, namentlich bei der kleinen Ansiedelung Flores finden sich ähnliche eruptive Gesteine, wie Diabasporphyrite und vielleicht auch Phonolithe, doch steht diese Stelle im ganzen Gebiete nördlich des Orinoco bisher isoliert da.

Dagegen kann man behaupten, daſs im übrigen Karibischen Gebirge keinerlei ältere oder jüngere Eruptivgesteine vorkommen, immer ganz abgesehen von den Graniten, die als Bestandteil der ältesten Erdkruste eine Sonderstellung unter den vulkanischen Produkten einnehmen.

Vor allem fehlen aber in der Cordillere von Pamplona bis Barquisimeto, sowie auch in den Ausläufern dieses Gebirges gegen Coro hin die eruptiven Gesteine vollständig und hierdurch erhält das westliche Venezuela einen ganz ausgeprägt nichtvulkanischen Charakter.

Ich glaube ausdrücklich auf diese Thatsache hinweisen zu müssen, da sowohl in Venezuela selbst, wie auch in Europa vielfach die irrige Ansicht verbreitet ist, daſs Venezuela ein stark vulkanisches Land sei, was sich wohl vermutlich darauf stützt, daſs einesteils der Glaube herrscht, die Anden seien ein durch und durch vulkanisches Gebirge, was gar nicht richtig ist, andererseits aber die Nähe der Antillenvulkane und die zahlreichen Erdbeben Anlaſs zu Vermutungen über die vulkanische Natur des Landes gegeben haben.

Es hat aber in der Cordillere niemals, in dem Karibischen Gebirge wohl nur an der einen Stelle bei San Juan de los Morros und Flores vulkanische Thätigkeit geherrscht; dagegen scheinen in Guayana zu Beginn der Kreidezeit, vielleicht auch zur Zeit der Bildung des alten Urgebirges Vulkane eine gewisse Rolle gespielt zu haben.

Wenn wir von den vulkanischen Gesteinen absehen, so bleiben uns nur drei der obengenannten Formationen, die archaeische oder Urgebirgsformation, die Kreideformation und das Tertiär, deren verschiedene Gesteine den gröſsten Teil der Gebirgsländer des nördlichen Südamerika zusammensetzen.

Im allgemeinen besteht die archaeische Formation oder das Urgebirge aus Gneisen, Graniten, Glimmerschiefern, Chlorit-, Talk- und Hornblende-Schiefern, Thonschiefern, eventuell auch Quarziten und krystallinischen Kalksteinen, die in Marmor übergehen können. Dazu treten hier und da Serpentine, die jedoch auch vielleicht aus den Gesteinen der Kreideformation durch Umwandlung entstanden sein können.

Die genannten Urgebirgsgesteine können nun von sehr verschiedener Art sein, insofern das Vorwalten eines der sie zusammensetzenden Mineralien sogleich einen andern Habitus verleiht. Doch ist wohl im groſsen und ganzen die oben angeführte Altersreihe zu konstatieren, indem die Gneise mit eingelagerten Graniten oder die Granite allein die ältesten Glieder, die Thonschiefer die jüngsten bilden. Man kann an verschiedenen Stellen der Cordillere von Merida, sowie auch des Karibischen Gebirges diese Aufeinanderfolge beobachten, die überhaupt für die Ablagerung der archaeischen Formation auch in anderen Ländern charakteristisch ist.

Natürlich kommt es oftmals vor, daſs eines oder das andere Glied dieser Reihe fehlt, und aus einer andern Gegend ergänzt werden muſs, wie denn überhaupt die Auffindung guter Aufschlüsse im Gebirge mehr oder minder Sache des Zufalls und nur selten der Berechnung ist, und Schluchten, Fluſsdurchbrüche allein das Material zum genaueren Studium der Zusammensetzung der Gebirge abgeben; diese Durchbrüche erweisen sich jedoch oft ebenfalls als unbrauchbar für geologische Forschung, da man sie nicht passieren kann, insofern die Wege und Straſsen im ganzen spanischen Amerika meist nicht durch die Fluſsdurchbrüche, sondern zur Seite derselben über die nächsten Ketten hinweg führen. Steinbrüche giebt es, auſser bei Carácas, im ganzen Lande überhaupt nicht, da die Häuser heutzutage nicht mehr aus Stein, sondern aus zusammengebackenen Steinen, Kieseln, Schlamm, Cement und Sand hergestellt zu werden pflegen, oder auch aus Rohr, Ried, Schilf, Palmstroh und Holzarten bebestehen. Es ist daher stets ein besonderer Glücksfall, wenn es gelingt, einen guten Aufschluſs einer Wand oder eines Berges aufzufinden; denn die Einwohner begreifen nicht, was man treibt, und führen den Reisenden gewöhnlich nur dahin, wo ihrer Ansicht nach ein Metall oder Kohle oder sonst ein angeblich abbauwürdiges Bodenprodukt ansteht.

Die einzelnen Glieder der archaeischen Formation wechseln natürlich auch in horizontaler Beziehung. In der Cordillere sind z. B. die Thonschiefer aufserordentlich weit ausgebreitet, in Guayana der Granit, in dem Karibischen Gebirge die Quarzite und die Glimmerschiefer. Der Gneis bildet in der Cordillere an sehr vielen Stellen die Unterlage, während im Karibischen Gebirge Glimmerschiefer zu dominieren scheint, in welchem zahlreiche Gneis- und Granitmassen linsenförmig eingelagert sind. In Guayana wieder wechseln der Gneis und Granit mit Decken und Lagern, auch wohl Stöcken von „Grünsteinen", Diabasen, Dioriten u. s. w., die sich durch die ursprüngliche Kruste einen Weg bahnten und in Form von Decken über denselben zur Ablagerung kamen.

Man hält einen grofsen Teil der Gneise, Schiefer und Quarzite für metamorphosiert, das heifst für sekundärer Entstehung. Man glaubt, dafs sie nichts weiter sind, als Kalksteine und Sandsteine, sowie Thone und Mergel der jüngeren Perioden, z. B. der Kreidezeit, und dafs sie durch vulkanischen Druck bei der Bildung des Gebirges oder auch durch chemische Einflüsse zu Schiefern geworden sind, so dafs sie nun der archaeischen Formation anzugehören scheinen, während sie doch thatsächlich der Kreide- oder irgend einer andern jüngeren Formation zugehören. Diese Vorkommnisse sind sehr interessant, aber sehr schwierig zu erweisen, und man sollte nur dann derartige Erklärungen geben, wenn deutlich alle Übergänge aus einem Gestein in das andere vorliegen. Für Venezuela kann ich, obwohl Karsten auch dort einen grofsen Teil der Schiefer und Gneise für metamorphischen Ursprungs angesehen hat, doch durchaus keine Beweise für die Umwandlung beibringen und hüte mich daher wohl, diese letztere zu behaupten, da man ebensowohl ohne dieselbe auskommen kann.

Über diesen Graniten, Gneisen, krystallinischen Schiefern liegt nun in allen Gebirgsgegenden Venezuelas ein gewaltiges System von weifsen, rothen und gelben Sandsteinen, graublauen bis dunkeln bituminösen Kalksteinen und Mergeln, sowie Thonen, welche der Kreideformation zugerechnet werden. Die Kreideformation ist die jüngste Periode des Mittelalters, der mesozoischen Zeit der Erde und hat ihren Namen von der in Deutschland, England und Frankreich in ihr massenhaft auftretenden Kreide. Diese fehlt allerdings in Venezuela ganz, aber die Formation hat nun einmal ihren Namen erhalten, und wir haben denselben einfach zu acceptieren. Was an Gesteinen der Kreide in Venezuela vorkommt, entspricht, wie es scheint, den mittleren und zum Teil den oberen Stufen der europäischen Kreide. Namentlich haben die Sandsteine bedeutende Ähnlichkeit mit denjenigen des Elbsandsteingebirges, der sogenannten sächsischen Schweiz. Doch führt die Kreideformation Venezuelas leider nur wenige Petrefakten, die auch noch obendrein häufig undeutlich erhalten und verwischt sind, so dafs die Bestimmung schwer fällt. Nur einige wenige Fundorte, wie z. B. Barbacoas bei Tocuyo und Capacho im Táchira besitzen einen gröfseren Reichtum an Versteinerungen. Es ist daher schwer, die Kreide Venezuelas direkt in einzelne sicher begrenzte Stufen, Etagen einzuteilen, wie es an andern Orten geschieht. Auch bedürfte es zu einer derartigen Arbeit weit genauerer Studien, als sie einem Reisenden bei der Notwendigkeit genereller Untersuchungen zur Erlangung eines vorläufigen allgemeinen Überblicks möglich sind.

Die Kreideformation besteht vor allem aus gewaltigen Bänken weifsen Sandsteins, welche die Ränder der Cordillere und des Karibischen Gebirges umsäumen, aber auch in den Höhen, ja in der Culata-Kette bis 4500 m hinaufreichen. Diese weifsen Sandsteine würden, wenn man überhaupt aus Stein baute, ein vorzügliches Material zum Bauen abgeben. Die Sandsteine der Kreide bilden meist kantig abfallende Gipfel, deren klotzartige Gestalt an die „Steine“ der sächsischen Schweiz erinnert und in dem Roraima an der Grenze von Venezuela, Brasilien und Englisch-Guayana ihre kolossalste Verkörperung findet. Auch namentlich im Gebirge von Cumaná und Caripe im Osten Venezuelas scheinen die weifsen Sandsteine aufzutreten, dagegen fehlen sie fast vollständig in der Gegend von Carácas und Valencia, im westlichen Abschnitte des Karibischen Gebirges und in Barquisimeto.

Die Kalksteingipfel sind in der Cordillere meist schroff und schwerer ersteiglich als die bis in die Schneeregion hineinragenden Gneis- und Granitberge des centralen Hochgebirges. Sie sind zum Teil stark zerklüftet und geben an dem Nordrande zu Karstbildungen Anlafs; mehrere Flüsse, z. B. der Rio Capaz, scheinen, soweit man den Angaben der Bewohner trauen darf, unterirdisch zu fliefsen, und vor allem sind es die gewaltigen Höhlen der Guacharos, im Gebiete der Chaymas-Indianer bei Cumaná, deren Ruhm durch Alex. v. Humboldt und neuerdings durch Prof. A. Goering verkündet worden ist. Diese Kalksteine sind zum Teil durch das Wasser zu phantastischen Formen ausgewaschen, oder sie starren nur noch in einzelnen letzten Resten auf. Solche sind die Morros de San Juan und de San Sebastian am Südrande des Karibischen Gebirges, deren schroffe bis zuckerhutförmige Spitzen und Klötze von einem grofsen Teile der Ketten dieses Gebirges aus sichtbar sind. Sie erheben sich aber vom Urgebirge aus Schiefer und alten Eruptivgesteinen zu einer nicht sehr bedeutenden Höhe von etwa 800 m absoluter, 300 m relativer Erhebung über den Meeresspiegel, sind nichts anderes als Erosionsprodukte, letzte Reste einer früheren Meeresbedeckung und vielleicht frühere Klippen an der Küste des Llanosmeeres, welches möglicherweise bis an den Rand der Serrania del Interior vordrang. Sie sind schwer zu ersteigen und tragen ein wenig Buschwald. An ihrem Fuſse rinnen kleine Quellen aus dem Boden.

Das ganze Karibische Gebirge besitzt nur noch geringe Reste von Kreidebedeckung, mit Ausnahme des Ostens. Ebenso scheinen ihm fast völlig die tertiären Gesteine zu fehlen, welche ich in der Cordillere an manchen Punkten fand, und die auch im Osten Venezuelas bei Cumaná, Cariaco u. s. w. vorkommen dürften.

Diese tertiären Gesteine sind braune Sandsteine mit Feuersteinen, Nieren und Knollen von Thoneisenstein, ferner lichte Kalksteine, Thone und Kohlenschiefer, die zum Teil kleine, wenig mächtige Kohlenflötze führen. Auch finden sich Gyps, Alaun, Salze, Eisenvitriol und Ocker in dieser Formation, welche namentlich die Grenzlandschaft des Táchira zwischen Venezuela und Colombia einnimmt. Ob auch das Petroleum zu dieser Formation oder zur Kreide gezählt werden muſs, ist mir nicht bekannt.

Die Tertiärformation ist überhaupt nicht vollkommen sicher bestimmt; vielleicht gehören die hierher zu rechnenden Ablagerungen noch in die Kreidezeit. Denn es giebt leider keine Versteinerungen von genügender Beweiskraft für die eine oder die andere Periode. Nach den Zusammenstellungen von Gesteinen, die Wall für Trinidad für die Tertiärperiode angiebt, muſs geschlossen werden, daſs, was Wall in Trinidad mit Sicherheit als Tertiärzeit bestimmt hat, unseren hier in Rede stehenden Gesteinen entspricht.

Die Tertiärformation ist im Táchira vor allen Dingen in dem Cerro de Oro aufgeschlossen, einem etwa 1300 m hohen Berge zwischen den Flüssen Quinimarí und Torbes; dieser Berg wird durch eine Quebrada, einen kleinen Bach, vollständig aufgeschnitten und läſst dann in der beschriebenen Formation auch gröſsere Lagen goldgelben Schwefels sehen, die von der Bevölkerung für Gold erklärt worden sind und dem Berge den Namen „der Goldberg“, Cerro de Oro, verschafft haben.

Im übrigen dehnt sich die Tertiärformation auch auf dem Nord- und Südrande der Cordillere aus, jedoch weniger auf dem letzteren. In dem Karibischen Gebirge haben wir sie kaum, und ob sie in Guayana über der Kreide auftritt, ist sehr zweifelhaft.

Diese Formation ist die jüngste, welche noch von der Aufrichtung der Gebirge betroffen worden ist. Auf sie folgt die Diluvial- oder Quartär-Zeit, in welcher sich die groſsen Ebenen, die Llanos, gebildet zu haben scheinen, wenngleich angeblich unter dem diluvialen Detritus auch noch tertiäre Schichten liegen sollen, so daſs man annehmen muſste, dafs die Llanos durch ein Meer gebildet wären, welches zur tertiären Zeit die Cordillerenränder bespülte.

Es liegen mancherlei Anzeichen vor, dafs das Meer der Llanos an den Cordillerenrand herantrat; bei Araure, Acarigua und Agua blanca am Rio Sarare findet sich eine förmliche Bucht des früheren Meeres an der Boca del Llano, den Höhen von Guacamayo bei Margarita und Los Javillos. Hier weisen auch zahllose Guanolager darauf hin, dafs die in den Kalksteinen der äufsersten Vorberge der Cordilleren befindlichen Höhlen von Vögeln und Fledermäusen bewohnt waren; vielleicht lagen hier die Nistplätze und Brutstätten der Seevögel.

Die Quartär- oder Diluvialformation ist auch in Venezuela durch das Vorkommen riesiger fossiler Tiere ausgezeichnet, deren Knochen in dem Lehm der Flufsthäler begraben liegen. Namentlich das Megatherium, ein fossiles Riesenfaultier, lebte bei Barbacoas, bei Cúcuta und an einigen Stellen in der Landschaft Coro. Bei Cúcuta grub ich zahlreiche, leider schlecht erhaltene Reste des Megatherium aus; bei Barbacoas fand ich auch Toxodon, Glyptodon und Pferdearten. Glyptodon ist ein gewaltiges Gürteltier, von dessen Panzer zahlreiche Stücke gefunden wurden.

In den Flufsthälern der Cordillere befinden sich zahlreiche Mesas, Schotterterrassen, gewaltige Anhäufungen von Geröll und Geschieben der Flüsse, zum Teil, wie die Mesa de Merida, fast 200 m hoch und 17 km lang. Diese Schotterterrassen sind wahrscheinlich in einer Periode der Diluvialzeit entstanden, als die Niederschläge im Gebirge reichlicher waren als jetzt, der Frost gröfsere Kraft entfaltete, um das Gestein zu zersprengen, und die Wasserkraft der Flüsse gröfser war. Die Schotterterrassen scheinen derjenigen Periode zu entstammen, welche in Europa und Nordamerika als Eiszeit bekannt ist.

Nicht damit zu verwechseln sind die Konglomerate, welche an zahlreichen Stellen der Cordillere zwischen dem archaeischen Urgebirge und dem Kreidesandstein gelagert sind, und bis zu 700 m Mächtigkeit erreichen. Die Konglomerate, deren hauptsächlichstes Verbreitungsgebiet im Chamathale in der Cordillere liegt, deuten auf das Vorhandensein eines Strandes hin, auf welchem das Meer die Gerölle bewegen und durch Sand und Schlamm miteinander verkitten konnte. Man mufs daher annehmen, dafs die Konglomeratbänke zu einer Zeit gebildet wurden, als das Meer im Vordringen war gegen eine in der heutigen Cordillere befindliche Küste, deren Umrisse die alten Urgebirgsketten andeuten.

Aus den eben erläuterten Verhältnissen der Formation ergiebt sich nun folgendes für die Geschichte Venezuelas.

Zuerst bildeten sich in dem heutigen Guayana, in dem Karibischen Gebirge und der Cordillere die Gneise, Granite und Schiefer der archaeischen Zeit, als Teil der frühesten Erdkruste; wahrscheinlich liegen ähnliche Gesteine tief unter den Llanos und bilden dort den Übergang von Nordvenezuela zu Guayana.

Diese Gneise, Granite und Schiefer ragten als Festland aus dem sie umgebenden Meere hervor, und wurden vielleicht schon in früher Zeit zusammengefaltet, gingen also in den Charakter eines Gebirges über.

Sehr lange Zeit mufs verstrichen sein, ehe das Meer wieder über diese Festlandsbildungen hinübertrat. Denn wir finden, wie oben bemerkt, in Venezuela keine Spur von den älteren sedimentären Perioden, Silur, Devon, Karbon, Dyas, Trias, Rhät und Jura. Während dieser gesamten Zeit müssen die archaeischen Teile der jetzigen Cordillere und des Karibischen Gebirges Festland gewesen sein, und die lange Entwicklung der organischen Wesen in den Meeren der Vorzeit kann nicht an ihnen studiert werden; und wenn es Landpflanzen und Landtiere gab, so ist uns auch von ihnen nichts überliefert geblieben.

Durch den Einflufs der Niederschläge und die Erosion des Wassers, des Windes, sowie die allgemeine Verwitterung mufs das damalige Festland des jetzigen nördlichen Venezuela stark abgetragen, erniedrigt und verkleinert worden sein, auch können Spuren etwaiger früherer Meeresbedeckung in Gestalt älterer sedimentärer Gesteine ebenfalls durch Meer, Flufswasser und Regen gänzlich hinweggespült worden sein, ebenso wie z. B. am Südrande des Karibischen Gebirges die Kalksteine der Kreide grofsenteils entfernt worden sind und nur noch in geringen Resten in Gestalt der Morros de San Juan und de San Sebastian, sowie einzelner Schollen auf den Höhen der beiden parallelen Ketten, z. B. bei Valencia und am Potrero zwischen Nirgua und Miranda erhalten geblieben sind.

Nachdem also die archaeischen Urgebirge des nördlichen Südamerika lange Zeit trocken gelegen hatten, erfolgte zu Beginn oder gegen die Mitte der Kreidezeit, also erst zu einer Zeit, wo die Entwicklung der organischen Wesen schon über die grofsen Saurier der Jurazeit hinausgerückt und die Vögel bereits zahlreicher aufgetreten waren, eine grofse Meeresbewegung, ein allgemeines Ansteigen des Wasserspiegels, oder wenn man will, eine allgemeine Senkung des Landes, eine Erscheinung, welche in ihrer grofsen Verbreitung über die ganze Erde unserer bisherigen Kenntnis nach einzig dasteht.

Die Ablagerungen der Kreidezeit legten sich an die Ränder der alten Urgebirgsscholle, deren Strandgeröll vom Meere in Gestalt von groben Breccien und Konglomeraten zusammengeschlämmt wurde. Die oben genannten Sandsteine, Kalksteine, Mergel, Thone und Schiefer der Kreide mit ihrer Fauna von Ammoniten, Exogyren, Carditen und anderen charakteristischen Tierformen erheben sich im Norden und Süden des

Cordillerengerüstes, erfüllten die Ränder des Karibischen Gebirges im Süden und wahrscheinlich auch in dem jetzt versunkenen, im Karibischen Meere begrabenen Norden dieses alten Faltengebirges; sie bedeckten in Form flacher Tafeln auch die granitischen Grundgebirge Guayanas und überschwemmten wahrscheinlich auch den Raum zwischen dem Orinoco und dem gebirgigen Nord-Venezuela; unter den Geröllen, Sanden und Thonen der Llanos darf man die Kreideformation vermuten.

Diese ungeheure Invasion des Meeres, die man auch auf fast sämtlichen Antillen, in Centralamerika, Texas und durch ganz Südamerika hindurch bis nach dem Feuerland verfolgen kann, machte dann bald darauf einer zweiten, wahrscheinlich weniger ausgedehnten, der Tertiärperiode Platz, die ebenfalls grofse Strecken der Ränder der Cordilleren und des alten Massivs von Guayana und Brasilien bedeckt oder bedeckte. Denn man hat Grund zu glauben, dafs infolge der Verwitterung, Abtragung und Erosion bereits bedeutende Mengen der Ablagerungen der Tertiärzeit wieder verschwunden und in die Ebenen am Fufse der Gebirge hinabgespült worden sind.

Zur Tertiärzeit trat aber eine grofse Veränderung in den Oberflächenformen des nördlichen Südamerika ein, indem die nördlichen Küstenlandschaften den Charakter grofser Hochgebirge erhielten. Man stellt sich heutzutage die Bildung der Gebirge bekanntlich so vor, dafs man einen seitlichen Zusammenschub infolge Einsinkens der Erdkruste annimmt. Der nach dem Mittelpunkt der Erde allmählich einbrechenden Kruste vermögen die obersten Rindenteile nicht zu folgen, sondern sie stauen sich in Form von Falten auf, schieben sich zusammen und ragen dadurch über ihre Umgebung um einen gewissen Betrag hervor, einen Betrag, der im Verhältnis zur Gröfse der Erdkugel und der Länge des Erdradius nur gering erscheint, der jedoch für uns Menschen aufserordentlich grofs ist, insofern die einzelnen Rindenteile über die Oberfläche der Meere um 8000—9000 m emporragen.

Häufig ist gleichzeitig mit dieser Faltung eine Senkung eines Flügels der entstehenden Falte verbunden, und es entstehen dann am Rande der Hochgebirge tiefe Thäler, Senken, Ebenen, Kessel, Brüche, in denen vorzugsweise die vulkanischen Massen emporzusteigen pflegen, so dafs dann einen derartigen Innenrand eines Gebirges eine Reihe von Vulkanen begleitet, wie z. B. das böhmische Mittelgebirge am Rande des Erzgebirges und die oberitalienischen alten Eruptivgesteine am Rande der Alpen.

Im nördlichen Südamerika wurde nun in ähnlicher Weise das Urgebirge mitsamt den Kreideablagerungen und den tertiären Schichten der

Ränder in höchst intensiver Weise gefaltet und zu grofsen Gebirgsketten aufgetürmt, die heute die Namen der Cordillere von Merida und des Karibischen Gebirges führen. Es ist zwar möglich, dafs namentlich letzteres Gebirge schon vor der Tertiärzeit grofsen Faltungen ausgesetzt war, die demselben eine Annäherung an seine heutige Gestalt gaben; allein sicher sind auch die Ränder des Karibischen Gebirges noch nach oder am Ende der Tertiärzeit gefaltet worden, da die Kreide- und unteren Tertiärschichten aus ihrer ursprünglich horizontalen Lage herausgerissen sind.

In der Cordillere sind namentlich die nördlichen Ränder höchst intensiv bewegt worden, insofern sich Glieder der Kreideformation an der Culata-Kette in über 4000 m Höhe, der Tertiärformation im Táchira in 1800—2000 m Höhe befinden. Diese Vorgänge bewirkten daher die Entstehung gewaltiger Hochketten, die mauerförmig einherziehen und wahrscheinlich früher eine noch weit bedeutendere Höhe gehabt haben müssen, da Verwitterung, Abtragung und Erosion schon aufserordentlich lange Zeiträume an ihrer Erniedrigung arbeiten.

Die Faltung der Cordillere ist am Südrande weniger stark, als im Norden. Man empfängt hier vielmehr den Eindruck, als ob die Falten langsam gegen die Llanos hin ausliefen, und es scheint daher die Richtung der Faltung der Cordillere von Nordwest nach Südost gerichtet gewesen zu sein.

Im Karibischen Gebirge finden wir intensive Faltung, sowohl im Norden wie im Süden, und vermuten hier ebenfalls eine Bewegung von Nord nach Süd, da die hauptsächlichsten Brüche und Verwerfungen am Nordrande, das heifst also an der Innenseite des Gebirges entlang zu ziehen scheinen.

Diese Brüche sind im Karibischen Gebirge sehr deutlich ausgeprägt. Der ganze nördliche Flügel des Karibischen Gebirges fehlt vollständig und scheint unter dem Karibischen Meere zu liegen. Reste von Kreidebedeckung finden sich auch auf den Inseln Margarita und Curaçao, sowie Aruba.

Die Brüche des Karibischen Gebirges scheinen am Punkte der Begrenzung der archaeischen Formation gegen die sedimentären Ablagerungen eingetreten zu sein und dürften noch heute ihre Fortdauer z. B. zwischen der Halbinsel Araya und dem südlich davon gelegenen Kreidegebirge des Bergantin und von Turumiquire finden. Die ganze nördliche Küste Venezuelas von dem Rio Yaracui bis nach Trinidad stellt einen Bruchrand dar, an dem die nördlichen, wahrscheinlich sedimentären Randketten abgesunken sind. Weitere Längsbrüche scheinen sich auf der Linie des Valencia-Sees und des Rio Tuy, denen die Lagunenreihe östlich Cariaco entspricht, vorzubereiten.

Während diese Längsbrüche das Karibische Gebirge zerteilen, haben auch Querbrüche die Zerstückelung desselben vermehrt, indem drei Absenkungen quer gegen das Streichen des Gebirges durch dasselbe hindurchschneiden. Der erste Querbruch liegt in der Linie Rio Yaracui-Rio Cojedes und gliedert das Bergland von San Felipe und Aroa, sowie die verzettelten kleinen Glimmerschieferhügel im Knie des Rio Barquisimeto bei Sarare und El Altar von dem Hauptgerüst ab; der zweite Querbruch hat den Busen von Barcelona geschaffen und läfst nun eine weite Lücke in dem Gebirge zwischen Cumaná und Carácas klaffen, ja ist sogar bis an den Rand der ersten Parallelkette, der Serrania del Interior, vorgedrungen. Der dritte Querbruch trennt die Insel Trinidad vom Festlande und hat diese Wirkung wesentlich noch dem Umstande zu verdanken, dafs die Brandung des Meeres zwischen Trinidad und dem Cap Paria daran arbeitet, die durch den Bruch stehengelassenen Trümmer der festen archaeischen Hauptkette wegzuräumen und in den Ozean zu spülen.

Diese drei Querbrüche teilen das Karibische Gebirge derart in vier Teile, dafs man bei der Betrachtung derselben sich des Eindruckes nicht erwehren kann, dafs das Gebirge sich in vollständiger Auflösung, Zerbröckelung und Zerreifsung befindet.

Dem gegenüber bildet die Cordillere noch jetzt eine festgeschlossene, einheitliche, durch keine Brüche unterbrochene Masse, deren Alter infolgedessen dem Karibischen Gebirge gegenüber jugendlich erscheint. Sie zieht in nordöstlicher Richtung gegen das Karibische Gebirge, und ihre Ausläufer scheinen diejenigen des letzteren bei El Altar, Sarare und Burfa geradezu zu überwältigen. Die alten Schiefer des Karibischen Gebirges verschwinden unter den festgeschlossenen Kreideablagerungen der Portuguesakette, des höchsten und einheitlichsten Ausläufers der Cordillere von Merida.

Man empfängt überhaupt bei der Untersuchung der Gebirge des nördlichen Venezuela den Eindruck, als ob durchaus kein einheitlicher Bau vorhanden sei, sondern dafs die Cordillere von Merida mit ihren Ausläufern gegen Barquisimeto und Coro verschieden sei von dem Karibischen Gebirge, dafs zwei Gebirgssysteme, nicht ein einziges den anscheinend geschlossenen Gebirgszug Venezuelas bildeten.

Es ergiebt sich das zunächst aus den Gesteinen, von denen wenigstens die der archaeischen Formation angehörigen in beiden Gebirgen sehr verschieden sind, während die Kreide- und Tertiärgesteine in denselben identisch zu sein scheinen.

Die Gneise, Glimmerschiefer und anderen Schiefer der Cordillere sind durchaus verschieden von denjenigen des Karibischen Gebirges und stimmen in keiner Weise miteinander überein.

Dazu kommt, daſs die Streichrichtung der beiden Gebirge verschieden ist, so daſs man bei der Cordillere ein südwest-nordöstliches, bei dem Karibischen Gebirge ein west-östliches, ja manchmal ein nordwest-südöstliches Streichen findet.

Auch ist der ganze Bau beider Gebirge ein völlig anderer, indem in der Cordillere die Ketten von einem Knotenpunkte aus strahlenförmig auseinandertreten, in dem Karibischen Gebirge dagegen einander parallel laufen und durch kleine Querriegel miteinander verbunden sind.

Alles dieses läſst die zwei groſsen Gebirge des nördlichen Venezuela als zwei selbständige Systeme erscheinen und veranlaſst uns, den Bau dieses Landes für komplizierter zu erklären, als es nach der Karte den Anschein hat.

Das Karibische Gebirge besitzt in vieler Beziehung, in der Anordnung der Ketten, der ältesten Gesteine, in der Gesteinsbeschaffenheit und der Streichrichtung viele Ähnlichkeit mit den Antillen, namentlich Cuba, Haiti, Portorico; die Cordillere dagegen ist durchaus ein Teil der Anden, und einfach eine Fortsetzung der colombianischen Cordillera oriental.

Wahrscheinlich lieſs die faltende Kraft in der Gegend des heutigen Pamplona ein wenig nach und anstatt einer geschlossenen, gewaltigen Kette entstanden zwei Züge, von denen der eine die Cordillere von Merida, der andere die Sierra de Ocaña und die Sierra de Perijá bildet.

Zwischen beiden liegt der Maracaibo-See, wahrscheinlich ein groſses Bruchfeld zwischen den genannten Gebirgen, ein Einbruch, von dem aus sich die Gebirge gegen WNW. und OSO. sowie SO. aufgetürmt haben. Die Achse des Sees von Maracaibo liegt gerade in der Verlängerung der Senke von Cúcuta und der Virgationsachse der colombianischen Ost-Cordillere. Gegen Nordosten traf die Cordillere bei ihrer Faltung auf die äuſsersten Ausläufer des Karibischen Gebirges, im Osten von Barquisimeto und Sarare. Hier ist auch in den äuſseren Formen der Gegensatz und die Trennungsstelle beider Gebirge gut ausgeprägt. Am Rio Yaracui-Cojedes entlang erstreckt sich die Scheide zwischen den beiden Systemen in Gestalt einer nur 300 m hohen Senke, deren Vegetations-Charakter derjenige der Llanos ist. Ebene erfüllt den ganzen Raum zwischen den Bergen von Nirgua, die noch zum Karibischen Gebirge gehören, und den Ausläufern der Portuguesa-Kette bei Sarare. Hier ist eine der wichtigsten Stellen der Bodenkonfiguration Venezuelas.

Während nun in der Tertiärzeit der Norden Venezuelas durch sehr heftige Faltungen erschüttert und verändert wurde, während hier die jungen Kreideablagerungen zu sehr grofsen Höhen aufgestaut und emporgeprefst wurden, blieb das im Süden des Orinoco gelegene Festland von diesen Bewegungen unberührt.

Noch jetzt liegen in Guayana die Sandsteine der Kreide ganz horizontal und ungestört auf den alten Granithügeln und dem Schiefergebirge, ein Beweis für die völlige Ruhe, welche seit jener Zeit in diesen Gegenden geherrscht haben mufs. Die gewaltigen Sandsteinklötze des Roraima und seiner Nachbarn in Guayana bezeugen uns, dafs keinerlei Faltung in der Erdrinde hier stattgefunden haben kann, sondern dafs gänzliche Bewegungslosigkeit hier obgewaltet haben mufs. Nach der Ablagerung der Sandsteine zog sich das Kreidemeer zurück und die blofsgelegten Sedimente verfielen der Erosion und Abtragung durch das Wasser. Dagegen hielt sich in der Tertiärzeit das Meer in den Niederungen am Rande dieser Scholle, in dem Tieflande des heutigen Orinoco und des Amazonas. Die Wasser des Tertiärmeeres bedeckten die heutigen Llanos bis zum Rande des Karibischen Gebirges und der Cordillere, sowie bis zum Fufse der Granithügel von Angostura (Ciudad Bolívar), endlich auch im Westen bis an die colombianischen und ecuadorischen Anden.

So erstreckte sich zwischen den Gebirgen ein Meer, dort wo jetzt die grofsen Ebenen sich ausdehnen, ein Llanos-Meer und ein Meer zwischen Guayana und dem brasilianischen Tafellande. Allmählich aber trat auch hier das Meer zurück, und die zahlreichen aus den Gebirgen herabströmenden Flüsse bedeckten die hinterlassenen Absätze des Tertiärmeeres mit ihrem Geröll, welches denn nun auch die gesamte Llanoslandschaft erfüllt. Die grofsen Ströme bildeten sich wahrscheinlich erst in dieser Zeit. Man hat ziemlich sichere Beweise, dafs der Amazonas einst nicht weit unterhalb seines Austrittes aus den Anden am Pongo de Manseriche bei Pebas ein Delta gebildet haben mufs, und demnach wäre das gesamte Thal des Riesenstroms erst seit jener am Ende der Tertiärzeit gelegenen Epoche entstanden. Wahrscheinlich ist auch die Entstehung des Orinoco, des Meta, Guaviare, Inirida und Apure in ähnlicher Weise vor sich gegangen.

Noch heute arbeiten die grofsen Flüsse der Llanos daran, die Ebene zu erhöhen, indem sie unausgesetzt ungeheure Mengen von Geröll, Schutt, Gesteinsmaterial, Sand, Kies, Schlamm aus den Gebirgen herausführen und in den Llanos ablagern. Die Gebirge verlieren an Höhe, die Ebenen nehmen an Mächtigkeit zu; das Endresultat wird in ferner Zeit die gänzliche Abtragung der Gebirge, die Nivellirung des Bodens sein.

Wenn wir nun fragen, was von den Gebirgen und Ebenen in wissenschaftlicher Beziehung bekannt ist, so müssen wir gestehen, dafs nur die geringsten Ansprüche erfüllt worden sind. Humboldt, Boussingault und Karsten, sowie eine Reihe anderer Botaniker sind die einzigen Reisenden gewesen, welche in Venezuela längere Zeit sich aufgehalten und über dieses Land Einiges veröffentlicht haben.

Humboldt machte den Osten bekannt, kam jedoch westlich nur bis Valencia; ferner besuchte er Guayana, nahm den Orinoco auf und befuhr den Casiquiare und Rio Negro. Boussingault gelangte nie zu genauerer Darstellung des Gesehenen. Er lernte zwar die Cordillere sowohl wie das Karibische Gebirge kennen, allein seine Publikationen sind fast ausschliefslich chemischer Natur, und berühren nur selten die allgemeinen geographischen Verhältnisse. Humboldt lernte die Cordillere überhaupt nicht kennen. Karsten beschränkte sich nicht allein auf das Studium der Flora Venezuelas, sondern gab auch eine Reihe von Abhandlungen über die Geologie heraus, doch leiden seine Beobachtungen heute an der Veraltung, welche die damals herrschenden geologischen Theorieen seitdem erfahren haben. Die übrigen Botaniker haben sich ausschliefslich auf die Darstellung der Flora beschränkt. Doch müssen wir noch der Untersuchungen von Wall und Sawkins in Ost-Venezuela im Anschlusse an die geologische Aufnahme der Insel Trinidad gedenken; sie besuchten Ost-Venezuela, Cumaná, Cariáco, aber auch den Valencia-See im Jahre 1860 und veröffentlichten gute, leider kurze Beobachtungen über die Zusammensetzung und den Bau des Landes.

Von ganz besonderer Wichtigkeit sind die Arbeiten des Italieners Codazzi, der während der Befreiungskriege Südamerikas seine Sporen verdiente und später bis in die vierziger Jahre hinein das Land meist zu militärischen Zwecken als Artillerie-Oberst im Dienste der Republik Venezuela bereiste. Er nahm im Auftrage der Regierung eine Karte des Landes auf, welche bisher unübertroffen dasteht und in Bezug auf Genauigkeit eine der besten Leistungen der südamerikanischen Kartographie ist. In Gestalt einer vierblättrigen Karte und eines grofsen Atlas erschienen diese Arbeiten im Jahre 1840/1. Dazu gab Codazzi einen Text unter dem Titel: „Resumen de la Geografia de Venezuela“, Paris 1841, heraus, welcher noch heute die Grundlage für alle geographischen Beschreibungen des Landes bildet. Wo immer man Beobachtungen über einen Landesteil macht, stöfst man auf Codazzis Werk und findet oft, dafs er bereits manche Gedanken ausgesprochen und niedergelegt hat, die dem heutigen Beobachter als neue erscheinen. So behandelt er an mehreren Stellen seines Werkes schon die Frage der Abtrennung des

Karibischen Gebirgssystems von dem der Cordillere. Ganz besonderen Wert haben seine Schilderungen des Klimas des Landes, der Regenzeit, der Windverhältnisse, der Agrikultur. Nur die Temperaturtabellen sind nicht mehr brauchbar. Die Höhenmessungen Codazzis sind von sehr verschiedenem Werte. In der Cordillere scheinen sie merkwürdigerweise richtiger zu sein als in dem sonst viel genauer bekannten Karibischen Gebirge. Neuerdings hat Herr Alfredo Jahn hijo in Carácas einen grofsen Teil der Höhen Codazzis im Karibischen Gebirge berichtigt.

Von neueren Reisenden ist einzig Dr. Sachs zu erwähnen, welcher von Carácas nach Calabozo reiste, um den Fang der Zitteraale zu betreiben, und daher wesentlich nur die Llanos von Calabozo und San Fernando de Apure kennen gelernt hat. Sein Buch: „Aus den Llanos" ist gut und anschaulich geschrieben.

Wie in allen aufsereuropäischen Ländern, so haben auch in Venezuela Engländer und Franzosen einzelne Streifzüge unternommen und daraufhin voluminöse Werke über das Land publiziert. So hat Spence („The Land of Bolívar") ein zweibändiges, wesentlich Abenteuer bietendes Buch, und die Madame Jenny de Tallenay ihre „Souvenirs du Venezuela" herausgegeben. Beide Bücher können ohne Schaden ungelesen gelassen werden.

Gut, scharf beobachtend und anziehend sind die meist kleinen Aufsätze A. Goerings über die Natur des Landes, und auch Appun, dessen Buch „Unter den Tropen" viel verschrieen wird, bietet viel Gutes. Dagegen erscheint uns A. Engels „Nacht und Morgen unter den Tropen" zwar recht schön geschrieben, aber doch ein wenig zu enthusiastisch und von allzu lebhaften Farben.

Ehe wir das Kapitel über die Geologie beenden, wollen wir noch einiger Erscheinungen gedenken, welche mit dem Bau der Gebirge, ihrer Entstehung und ihrer Zerstörung in nahem Zusammenhang stehen: wir meinen die Erdbeben und die heifsen Quellen.

Venezuela besitzt viele heifse Quellen, ja sogar die heifseste aller bekannten; Venezuela wird auch von vielen Erdbeben geschüttelt und erschüttert: für beide Erscheinungen lassen sich ähnliche Erklärungen geben.

Zunächst mufs der landläufigen, fast allgemein feststehenden Ansicht entgegengetreten werden, dafs die Erdbeben Folgen der vulkanischen Kräfte seien; man glaubt nicht nur in Venezuela, sondern auch in Europa, dafs Venezuela seine Erdbeben irgendwelchen Vulkanen zu verdanken habe.

Wir haben schon oben (S. 64) darauf aufmerksam gemacht, dafs in Venezuela überhaupt keine thätigen, noch auch erloschenen Vulkane vorhanden sind, und ebenso müssen wir hier denn auch konstatieren, dafs eben infolge des gänzlichen Mangels an Vulkanen die Erdbeben Venezuelas nicht mit den vulkanischen Ausbrüchen zusammenhängen können.

Doch ist auch in Deutschland diejenige Erdbebentheorie, welche für Venezuela gelten mufs, noch nicht alt, sondern vielmehr erst seit wenigen Dezennien im Aufkommen begriffen, nämlich die tektonische Theorie, d. h. diejenige, welche die Erdbeben aus den Bewegungen der einzelnen Schollen der Erdrinde gegeneinander, oder aus den Erschütterungen in dem Gezimmer der Erde ableiten will. Es giebt zahlreiche Erdbeben, welche an Orten sich ereignen, die durchaus keine Beziehung zu vulkanischen Ausbrüchen haben, sondern deren Auftreten durch Senkungen und überhaupt Schwankungen in der Unterlage der betreffenden Erdräume ihren Grund haben. Wo, wie z. B. in Calabrien, das Gebirge im Zerfall begriffen ist, wo bereits grofse Stücke des Urgebirges abgesunken oder im Absinken befindlich sind, da stellen sich Erdbeben, Stöfse oder ganze Erdstofsschwärme ein, welche Wochen, Monate, ja Jahre lang andauern und die Bevölkerung in beständiger Aufregung erhalten. Solche Erdbeben treten besonders am Bruchrande der Gebirge auf, und als einen solchen Bruchrand haben wir auch vor allen Dingen den Nordrand des Karibischen Gebirges kennen gelernt. Hier sind denn auch die Erdstöfse namentlich am Ende des vorigen Jahrhunderts ganz besonders häufig und verheerend gewesen, wie z. B. in Cumaná am 21. Dezember 1766 und ebendaselbst am 14. Dezember 1797. Als weitere Erdbeben von Cumaná finden wir diejenigen vom 1. September 1530 und vom 12. April 1839 angeführt, deren Heftigkeit sehr grofs war.

Diese Erdbeben hielten sich meistens am Bruchrande des Gebirges, sowie auch namentlich an der Grenze der alten krystallinischen Gesteine gegen die Kreideformation und in dieser selbst, während die archaeischen Ketten der Halbinsel Araya verschont blieben.

Auch die Gegend von Carácas ist durch Erdbeben hart mitgenommen worden; vor allem war es das grofse Erdbeben vom 26. März 1812, dem fast der ganze nördliche und westliche Stadtteil zum Opfer fiel. Dieses Erdbeben zerstörte auch La Guaira, Teile von Valencia und Puerto Cabello, dann aber San Felipe, Barquisimeto und Merida. Wir finden demnach, dafs das Erdbeben von 1812 längs einer Linie zog, welche sich im Gebiet der archaeischen Achse der Gebirgssysteme des nördlichen Venezuela befindet. Die Längenausdehnung des Erdbebens war kolossal, die Breitenausdehnung dagegen sehr gering, und auch in der Längsrichtung wurden nur bestimmte Stellen stark mitgenommen, zwischen denen sich sogenannte Erdbebenbrücken von bedeutender Länge erstrecken. So ist mir z. B. nicht bekannt, dafs in der Landschaft Trujillo irgend welcher gröfsere Schaden angerichtet worden wäre; auch die westliche Hälfte des Karibischen Gebirges, von Nirgua bis Los Teques kam leidlich davon; Tocuyo litt fast gar nicht, und in den Llanos spürte man ebenfalls kaum etwas, auch Coro blieb verschont. Das Erdbeben von 1812 war also ein lineares, das sich entlang einer Linie fortpflanzte, die der archaeischen Achse der Gebirge folgte.

In der Gegend von Carácas sind übrigens die Erdstöfse so häufig, dafs man wenig darauf achtet; den ganzen Winter 1886/7 hat es in Carácas und Los Teques fast unaufhörlich gebebt. Diese Erdbeben des Karibischen Gebirges dürften wohl mit Leichtigkeit auf den allgemeinen Zusammenbruch dieser Erdstelle zurückzuführen sein. Das Karibische Gebirge befindet sich im Zustande des Verfalls; der Nordrand bröckelt ab, sinkt langsam zusammen, und die Folge dieser Bewegungen verspürt man an der Oberfläche als Erdbeben.

In der Cordillere scheint ein ähnlicher Vorgang an der Stelle der Virgation von Pamplona und Cúcuta vorzuliegen. Hier ist die Cordillere auseinander gerissen, indem der eine Ast westlich von Cúcuta weiterzieht, der andere sich als Bergland des Táchira gegen Nordosten hin wendet. Zwischen beiden Zweigen des Gebirges ist eine Senke, eine Einschartung, zu welcher von beiden Seiten die Gebirge und auch die sie zusammensetzenden Schichten steil hinabfallen. Hier scheint der Untergrund noch nicht vollkommen zur Ruhe gekommen zu sein; denn von hier aus verbreitete sich das furchtbare Erdbeben von Cúcuta am 18. Mai 1875 gegen Osten und Westen. Doch ist dabei die eigentümliche Thatsache zu bemerken, dafs sich dieses Erdbeben nur auf die sedimentären Bildungen der Kreide und des Tertiärs erstreckte, und die archaeischen Gesteine der Cordillere sowohl bei La Grita, wie bei Pamplona den Stofs nicht weiter fortpflanzten. Wo die alten Urgebirgsgesteine beginnen, da verlor der Stofs seine Kraft und überhaupt wurde derselbe schwächer, je weiter er sich nach Westen und Osten von dem Centrum der Senke von Cúcuta entfernte. San Cristóbal im Táchira wurde noch zur Hälfte zerstört; in La Grita fühlte man zwar den Stofs, doch wurde kein Schaden angerichtet.

Grofse Erdbeben aus den ersten Jahrhunderten der Eroberung werden zwei gemeldet, nämlich das von La Grita vom 3. Februar 1610 und das von Merida vom Jahre 1644, dem auch die Stadt San Cristóbal zum Opfer gefallen sein soll. Sodann gab es noch lokale Erdbeben in der Cordillere, z. B. bei Lobatera am 26. Februar 1849, bei Santo Domingo am 12. August 1834, in Tocuyo am 26. Juni 1871. Endlich wurde gegen Ende September und Anfang Oktober 1886 die Landschaft Trujillo durch heftiges Erdbeben längere Zeit hindurch verwüstet. In

Trujillo selbst mufste die Bevölkerung auf die Strafse oder in die Umgebung flüchten; in Boconó stürzte ein Teil der Kirche ein; der kleine Ort San Jacinto wurde ganz besonders beschädigt, und auch Tocuyo im Osten der Cordillere erlitt bedeutende Beschädigungen.

Endlich will ich hier noch der eigentümlichen Erscheinung Erwähnung thun, dafs das grofse Erdbeben an der Westküste Südamerikas vom 13. August 1868 in Venezuela ebenfalls gefühlt worden zu sein scheint. Aristides Rójas hat in einer naturwissenschaftlichen Zeitschrift in Carácas („Vargasia“ 1869 S. 113) diese Thatsache sichergestellt. Am 13. August 1868 wurden etwa um 3—4 Uhr nachmittags die Städte Arica, Arequipa und Iquique zerstört, und genau um dieselbe Zeit, 3—4 Uhr nachmittags, fanden eigentümliche Bewegungen in den Flüssen Venezuelas und dem Karibischen Meer statt. Der Orinoco stieg in Ciudad Bolívar plötzlich um einen Meter und ebenso der Rio Arauca. Der Apure trat bei San Fernando über seine Ufer, überschwemmte dieselben völlig, blieb eine Zeit lang in 6—7 m Entfernung von dem früheren Ufer stehen und kehrte dann in sein Bett zurück. Auch der Rio Yuruary in Guayana soll am selben Nachmittage unruhig gewesen sein. Das Karibische Meer überflutete an verschiedenen Stellen seine Ufer, so z. B. an der Insel Grenada, wo es sich zunächst zurückzog und dann mit doppelter Gewalt zurückkehrte, ferner bei Juan Griego auf der Insel Margarita, wo es 6—7 m weit gegen das Innere der Insel vordrang und ein zweites Mal wiederkehrte, endlich bei Rio Caribe, einem Hafen an der Halbinsel Araya. Endlich traten Erdstöfse an verschiedenen Stellen des Südabhanges der Cordillere von Merida, bei Barínas und am Rio Portuguesa ein. Wenn auch diese Gegenden um 26° der Breite von Arica, Arequipa und Iquique entfernt liegen, so ist doch zuzugeben, dafs Arica und Teile des Rio Arauca auf demselben Längengrade sich befinden.

In gewissem Zusammenhange mit den Erdbeben stehen die heifsen Quellen, insofern sie ebenfalls an den Bruchlinien im Gebirge hervortreten. Man kann eine lange Linie von heifsen Quellen nachweisen, die sich in der Richtung von Osten nach Westen am Rande des Karibischen Gebirges entlangziehen, und zwar sowohl am Nordrande des ganzen Gebirges, also am Nordabfall der Küstenkette, als auch am Südabhang derselben in der Längsspalte zwischen der Cordillera de la Costa und der Serrania del Interior oder ihren östlichen Äquivalenten, den Halbinseln Araya-Paria bez. dem Kreidegebiet des Bergantin.

Im Norden der Küstenkette haben wir von Westen nach Osten zunächst die aufserordentlich heifse Quelle von Las Trincheras zwischen Valencia und Puerto Cabello, welche die sehr hohe Temperatur von

90—91,5° C. aufweist. Es scheint, dafs diese Quelle aus sehr grofser Tiefe kommt, und dafs ihre Temperatur Schwankungen unterworfen ist; wenigstens fand Humboldt im Jahre 1800 die Temperatur der Quelle zu 90,5°, Boussingault und Rivero 1822 zu 92,2° und 97°, Karsten 1852 zu 97°, Wall 1859 zu 92,22° C. Von dem Jahre 1800 bis 1852 ist also eine Zunahme, von 1859 an eine Abnahme zu bemerken. Ich selbst konnte in der heifsesten der drei bedeutenderen Quellen nur 91,5° C. Wärme finden, so dafs demnach auch seit 1859 noch eine Abnahme der Hitze eingetreten zu sein scheint. Doch sind die Differenzen in den Temperatur-Messungen wohl meist auf Irrtümer der Beobachter oder Fehler der Instrumente zurückzuführen.

Die Quellen von Las Trincheras brechen aus der Felswand zur linken Seite des Weges von Valencia nach Puerto Cabello in der Höhe von 435 m hervor und liegen im Gneis, neben dem ein sehr grobkörniger Granit ansteht. Sie haben ein etwa 2 m tiefes Becken gebildet, dessen Temperatur 55° C. beträgt, während unmittelbar daneben ein kalter Bach fliefst. Alle Quellen zusammen erzeugen den Rio de Aguas Calientes, der bei Palito, eine Stunde westlich Puerto Cabello, ins Meer fällt. Die Quellen von Trincheras besitzen viel Gehalt an Schwefelwasserstoff und sind zur Heilung syphilitischer Krankheiten geeignet, so dafs man ein paar Bade- und Kurhäuser dort hat aufstellen lassen, die jedoch verhältnismäfsig wenig benutzt werden.

Am Nordabhange des Karibischen Gebirges begegnen wir ferner noch den heifsen Quellen von Chichiriviche, Maiquetia bei La Guaira, Pozo del Chorro, German und Pozo de Piedra, ebenda, sowie der Therme von Guaracarumbo; dann bricht diese Linie ab.

Am Südfufs der Nordkette, also in der Linie des Valencia-Sees, zeigen sich die heifsen Quellen von Mariara und Onoto, 36—59° C. warm, die von Guarenas und im Osten des Cabo Codera die Quellen von El Batatal nahe Rio Chico, deren Temperatur eine sehr hohe sein mufs.

In der weiteren Fortsetzung der Valencia-Tuy-Linie finden wir bei Barcelona nahe der Laguna de Unare die Quellen von Puruguay, die Aguas de Potentini ebenfalls bei Barcelona, und die kalkigen Wasser von Los Pozuelos. Eine sehr grofse Reihe von heifsen Quellen liegen in der Gegend von Cariaco, zwischen der Küstenkette und dem Kreidegebirge des Bergantin. Vor allem sind hier die Geiser von El Pilar bei Chaguaramal im Südwesten der Ortschaft Carúpano zu nennen, die gewaltige Wassermassen auswerfen, und bis zum Siedepunkt erhitzt sind. Wall giebt ihnen 100° C. Temperatur. Sie heifsen der Azufral Grande und der Azufral Chiquito, setzen Schwefelkrystalle ab und fallen daher in die Kategorie der zahlreichen Schwefelwasserstoffquellen Venezuelas.

Die Umgebung dieser sehr heifsen Quellen ist fast vegetationslos, glänzend weifs und besteht aus Sandstein der Kreideformation. Da diese Geysir in ziemlich abgelegener Gegend liegen, so werden sie nicht weiter benutzt.

Während diese Quellen dem Längsthal zwischen der nördlichen und der südlichen Kette angehören, lassen sich auch am Südfufse der letzteren, also am Rande gegen die Llanos, heifse Quellen in gröfserer Zahl, wenn auch nicht von so grofser Wärme und von so hoher Bedeutung wie am Nordrande nachweisen.

In erster Linie stehen hier die Quellen von San Juan de los Morros, etwa einen Kilometer im NW. dieses Dorfes. Dr. Ernst aus Carácas untersuchte sie in Begleitung eines Arztes und fand 34,5 ° C., also keine bedeutend höhere Wärme, als die Lufttemperatur. Etwas wärmer sind die Quellen von Guarume auf der Galera im Osten von Ortiz, ebenfalls von Dr. Ernst untersucht. Sie ergaben 37 — 40 ° Wärme und stehen daher ebenfalls gegen die heifsen Quellen des Nordrandes stark zurück. Auch bei Orituco soll es heifse Quellen geben und im „Oriente“ finden sich die von Bergantin, bei Urica, mit 45 ° und von Urica selbst bei Cariaco, im Osten des Rio Amena.

Während diese zahlreichen heifsen Quellen das Karibische Gebirge im Norden, in der Mitte und auch im Süden auf west-östlich streichenden Linien durchziehen, finden wir in Barquisimeto einen auffallenden Mangel, eine Unterbrechung in der langen Serie der Quellen; nur in Coro scheinen an der Sierra de San Luis bei Pedregal und La Cuiva, sowie auch bei La Vela de Coro selbst eine Anzahl von heifsen Quellen aufzutreten, die noch wenig bekannt sind. Nur die grofsen Terrassen der kalksinterhaltigen Quellen von La Cuiva scheinen hier erwähnenswert zu sein, und dürften mit ihrem Farbenspiel einen prachtvollen Anblick gewähren; ihre Wärme scheint 49 — 56 ° C. zu betragen, was der allgemeinen Mittelwärme der heifsen Quellen der Cordillere entsprechen würde. Heifser scheint jedoch die Quelle von La Salineta zu sein, deren Wärme so grofs ist, dafs die Indianer Eier darin kochen können.

Gegen Westen finden wir dann in der Cordillere zunächst eine heifse Quelle in Trujillo, nahe Valera bei Los Baños in 500 m Höhe am Fufse eines steilen Sandsteinfelsens, dessen Schichten fast senkrecht stehen. Diese Quelle liegt ebenfalls am Nordrand des Gebirges am Beginn des Absturzes der nördlichen Ketten gegen den Maracaibo-See. Ihre Wärme beträgt 51 ° C., und ihr entsprechen am Nordrande weiter gegen Westen einige Quellen bei Santa Polonia, Cagoyal, Caroní und Torondoi, ferner Caño de Arena am Rio Perdido und ganz besonders die heifsen Quellen vom Rio Guaruries nördlich Zea, am Abfall der

Kette von Tovar gegen die Zulia-Ebene. Diese Quellen liegen ebenfalls 500 m hoch, sind etwa 52—60° warm und befinden sich an der Grenze des Thonschiefers gegen den Sandstein. Die beiden unteren quillen aus dem Schiefer hervor und besitzen 52 bez. 56° C.; weiter aufwärts scheinen noch wärmere Quellen zu liegen, zu denen ich leider nicht vordringen konnte; doch sollen sie etwa 60° Wärme besitzen.

Gehen wir am Nordabhang weiter gegen Westen, so treffen wir an der Senke von Cúcuta eine ganze Reihe von heifsen Quellen, unter denen die von Ureña die bedeutendsten sind. Sie liegen etwa zwei Stunden östlich von Cúcuta auf venezolanischem Gebiete, quillen aus Spalten in steil abfallendem Sandstein und haben 61° C. Wärme. Ihr Wasser ist schwefelwasserstoffhaltig und wird nach Cúcuta geschafft, wo es den Syphilitischen als Heilmittel dient.

Nahe dabei liegen die heifse Quelle von El Guacharacal bei dem Pueblo Cúcuta mit 45° C., und die von San Antonio und Rosario, so dafs die Senke von Cúcuta nicht weniger als vier warme Quellen besitzt. Auch im Torbesthale südlich von San Cristóbal, also auch noch am nördlichen Abhange der Cordillere, liegen zwei heifse Quellen, de las Monas und eine andere; kurz, wir finden, dafs auch in der Cordillere die meisten und heifsesten Quellen am Nordabhange in einer den Absturz begleitenden Linie entlang ziehen. Auch die Quellen der Llanos von Monai, von Chejendé und Escuque gehören dahin.

Doch sehen wir auch zwischen den einzelnen Ketten der Cordillere warme Quellen hervorbrechen, wie z. B. bei Bailadores im Mucutiesthal, bei La Grita, namentlich aber an der Scheidelinie zwischen den Kreidegebieten der Culatakette und den archaeischen Gesteinen der Sierra Nevada. Hier liegen die heifsen Quellen der Quebrada Gonzalez und der Portuguesa bei Ejido.

Endlich lassen sich einige wenige warme Quellen im Süden der Cordillere nachweisen, wie z. B. bei Guanare in einer Los Baños genannten Quebrada, ferner bei Barinitas nahe dem Rio Calderas, sodann am Rio Canaguá, 17 km nordwestlich von Pedraza, endlich auch bei Mucuchachí.

Die meisten dieser Quellen besitzen starken Gehalt an Schwefelwasserstoff, wie z. B. Ureña, Valera und eine Temperatur von 30—50, ja auch 60°, am häufigsten etwa 45°. Die meisten liegen im Gebiete der Kreideformation, und nur wenige lassen sich in den archaeischen Schiefern der centralen Ketten konstatieren. So sehen wir die Behauptung Humboldts, dafs vom Cap Paria bis gegen Colombia eine 800 km lange Linie heifser Quellen sich hinziehe, durchaus gerechtfertigt.

Sechstes Kapitel.

Die inneren Thäler der Cordillere.

Tovar, die erste Stadt der Cordillere, die ich kennen zu lernen Gelegenheit hatte, liegt in einem ziemlich engen Thale des Rio Mucuties, eines der gröfsten Flüsse der Cordillere, Nebenflusses des Rio Chama. Das Thal von Tovar ist ein guter Repräsentant des allgemeinen Typus der Cordillerenthäler. Kommt man von der Ebene des Zulia langsam über die Küstenkette geritten, so wird der Blick bald durch die entzückende Landschaft in Anspruch genommen, welche sich im Laufe der Reise im Mucutiesthale allmählich vor dem Auge des Reisenden entrollt. Sobald man die öden, kahlen, häufig nur mit Gras bewachsenen Kämme der Kette von Las Palmitas und La Tala überstiegen hat, glaubt man in ein anderes Land versetzt zu sein. Zu beiden Seiten steigen die riesigen Gebirgsketten auf; von weitem sieht man die hohen Rücken der Culata-Conejos-Kette und der Sierra Nevada, und vor sich hat man gegen Westen die allmählich an Höhe zunehmenden Cerros der Batallónkette.

Was aber am meisten auffällt und den vom öden menschenleeren Nordabhang Heraufkommenden ganz besonders anheimelt, ist die grofse Zahl von Häusern, Ortschaften, Gehöften, Haciendas und der weitgehende Anbau. Jemehr man im Thale des Rio Mucuties, der hier durch das Gebirge strömt, aufwärts reitet, desto mehr nimmt der Anbau zu, desto mannigfaltiger, anmutiger wird die Landschaft. Im Januar und Februar pflegen die grofsen Bucaresbäume zu blühen, welche als Schattenbäume für die Kaffeepflanzungen verwendet werden. Ihr Wuchs ist hoch, die Krone stark, weit verzweigt, ihr Laubdach sehr dicht. In regelmäfsigen Reihen werden sie angepflanzt; ihre Kronen bilden ein geschlossenes

Dach, und daher machen diese Bucares von weitem den Eindruck von kleinen Gehölzen, Hainen, ja, wenn die Pflanzungen sehr ausgedehnt sind, von förmlichen Wäldern. Ganz besonders schön ist der Kontrast der Farbenwirkungen, der ziegelroten unzähligen Blüten gegenüber dem dunkelgrünen Laube. Blickt man von dem meist am Bergabhang hinführenden Wege auf diese Haine, so ist das ein Schauspiel, wie man es kaum schöner im Lande finden kann. Grüne Bäume, einzelne Palmen dazwischen, die roten Blüten der Bucares, die weifsen Gemäuer der Wirtschaftsgebäude, die roten Ziegeldächer der Wohnungen, die dunkelschwarz bewaldeten Berge und die grauen schroffen Gipfel der höchsten Ketten, alles gruppiert um den silberklaren Flufs, der sich langsam im Thalgrunde einherschlängelt. Dazu frisches Grün der Wiesen und Weiden, auf denen zahlreiches fettes Vieh grast, hier und da Trupps von Pferden und Maultieren auf den Potreros, dazu frischgrüne Maisfelder, das noch frischere Zuckerrohr am Ufer des Flusses, und hier und da eine tiefdunkle Kakaopflanzung. Eine solche bedeckt den Hügel zwischen dem Gehöfte La Buenaventura und dem Hofe La Mucuties und ist ein sehr ausgedehnter Komplex von schattigem feuchtheifsem Walde mit dunklen, grofsblättrigen Kakaobäumen, deren lange rote Schotenfrüchte an allen Seiten des Stammes hervorlugen.

Das ist ein Typus der inneren Thäler der Cordillere, wenn sie gut angebaut, reich bewässert und im grofsen Strafsenzuge gelegen sind. So stellen sich grofse Teile der Cordillere dar, namentlich die Thäler des Motatán, Momboy, Chama, Mucuties und Torbes. Und doch sind die Unterschiede grofs und einschneidend. Hier durchziehen wir ein langes schmales Thal zwischen zwei hohen Ketten, dort sehen wir einen Thalkessel, in den von vielen Seiten Ströme hineinmünden, dann wieder gelangen wir in höhere unwirtlichere, kühlere, zum teil stark bewaldete, aber auch wieder an anderen Stellen öde, nackte Thalstrecken; gegen die Ausläufer der Cordillere hin, nach Osten sowohl wie namentlich nach Westen, zeigen sich lachende Hügellandschaften, unregelmäfsig durcheinandergeworfene Bergrücken und Kuppen, aufgelöst in eine Reihe niedriger Züge, dicht besetzt mit Ortschaften und Pflanzungen.

Diesen letzteren Charakter hat namentlich die Landschaft Táchira, der westlichste Teil der Cordillere, ein von der Natur an sehr vielen Punkten im höchsten Grade bevorzugtes köstliches Land. So oft ich von den benachbarten Bergen z. B. in das Thal von San Cristóbal, der Hauptstadt des Táchira hinabstieg, überkam mich jedesmal wieder ein Gefühl des Entzückens über die prachtvolle Landschaft, die lachenden Fluren, die sonnigen Höhen, die sauberen kleinen Städte.

Hat man die hohen Cordillerenzüge östlich und nördlich von San

Cristóbal überschritten, so erblickt man ein weites Thal, in welchem der Rio Torbes ein gewaltiges Knie bildet. Im Norden erhebt sich die blaue duftige Kette von Mochileros, über welche der Weg von San Cristóbal nach dem Hafen La Fria am Rio La Grita führt. Sie trägt zwei Gipfel von etwa 2000 m Höhe und ragt über ihre gesamte Umgebung weit hinaus. Infolgedessen geniefst man nahe der Pafshöhe am Abhang nach Norden sowohl wie nach Süden eines köstlichen Anblickes auf das umliegende Land. Alles atmet hier Leben, Thätigkeit, Arbeit. Im Walde hört man den dumpfen Schlag der Holzfäller, die Rodungen veranstalten, um dem bebauten Lande eine neue Strecke hinzuzufügen. Oftmals sieht man über dem Walde leichte Rauchsäulen emporsteigen, die den Ort anzeigen, wo eine Lichtung durch Verbrennen des umliegenden Waldes erzeugt wird. Gewaltige Stämme liegen gefällt, halb versengt und verkohlt, umher. In der Mitte der Lichtung steht eine kleine aus eben diesen gefällten Stämmen gezimmerte Hütte; ein bis zum Gürtel nackter Mann schwingt die Axt, deren Schläge weithin im Walde wiederhallen, und allein die unendliche Ruhe unterbrechen, die im allgemeinen den Wald erfüllt. Weiter abwärts am Abhange des Gebirges folgen dann bereits kleine Pflanzungen, von Yuca, dunkelgrünen Stauden von fast Mannshöhe; dann sehen wir bereits ein gröfseres Wirtschaftsgebäude, umgeben von Mais und Zuckerrohr; endlich noch weiter unten beginnen darauf gröfsere Komplexe von Gehöften; es folgt die kleine Ortschaft Guásimo, und bald darauf die grofse Táriba.

Der Ort **Táriba** liegt am rechten Ufer des Rio Torbes, dort, wo derselbe sein Knie macht, auf einer grofsen Schotterterrasse am kahlen untersten Abhang der Mochileroskette. Die Stadt ist nach San Cristóbal wohl die bedeutendste des westlichen Táchira und streitet mit San Antonio um die zweite Stelle. Táriba wurde durch das grofse Erdbeben von Cúcuta im Jahre 1875 stark beschädigt, bietet aber jetzt einen sauberen und hübschen Anblick dar. Mehrmals wöchentlich wird dort Markt abgehalten, welcher stets ein aufserordentlich lebhaftes Bild zeigt.

Táriba ist mit San Cristóbal durch eine Strafse verbunden, auf welcher stets sehr viel Leben herrscht, doch ist merkwürdigerweise noch kein Versuch gemacht worden, dieselbe in eine Fahrstrafse umzuwandeln, obwohl das Land solcher Anlagen auf das entschiedenste bedarf.

Die Entfernung von San Cristóbal beträgt kaum eine Stunde. Man reitet zunächst den steilen Abhang der Mesa de Táriba hinab, passiert dann den brückenlosen Rio Torbes und gelangt auf dem linken Ufer desselben allmählich auf leidlichem Wege nach San Cristóbal, ohne dafs gerade viele Gehöfte zwischen den beiden Städten gelegen wären.

San Cristóbal selbst liegt in entzückender freier Lage auf einer aus Geröllen von Konglomeraten und rotem Sandstein bestehenden Schotterterrasse, am Rande des Abfalls der Hauptcordillere in etwa 845 m Höhe. Den schönsten Blick auf die Stadt hat man von dem Wege nach Capacho aus. Sobald man von dem Dorfe Capacho her gegen Sorca zu auf die Höhe hinausgetreten ist, erblickt man weit jenseits in einer Entfernung von anderthalb Stunden am Abhange der Cordillere die Stadt San Cristóbal mit ihren zahlreichen Häusern und roten Dächern, ein ungemein malerisches Bild. Leider ist San Cristóbal nicht von dieser Seite photographiert worden, sodafs ich nur ein Bild des nördlichen Stadtteils besitze, das jedoch durchaus keinen richtigen Begriff von der Lage und Art der Stadt giebt. Denn San Cristóbal besteht aus zwei Hälften, die ziemlich stark verschieden sind. Die südliche und südwestliche bildet eine geschlossene Stadt, nach bekanntem spanisch-südamerikanischen Muster in rechtwinklig sich kreuzende Strafsen abgeteilt, während die nördliche und nordöstliche Hälfte weniger Zusammenhang besitzt und von zahlreichen freien Plätzen, ummauerten Höfen u. s. w. durchzogen und durchsetzt ist. Der gesamte Geschäftsverkehr liegt in der südlichen Hälfte um die Kirche San Bautista herum, und darum befindet sich denn auch der eigentliche Schwerpunkt auf dieser Seite der Stadt. San Cristóbal ist durch das Erdbeben von Cúcuta vom 18. Mai 1875 ebenfalls bedeutend mitgenommen worden, doch hat nur der südliche und südwestliche Teil der Stadt stark gelitten, während der nördliche und nordöstliche weniger beschädigt wurde. Infolgedessen befinden sich in ersterem noch beträchtliche Ruinen, wie denn auch z. B. die Kirche San Juan Bautista erst zum teil wieder aufgebaut worden ist. Der südliche Teil der Stadt ist daher im allgemeinen der bessere, weil die Häuser neu und sauber sind, während im nördlichen mancherlei alte häfsliche Gebäude vorkommen.

Vor der Stadt San Cristóbal breitet sich am Abfall der Mesa gegen den Rio Torbes noch ein dritter Stadtteil aus, Madrefuana, dessen Charakter ein durchaus zusammenhangsloser ist, dessen Häuser zerstreut am Abhange liegen und keinerlei städtischen Anstrich zeigen. Von den äufsersten Häusern der Stadt am Rande der Mesa hat man eine grofsartige Aussicht über das Thal; namentlich fand ich eine besonders schöne Stelle an der Veranda des Hauses, welches Herr Wolfram, vom Hause Van Dyssel Thies & Co., bewohnte. Man übersieht von dort aus das ganze Torbesthal, den Abhang der Mesa, die gegenüberliegenden Höhen des Táchira, ungeheuere Zuckerrohr- und Kaffee-, sowie Maispflanzungen im Norden erheben sich die duftigen Häupter der Kette Mochileros, gegen Osten die Pinokette mit ihren tiefdunklen Wäldern auf der Höhe und ihrem kahlen rotbraunen Boden am Abhange.

Die Stadt San Cristóbal besitzt einen bedeutenden Handel mit Maracaibo, welcher ausschliefslich über Cúcuta geleitet wird. Das bedeutendste Produkt ist Kaffee, der in der Nähe von San Cristóbal in grofsen Pflanzungen angebaut wird. Im übrigen sind es wesentlich Produkte, die im Lande bleiben, wie Mais, Zuckerrohr und auch ein geringer Prozentsatz Kakao wird in den fruchtbaren Strichen am Unterlauf des Torbes gezogen. Ferner besteht lebhafter Handel mit Vieh, und zwar nach den Llanos des Arauca, von wo zahlreiche Herden kommen. Diese Viehtransporte sind jedoch zuweilen höchst gefährdet, indem das Klima, die Feuchtigkeit, Hitze, sowie die lange Reise das Vieh aufreiben, so dafs oftmals nur ein sehr geringer Teil nach der Cordillere gelangt.

San Cristóbal hat noch durchaus den Charakter einer venezolanischen Landstadt; obwohl es eine Anzahl von Gasthäusern und Herbergen dort giebt, so erhielt ich doch Gelegenheit, diese meist nicht sehr reinlichen Kneipen umgehen zu dürfen und die Erlaubnis, bei dem Herrn Birtner, Chef des Hauses Minlos Breuer & Co., und seiner liebenswürdigen Frau, einer geborenen San Cristóbaleña, zu wohnen. Infolgedessen gehören die in San Cristóbal verlebten Stunden zu den angenehmsten meiner Reise. Übrigens wohnten damals nur fünf Deutsche in San Cristóbal, wie denn auch nur zwei deutsche Firmen dort vertreten sind, nämlich Minlos Breuer & Co. und Van Dyssel Thies & Co., welche beide dort eine Filiale ihrer Cúcutahäuser gegründet haben.

Dagegen liegt in diesem Berglande tief unten eine andere wichtigere Stadt, welche neuerdings einen sehr grofsen Aufschwung nimmt. Das ist Rúbio, ein eigentlich erst seit 1855, genauer seit 1875 aufkommender Ort, dessen Bedeutung mehr und mehr wächst. Er ist an der Stelle eines Weideplatzes für Pferde, La Yeguera, entstanden und erhielt seinen Namen Rubio von einem um die Gründung der Stadt sehr verdienten Bürger, Namens Rubio. Dieser Platz zeichnet sich vor allen anderen Städten des Táchira durch Rührigkeit, Sauberkeit, Fortschritt aus. Während sonst vielfach die Wege im Táchira noch recht elend sind, so kann man bei der Annäherung an die Stadt Rubio mit Sicherheit auf gute Wege rechnen; während man sonst überall die Flüsse in Furten passieren mufs, z. B. bei Táriba und San Cristóbal den Rio Torbes, und überall Gelegenheit hat, sich über den Mangel an Brücken zu ärgern, welcher häufig die Reise stört, zu unfreiwilligem Aufenthalt zwingt und so vorgeschrittener Städte, wie San Cristóbal und Táriba, gänzlich unwürdig ist, sehen wir bei Rubio nicht weniger als drei Brücken über die unbedeutendsten Flüfschen geschlagen, welche daselbst unter den Namen Carapo und Quebrada Capacha zusammenfliefsen.

Überhaupt macht Rubio einen wohlthuenden ansehnlichen Eindruck, wenngleich überall die Neuheit der Anlage ins Auge fällt. Der Marktplatz ist sehr geräumig, die Häuser sind frisch und nett angestrichen, die Strafsen sind ganz besonders breit, die Bewohner erscheinen ganz hervorragend thätig, ja sogar einen Karren sah ich in Rubio und besitze ihn auch auf einer Photographie. Nahe Rubio befinden sich prachtvolle Kaffee- und vor allem Zuckerpflanzungen, unter denen ich die Hacienda der Herren Cordero unmittelbar aufserhalb der Stadt auf dem Wege nach Petrolia und Bramon erwähnen will, eine Hacienda, die auf 200000 Pesos = 640000 Mark geschätzt wurde. Auch zwei andere Haciendas am Wege nach San Cristóbal sind sehr bedeutend, nämlich Alineaderos und Matamoros. Das Thal von Rubio ist kesselförmig, doch von nicht allzu hohen Bergen umgeben; die Stadt liegt in zwei Teilen an beiden Ufern des Rio Carapo. Diesen abwärts zieht man nach San Cristóbal, kreuzt ihn unzählige Male, wie auch die Quebrada Asua, und tritt nach langem ermüdenden Ritte wieder aus kahlen öden Bergen am Carapo in die fruchtbaren Auen von Tote, Tononó und Pericos hinaus, deren Zuckerrohrfelder bis an die Gipfel der Berge Popa und Cedrál sich erstrecken. Von Rubio aus gegen Süden zu erblickt man hohe schwarze, bewaldete Berge, welche in eigentümlich kulissenartiger Anordnung nebeneinander hervorspringen und durch diese Stellung bereits von weitem andeuten, dafs sie ein Flufsthal zwischen sich bergen. Das ist das Thal des Rio Quinimarí, des zweiten grofsen Flufses des südlichen Táchira, doch bisher noch wenig angebaut und erst ganz neuerdings bekannter geworden.

Dieser Rio Quinimarí (von Codazzi fälschlich Chinamarí geschrieben) bricht aus demselben Gebirgsstock hervor, dem auch der Rio Táchira sein Dasein verdankt, nämlich aus dem Páramo de Tamá. Im engen Waldthal fliefst er abwärts und dort, wo die schwarzen, kulissenartigen Berge sich befinden, endet der Oberlauf und beginnt der Mittellauf. Hier liegt auch eine kleine Ansiedelung, welche ihre Entstehung den in der Nähe befindlichen Petroleumquellen verdankt und daher denn auch den Namen Petrolia führt. Das Öl quillt aus dem Flufsbette der Quebrada Alquitran hervor und soll nach amerikanischen Untersuchungen von bester Qualität sein; dennoch kann es in der Cordillere immer noch nicht mit dem Öl von Pennsylvanien wetteifern, da die Herstellungskosten und Betriebsunkosten noch zu grofse sind. Unglücklicherweise liegt denn auch diese Petroleumquelle an einer allzu abgelegenen Stelle der Cordillere, so dafs allein schon der Transport nach dem nur fünf Stunden entfernten San Cristóbal recht kostspielig ist.

Am Mittellaufe des Rio Quinimarí stiefs ich plötzlich auf die Ansiedlung eines Deutschen, Namens Schicke, aus Braunschweig, dessen Erfahrungen im Lande, wenngleich übler Natur, doch für Auswanderungslustige recht charakteristisch und leider sogar typisch sind. Nachdem er im Jahre 1848 infolge der Revolution aus Deutschland geflohen, verdiente er durch seine Geschicklichkeit und Tüchtigkeit in dem von ihm gelernten Tischlerhandwerk in der Stadt Carácas so bedeutende Summen, dafs er für einen wohlhabenden Mann gelten konnte. Da fiel es ihm plötzlich ein, Landwirtschaft zu treiben, und er kaufte im Táchira grofse Landstrecken, um dort Pflanzungen zu gründen. Dies jedoch mifsglückte, da er keine Erfahrung in diesem Berufe hatte und sich von der Bevölkerung ausbeuten liefs. Er verlor alles, was er besafs, und siedelte sich nun mit dem geringen Reste seiner Habseligkeiten und drei erwachsenen Kindern im Thale des Quinimarí an. Ich fand eine traurige Hütte inmitten einer Bananenpflanzung und daneben ein Wohnhaus und einen Trapiche, eine Vorrichtung zum Mahlen des Zuckerrohres, in Arbeit begriffen. Anstatt nun möglichst schnell diese Anlagen soweit auszubauen, dafs der Betrieb hätte beginnen können, verwendete er ungeheuere Zeit auf die Glättung und Feilung des Holzes, hobelte jeden Balken ab und machte derartig grofse Ausgaben und Anstrengungen, in der wilden Gegend ein feines Haus und einen luxuriösen Trapiche anzufertigen, dafs man ihm die geringe Rentabilität seines Unternehmens voraussagen konnte.

In der Zwischenzeit, bevor sein Haus fertig wurde, brach die Regenzeit über ihn herein, und anstatt eines guten festen Obdachs hatte er ein halb fertiggestelltes Haus und eine elende Hütte, die beide dem Regenwetter nicht gewachsen sein konnten. Leider sind eben die Deutschen der geringeren Stände häufig allzu unpraktisch und sollten lieber die Beschäftigung mit der Landwirtschaft völlig auf sich beruhen lassen, anstatt ihre wenigen Gelder in aussichtslosen Unternehmungen zu verzetteln.

Am Westfufse des Berglandes des Táchira liegt noch eine gröfsere Stadt, am Rio Táchira selbst, in der Senke von Cúcuta. Das ist San Antonio mit dem Beinamen „del Táchira“. Die Stadt ist wahrscheinlich recht alt, dennoch aber völlig neu gebaut, da sie im Jahre 1875 dem gewaltigen Erdbeben von Cúcuta vollständig zum Opfer fiel. Das Erdbeben wütete gerade hier fast ebenso stark, wie in Cúcuta und legte die immerhin bedeutende Stadt in wenigen Augenblicken gänzlich in Trümmer. Dieser Katastrophe aber hat San Antonio zu verdanken, dafs es nunmehr zu den schönsten Städten der Cordillere zählt. Die Strafsen sind breit, die Plätze äufserst geräumig; auf dem Hauptplatze steht ein Obelisk zum Andenken an die Streiter der Unabhängigkeit. In San Antonio liegt die venezolanische Grenzwache, eine geringe Anzahl von Soldaten in roten Röcken, blauen Kitteln und gelben Käppis, den venezolanischen Nationalfarben. Mehrere Generäle führen über sie den Befehl und sehen darauf, dafs der Schmuggelhandel nicht allzu sehr ausartet und die colombianischen Emigranten nicht allzu üppig werden.

San Antonio liegt nur 430 m über dem Meere und besitzt daher ein recht heifses Klima; an den Ufern des Táchira dehnen sich denn auch unter anderem Kakaopflanzungen aus, die im übrigen Táchira mit Ausnahme des unteren Torbesthales fehlen. Doch ist der Kakaobau auch hier zurückgegangen.

Bei San Antonio überspannt eine Holzbrücke den Rio Táchira, die jedoch nur von Fufsgängern, nicht von Reitern passiert werden kann und so gebrechlich ist, dafs sie in der Regenzeit oft den gewaltigen Fluten des Flusses zu erliegen droht.

Nördlich von San Antonio dehnt sich die Senke von Cúcuta aus; hier findet sich in Venezuela nur noch der kleine Ort Ureña mit den 61° C. heifsen Schwefelquellen, welche aus einer Sandsteinwand am Steilabfall des Gebirges hervorbrechen.

Dagegen giebt es im Táchira noch ein Randgebiet, welches in neuerer Zeit Fortschritte macht; das ist die Gegend von Lobatera. Der Grund des Aufblühens dieser Landschaft liegt in dem Vorhandensein eines guten Flufshafens La Fria an dem Rio La Grita, welcher gestattet, die Produkte des Táchira auf venezolanischem Gebiete nach Maracaibo zu schaffen, während bisher und auch jetzt noch im allgemeinen die gesamte Ausfuhr über Cúcuta und den Puerto Villamizar geht, so dafs colombianisches Gebiet passiert werden mufs, was beträchtliche Verluste in Gestalt von Abgaben hervorbringt.

Hätte man einen guten Weg nach dem Hafen La Fria, so wäre die Entfernung gekürzt, und die Abgaben würden erspart. Es kommt noch dazu, dafs diese nördlichen Randgebiete sehr fruchtbar sind. Zwar liegt Lobatera in einem engen Thalkessel am Rande öder Berge und ist augenscheinlich Erdbeben ausgesetzt, wie z. B. am 26. Februar 1849 ein solches die Stadt verwüstet und den Grund zur Erbauung der nahegelegenen Stadt Michelena gegeben hat — allein nördlich von Lobatera trifft man die aufblühende Ortschaft San Juan de Colón am Rio Lobaterita mit zahlreichen, schon wertvollen Kaffeepflanzungen. Alle diese Orte sowie auch das kleine in 1500 m Höhe gelegene Borotá (Constitucion), am Abhange der Mochileroskette, würden dann einen grofsen

Aufschwung zu erwarten haben. Einstweilen ist jedoch infolge Mangels an Mitteln nicht an die Erbauung einer Eisenbahn oder auch nur eines guten Karrenweges zu denken, obwohl ein Schienenweg von Santa Cruz am Rio Escalante nach dem Hafen La Fria von der Regierung geplant wird.

Im allgemeinen liegen, wie bei San Cristóbal, so auch im ganzen übrigen Táchira die Fruchtbarkeit, der Wohlstand und die Blüte des Ackerbaues in den gut bewässerten Thälern zusammengedrängt, während die dazwischen liegenden Höhen häufig aufserordentlich steril, öde, unfruchtbar und kahl sind. Dies zeigt sich z. B. auf der gesamten Strecke zwischen San Antonio del Táchira und San Cristóbal. Fast nirgends findet man auf dem kahlen Berglande, das zwischen diesen beiden Städten und also den Flüssen Táchira und Torbes liegt, frischen Wald, Wiesen, Matten oder gröfsere Ansiedelungen. Das Gestein ist Kalkstein, Thon, Letten, Sandstein mit Feuersteinknollen, ferner Mergel und Schiefer, die zuweilen etwas Kohle enthalten. Diese Gesteine tragen wenig Wald, nur bei Capacho auf dem Alto Crespo und dem Páramo befindet sich starker Waldwuchs; aber im übrigen ist das Bergland kahl, von Sonne und Regen zerrissen, arg gefurcht, wüst und öde. Nur eine einzige Ortschaft liegt hier oben auf der Höhe, nämlich Capacho, bis zum Jahre 1875 ein einheitliches Dorf, seitdem in zwei Ansiedelungen, Capacho Viejo und Capacho Nuevo (Alt- und Neu-Capacho) getrennt. Das grofse Erdbeben von Cúcuta schonte nämlich auch Capacho nicht, und infolgedessen siedelte sich eine Anzahl Einwohner etwas weiter abwärts an der Strafse nach San Cristóbal in Neu-Capacho an, das mittlerweile seine Mutterstadt Capacho-Viejo gänzlich überflügelt hat, so dafs aller Verkehr nunmehr durch Capacho-Nuevo vermittelt wird.

Capacho Viejo liegt gerade auf der Wasserscheide zwichen Rio Torbes und Rio Táchira, also zwischen Orinoco und Maracaibo-See, und man behauptet, dafs von der Kirche das Wasser nach Westen zum Maracaibo-See, nach Osten zum Orinoco hinablaufe. Im übrigen bieten diese kleinen Städte durchaus nichts Bemerkenswertes dar, aufser dafs sie neuerdings als Luftkurorte benutzt werden. Ihre Höhenlage über dem Meere beträgt 1395 m und 1295 m, so dafs eine frische herrliche Luft in ihnen herrscht, die noch dadurch verbessert wird, dafs das umliegende Gebirge nur um wenige hundert Meter über Capacho hinausragt, so dafs die Winde fast ungehinderten Spielraum haben. Auch politisch-strategisch sind die beiden Capacho wichtig, indem sie die Hauptstrafse von Cúcuta nach San Cristóbal beherrschen, und in der That wurde denn dort auch mehrmals, z. B. noch im Jahre 1886 bei den Wahlunruhen gekämpft.

Ganz verschieden von dem eben geschilderten Gebiete ist nun der östliche Teil des Táchira, welcher sich gegen Osten bis zu den Quellen des Rio Mucuties an den Páramos del Portachuelo und Batallon erstreckt. Der Unterschied liegt darin, dafs östlich von San Cristóbal das ältere Gebirge beginnt, womit zugleich eine bedeutende Zunahme der Berghöhen und der Schroffheit der Ketten verbunden ist. Wenn man von San Cristóbal aus im Thale des Quellflusses des Rio Torbes, der Quebrada La Raya, emporsteigt, so trifft man zunächst jenseits des Gehöftes La Raya die Thonschiefer der Centralcordillere und tritt damit in das Gebiet des Urgebirges ein. Der Weg führt hier in dem engen Thale der Raya aufwärts zwischen steilen Wänden, wilden Klippen und in frischer Vegetation. Der kleine Bach hat sich tief in das Gebirge eingeschnitten, springt in vielen Schlangenlinien abwärts zum flacheren Lande und mufs von der Strafse mehr als dreifsig Mal gekreuzt werden. Dann erreicht man die offenen kahlen Höhen des Páramo del Zumbador, und auf der östlichen Seite desselben geht es in einem ebenso engen Thale wieder hinab nach dem Rio de la Grita. Am Abhange des Zumbador liegt hier das einsame Bergdorf El Cobre, berüchtigt wegen der Rauflust seiner Bewohner und der ganz aufserordentlich elenden Verpflegung, die man dort findet. Kaum ein Haus, kaum ein Mensch lassen sich in dem Thale des Rio Cobre antreffen, und erst an der Mündung des kleinen Flusses in den Rio de la Grita stöfst man wieder auf menschliche Wohnungen, zunächst auf die Hacienda La Quinta. Hier überspannt eine Brücke den Rio de la Grita, welcher unmittelbar unterhalb derselben das Sandsteingebirge, die Randketten, durchbricht und nach etwa zwei Stunden Weges nach dem Dorfe Seboruco führt, welches wegen seiner Kupfererze zu grofsen Hoffnungen Anlafs gegeben hat, ohne dafs jedoch irgend ein Resultat von Bedeutung bisher mit denselben erzielt worden wäre. Man sprach sogar schon von einer Eisenbahn, die von Seboruco nach dem Hafen La Fria am Rio de la Grita führen sollte, allein, wie zu erwarten war, ist dieses Unternehmen bisher nicht über das Stadium des Projektes hinausgekommen und vorläufig gänzlich aufgegeben worden.

Oberhalb der Quinta bildet der Rio de la Grita mit mehreren Zuflüssen ein ziemlich weites Thalbecken, welches mit Geröll und Schotter bis zu bedeutender Höhe angefüllt ist. Oben auf dieser Schotterterrasse, die durch die Flüsse in eine ganze Anzahl von einzelnen Teilen zerrissen worden ist, liegt die Stadt La Grita, ein hübscher sauberer Bergort mit etwa 4000 Einwohnern. Diese Stadt gehört zu den angenehmsten der Cordillere, insofern sie einerseits schön gelegen ist und prachtvolle Aussicht auf die grofsen bewaldeten Ketten der Umgebung und den Páramo del Batallon bietet, andererseits wegen der

Frische des Klimas, welches außerordentlich wohlthuend wirkt und in der ganzen Cordillere berühmt ist. Die Stadt liegt etwa 1450 m hoch, und die Temperatur bewegt sich um 20°; dazu kommt, daß ein frischer Wasserlauf den Ort durchströmt, und es scheint auch, als ob dieses frische Klima nicht ohne Einfluß auf die Natur der Bewohner geblieben ist, indem namentlich die Frauen und Mädchen von La Grita sich durch ihre zarte weiß-rosige Hautfarbe auszeichnen und vielfach eher an allerdings blondhaarige Bewohner des Nordens als an Tropenkinder erinnern. Dem entspricht auch die Rührigkeit, Thatkraft und Arbeitslust der Frauen La Gritas, die allgemein anerkannt wird, so daß es oft vorkommt, daß junge Leute von allen Teilen der Cordillere sich ihre Frauen aus La Grita holen.

Der Ort selbst ist durch zwei Kirchen in zwei Kirchspiele und zwei Teile geteilt, meist sauber, allerdings nicht ganz eben gebaut, sondern in der Richtung des Aufsteigens der Schotterterrasse von WNW. gegen OSO. in die Höhe steigend. La Grita wurde 1610 durch ein sehr schweres Erdbeben zerstört, dem Kirche, Kloster und viele Häuser zum Opfer fielen, und während dessen eine Reihe von eigentümlichen Naturerscheinungen, wie Versiegen der Quellen, Nachlassen der Wasserkraft der Bäche, plötzliche Wiederkehr derselben, außergewöhnlich niedrige Temperatur, Unruhe der Vögel und Haustiere wahrzunehmen waren. Leider entbehrt die Stadt einer guten Verbindung mit der Küste, da das Thal des Rio La Grita von Seboruco abwärts sehr unzugänglich ist, und nach Osten und Westen die hohen Páramos Batallon, Portachuelo und Zumbador vorgelagert sind; doch geht der Handelsverkehr fast ausschließlich nach San Cristóbal, dem West-Táchira und daher weiter nach Cúcuta.

Noch stärker abgeschlossen als La Grita liegt an der östlichen Seite des nun folgenden Passes des Portachuelo der kleine Bergort B a i l a d o r e s, den man von La Grita aus in etwa fünf Stunden erreichen kann. Dieses Städtchen geht neuerdings mehr und mehr zurück, da es eben keine gute Verbindung mit der Küste hat, und auf der einen Seite im Westen La Grita, auf der andern, im Osten, Tovar ihm den Verkehr und den Handel wegnehmen. Bailadores liegt in 1720 m Höhe im Thale des Rio Mucuties in einem weiten mit Geröll erfüllten Thalbecken und zeichnet sich durch seine Öde, tötliche Leere und die geringe Intelligenz der Bevölkerung aus. Doch sind auch die Einwohner von Bailadores mit einem frischen milden Klima beglückt; Rosen wachsen in den Gärten, Pfirsiche blühen neben Apfelbäumen, die Brombeere wächst an allen Bergabhängen, auch Erdbeeren finden sich in den Weizenfeldern. Diese letzteren sind hier schon an die Stelle des Zuckerrohres, Maises, Kaffees und der Bananen getreten, die hier kaum noch fortkommen. Der Weizen kann jedoch nicht in genügender Weise verwertet werden, da es an geeigneten Mühlen fehlt, und infolgedessen sind die Bewohner von San Cristóbal genötigt, ihr Weizenmehl vom Auslande einzuführen und dasselbe siebenfach teurer zu bezahlen, als es von Bailadores her geliefert werden könnte. Auch der Tabakbau, der in Bailadores vielfach kultiviert wird, kann nicht in der Weise ausgenutzt werden, wie es wünschenswert wäre, da die Bewohner es nicht verstehen, den Tabak in der richtigen Weise zu bearbeiten, was sie mir selbst klagten.

Nahe bei Bailadores im Thale des Rio de las Tapias giebt es in der sehr grofsen Höhe von 2100—2200 m Kupfergruben, die nach dem Hause La Fortuna genannt werden und früher ausgebeutet wurden; ich fand selbst noch Reste von Schmelzöfen in der Nähe. Allein vor allem die grofse Höhenlage, dann aber auch die Abgeschlossenheit des Ortes Bailadores oder Villa Paez von der Küste werden für lange Zeit hinaus nicht erlauben, irgend welchen nennenswerten Nutzen aus diesem Kupfervorkommen zu ziehen. Endlich will ich noch einer heifsen Quelle Erwähnung thun, die am Ausflufs des Rio Tapias aus dem Gebirge an einer Granitwand hervorbricht, und nach dem Umstande, dafs viele Frauen sich in ihr badeten, zu schliefsen wohl etwa 25° C. Wärme besitzen dürfte.

Wenn schon Bailadores, obwohl es in der langen Thallinie des Rio Mucuties liegt, dem die grofse Verkehrsstrafse durch die Cordillere folgt, doch ohne alles Leben und völlig tot ist, so gilt dies natürlich in noch höherem Grade von den Landschaften zur Seite der grofsen Verkehrsstrafse, namentlich dem Südosten des Táchira, welcher sich durch die Linie Páramo Batallon-Rio Michitú begrenzen läfst. In dem ganzen weiten Gebiete zwischen San Cristóbal, der Batallon-Kette und den Llanos finden sich nur zwei kleine Ortschaften, beide versteckt zwischen kolossalen Bergen. Es sind dies Queniquea und Pregonero, und namentlich Q u e n i q u e a liegt so abgeschlossen, wie es nur für irgend einen Ort der Cordillere der Fall sein mag. Gegen Norden türmen sich vor Queniquea die ungeheuren Massen des Páramo de las Agrias und des Callejon Colorado auf, gegen Westen zieht die Schieferkette des Vanadista; gegen Osten liegen die pfadlosen Waldberge am Rio San Antonio, gegen Süden das unbewohnte Thal desselben Flusses und des Rio Uribante. Queniquea liegt in 1630 m Höhe in einem Thalkessel, umgeben von Wiesen und frischen Weiden; der Ort zählt nur wenige Häuser, und die jungen Leute vergnügten sich mit Ballspiel, der Pfarrer war andauernd betrunken und der Ort gänzlich tot. Die Bewohner von Queniquea sollen besonders faul sein; dennoch fiel mir angenehm auf, dafs alle Strafsen Namen hatten, ja sogar eine Calle del Comercio, Handelsstrafse, gab es, während der Handel ungefähr gleich Null ist. Denn nach den Llanos besteht überhaupt keiner; nach La Grita zu mufs man die ungeheueren Páramos auf elenden Wegen übersteigen, und auch nach San Cristóbal bedarf es einer sehr starken Tagereise auf gutem Maultiere. Verloren in den Bergen, vergessen von dem Gotte des Verkehrs, verlassen von den Mitmenschen, so erschien mir der Ort Queniquea.

Sein Nachbar Pregonero ist etwas besser daran, indem ein gangbarer Pafs nach Tovar über Guaraque führt, der ohne besondere Schwierigkeit überstiegen werden kann; doch erfordert auch dieser Weg mehr als eine Tagereise. Gegen La Grita sperrt der Páramo del Batallon das Städtchen ab, und gegen die Llanos zu giebt es kaum irgendwelchen Verkehr. Auch zwischen den beiden Städtchen Queniquea und Pregonero existiert kein gebahnter Weg, sondern nur ein Waldpfad über die beiden Portachuelos und die Ansiedelung Rio Bobo. Ich habe lange Zeit bereut, mich darauf eingelassen zu haben, diesen Waldpfad zu forzieren, denn bei dem Übergang über den Portachuelo II zwischen Pregonero und Rio Bobo erging es uns nicht zum besten, indem die Pica, der Pfad, verwachsen war und Schritt vor Schritt mit dem „Machete“, dem grofsen Messer, freigemacht werden mufste. Auch lagen mehrfach ganze Stämme quer über den Weg, so dafs die Maultiere nicht unter denselben hindurchkriechen konnten und abgeladen werden mufsten, womit sehr viel kostbare Zeit verloren ging, worauf uns nichts mehr übrig blieb, als in 2000 m Höhe an einer von Feuchtigkeit triefenden Stelle im Farrenwalde zu übernachten. Als wir endlich in Rio Bobo ans Tageslicht kamen, war die Verfassung unserer Karawane auf das allerbedenklichste gelockert. Bei dieser Expedition lernte ich meinen damals neu gemieteten Diener Manuel aus Capacho schätzen, so dafs ich ihn in der Folge mehr als vierzehn Monate ununterbrochen um mich gehabt habe.

Die Gegenden südlich von Pregonero und Queniquea gehören zu den unbekanntesten und unwirtlichsten Strecken der Cordillere. Der Rio Uribante, welcher am Páramo del Batallon entspringt, durchzieht hier ein grofses Sandsteingebirge, in welches er sich tief eingeschnitten hat. Das Gebirge ist in seinem südlichsten Teile bewaldet, im nördlichen kahl; die Grenze liegt etwa in der Linie von der Brücke des Rio San Antonio südlich Queniquea nach der Trampa del Tigre oberhalb des Rio Puya. Nördlich dieser Linie bildet der Uribante phantastische Formen aus den Sandsteinklötzen, die er und seine Nebenflüsse aus dem Gebirge herausgemeifselt haben; südlich derselben ist der Wald so dicht, dafs man stundenlang keinen Aussichtspunkt erreichen kann. Namentlich die Gebirgskette im Süden des Uribante ist mit dichtem

Walde bedeckt; wenn aber einmal ein höherer Gipfel einen Ausblick auf das südlich davor liegende Land gestattet, so wird der Reisende dann auch belohnt für die Beschwerden des Marsches. Denn in der That ist mir selten ein so zauberischer Blick in der Cordillere vorgekommen, wie von dem Viso oder Buena Vista genannten Punkte westlich von La Fundacion. Man sieht hier tief unten, mehrere hundert Meter unter dem Gipfel Viso eine grofse Reihe von Ketten, die sämtlich in der Richtung von Südwest nach Nordost nebeneinander herstreichen, und alle mit dem denkbar dichtesten tiefschwarzgrauen Walde bestanden sind. Weithin schweift das Auge und erblickt nur Wald und wieder Wald und dazwischen hier und da den silbernen Streifen eines der zahlreichen Flüsse, die dem Südabhange der Uribantekette entspringen. Ich habe bedauert, aus Gründen der Verproviantierung der Maultiere, nicht haben auf dieser Stelle übernachten zu können; gern hätte ich diese Wälder im Morgennebel gesehen, der mir immer als etwas die Landschaft im höchsten Grade Verschönerndes erschienen ist.

In den ungeheuren Wäldern am Uribante liegen nur wenige Ansiedlungen, La Fundacion, El Cambujo, und weiter im Süden Campo Alegre sowie einige halb aufgegebene auf dem Wege von Pregonero nach San Antonio de Caparro. Sie liegen alle auf Lichtungen im Walde und sind meist roh aus ein paar Baumstämmen zusammengezimmerte Hütten; in La Fundacion fanden sich jedoch auch ein paar gröfsere Häuser. Das Leben der hier Wohnenden ist ein auferordentlich zurückgezogenes, eintöniges, abgeschlossenes. Wenn sie einmal in den nächsten Ort kommen, so finden sie weiter nichts als die kleinen elenden Bergstädte Pregonero und Queniquea, und kaum jemals gelangen sie auf die grofse Strafse nach Merida, San Cristóbal, La Grita. In der That ist dieser Südabhang der Cordillere das Non plus ultra der Abgeschiedenheit und Zurückgezogenheit, eine rechte Einsiedelei, die man nicht durchziehen kann, ohne einesteils von Melancholie erfafst, aber auch andererseits unwillkürlich von den Schauern der grofsartig erhabenen Ruhe und hinreifsenden, entzückenden Schönheit der Natur umweht zu werden.

Doch schreiten wir nun wieder in das Centrum der Kultur vor und suchen wir aus dem unbewohnten südlichen Rande der Cordillere herauszukommen, so bewerkstelligen wir dies am besten auf dem Wege nach Guaraque und von diesem kleinen Bergstädtchen über den Páramo de los Alineaderos nach dem Mucutiesthal. Wir finden uns dann plötzlich wieder auf einer starkbewohnten, hellgrün glänzenden Ebene, der zuckerrohrbestandenen Playa zwischen Bailadores und Tovar, jedoch nahe dem letzteren Orte. Diese Playa ist wahrscheinlich früher ein Gebirgssee gewesen, insofern unmittelbar unterhalb derselben ein granitischer Höhenrücken, der sogenannte „Volcan“, das Thal des Mucuties absperrt; durch diesen Höhenzug, welcher riegelartig quer vor dem Thale liegt, hat sich der Rio Mucuties seinen Weg gegraben und bricht nun in einer engen tiefen Schlucht unterhalb des Hauses des Don Vicente Mora durch den Volcan hindurch. Bevor er dies aber konnte, mufs er die dahinter liegende Ebene der Playa mit Wasser angefüllt haben, und in der That deuten die grofse Fruchtbarkeit und der Wasserreichtum der Playa darauf hin, dafs einst ein See über dieser Gegend stand. Sobald man nun über den Volcan gelangt ist, sieht man etwa 200 m unter sich die Stadt Tovar liegen, welche sich in ziemlich langer Linie thalabwärts erstreckt und namentlich am nordwestlichen Bergabhang emporklimmt. Tovar hat eine sehr hübsche Kirche, einen freien Platz von ansehnlicher Gröfse und leidlich gehaltene Strafsen. Unter den Häusern sind, wie überall, nur wenige zweistöckige, und zu diesen zählt das am Bergabhang oberhalb der Playa hinaufgebaute Haus des Herrn Avé Lallemant, bei welchem zu wohnen ich mehrere Wochen das Vergnügen hatte. Man übersah von dem Balkon dieses nach Westen gerichteten Hauses das ganze Thal von Tovar oberhalb der Stadt bis zum Páramo del Portachuelo. Die Schotterterrasse, welche vor der Mündung des Rio de San Francisco in den Mucuties aufgetürmt worden ist, erhebt sich isoliert im Vordergrunde. Das Thal von Tovar bietet infolge starken Anbaues von Zuckerrohr, Mais und Kaffee einen wechselnden, anmutigen, fruchtbaren Anblick dar.

Die Bedeutung der Stadt Tovar ist neuerdings stark gestiegen, da der Handel mit den Orten Santa Barbara und San Carlos del Zulia mehr und mehr in die Höhe gekommen, wie oben ausgeführt worden ist. Der Ort macht daher trotz seiner geringen Einwohnerzahl von 2000 Einwohnern einen verhältnismäfsig lebhaften Eindruck, wenn auch das Schicksal, vier Jahre dort allein leben zu müssen, wie es Herrn Lallemant zuteil wurde, kaum anders als wie eine Verbannung aufgefafst werden kann. Doch mufs ich sagen, dafs die mir in Tovar bekannt gewordenen Personen sämtlich einen angenehmen Eindruck bei mir hinterlassen haben, vor allem Herr Elias Burguera, dann aber auch der Dr. Salas. Dieser bewohnt eine Hacienda am Nordabhange des Gebirges nördlich von Zea. Von dieser La Plata genannten Hacienda hat man einen ähnlichen Blick wie von dem Wege Caño Negro-Palmitas, nämlich auf die unendlichen Wälder, Sümpfe und Moräste des Zulia. Die genannte Hacienda liegt etwa 520 m hoch am äufsersten Abhange über der Ciénaga Onia. Man baut auch dort Mais, Kaffee, Kakao; über den Maisfeldern schwebten die kleinen grünen Papageien, Periquitos, welche in grofsen Scharen die Pflanzungen besuchen und weniger durch Fressen als durch Zerstören und Herumschleudern der Körner bedeutenden Schaden thun.

Diese Abhänge bei Zea und La Plata sind die Fortsetzung derjenigen von Las Palmitas und Mesa de las Culebras und zeigen denn auch denselben landschaftlichen Charakter. Eine grofse Reihe von Kuppen und Höhen tauchen neben und übereinander auf, gewaltige Massen von Wald bedecken das ganze Gebirge; kleine Hütten stehen hier und da auf den einzelnen Spitzen der Berge, umgeben von spärlichen Pflanzungen, meist Lichtungen im Walde. Über dem Ganzen ertönt der vielstimmige Gesang der Chicharras, cicadenartiger Tiere, die in ungeheuren Schwärmen in den Bäumen und Kaffeepflanzungen sitzen und einen geradezu unerträglichen Lärm vollführen.

Namentlich in den Monaten März und April, zur kleinen Trockenzeit zwischen den ersten Regen und der Frühjahrsregenzeit, in dem nach ihnen benannten veranito de la chicharra, lassen sie ihre Stimmen unaufhörlich erschallen. Sie pfeifen in gewissen zusammengehörigen Gruppen und beginnen mit einem einzelnen Ton, den ein Vorsänger auszustofsen scheint. Kaum hat er begonnen, so fallen mehrere andere ein, das Gepfeife schwillt an, nimmt dann langsam wieder ab, steigert sich plötzlich zu gellendem Getöse und nimmt dann abermals ab, um endlich zu ersterben. Kaum aber ist die eine Gruppe fertig, so beginnt die andere, und so wechselt diese Sängerbande vom frühen Morgen bis Sonnenuntergang ab.

Der Ton ist dem einer Lokomotive oder besser noch einer Fabrikdampfpfeife täuschend ähnlich, sodafs ich noch jetzt, sobald ich zur Abendzeit eine Fabrik das Schlufssignal geben höre, oftmals unwillkürlich an die chicharras erinnert werde. Allmählich gewöhnt man sich an die Sänger und findet sich so gut mit ihnen ab, wie es eben geht. Man behauptet, die chicharras pfiffen so lange, bis ihnen der Brustkasten platze, und in der That habe ich häufig Hunderte von ihnen geplatzt auf dem Boden umherliegen sehen.

Sobald man von Tovar und Santa Cruz de Mora nach dem Thale des Rio Chama hinübergelangt ist, eröffnet sich dem erstaunten Blick ein neuer Abschnitt der Cordillere. Gegenüber dem in mittelhohe Ketten eingesenkten, aber fruchtbaren und klimatisch gemäfsigten Thale des Rio Mucuties finden wir im Mittellaufe des Chama grofse Extreme ausgeprägt, nämlich sehr hohe Ketten zu beiden Seiten und dazwischen ein tief eingesenktes, heifses, dürres, unfruchtbares Thal. Im Mucutiesthal erscheint alles grün, frisch, anmutig; im unteren Chamathal von Lagunillas und San Juan bis Chiguará ist alles vertrocknet, versengt, kahl, öde. Starre Felswände auf der Südseite, verbranntes rotbraunes bis weifses verwittertes Hügelland auf der Nordseite, dahinter die braunrote Mauer der Culatakette, aber auf beiden Seiten Unfruchtbarkeit, Steingeröll, Schutt, Menschenleere.

Dazwischen braust und donnert der Rio Chama, welcher sich unterhalb Lagunillas stärker in die alten krystallischen Schiefer einzugraben beginnt, als weiter oben bei Merida. Er bespült den Rand des Urgebirges auf der ganzen Strecke von San Juan bis gegen Estanques und zerstört unaufhaltsam die südlichen Felswände. Mit gröfster Mühe ist hier neuerdings ein Weg hergestellt worden, welcher den Namen Las Laderas führt und ununterbrochen an dem Absturze der Gneisse von Estanques und Pueblo Nuevo hinführt. Dieser Weg war jedoch geradezu lebensgefährlich und zwar namentlich an einer Stelle, der Cuesta de San Pablo, wo zwischen den Flüssen San Pablo und Chama ein schmaler Höhenrücken stehen geblieben war, über den der Weg hinwegführte. Wer das Unglück gehabt hätte, auf dieser Stelle vom Pferde zu fallen, durfte nur wählen, ob er in den Rio San Pablo oder in den Rio Chama stürzen wollte; eine dritte Möglichkeit gab es kaum. Und doch hatte Herr Lallemant das Glück, bei einem Unfalle auf diesem schlimmen Wege mit heiler Haut davonzukommen: beim Aufstieg auf die steile „Cuesta“ war ihm der Sattelgurt zerrissen, und ehe er sich dessen versah, rutschte er rückwärts über das Hinterteil des Maultiers herunter und lag hinter dem Tiere auf dem Wege; wäre er seitwärts herabgefallen, so hätte ihm dies das Leben kosten können. Indessen ist Anfang der achtziger Jahre diese Strecke beseitigt und überhaupt ein neuer Weg in die Felsen gesprengt worden, auf welchem nun leidlich vorwärts zu kommen ist. Doch spielen noch andere Umstände mit, den Weg sehr lästig zu gestalten. Einmal werfen die Giefsbäche, welche aus dem Gebirge heraus in den Chama fallen, eine ungeheure Menge von Schutt, Geröll und Gesteinsbrocken hinab und verschütten dadurch in der Regenzeit zuweilen den Weg. Sodann ist die Hitze auf diesem Wege oftmals geradezu unerträglich, indem die heifsen Felswände dieselbe zurückstrahlen und das von Norden und Süden durch hohe Bergketten geschützte Chamathal an und für sich schon abnormal heifs ist. Ich wenigstens habe beim Passieren der Laderas sowohl als auch auf dem Wege Chiguará-Chamathal-Lagunillas stets ganz besonders durch die Hitze gelitten und mufs gestehen, dafs ich diese Strecken für die beschwerlichsten auf der grofsen Strafse San Cristóbal-Carache halte, schlimmer als die berüchtigte Páramo-Region von Mucuchies-Timotes. Endlich ist noch zu erwähnen, dafs die Brücke über den Chama bei Lagunillas, die sogenannte Puente Nacional, im Jahre 1885 in einem so bedauernswerten Zustande war, dafs beispielsweise mein Gefährte auf meiner ersten Reise nach Merida, der Jefe civil von Tovar, Don Antonio Mendez, zunächst sein Maultier voranschickte, um durch dasselbe prüfen zu lassen, ob die Brücke auch noch praktikabel wäre. Dies war im Februar 1885 und in der That stürzte denn auch im Juni die eine Hälfte derselben ein, sodafs ich Mitte Juni 1885 von Tovar aus den Umweg über Chiguará nehmen mufste und die Puente La Urbina zu überschreiten hatte, um auf das andere Chamaufer gelangen zu können. Dennoch mufste ich bald darauf doch noch die Puente Nacional passieren, um den Weg Las Laderas zu erreichen, den ich studieren wollte. Die Brücke war auf der südlichen Hälfte abgesunken, sodafs man von Lagunillas aus bis auf die Mitte derselben gelangen konnte, dann aber eine schiefe Ebene hinabrutschen mufste, was nicht ohne Fährlichkeiten abging. Die Maultiere dagegen hatten den Flufs unmittelbar unterhalb der Brücke in einer Furt zu passieren, die zwar in der Trockenzeit keine Schwierigkeiten bietet, in der Regenzeit jedoch, in der wir uns befanden, soviel Wasser führte, dafs die Tiere schwimmen mufsten, was in Anbetracht der reifsenden Strömung keine Kleinigkeit war. Zweimal passierte ich auf diese Weise den Flufs. Doch lagen schon damals die einzelnen Teile einer eisernen Brücke am Ufer, welche der Gobernador des Staates Los Andes, General Medina in Merida, hatte kommen lassen und die nun mittlerweile hoffentlich zusammengesetzt und dem Verkehr übergeben worden sein wird.

Ich erwähnte bereits der zweiten Brücke über den Chama, gegenüber Chiguará, welche nach einer um ihre Errichtung verdienten Frau „La Urbina“ genannt worden ist. Dieselbe liegt am Eingange der tiefen Schlucht, in welcher der Rio Chama unterhalb von Estanques das Gebirge durchbricht, aber schon in der Schlucht selbst, etwa 10 m über dem Flusse und 140 m unter den benachbarten Hügelzügen. Äufserst steil stürzen die Felswände zu diesem Punkte ab, sodafs der Weg nur unter den gröfsten Schwierigkeiten hat angelegt werden können. In aufserordentlich steilem Zickzack mit ganz scharfen Ecken führt er auf beiden Seiten zur Brücke abwärts, sodafs man ein hinter einem gehendes Maultier oft unmittelbar über sich erblickt.

Die Brücke selbst ist aus Holz gebaut und mit Moos und Gras bedeckt, daher keinesfalls sehr vertrauenerweckend; aufserdem hat sie kein Geländer, und selbst die Maultiere zögerten, sie zu betreten. Auch der Blick auf den auf wenige Meter eingeengten, mit wütender Strömung in die Schlucht hineinschiefsenden Strom ist keineswegs sehr beruhigend, und ich bin überzeugt, dafs wir alle froh waren, als wir uns am anderen Ufer befanden.

Die erwähnte Schlucht setzt sich bis zum Austritt des Rio Chama aus der Cordillere fort und nimmt nach Norden hin mehr und mehr an Tiefe und Grofsartigkeit zu. Gegenüber San Pedro mufs sie schon 600 Meter tief sein, und nachdem der Rio Chama hier den Mucuties aufgenommen hat, schneiden beide Ströme gemeinsam in die Randketten ein; ich sah von San Pedro aus die ungeheuren Wände der Schlucht leuchten und halte dafür, dafs die Tiefe derselben hier 800—900 m betragen mufs. Leider ist der Durchbruch nicht zugänglich, was ich um so mehr bedauere, als die geologischen Aufschlüsse gerade dort ganz besonders klar sein müssen; jedenfalls besteht der gröfste Teil der Randkette nur aus Sandstein. Nachdem der Chama aus der Schlucht herausgetreten ist, beginnt er die morastige Ebene des Zulia zu bilden.

Der Nordabhang der Cordillere zeigt auch von dieser Stelle, San Pedro, am Durchbruch des Rio Chama aus gesehen, dasselbe Bild, wie von der Hacienda La Plata und andern Punkten bei Zea etc.: schwarze Wälder, viele Höhenzüge, dahinter die unendliche bewaldete Ebene des Zulia mit den silbernen Fäden der zahlreichen Flüsse und den Wasserlachen der Moräste oder Ciénagas.

Dagegen finden wir im Innern nun einen desto gröfseren Kontrast in Gestalt der verbrannten Höhenzüge des Chamathals. Das ganze Land zwischen Chiguará, San Juan und dem Rio Chama ist steril, fast wasserlos, kahl, verwittert, mit nur geringer Vegetation bestanden. Das Gestein besteht aus Konglomeraten und Sandsteinen, welche leicht durch das Wasser zerschnitten werden; ungeheure Schuttkegel werfen die Giefsbäche in den Chama, vor der Mündung eines jeden sind grofse Schotterkegel gelagert. In den Flufsbetten der Quebradas selbst bemerkt man nur wenig Wasser, aber zu Zeiten müssen sie stark anschwellen und das ganze Thal erfüllen. Zu beiden Seiten dieser tiefen Cañonartigen Einschnitte erheben sich Erdpfeiler und Erdpyramiden von mannigfachen Farben, deren Existenz den Wassern der Quebraden und dem von oben in die weichen Schichten einsickernden Regenwasser zu verdanken ist. Diese Cañons werden von der Strafse Chiguará-Lagunillas überschritten, und zwar bedarf es steiler Abstiege und ebensolcher Aufstiege, um sie zu überwinden. Oft sind diese aus zehn bis elf übereinander lagernden Galerien von Erdpyramiden bestehenden Steilwände bis zu 200 m hoch.

Die Vegetation in dem ganzen Gebiete zwischen Chiguará und Ejido beschränkt sich auf Kaktus, Dornen, Gestrüpp und überhaupt Gewächse, die des Wassers in nur geringen Quantitäten bedürfen, wie z. B. Mimosen, Euphorbiaceen u. a. Die Gegend macht infolgedessen keinen sehr anheimelnden Eindruck, und nur die Ortschaften bilden Oasen in der allgemeinen Öde.

Chiguará ist zwar kein Ort, der irgend welche Anziehungskraft auf den Wanderer besitzt, denn er liegt verloren im Norden der Hauptstrafse und ist von dem Durchgangsverkehr abgeschnitten. Zwar die Waren von Merida passieren auf dem Wege nach der Küste den Ort, und die Post wird ebenfalls von Zulia über Chiguará nach Merida befördert; allein im übrigen ist Chiguará infolge seiner Isolierung nicht so fortgeschritten wie andere an der grofsen Strafse liegende Orte von gleicher Gröfse, und es machte mir denn auch grofse Mühe, eine Unterkunft in Chiguará zu finden.

Dagegen ist der Flecken Lagunillas ein recht hübscher Ort, zu dem von dem Chama aus eine Strafse führt.

Eine grofse Menge von Weinpalmen stehen am Eingange, und überhaupt ist das Städtchen von frischerer Vegetation umgeben. Lagunillas besitzt in dem nahe gelegenen Urao-See eine Eigentümlichkeit ersten Ranges, insofern in demselben das seltene Mineral Trona oder Urao vorkommt, ein Natronsalz, dessen hauptsächlichste Anwendung in der Cigarrenfabrikation geschieht. Ein Saft, oder eine Salbe wird aus dem Tabak bereitet, diese mit Urao versetzt und dann unter dem Namen „Chimó" in den Handel gebracht. Alle Welt, Knechte, Arrieros, Feldarbeiter, kurz, alles niedere Volk schmiert sich den Chimó an das Zahnfleisch, wo er sich auflöst und eine narkotische Wirkung hervorbringt. Früher holten die Indianer das Mineral durch Tauchen aus dem Grunde des kleinen Sees, was nicht allzu schwierig war, da der See nicht tief ist. Später hat dann ein Italiener, Carnevali, eine hydraulische Maschine aufgestellt, mit welcher nunmehr das Mineral in gröfseren Mengen gewonnen wird, sodafs z. B. im Juni 1885 nicht mehr gearbeitet wurde, weil bereits der Bedarf auf lange Zeit gedeckt war. Dieser Urao-See ist ein seichter Weiher zwischen den vegetationsarmen Konglomeratketten unmittelbar im Westen von Lagunillas. An seinen Ufern befinden sich spärliche Wiesen, auch Zuckerrohrfelder und Maispflanzungen; den gröfsten Teil seiner Umgebung nehmen aber weifsglänzende Strecken ein, die mit den Verwitterungsprodukten des Minerals bedeckt sind, welche von dem Vieh eifrig aufgeleckt werden und vorzügliche Nahrung für dasselbe abgeben sollen. Wahrscheinlich ist der Urao-See früher viel ausgedehnter gewesen, da ihm Codazzi für das Jahr 1840 eine viel gröfsere Länge und Breite giebt, als er jetzt besitzt; darauf deuten auch die Randablagerungen von Mineralstoffen am Ufer des Sees hin.

Aufser Lagunillas ist nur noch San Juan, ein wenig bedeutender

Ort, zu nennen; viel interessanter ist die Hacienda Estanques, welche am Knie des Chama, bevor er in die Schlucht von La Urbina eindringt, am Fufse des Berglandes zwischen Chama und Mucuchies gelegen ist.

Diese Hacienda gehört der Familie Ruiz in Merida, ist ausschliefslich für den Kakaobau eingerichtet und soll einen vorzüglichen Ertrag geben. Der Kakao braucht ein feuchtheifses Klima und findet dies denn auch in der That in Estanques in höchstem Mafse, indem einesteils die geschützte Lage die nötige Hitze erzeugt, andererseits die feuchten Winde der Nordabhänge durch die Schlucht des Chama-Durchbruches die Feuchtigkeit nach Estanques führen.

Frischer wird die Landschaft auch von Lagunillas und San Juan gegen Norden hin, wo eine Reihe von Wildbächen aus der Culatakette hervorbrechen und in rauschendem Laufe zum Chama hinabeilen. Die Temperatur dieser Vorketten ist eine ziemlich hohe, da die gegen Süden gekehrten Abhänge den gröfseren Teil des Jahres hindurch den Sonnenstrahlen ganz besonders stark ausgesetzt sind. Infolge dessen findet man, dafs die einzelnen Nutzpflanzen hier ganz besonders hoch aufsteigen und in Höhen noch brauchbare Früchte tragen, wo an anderen Orten bereits die Möglichkeit der Ausnutzung aufhört. So z. B. fanden sich auf dem Wege von Jají nach dem Páramo del Tambor Bananen, die sonst überall in 1700—2000 m Höhe aufhören, noch in 2200 m Höhe in gutem Gedeihen.

Merkwürdigerweise sind trotz des warmen Klimas diese Bergketten sehr wenig angebaut, indem nur einzelne Gehöfte, wie Boconó, sowie ein paar elende Dörfer, La Mesa und Jají, dort gegründet worden sind. In der That gehört Jají zu den trostlosesten, ärmlichsten, unkultiviertesten Dörfern der Cordillere, und sogar die Gastfreundschaft liefs dort zu wünschen übrig.

Entschädigt wurde ich für manchen dort erlebten Ärger durch einen Ausflug auf den Páramo del Tambor, über welchen der Weg von Jají nach dem See von Maracaibo führt. Dieser Páramo del Tambor liegt dort, wo die grofse Kette der Culata und des Conejos nach Westen zu in niedrigere Züge übergeht und hat daher auch nur 2800—2900 m Höhe, jedoch vollkommenen Páramo-Charakter. Man geniefst von dem Passe aus eine prachtvolle Aussicht auf die Vorketten des Gebirges.

Doch kehren wir zu dem Chamathal zurück. Hier treffen wir oberhalb San Juan einen Wechsel in den landschaftlichen Eindrücken. Wenn man von San Juan herabsteigt ans Ufer des Rio Chama, dort, wo die neue Strafse von Lagunillas nach Ejido die beiden Wildbäche Sucia und Gonzalez überschreitet, so findet man frischere Vegetation und gröfseren Wasserreichtum. Dies steigert sich noch, sobald man an dem Rincon del Chama die Mündung des Rio de la Nuestra Señora passiert hat und in ostnordöstlicher Richtung den Chama aufwärts zieht. Hier sieht man bei einer Wendung des Weges plötzlich einen gewaltigen Hain, dessen dunkles Grün durch ziegelrote Blüten anmutig unterbrochen wird, und der die ganze Breite des Chamathals einnimmt.

Das sind die Anfänge der grofsen Haciendas, welche die Stadt Ejido einnehmen. Kaffee und abermals Kaffee, versteckt unter Bucares-Anpflanzungen, ist die Signatur dieses Abschnittes der Cordillere. Die ausgedehnten Haciendas Guaymaras kurz vor Ejido, im Seitenthale der Quebrada Portuguesa, werden passiert, und plötzlich steht man vor einer ungeheueren Schotterterrasse, der Mesa de Ejido, die man in einem steilen Zickzackwege erklimmt. Kaum ist man auf dieselbe gelangt, so befindet man sich vor den ersten Häusern der Stadt Ejido.

Ejido liegt in der Höhe von 1215 m auf der genannten Schotterterrasse am Abfall der letzten Vorberge der Culatakette gegen das Chamathal und ist jetzt eine der gröfsten Städte der Cordillere. Ejido besteht wesentlich nur aus einer sehr langen Strafse, welcher allerdings ein paar kleinere parallel laufen; allein der ganze Verkehr drängt sich in der grofsen Hauptstrafse zusammen, welche fast eine halbe Stunde lang ist. Besondere Sehenswürdigkeiten bietet die Stadt nicht; die Plaza und die Hauptkirche sind zwar ganz geräumig und schön, allein sie unterscheiden sich eigentlich in nichts von denjenigen gleich grofser Städte. Was dagegen bei Ejido sehr bemerkenswert ist, das sind die Umgebungen. Tritt man aus der Stadt an irgend einem Punkte heraus, so befindet man sich sofort in den frischesten, köstlichsten, üppigsten Haciendas, die man in der Cordillere sehen kann. Alles ist hier bepflanzt mit den verschiedenen grofsen Arten von Schattenbäumen, deren Dasein stets den Eindruck von Wäldern zeigt. Prachtvolle frische Bananenhaine, Zuckerrohr- und Kaffeepflanzungen umsäumen die Stadt. Eine Reihe von kleinen Wildbächen fällt im Osten und Westen Ejidos in den Chama. Gehöfte, Wirtschaftsgebäude, Haciendas, Wohnhäuser bedecken die ganze Umgebung. Das Klima ist warm, aber doch gemäfsigt; alles athmet Frische, Feuchtigkeit, ein grofser Genufs für den Reisenden, der tagelang auf den öden sterilen Konglomeratbergen bei Lagunillas und Chiguará einhergezogen ist.

In ähnlicher Weise präsentiert sich auch das übrige Chamathal bis Merida und weiter aufwärts. Von Ejido aus passiert man zunächst den Rio Albarregas, der sich zwischen dieser Stadt und dem Dorfe La Punta tief in die gewaltige Schotterterrasse eingeschnitten hat, die sich von Merida bis Ejido in der Länge von fast 17 km und der Breite von 3—7 km erstreckt und bei Ejido 80—100 m, bei Merida nicht weniger als 200 m über der Thalsohle aufragt. Auf dieser Mesa liegen bei La Punta und Merida eine weitere Reihe von Haciendas, die mit ihren vielen Schattenbäumen von weitem als ein grofser Wald erscheinen. Sie werden durch den Weg von La Punta nach Merida durchschnitten, der sich langsam die Mesa aufwärts hinzieht und, wenngleich völlig eben, so doch in einem im allgemeinen recht trostlosen Zustande befindlich ist.

Endlich gelangt man kurz vor Merida an zahlreiche Wirtschaftsgebäude, welche sich zu beiden Seiten des Weges ausdehnen und hier und da aus dem frischen Grün der Pflanzungen hervorlugen. Der Verkehr ist ziemlich grofs, allein man entbehrt noch völlig der Fahrgelegenheit. Allerdings besafs ein gewisser Abelardo Briceño in Merida einst einen Karren, mit welchem er die Produkte seiner bei La Punta gelegenen Hacienda nach Merida zu schaffen pflegte; allein da dieser Karren auf dem schlechten Pflaster der Stadt Merida allzu sehr rasselte und durch sein Geräusch die an Stille gewöhnten Bewohner störte, so verbot die Stadtverwaltung das Fahren dieses Gefährts, und Abelardo Briceño mufste wieder zu Maultieren seine Zuflucht nehmen.

Die Stadt Merida präsentiert sich von Westen aus in wenig würdiger Weise. Eine grofse, zum Teil verfallene Mauer sperrt den Eingang gegen Ejido ab, und man erblickt daher nur jene lange Strafse, über der sich der Turm der Vorstadt El Llano erhebt. Auch beim Einzug in die Stadt fällt einem der Verfall auf; die Strafsen sind schlecht gehalten, die Pflasterung unregelmäfsig, die Häuser vielfach ihres Kalkbewurfs verlustig gegangen, so dafs der Eindruck nicht demjenigen entspricht, welchen man beim Betreten der Hauptstadt der Cordillere und des gesamten Westens erwartet. Merida erstreckt sich in sehr grofser Ausdehnung auf der Oberfläche der Mesa in der Richtung von WSW. nach ONO.; die Breitseiten sind schmal, die Langseiten sehr lang.

Die Stadt ist, wie alle venezolanischen, mit rechtwinklig sich schneidenden Strafsen angelegt, deren eigentliches Centrum die grofse Plaza bildet. Hier liegt an der südlichen Seite, gegen die Sierra Nevada zu, die Kathedrale, gegen Westen das Regierungsgebäude, dessen Säulenhalle seine einzige Sehenswürdigkeit bildet. Früher trug dieses Regierungsgebäude einen Turm, der jedoch infolge von Altersschwäche einstürzte und nicht wieder aufgebaut worden ist. An der Nordseite der Plaza befinden sich Läden, an der Ostseite Wohnhäuser.

Merida wurde 1812 durch das Erdbeben von Carácas in Mitleidenschaft gezogen und büfste den Turm seiner Kathedrale ein, unter dem der Bischof Hernandez erschlagen wurde. Auch eine Reihe anderer Kirchen und Klöster stürzte ein, und man sieht noch jetzt in dem östlichen Stadtteil zahlreiche Ruinen, altes Mauerwerk, und Höfe, in denen die üppigste Vegetation emporsprießt. Im Westen schließen sich an die eigentliche innere Stadt die Vorstadt El Llano, im Nordosten die Vorstadt Milla, welche sich gegen die Culatakette emporzieht. Der innere Teil der Stadt ist das Kirchspiel Sagrario oder Catedral. Die Stadt ist der Sitz des Präsidenten des Staates Los Andes und Hauptstadt der Cordillere, während die Regierung der Seccion Guzman, des früheren Staates Merida, in Ejido eingerichtet worden ist. Der damalige Präsident des Staates, General Medina, nahm mich mit großer Freundlichkeit auf. Leider lag im Juni 1885, während meiner Anwesenheit in Merida, die Last politischer Unruhen bleiern auf der Stadt, und infolgedessen wurde der stille, tote Eindruck Meridas noch erhöht. Die Bevölkerung, in der beständigen Erwartung störender Unruhen, gab sich nicht in der Weise dem Frohsinn hin, wie es sonst der Fall sein soll und mir von meinem Vorgänger in der Cordillere, Prof. A. Goering, geschildert worden war. Es bestand eine starke Strömung gegen den Präsidenten des Staates, General Medina, und die Bevölkerung der Cordillere teilte sich in Medinisten und Araujisten, die namentlich in Trujillo maßgebenden Parteigänger des Generals Araujo. Schon bei meiner Ankunft in der Cordillere war ich Zeuge des Kampfes dieser beiden Richtungen gewesen, und im Juni 1885 drohte der Gegensatz abermals in blutiger Fehde auszubrechen, die allerdings schließlich doch nicht eintrat. Auch im Februar 1885, als ich zum ersten Male in Merida war, lastete das Schicksal in Gestalt einer Epidemie von Brechruhr, pujas, auf der Stadt, und auch damals war die Stimmung nicht günstig.

Merida ist eine der ältesten Städte der Cordillere und hat von jeher den Sitz der Regierung gebildet. Auch kirchlich ist Merida ein Centralpunkt, indem der Bischof von Merida die Cordillere unter seinem Hirtenstabe vereinigt hält, während früher die Stadt Pamplona in kirchlicher Beziehung die Metropole für den ganzen Westen der Cordillere, namentlich die Landschaft Táchira, war. Die Einrichtung des Bischofssitzes in der Stadt Merida stammt aus dem Ende des vorigen Jahrhunderts.

Merida besitzt auch eine sogenannte Universität, die jedoch nach unseren Begriffen diesen Namen nicht führen dürfte, sondern nur sehr geringe Ansprüche darauf machen kann. In der That beziehen denn auch viele junge Leute aus Merida die Universität Carácas, wo sie jedoch oft dem neuerdings schlecht gewordenen Klima erliegen.

Wenn so die Stadt Merida selbst nichts Besonderes bietet, so muß ich doch der Bevölkerung den aufrichtigsten Dank zollen, insofern ich von allen Klassen derselben sehr freundlich aufgenommen und durch reiche Unterstützung in Rat und That von vielen Personen gefördert wurde. Namentlich der in Merida ansässige Herr Salomon Briceño, ein für Naturwissenschaften begeisterter Mann, half mir über die verschiedenen Schwierigkeiten hinweg, die sich im Laufe der Zeit naturgemäſs aufdrängten. Auch die Familie Parra Picón und meinen Gastwirt Don Antonio Ranjel, den Besitzer der Posada, habe ich in dankbarem Andenken behalten.

Ein zweites Moment, welches mir über den im allgemeinen ziemlich langweiligen Aufenthalt in Merida hinweghalf, war die Betrachtung der Natur, die Erbauung an der groſsartigen Umgebung. Unmittelbar über der Stadt, in jeder Straſse derselben sichtbar, erheben sich die glitzernden Schneehäupter der Sierra Nevada, an deren Anblick man sich niemals satt sehen kann. Ich brauchte nur auf den Flur meines Hauses zu treten, um über mir den Toro und den Leon schimmern zu sehen; über der Kathedrale leuchteten ihre Häupter, und von jedem Punkte in der Umgebung der Stadt fiel der Blick unwillkürlich wieder auf sie zurück. Als ich einst von der Besteigung des Pan de Azúcar zurückkehrte, infolge der Anstrengungen ermüdet auf dem schlechten Wege im Abenddunkel einherzog und nichts sehnlicher wünschte, als in der Posada des Don Antonio Ranjel bald wieder zu den Fleischtöpfen Meridas zurückkehren zu dürfen, da wurde ich plötzlich durch ein so groſsartiges Schauspiel überrascht, wie ich es niemals wieder in den Cordilleren gesehen habe. Die letzten Strahlen der scheidenden Sonne erleuchteten die Schneegipfel der Sierra Nevada in rosafarbenem Lichte. Über dem tiefen Dunkelblau des Hochwaldes und dem weiſsen glänzenden Schnee bildete sich ein rosaroter Glorienschein, das Andenglühen, die sol de venado, Hirschsonne, wie die Merideños es nennen. Bei solchem Anblicke glaubte man sich in die deutschen Alpen, in die Heimat zurückversetzt; die Müdigkeit schwand, die Straffheit der Glieder kehrte wieder und anstatt über die Unannehmlichkeit, im Dunkeln reiten zu müssen, ohne Merida erreicht zu haben, zu murren, pries ich mein Schicksal, das mir einen solchen Anblick gewährte.

Der Handel Meridas ist nicht sehr bedeutend und zwar deshalb, weil keinerlei Durchgangsverkehr vorhanden ist. Während in Valera und in Cúcuta sowie San Cristóbal alle Waren aus den verschiedenen Teilen der Cordillere zusammenströmen, steht Merida allem derartigen Verkehr fern und ist ausschlieſslich auf die eigene Einfuhr und Ausfuhr beschränkt. Daher fehlen denn auch in Merida die deutschen Kaufleute, welche sonst in manchen Städten der Cordillere, und zwar in Tovar, Valera, San Cristóbal und Cúcuta zu treffen sind. Überhaupt sind sehr wenige Europäer in Merida. Auſser einigen unvermeidlichen

Italienern erinnere ich mich nur des Herrn Bourgoin, eines französischen Apothekers, der mich auf das liebenswürdigste unterstützte und als Kenner der Flora des Landes mir sehr nützlich war.

Am äufsersten östlichen Ende der Mesa de Merida steht eine Säule Bolívars, und unmittelbar daneben steigt man von der Stadt ins Thal hinab. Die Höhe der Schotterterrasse ist hier so bedeutend, dafs man von Osten kommend nur die gewaltige Wand derselben, nicht aber die Häuser der Stadt Merida selbst sehen kann, und infolgedessen, sobald man den Rand der Mesa erstiegen hat, plötzlich an den ersten Häusern der Stadt steht.

Von oben gesehen, namentlich von der Sierra Nevada aus, präsentiert sich die Stadt Merida dagegen in voller Gröfse, und macht mit ihrem Häusermeer im allgemeinen einen gröfsern Eindruck, als nach der Bewohnerzahl von etwa 5000 Seelen zu erwarten wäre.

Bevor wir nun den früheren Staat Merida verlassen, müssen wir noch einiger Ortschaften im Chamathal gedenken, welche oberhalb Merida liegen. Zuerst gelangt man von Merida nach Tabai, einem kaffeebauenden Städtchen ohne grofse Bedeutung, passiert dann eine Reihe von Gehöften, Cacute, Escaguai, das Indianerdorf Mucurubá, den Hof Cenizero und gelangt endlich nach dem Indianerstädtchen Mucuchies in 3030 m Höhe, der höchsten Ortschaft der Cordillere. Das Chamathal hat hier im allgemeinen einen düstern, öden, traurigen, kahlen Anstrich. Grauweifse Granitmassen bedecken von Cacute aufwärts die beiden Thalseiten; ungeheure Massen von Geröll und Blöcken liegen in der Thalebene umher. Der Flufs windet sich mit starkem Gefälle durch das nicht besonders enge Thal. Die Vegetation ist sehr gering; oberhalb von Cacute nimmt sie in erschreckendem Mafse ab, und schliefslich sieht man weiter nichts als Steingeröll und Blöcke, zwischen denen hie und da ein Haus anzutreffen ist. Dieser landschaftliche Charakter des Chamathales, die Öde, Stille, Ruhe, erreicht ihren höchsten Grad in den umliegenden Páramos, über die ich in einem besonderen Kapitel (VIII) berichten werde.

Südlich von Merida und dem Chamathal beginnt das Gebiet der unbewohnten Ketten des Schiefergebirges von Aricagua und der Randketten gegen die Llanos zu. In dem ganzen weiten Territorium zwischen dem Rio Chama, Pregonero und den Llanos befinden sich nur wenige kleine im Entstehen begriffene Dörfer, deren Anblick ziemlich trostlos ist. Sie liegen alle in den Flufsthälern, die durch eine Reihe von kleinen Flüssen bewässert werden, deren Ziel die Flüsse Caparro und Nuestra Señora sind. Aricagua besteht nur aus 17 Hütten; Mucuchachí mag etwa 30 zählen; Canaguá oder Libertad besitzt kaum 40, und noch kleiner sind Mucusurú und Sabaneta. Die Schiefergebirge dieser Teile der Cordillere sind sehr unfruchtbar und wasserarm. Dagegen finden wir in den darauf folgenden Randketten gewaltige Wälder, die üppigste, frischeste Tropenvegetation und wahre Prachtexemplare von Urwaldriesen. Diese Wälder erstrecken sich von der Quebrada Chorros südlich Aricagua über Höhen und Thäler in ununterbrochenem Zuge bis zu den Llanos, und selten nur erschliefst sich einem ein Blick auf diese letzteren. Auch gegen Westen ist das Gebirge im Süden von Mucuchachí mit Wäldern bedeckt, deren Üppigkeit den Durchzug erschwert. Von Wegen ist hier kaum die Rede. Nur die sehr geringe Zahl von Fufsgängern vermag überall durchzuschlüpfen, Maultierlasten finden jedoch Schwierigkeiten, da der Verkehr aufserordentlich schwach ist, und an eine Instandhaltung der Wege nicht gedacht werden kann. Oft scheuern die Maultiere mit ihren Lasten an den Wänden des schmalen Zickzackweges am Bergabhang, dann wieder wird ein über den Weg liegender Baumstamm zum ernstlichen Hindernis für das Vorwärtskommen, und erst nach langer Zeit und grofser Mühe läfst sich der störende Baumstumpf umgehen oder durchschlagen. So vergehen die Reisestunden in diesen Randketten in unaufhörlicher Aufregung, endlosem Ärger über störende Hindernisse, stets wiederkehrendem Kampf mit der Natur und erzeugen endlich eine Abspannung bei dem Reisenden, von der sich zu erholen längere Zeit kostet.

Wenn man von dem Páramo de Mucuchies gegen Nordosten herabsteigt, so gelangt man im Thale des Rio Motatán bald nach der Ortschaft Timotes, welche die letzte der Seccion Merida ist. Jenseits derselben beginnt bereits die Landschaft Trujillo, deren Beschreibung uns hier noch obliegt.

Trujillo bildet bereits den Übergang von dem äufsersten Westen Venezuelas nach den Centralstaaten; dennoch besitzt es weder besondere Bedeutung, noch auch gröfsere Städte. Unter allen trujillanischen Ortschaften findet sich nicht eine einzige von 3000 Einwohnern, und man kann auch nicht behaupten, dafs irgend eine derselben sich in geistiger oder industrieller Beziehung vor den übrigen besonders auszeichnete. Es giebt überhaupt keine dominierende Stadt, ebenso wenig, wie es ein hauptsächliches Thal giebt, zu dem die übrigen Thäler in der Rolle der Abhängigkeit ständen. Das dazu von der Natur noch am geeignetsten gestaltete Thal, das des Motatán, ist eng und wild, so dafs nicht einmal die grofse Strafse ihm entlang zieht, sondern das Nebenthal des Rio Momboy benutzt. Auch die übrigen Thäler des Rio Boconó und des Rio Carache sind von keiner fundamentalen Bedeutung für Trujillo, sondern entwässern nur abgesonderte Landschaften der Cordillere. Daher ist denn auch der Verkehr nicht so allgemein an eine bestimmte Hauptlebensader gebunden, wie sie die Thäler des Chama und des Mucuties im Westen zeigen, sondern auf verschiedenen Wegen und über hohe Ketten gelangen die spärlichen Produkte gegen den Ausgang der Cordillere zu, und hier konnte sich denn neuerdings eine Neugründung entwickeln, welche infolge ihrer centralen Lage gegenüber den Einmündungen aller Verkehrsstrafsen Trujillos allmählich die erste Stelle unter den Städten der Landschaft einzunehmen droht: Valera. Schon beginnt Valera durch Unternehmungsgeist, Handelsbewegung und Lebhaftigkeit alle andern zu überflügeln. In Bezug auf äufsere Schönheit steht es allerdings weit gegen die übrigen zurück. Schmutz, häfsliche Häuser, unangenehme Bevölkerung, meist Italiener oder Halbitaliener, das sind die ersten Eindrücke in Valera.

Aber wenngleich diese Stadt im Augenblick durchaus gar nichts Sympathisches hat, so bezweifle ich nicht, dafs sie in zehn oder zwanzig Jahren alle ihre Rivalen, auch in der äufsern Erscheinung, vollständig hinter sich zurückgelassen haben wird.

Es giebt noch vieles für Valera zu verbessern; beispielsweise ist die Brücke über den Motatán, welche von allen Warenzügen passiert werden mufs, in einem lebensgefährlichen Zustande, allein mit zunehmender Handelsfrequenz wird auch hierin Wandel geschaffen werden. Schon reicht die Eisenbahn vom Hafen La Ceiba am Maracaibo-See bis nach Sabana de Mendoza am Fufse der Cordillere, und dereinst dürfte sie Valera erreichen, falls das Land im Aufschwunge verbleibt und die nöthigen Mittel gefunden werden.

Noch eine zweite Stadt ist in Trujillo in deutlichem Aufblühen begriffen, nämlich La Plazuela an der Mündung des Rio Mocoi in dem Castan. Dieser Ort verdankt seine Bedeutung dem Umstande, dafs hier die Strafse von Carache in die Hauptstrafse Trujillo-Valera mündet, hat also eine ähnliche Stellung wie Valera, jedoch nur in sekundärer Beziehung. In der That zieht sich das Geschäft der Stadt Trujillo selbst allmählich nach La Plazuela.

Die Stadt Trujillo liegt in einem sehr engen, sehr heifsen und sehr häfslichen Thale am Rio Castan, dort, wo die Quebrada del Cedro in ihn mündet. Sie hat von jeher den Sitz der Regierung Trujillos gebildet, und ist dies auch noch heute. Sie ist klein, hat etwa 2600 Einwohner, ist aber wohlgebaut, hübsch gepflegt und reinlich. Ganz kürzlich wurde sie im September 1886 durch ein heftiges Erdbeben stark beschädigt, was ihr wahrscheinlich einen weiteren schwer gutzumachenden Verlust zugefügt haben wird. Zwei grofse Kirchen schmücken die Stadt, deren Häuser meist hübsch gehalten und weifs angestrichen sind. In Trujillo erhielt ich liebenswürdigste Aufnahme bei Herrn Juan Carrillo Guerra, einem aufserordentlich feinen und angenehmen älteren Kaufmann. Besondere Sehenswürdigkeiten besitzt die Stadt durchaus nicht.

Von den übrigen Städten der Landschaft Trujillo sind nur noch drei bemerkenswert, nämlich Boconó, Carache und Mendoza. Alle drei liegen in gemäfsigten Höhen von 1200—1300 m in Flufsthälern am Fufse hoher Ketten. Ganz besonders fruchtbar ist das Thal von Boconó am gleichnamigen Flusse. Der Rio Boconó fliefst zwischen den hohen Ketten der Trujillo- und der Llanos-Cordillere in einem engen Thale dahin, das er mit seinem bedeutenden Wasserreichthum befruchtet. Die prachtvollsten grünen Wiesen und Matten, die schönsten Zuckerrohr- und Maisfelder, die üppigsten Kaffeepflanzungen erstrecken sich an seinen Ufern und an den benachbarten Berghängen aufwärts. Dazwischen liegt die Stadt B o c o n ó selbst am Abhange der Llanoskette, langsam gegen den Flufs abwärts gestreckt. In Boconó fiel mir die sehr hübsche Plaza und überhaupt sauberes Äufsere der Häuser und öffentlichen Gebäude auf, und es existiert auch ein ziemlich beträchtlicher Handel mit Trujillo und Valera, der jedoch daran leidet, dafs der hohe Páramo de la Cristalina überstiegen werden mufs. Zwar ist die Strafse über denselben nicht schlecht, aber die Steigung beträgt auf der Boconóseite 1700 m, auf der Trujilloseite sogar 2100 m bis zur Passhöhe. Überhaupt wird Boconó durch seine Lage abseits der grofsen Strafse geschädigt, wie denn z. B. im August 1885, als schon die ganze Cordillere mit Telegraphendrähten durchzogen war, die Verbindung mit Boconó erst in das Stadium des Entwurfes getreten war.

Wenn schon Boconó etwas abgelegen ist, so hat das Thal des westlich davon fliefsenden Rio Burate einen noch viel stärkeren Verkehrsmangel infolge seiner Abgeschlossenheit zu erleiden. Der Rio Burate entspringt an dem Páramo del Volcan in bedeutender Höhe und stürzt in einem wilden Thale gegen ONO. abwärts. Er ist eingesenkt in die ungeheuren Gneis- und krystallinischen Schieferketten, und erst eine Stunde unterhalb Boconó tritt er in eine weitere Thalstrecke ein. Hier aber vereinigt er sich auch gleich mit dem Rio Boconó und durchbricht dann mit demselben zusammen die Llanoskette in der tiefen, unzugänglichen, von schroffen Steilwänden umgebenen Schlucht von Boquerón oder Tucupós. Das Thal des Burate ist nur wenig bewohnt; ich fand dort nur die kleinen unbedeutenden Indianerdörfer Las Mesitas oder General Rivas, Niquitao und Tostós, sowie die Ansiedlungen Chejendé und Bitucui.

Bei Niquitao liegt eine Lagune, von der die Sage geht, dafs einmal jährlich alle Geier, Zamuros, der Cordillere dort zusammenkommen, um an dort liegenden Steinen am Ufer ihre Schnäbel zu wetzen.

Jenseits des Rio Burate befindet sich noch ein langes Thal, das des Rio de Santo Domingo, welches an der Grenze von Merida und Trujillo, sowie auch von Trujillo und Zamora, dem Llanosstaate, gelegen ist. Hier stürzt der wilde Bergflufs Rio de Santo Domingo aus dem Gebirge herab, gräbt sich tief in dasselbe ein und erzeugt durch seine Erosion eine schauerliche Thalschlucht, in welche von beiden Seiten Giefsbäche hinabstürzen, die ihrerseits ebenfalls tief in die Vorberge eingeschnitten und zwischen sich vorspringende Zacken stehen gelassen haben, deren Gestein arg verwittert ist. Über diese führt der Weg in endlosem Auf und Ab; bald gilt es einen derartigen Höhenzug zu erklimmen, bald wieder tief in die Schlucht des nächstfolgenden Giefsbaches hinabzusteigen. Diese Hohlwege und Schluchten haben dem Wege den Namen Los Callejones, die Hohlwege, gegeben.

Obwohl die Callejones die Verbindungsstrafse zwischen Merida und den Llanos bilden, sind sie doch fast unbewohnt; nur ein paar Gasthäuser stehen am linken Ufer des Flusses am Bergabhange. Ortschaften finden sich nur unterhalb des Austrittes des Rio de Santo Domingo aus der Felsenschlucht, nämlich Altamira, ein im Entstehen begriffenes Dorf, und Barinitas, schon in der Sabane an der Grenze der Llanos gelegen. Dagegen giebt es zwei Ortschaften oberhalb des Eintrittes des Rio de Santo Domingo in seine Felsenschlucht, nämlich Las Piedras an der Mündung des Rio Aracai in den Santo Domingo und Santo Domingo am gleichnamigen Flusse. Endlich liegt in kalter regenreicher Höhe oberhalb eines Zuflusses die kleine Ortschaft Pueblo Llano am Fufse der nach Timotes führenden Hochpáramos. Diese ganze Gegend ist aufserordentlich wasserreich; die Thalgründe zwischen den einzelnen Ketten sind mit Hochmoor gefüllt, überall quillt und rauscht Wasser, wodurch die Wege nicht gerade verbessert werden.

Im Norden der Landschaft Trujillo finden wir im Thale des Rio Momboi die Stadt Mendoza, welche durch Kaffeekultur ausgezeichnet ist und förmlich in Kaffeehaciendas vergraben liegt, so dafs man ununterbrochen durch solche zu reiten hat. Ihr Klima ist wie das von Carache und Boconó frisch und gesund, doch habe ich niemals so viele Aussätzige und Blinde gesehen wie in Mendoza. Von Valera ist dieser Ort nur wenige Stunden entfernt und wird daher mit der Zeit wohl als Luftkurort für die von der Hitze Valeras Leidenden in gröfsere Aufnahme kommen.

Südöstlich von Mendoza gegen die Trujillokette zu liegen noch eine Anzahl von kleineren Ortschaften, namentlich auf den Abhängen der Vorberge der Trujillokette. Meist sind sie am Ufer der Flüsse und Bäche gegründet, die von der Höhe des Gebirges nordwestwärts in den Motatán fallen. Zu ihnen gehören Quebrada Grande, ferner San Lázaro am Rio Jimenez und Jajó, welche alle, sowie auch El Burrero, von sehr geringer Bedeutung und von allem Verkehr abgeschlossen sind.

Ein erfreulicheres Bild eröffnet sich uns bei dem Besuche des Abhanges gegen den Maracaibosee zu. Hier fällt die Cordillere im Nordwesten der Flüsse Momboy und Motatán langsam ab und auf dem niedrigen Hügellande, welches sich im Westen von Valera erschliefst und in dem Alto de Escuque gipfelt, liegen eine Reihe von fruchtbaren Fluren mit zahlreichen kleinen Dörfern und gröfseren Orten, zwischen denen Haciendas eingestreut sind. Namentlich die Stadt Escuque ist hier zu erwähnen, ein von Kaffeepflanzungen umgebener grofser Ort, dessen Reichtum indes durch die Entwertung des Kaffees zur Zeit meiner Anwesenheit stark gesunken war.

Sabana Libre, La Laguneta, Ponemesa, San Juan, El Alto de Escuque sind Ortschaften auf diesem Höhenzuge, und am Rande des Steilabfalles der Cordillere gegen die Urwälder von Zulia finden wir das grofse langgestreckte Dorf Betijoque, das Vorwerk Las Trincheras, die kleine Ortschaft Isnotú und eine Reihe von Haciendas. Das Land ist zum Teil allerdings steril, mit Kaktus und Dornen bestanden, allein man geniefst von hier, namentlich von der Höhe von Isnotú aus eine wunderbare Aussicht über die Zuliawälder und das Vorland der Cordillere bis zu dem Maracaibosee.

Fast noch grofsartiger ist der Blick auf die Wälder von dem Waldgebirge des Cordillerenrandes am Rio Caus, bei Monte Carmelo und dem Rio Pocó, wo allmählich grofsartige Kaffee- und Kakaopflanzungen entstehen, welche in dem feuchtwarmen Klima aufserordentlich gut gedeihen. Diese Ränder der Cordillere sind landschaftlich zu den schönsten Strecken des Gebirges zu rechnen. Ihre schweigenden, stillen, feuchten, erhabenen Hochwälder stellen sich allem, was in der Cordillere an irgend einem Punkte zu finden ist, an die Seite. Was man in Trujillo meist so sehr vermifst, die Frische, Feuchtigkeit des Waldes, das findet sich in diesen Randketten im höchsten Mafse.

Dem gegenüber fallen auch die Randketten von Chejendé und Cuicas am Rio Carache gänzlich weg, welche zwar eine geradezu entzückende Aussicht auf die farbenreichen Llanos von Monai, die Gegend des Sees von Maracaibo und die Cordillere von Mendoza gestatten, aber keinerlei Waldwuchs tragen, sondern kahl und öde sind.

Kahl und öde sind auch die äufsersten Vorwerke der Cordillere, die Thäler zwischen den letzten hohen Páramos im Nordosten. Zwar bei der Stadt Carache findet man noch lebhaftes Grün der Zuckerrohr- und Maisfelder; die Stadt ist im Aufschwung begriffen und leidlich gebaut, allein die übrigen Thäler stechen desto mehr dagegen ab. Namentlich im Schiefergebirge bei Burbusai, Santana, La Concepcion sehen wir nichts weiter als kahle, öde, verwitterte Flufsthäler, denen die umherliegenden Schieferplatten und -Trümmer einen monotonen unfruchtbaren Anstrich geben.

Siebentes Kapitel.

Ackerbau.

In den inneren Thälern der Cordillere drängt sich der gesamte Ackerbau zusammen, und auch im Karibischen Gebirge sind die Thäler Hauptsitze der Bodenkultur; und zwar ist es vor allen Dingen die Höhenzone zwischen 300 und 1800 m, welche fast den gesamten Wert der Landesprodukte in sich schliefst. Denn in diese Zone fallen die eigentlichen Haupterzeugnisse des fruchtbaren venezolanischen Bodens, der Kaffee, das Zuckerrohr, der Mais, die Banane, der Kakao.

Der Anbau aller dieser Nutzpflanzen wechselt natürlich je nach dem Preise derselben. Vor den siebziger Jahren gab es in der Cordillere z. B. mehr Kakaopflanzungen als jetzt. Als dann die Kaffeepreise so aufserordentlich stiegen, fing man an, die Kakaopflanzungen umzuschlagen und statt dessen Kaffee anzubauen. Aber im Jahre 1885 trat ein abermaliger Umschwung ein; nun wendete man sich, da die Kaffeepreise sehr erheblich gefallen waren, wieder dem Kakao zu und begann z. B. in der Gegend von Valera mit der Ausrottung der Kaffeepflanzungen und dem Errichten von Kakaoplantagen.

Manche Produkte gehen in dieser Weise stetig zurück, andere kommen empor. So ist beispielsweise der Anbau von Indigo (añil) in ganz Venezuela jetzt fast gleich Null, während am Ende des vorigen Jahrhunderts grofse Quantitäten exportiert wurden. So wirft man sich jetzt wieder in einigen Gegenden auf die Kultur der Baumwolle, die zur Zeit der Eroberung eine der hauptsächlichsten der Indianer war. Daneben fällt es auf, dafs grofse Handelsartikel gar nicht ausgebeutet werden, wie z. B. die Kokospalme, welche in Venezuela im Verhältnis zu anderen Ländern nur spärlich vertreten ist und weiter gar keinen Nutzwert für die Bewohner hat, als dafs sie das Fleisch essen und die

Milch trinken; und doch könnte man ungeheuere Massen Kopra in den Handel bringen, denn die Kokospalme kommt gerade an den Küsten des Landes ganz ausgezeichnet fort.

Ein weiterer grofser Handelsartikel sind anderswo seit dem letzten Jahrzehnt die Bananen, deren massenhafter Kultur ein neuer, stark im Aufschwung begriffener Hafen an der Ostküste von Central-Amerika, Port Limon oder Puerto Limon, seine Entstehung zu verdanken hat, indem von ihm aus kolossale Quantitäten von Bananen nach New-York geschickt werden, so dafs man im Juni 1886 in dieser Stadt drei Stück Bananen für fünf Cents, also die Banane zu sieben Pfennig kaufen konnte. Dieser Handelszweig ist in Venezuela gänzlich unbekannt, obwohl ebenfalls eine direkte Dampferlinie von Nordamerika nach Venezuela läuft.

Ferner ist es merkwürdig, dafs der Anbau von Reis in Venezuela so aufserordentlich gering ist, obwohl doch ungeheuere Mengen von Reis verzehrt werden. In der Cordillere, die ich am genauesten kenne, giebt es nur vier ganz unbedeutende Plätze, in denen Reisbau vorkommt; nämlich San Pedro de Seboruco im Táchira, Torondoy, ferner Rio Capaz zwischen Jají und Puerto Arenales, beide am Nordabhang der Culatakette, und endlich Rio Jiménez bei Valera. Auch sind an allen diesen Orten die Reispflanzungen nur beschränkt und vermögen nur eine sehr geringe Anzahl von Personen zu versorgen; zieht man in Betracht, dafs überall in Venezuela der Reis einen der Hauptbestandteile der Mahlzeiten bildet, so kommt man zu dem Resultat, dafs der im Lande selbst gebaute Reis höchstens 1 % der konsumierten Quantität bildet. Die übrigen 99 % werden von den Vereinigten Staaten und Europa eingeführt und bilden daher einen der bedeutendsten Importartikel der Cordillere.

Unglaublicherweise ist ein, wenn auch in weit geringerem Mafse, ähnliches Verhältnis bei dem Mais zu konstatieren, der in Venezuela in sehr grofsen Mengen gebaut wird, in der tierra caliente sogar vier Ernten pro Jahr giebt und bereits vor der Eroberung das einzige Getreide der Indianer ausmachte. Dennoch wurde nach der Versicherung des Herrn Meyer von der Firma Bremermann (Boulton) in Valera noch bis Anfang der achtziger Jahre Mais von den Vereinigten Staaten eingeführt!

Auch Weinbau besteht in Venezuela nicht, obwohl es Landstriche genug giebt, wo ein vorzüglicher Wein gebaut werden könnte. Zwar ist ja nicht zu leugnen, dafs im allgemeinen das Klima viel zu heifs für den Weinbau ist, aber es giebt doch in der Cordillere und im Karibischen Gebirge in den höheren Teilen Stellen genug, wo ein ähnliches Klima herrscht, wie in den Weindistrikten des Kaplandes und Chiles. In der

Cordillere finden sich in den Wäldern wilde Trauben „uva de monte“, die ich zuweilen in Merida gesehen habe.

Was ferner noch in weit höherem Grade angebaut werden könnte, als bisher geschieht, ist die Quina, der Chinarindenbaum. Man kann eigentlich überhaupt nicht sagen, daſs diese Pflanze kultiviert wird, sondern es werden nur die in den Wäldern vorhandenen Bestände ausgenutzt. Doch sind die in den Hochwäldern der Cordillere lebenden Arten nicht besonders brauchbar, da keine der wertvollen Cinchonen, sondern nur solche zweiten oder dritten Ranges vorkommen. Doch würde es gewiſs nur sehr geringe Mühe machen, hier die vorzüglichsten Sorten von Perú, Ecuador und Colombia einzubürgern, was um so leichter sein würde, als die Pflanzen hier in ihrem Vaterlande bleiben könnten; haben doch die Engländer in Indien und die Holländer in Java trotz mühsamster und kostspieligster Überführung der Pflanzen nach ihrer neuen Heimat groſsartige Resultate erzielt. Noch könnte Venezuela darauf rechnen, mit den indischen und javanischen Chinarinden zu wetteifern, während vielleicht gegen Ende des Jahrhunderts alle Hoffnung verschwunden sein wird, da die Pflanzungen der Engländer und Holländer dann den Bedarf vollständig decken werden. Leider ist ja durch den beispiellosen Raubbau in Perú und Colombia die Quinakultur fast vernichtet worden, wodurch namentlich das an und für sich arme Land Colombia einen gar nicht wieder zu ersetzenden Schaden erlitten hat.

Unter den europäischen Nutzpflanzen könnten wahrscheinlich auch Hafer und Roggen in den höchsten Teilen der Cordillere angebaut werden, da es gelungen ist, Weizen und Gerste zu groſser Blüte und Ertragsfähigkeit zu bringen; doch verlautet bisher nichts über die etwaige Einführung dieser Getreidearten.

Was die Gemüse betrifft, so sind in dieser Beziehung erst ganz neuerdings Versuche gemacht worden, europäische Kohlsorten u. s. w. einzuführen. Als ich in Valencia wohnte, wurde mir Blumenkohl als neuestes Erzeugnis eines französischen Gärtners warm empfohlen. Im übrigen giebt es allerdings Kohlsorten, repollo, in Venezuela, aber sie spielen nur eine sehr untergeordnete Rolle im Lande und verschwinden völlig gegenüber den einheimischen Knollenfrüchten, deren geringer Nahrungswert die Bevölkerung nicht abhält, sie in groſsen Mengen anzubauen.

Petersilie, Knoblauch, Zwiebeln, Kürbisse, Rettige, Gurken, Krauseminze, Majoran, Kresse, Coriander fehlen nicht; ganz besonders aber werden Bohnen und Erbsen gezogen, die in weiten Strichen der Cordillere und des übrigen Venezuela, die Bohnen mehr in den niederen Teilen, die Erbsen in den höheren, eine groſse Rolle spielen.

Die Bohnen bilden unter dem Namen Caraotas negras in Central-Venezuela einen wichtigen Bestandteil der Nahrung des geringeren Volkes und werden fast zu jeder Mahlzeit aufgetischt.

Wenn man nur die geringsten Ansprüche befriedigt sieht, so findet man auf dem Tische Eier, Bananen, Yuca und Caraotas negras. Dieselben verfolgen den Reisenden von Tag zu Tag, von Wirtshaus zu Wirtshaus und bilden den Schrecken vieler Deutschen, obwohl ich nicht leugnen kann, daſs sie mir meist ganz wohl gemundet haben; in der Cordillere treten sie stark zurück. Die Erbsen dagegen findet man namentlich in den hohen, kühlen Páramodistrikten der Cordillere, wo sie unter dem Namen alverjas, richtiger arvejas, bekannt sind und gewöhnlich sehr dick gekocht auf den Tisch gebracht werden. Man erzielt noch in 2000 m Höhe bei Timotes jährlich zwei Ernten von ihnen, die in die Monate September und März fallen; die Erbsen brauchen hier etwa fünf Monate zur Reife. In den höchsten Gegenden der Cordillere über 2000 m gelingt jedoch nur eine Ernte pro Jahr, die im März gehalten wird; hier brauchen die Erbsen etwa sechs Monate zu ihrer Reife. Linsen sind seltener, kommen jedoch ebenfalls in den höheren Gebirgsdörfern, namentlich in Merida und Trujillo, vor.

Andere bei uns beliebte Gemüse, wie z. B. Spinat, Wurzeln oder Möhren, habe ich in der Cordillere nicht angetroffen.

Die Gerste, cebada, wird wesentlich zum Viehfutter verwendet und von den Maultieren und Pferden, namentlich im Hochgebirge, gerne gefressen, während in den tieferen Teilen des Landes zu diesem Zwecke in erster Linie Mais verwendet wird, wozu noch Zuckerrohr und gewöhnliches Heu kommt. Im Hochgebirge fressen die Tiere mit Vorliebe Luzerne, alfalfa, und auch Kleie, afrechó, letztere jedoch nur im Táchira und Merida; in Trujillo ist sie fast vollständig unbekannt.

Am bedeutendsten ist unter allen europäischen Getreidearten der Weizenbau fortgeschritten, teils weil er in dem Hochgebirge den Mais ersetzt, teils weil er auch in der tierra templada, ja bis in die tierra caliente hinein angebaut wird; seine untere Grenze fällt zwar ungefähr mit der Grenze der tierra caliente und tierra fria zusammen, allein in den höchsten Strecken der tierra caliente kommt er doch noch vor, und braucht hier nur drei Monate zur Reife. Wann der Weizen, trigo, in Venezuela eingeführt worden ist, habe ich nicht in Erfahrung bringen können, glaube aber, daſs es etwa im Anfange dieses Jahrhunderts gewesen sein muſs. Die beste Entwickelung findet der Weizen in der tierra templada, etwa um 1600 m, also in der Höhe von Merida. Doch wird er meist in noch gröſserer Höhe angebaut und steigt sicher bis über 3000 m. Man hat namentlich in Trujillo zwei Arten, eine

Namens Corisco, welche in der tierra templada, ungefähr bis zu 2000 m Höhe, am besten gedeiht, und eine zweite, Pelon, die von 2000—3000 m Höhe den kräftigsten Ertrag giebt. In der Höhe von 2500 m bedarf der Weizen fünf Monate, um zu reifen, in den höheren Lagen mehr. Man säet ihn meist im März bis Mai und erntet im September bis November.

Es ist natürlich, dafs der Weizen sich auf die oberen Striche der tierra templada und die tierra fria beschränkt, da man in den tieferen Gegenden für ihn ein Äquivalent in dem Mais besitzt; es wechseln daher auch die Maisbrote und Weizenbrote je nach der Höhenlage. Im Hochgebirge sieht man mehr die letzteren, im Tieflande meist die ersteren, wenn auch in den gröfseren Städten die Weizenbrote auch im Tieflande gebacken werden. Leider gebricht es in der Cordillere sehr an Mühlen, wodurch viel Geld gespart werden könnte. So steht z. B. die weizenreiche Gemeinde Bailadores sozusagen auf einem verlorenen Posten, da sie keine Mühle besitzt, um gutes Mehl herzustellen. Infolgedessen kaufen die Bewohner von San Cristóbal im Táchira, nur zwei Tagereisen von Bailadores, die harina, das Mehl, von dem Auslande, besonders den Vereinigten Staaten, und der Weizen in Bailadores verdirbt.

Überhaupt sind die industrielle Kraft der Bevölkerung, der Unternehmungsgeist, die Fortschrittstendenz bei den Bewohnern der Cordillere noch sehr wenig entwickelt. Ich erinnere mich, dafs Herr Lallemant einmal versuchte, anstatt der alten, höchst primitiven Pflüge neue amerikanische in Bailadores und Tovar einzuführen, allein dieser Versuch scheiterte an der allzu konservativen Gesinnung der Bauern des Mucutiesthales. Sie erklärten, ihre Väter hätten stets mit den alten Pflügen gearbeitet, und sie wollten diese Sitte beibehalten. Sie gingen denn auch nicht von ihrer alten Gewohnheit ab, sondern schickten die neuen Pflüge wieder zurück. Natürlich ist es unter diesen Umständen schwer, Neuerungen einzuführen, und daraus läfst sich denn auch wohl der eingangs erwähnte Mangel von Handelsartikeln erklären, die in anderen etwas unternehmungslustigeren Ländern bereits zu blühen beginnen.

Der Weizenbau beschränkt sich in der Cordillere wesentlich auf die Hochketten, das Gebirge von Mucuchies, Chachopo, Timotes, Pueblo Llano, Las Piedras, Santo Domingo, ferner auf die Gegend von Merida, Morro, Acequias, Jají, Bailadores, La Grita, Pregonero, Queniquea, Capacho, endlich Niquitao, Mesitas, Santana, Burrero, San Miguel, Agua de Obispo, Boconó in Trujillo.

Da wir einmal im Hochgebirge stehen, so wollen wir sogleich der Kartoffel erwähnen, welche bekanntlich eine südamerikanische Pflanze ist und wahrscheinlich aus Chile stammt. Die Kartoffel bildet mit Erbsen, Maisbrei und Weizenbrot die hauptsächlichste Nahrung der Bewohner der höheren Teile der Cordillere. Sie wird in grofsen Massen angebaut und kommt in verschiedenen Varietäten vor; namentlich zum Frühstück, almuerzo, fehlt sie fast nie. Man giebt zum Frühstück gewöhnlich neben Bouillon und Fleisch einen langen Teller voll Knollenfrüchten und Obstarten, deren Zahl angeblich neun sein soll. Neben Yuca, Apio, Bananen und Ñame spielt auch die Kartoffel, papa, dabei eine grofse Rolle. Übrigens ist die Kartoffel nicht allein auf das Hochgebirge beschränkt, sondern kommt auch in den heifsen Landstrichen am See von Valencia unter 500 m Höhe vor. Im Hochgebirge wird die Kartoffel im Januar bis März gepflanzt und nach sechs bis sieben, über 2500 m nach neun Monaten geerntet; leider verderben die Niederschläge häufig die Ernte.

Ehe ich zu den für den Ackerbau Venezuelas eigentlich grundlegenden Nutzpflanzen, dem Kaffee, Kakao, Mais und Zuckerrohr übergehe, will ich nur kurz des Tabaks, der Baumwolle und der Agave erwähnen, die in den Gebirgsgegenden vielfach gefunden werden.

Der Tabak kann in der tierra caliente und der tierra templada gebaut werden, scheint aber in ersterer besser fortzukommen, da der Boden meist fetter und feuchter ist als in der tierra templada, und diese beiden Eigenschaften des Bodens für den Tabaksbau notwendig sind. Namentlich in Barínas in den Llanos von Zamora ist der Tabaksbau zu gröfster Blüte gediehen, später allerdings infolge der Revolutionen, Kriege und allgemeinen politischen Verhältnisse völlig zerstört worden. Die Reife des Tabaks wechselt je nach der Höhe von fünf bis zu acht Monaten: meist wird er im August bis November gepflanzt und im März bis Mai gepflückt, seine obere Grenze scheint in der Cordillere in etwa 2500 m zu liegen; in Timotes und Bailadores treffen wir ihn noch, doch versteht die Bevölkerung keine guten Cigarren herzustellen, sondern meist sind diese Erzeugnisse weit unter dem Werte des sonst guten Tabaks. Es kommt hinzu, dafs man in der Cordillere den Tabak auskocht und den auf diese Weise gewonnenen Saft den Blättern hinzusetzt, die dadurch einen fettigen, stark narkotischen Geschmack bekommen, so dafs die Chimó-Cigarren für Europäer im Anfang nicht rauchbar sind. Der Saft, chimó, auch mó genannt, dient dem niederen Volke als Narkotikum, wird an das Zahnfleisch gestrichen, löst sich dort auf und gelangt auf diese Weise durch den Speichel in den Magen. Die Knechte, Diener, Arrieros etc. führen gewöhnlich eine kleine Dose mit dieser klebrigen, salbenähnlichen Substanz mit sich. Auch das Natronsalz Urao (Trona) wird dem Tabak zugesetzt. Infolge dieser im allgemeinen traurigen Rauchverhältnisse halten die Kaufleute in den Küstenplätzen sich an Habana-Cigarren, die jedoch einem sehr hohen Zoll unterliegen.

In Barquisimeto und Coro raucht man vorzugsweise Tabake von Yaritagua und Capadare, während im Osten der Republik ebenfalls eigene bessere Sorten gezogen werden. Man raucht in den gröſseren Städten vorzugsweise Cigaretten, doch auch Cigarren, niemals Pfeifen.

Die Baumwolle scheint nicht mehr so viel angebaut zu werden wie im Anfange der Eroberung und noch in den vorigen Jahrhunderten. Die Indianer der Cordillere pflanzten sie, um sich Kleidungsstücke zu verfertigen, an trockenen, gegen den Wind geschützten Berghängen; die Spanier belieſsen diesen Anbau und machten noch im 18. Jahrhundert zeitweise groſse Geschäfte mit dem Export von Baumwolle. Doch scheint der mehr und mehr aufkommende Kaffeebau auch diese Kultur allmählich verdrängt zu haben, da Codazzi im Jahre 1840 noch von groſsen Pflanzungen in den Thälern von Aragua, bei Cariaco und Maracaibo, sowie Boconó und Carache in der Cordillere spricht, während heute die beiden letzteren Städte sicher, die Valles de Aragua wahrscheinlich keine Baumwolle mehr ausführen; in der Cordillere beginnt man neuerdings wieder mit spärlichem Anbau in Aricagua, Mucuchachí und Jají; im Táchira ist er völlig aufgegeben worden, mit Ausnahme der Gegend von Pregonero.

Zu einer kleinen Industrie giebt die Agave americana Anlaſs, da einesteils aus ihren harten, stachlichten, dicken, fleischigen Blättern die Fasern herausgezogen und zu Stricken, Sandalen, Säcken, Taschen, Seilen, Hängematten verarbeitet werden, andererseits aus ihr ein Branntwein destilliert wird, welcher unter dem Namen Cocui namentlich in Trujillo den gewöhnlichen Zuckerrohrbranntwein verdrängt.

Doch ist im ganzen Lande der Zuckerrohrbranntwein auſserordentlich verbreitet und daher auch ein besonderer Antrieb zur Kultur von Zuckerrohr. In der That sind sämtliche unter 2000 m Höhe liegende Thäler der Gebirge Venezuelas und in den Ebenen namentlich die Fluſsufer mit Zuckerrohr bepflanzt, welches mit seinem frischen Grün einen reizenden Anblick gewährt und sehr bedeutend zur Verschönerung der Landschaft beiträgt. Das Zuckerrohr liebt die Feuchtigkeit, Wasserfülle und Wärme; wo ein feuchtwarmes Klima herrscht, da gedeiht das Zuckerrohr am besten, also meist an den Fluſsufern der wärmeren Thäler.

Man unterscheidet in Venezuela zwei Arten von Zuckerrohr, caña criolla, eine einheimische Art, und die caña de Otaití, das Südseezuckerrohr. Letzteres ist stärker, höher, leichter zu bearbeiten und ertragsreicher; man kennt es in Venezuela erst seit dem Ende des vorigen Jahrhunderts.

Das Zuckerrohr reift in den warmen Tieflandsthälern nach acht bis elf Monaten, braucht aber in gröfseren Höhen, also der tierra templada, schon zwölf bis sechzehn Monate zur Reife; ja, es kann über 2000 m Höhe sogar vierundzwanzig Monate beanspruchen, aber über 2200 m vermag man kaum noch Zucker aus demselben zu ziehen. Daher bezeichnet die obere Grenze des Zuckerrohrs auch zugleich die Grenze zwischen der tierra templada und tierra fria, so dafs nur die allerhöchst gelegenen Gemeinden des Zuckerrohrs entbehren.

In grofsen Fabriken entzieht man in dem östlichen Venezuela dem Zuckerrohr den Saft, der zur Erzeugung des Branntweins (aguardiente de caña) destilliert wird; namentlich in den Thälern von Aragua, Carácas, des Tuy und Guaire hat man sogar Dampfbetrieb in den Haciendas, ebenso am Ufer des Sees von Valencia: in der Cordillere dagegen geschieht diese Industrie auf viel einfachere Weise.

Der aguardiente de caña wird in allen Teilen des Landes als eigentlicher Branntwein betrachtet und bildet ganz allgemein das Volksgetränk. Ich mufs allerdings gestehen, dafs ich demselben niemals viel Geschmack habe abgewinnen können, allein wenn der aguardiente mit Anis versetzt wird — er heifst dann „anisado“ — so ist er gar kein übles Getränk. Allerdings dient der aguardiente wesentlich auch allen durstigen Kehlen zur Erquickung und die zahlreichen Fälle von Trunkenheit, die man namentlich in den kleinen Städten beobachten kann, müssen auf das Konto des aguardiente de caña gesetzt werden.

Ich habe diesen Branntwein meistens zum Waschen benutzt und auch die Maultiere nach langen Reisen, namentlich in heifsen Gegenden, damit einreiben lassen; man schlägt dann zwei Fliegen mit einer Klappe, indem einerseits den Stichen der Mosquitos vorgebeugt wird, andererseits die Tiere körperlich erfrischt werden. Und was dem tierischen Körper wohlthut, das nützt auch dem menschlichen. Wenn man nach einem langen Ritte in starker Sonne oder im Regen endlich im Quartier, sei es in einer grofsen Stadt, oder in einer Hütte im Walde ankommt, so thut der aguardiente die besten Dienste beim Einreiben der Haut. Ehe ich mich mit Wasser wusch, habe ich stets den Körper mit aguardiente eingerieben, und dies ersetzte mir sogar das Baden, welches zwar im allgemeinen sehr angenehm, erwünscht und vorteilhaft, ja fast notwendig sein mag, aber dem ununterbrochen Reisenden und daher andauernd Erhitzten nicht immer angerathen werden kann.

Aufser dem aguardiente bereitet man aus dem Zuckerrohr natürlich auch Zucker und zwar meist braunen, ungereinigten, welcher in der

Cordillere den Namen panela führt und in langen rechteckigen Stücken in den Handel gebracht wird, während er im übrigen Venezuela, Barquisimeto und den Centralstaaten papelon heifst und als solcher in Form zuckerhutartiger hohler Röhren, von denen immer eine in die andere gesteckt wird, verkauft wird. Der Konsum dieses braunen Zuckers ist ganz kolossal. Ein grofser Teil der Bevölkerung lebt fast ausschliefslich von Zucker, und setzt pro Tag höchstens noch ein wenig Yuca oder Bananen, sowie Käse hinzu.

Daher giebt es denn auch äufserst grofse Haciendas de caña, wie z. B. bei Rubio im Táchira eine solche der Herren Cordero im Werte von 640 000 Mark = 200 000 pesos, ferner auch im Tuythale zwischen Valencia und Carácas, in den Thälern von Aragua, kurz überall in den wärmeren Thälern. Im ganzen Lande nehmen die Zuckerfelder wohl einen gröfseren Raum ein als die Kaffeepflanzungen und selbst die Maisfelder.

Die Maiskultur ist in Amerika eine der ältesten, da schon vor der Eroberung die Indianer im Besitze dieses Getreides waren. Namentlich in der tierra caliente gedeiht der Mais in ganz ungeheuerlichem Mafse und giebt bis zu vier Ernten, mit einer Reifezeit von kaum mehr als drei Monaten.

Man lebt denn auch in der tierra caliente vielfach von Maisbrot, das in Form flacher, runder Kuchen gebacken wird und bei keiner Mahlzeit fehlt. Meist kommt es noch ganz warm mit einer schwach bräunlichen Kruste auf den Tisch. Aufserdem vermag man aus Mais Torten, gröfsere Kuchen, Teige, Brei und viele dicke, süfse Speisen zu bereiten, welche sämtlich im höchsten Grade wohlschmeckend und nahrhaft sind; im Hochgebirge ist die Mazamorra, ein Brei aus Mais und Milch, am gewöhnlichsten.

In der tierra templada pflegt man zweimal im Jahre zu ernten, und zwar einmal in der Trockenzeit zu Anfang des Jahres, das andere Mal am Ende des Sommers, in der Regenzeit; hier bedarf der Mais einer Reifezeit von vier bis fünf Monaten, im Hochgebirge über sechs Monate, so dafs hier nur eine Ernte im Jahre erzielt werden kann. In den kalten Strichen bis zu 2600 m braucht der Mais sogar bis zu zehn Monaten, und über 2500 m scheint er nicht hinauszugehen; wenigstens fehlt er bereits in Las Mesitas (2525 m) und Mucuchies (3030 m) vollständig.

In der tierra caliente kann man sogar vier Ernten im Jahre erhoffen, falls nur Mais allein gesäet wird; hier wird die Pflanze bis zu zwei Metern hoch und giebt an manchen Stellen sogar das 360fache der Aussaat, für gewöhnlich das 240fache, in schlechtem Boden das 120fache. Doch greift er das Erdreich sehr an, saugt es aus, und es mufs daher nach einem Jahre an einer anderen Stelle gesäet werden; im allgemeinen aber ist Mais das kräftigste und wichtigste Nahrungsmittel Venezuelas.

Neben dem Mais ist für die Bevölkerung Venezuelas ganz besonders wertvoll die Banane, welche in zwei Arten auftritt, einer, welche roh gegessen und einer anderen, die nur gekocht auf den Tisch gegeben wird und zu den neun Vegetabilien gehört, deren man beim Almuerzo (Frühstück) nicht entbehren zu können vermeint. Die Banane ist über das ganze Land verbreitet, wird in grofsen Mengen angepflanzt und bildet einen der hauptsächlichsten Nahrungsartikel der tierra caliente und tierra templada, kurz, sie ist das eigentliche Brot der Bevölkerung. Doch steigt sie auch nur etwa so weit wie das Zuckerrohr, fällt also noch durchaus in die tierra templada und hat dieselbe obere Grenze wie die untere Weizenart, Corisco. Doch hält sie sich an geschützten Orten, wie z. B. bei Jají am Südfufs des Páramo del Tambór noch ganz gut in 2000 m Höhe, fehlt dagegen schon in tiefer gelegenen Ortschaften, die kalten Winden ausgesetzt sind, wie z. B. Bailadores in 1740 m. Auch bei El Morro an der Sierra Nevada in 1815 m kommt sie nur noch mit Mühe fort. Die Bananenpflanzungen können sehr alt werden, doch schlägt man sie meistens bald wieder um und pflanzt neue Bäume, da keinerlei besondere Kosten mit dem Anbau verbunden sind. Die Banane trägt reichlich und läfst sich zu allen Jahreszeiten pflücken; man unterscheidet plátano und cambúr, von denen letztere die feineren Sorten, erstere die gewöhnlicheren sind. Die grofsen Blätter werden auf Reisen oft als Schutz gegen die Sonne auf den Kopf oder als Teller auf den Boden gelegt, kurz, man verwendet sie zu den verschiedensten Zwecken, ja in der Not auch als Maultierfutter.

Die Yuca, Mandioka, eine Knollenfrucht, wurde ganz besonders von den Indianern zur Bereitung des Cassave-Brotes benutzt und bildet auch heute noch unter den Venezolanern eine höchst beliebte Nahrung, an die ich mich jedoch nie habe gewöhnen können, obwohl ich sonst eigentlich alle derartigen Speisen, wenn auch nicht gern afs, so doch wohl von Zeit zu Zeit auf meine Speisekarte brachte.

Aus der Yuca, welche etwa bis zu zwei Metern hoch wird, kann man auch Stärke ziehen, und in der That giebt es z. B. in Trujillo am Rio Mimpos die Hacienda gleichen Namens, deren Umfang ein sehr bedeutender ist.

Von weiteren Knollenfrüchten erwähne ich nur Apio, Arracache, Ñame, Malanga, die alle, wie die Yuca, bei den Venezolanern in grofsem Ansehen stehen. Während die Yuca gewöhnlich nicht in die tierra fria hinaufreicht (bei Mucuchies soll sie allerdings noch vorkommen), scheinen die oben genannten Pflanzen auch noch in der tierra fria angebaut werden zu können.

Während alle bisher genannten Nutzpflanzen vor allem dem eigenen Bedarf des Landes dienen, sind zwei der wichtigsten in erster Linie Exportprodukte. Das sind der Kakao und der Kaffee. Sie sind für Venezuela so aufserordentlich wichtig, dafs man mit Recht sagen darf, dafs nicht nur die gesamte Agrikultur, sondern auch die ganze wirtschaftliche Lage nach den für sie, namentlich für den Kaffee, erzielten Preisen schwankt. Ich habe schon oben darauf aufmerksam gemacht, dafs man oft die Kakaopflanzungen vernichtete, und Kaffee pflanzte, wenn die Kaffeepreise hoch waren, und umgekehrt, wobei jedoch das Risiko besteht, dafs der Kakaobaum erst nach einer Reihe von Jahren Nutzen trägt, der Kaffeebaum etwas schneller.

Der Kakao ist eine südamerikanische, aus Guayana stammende Pflanze von 3—4 m Höhe, mit dunkelgrünen Blättern und rothen Samenkapseln, in denen die zahlreichen, mehr als ein Viertelhundert betragenden Bohnen liegen. Diese Samenkapseln, Früchte, wachsen aus dem Stamme selbst heraus, und geben der Pflanzung infolge der Farbenkontraste zwischen Rot und Dunkelgrün ein eigentümliches Äufsere. Überhaupt stechen die Kakaopflanzungen stark gegen die übrige Landschaft, namentlich die grünen Mais- und Zuckerrohrfelder ab, welche oft mit den Kakaopflanzungen vergesellschaftet sind, da alle diese Pflanzen feuchten Boden und grofse Wärme lieben. Namentlich der Kakao kommt nur bei guter Bewässerung und hoher Temperatur fort, ist aber gegen allzugrofse Nässe empfindlich. Im allgemeinen findet man daher den Kakao nur bis zur Höhe von 500 m, also bis zur Grenze der tierra templada, in welche er nur in seltenen Fällen an besonders gut geschützten Stellen hineinragt. Man hat bei den Kakaopflanzungen nur wenig Mühe und geringe Arbeitskräfte anzuwenden, doch verlangt die Pflanze Säuberung von Insekten, namentlich Ameisen, und gleichmäfsige Bewässerung. Nach sieben bis acht Jahren kann man dann zu jeder Jahreszeit pflücken und wird meistens für das lange Warten gut bezahlt.

Bedeutsamer als alle vorgenannten Produkte ist aber der Kaffee, dessen Kultur in Venezuela die wichtigste aller Beschäftigungen des Landes bildet. Denn mit den Kaffeepreisen steigen und fallen auch die Preise für alle übrigen Lebensmittel, für Löhne, Mieten u. s. w. Allerdings ist der Kaffee Venezuelas nicht so vorzüglich wie derjenige Javas und Ceylons, während der venezolanische Kakao der beste der Welt ist; aber immerhin bleibt der Kaffee Venezuelas eine beliebte Sorte, und es giebt in der Cordillere bei Ejido und Merida, sowie in den Thälern von Aragua zwischen Carácas und Valencia, namentlich aber auf den Höhen, ganz ausgezeichnete feine Sorten.

Der Kaffeebaum wird etwa 3 m hoch, hat weifse, zarte, reizende Blüten und rote an Stengeln sitzende Früchte mit je zwei kleinen Bohnen. Der Kaffee wächst nicht ohne den Schutz hochstämmiger Bäume, von denen namentlich die Bucares, ziegelroth blühende Bäume, als Schattenbäume verwendet werden; doch giebt es auch, allerdings seltene, Ausnahmen in Gestalt schattenloser Kaffeepflanzungen in der Cordillere bei Pregonero in 1300 m und sogar bei Zea in nur 700 m Höhe. Gewöhnlich legt man die Kaffeepflanzungen zunächst unter Bananen an, die man im dritten Jahre umschlägt; im dritten Jahre giebt denn auch schon der Kaffee eine leidliche Ernte, doch kann eine Pflanzung bis zu 50 Jahren dauern.

Die Kaffeepflanzungen bedecken sehr grofse Teile der Gebirge Venezuelas und sind meist an den Berghängen, doch auch in den Thälern, wie z. B. in denjenigen von Aragua, wo sie Wäldern gleichen, angelegt. In der tierra caliente reift der Kaffee in fünf Monaten, in der tierra templada in sechs bis acht Monaten. Er bedarf vielen Regens und einer warmen bis mittelwarmen Temperatur, weshalb er auch in der tierra fria nicht mehr vorkommt. Seine obere Grenze liegt etwa in 1800—1900 m; die höchsten Orte mit Kaffeepflanzungen in der Cordillere sind Jajó (1820 m) und Las Piedras (1805 m).

Der Kaffee Trujillos ist, ohne dafs ein bestimmter Grund dafür anzugeben wäre, schlechter als derjenige von Merida und Táchira, sowie des Ostens. Getrunken wird Kaffee in Venezuela auch sehr viel, so dafs man selbst in Orten, wo sonst nichts aufzutreiben ist, doch wenigstens mit Sicherheit auf Kaffee rechnen kann; dagegen wird merkwürdigerweise äufserst wenig Kakao konsumiert, während ich z. B. im Staate Magdalena in Colombia regelmäfsig Kakao zum Frühstück erhielt.

Achtes Kapitel.

Die Páramos.

Das Wort Páramo bedeutet eine über die Baumgrenze hinausragende, kahle, öde, von Winden umstürmte Hochfläche, meist also die höchsten Teile der einzelnen Gebirgsketten und demnach die ödesten, unwirtlichsten und kältesten Strecken der Cordillere.

Die Páramos sind stets mit Gräsern und Alpenpflanzen bestanden, gehören also in die Region der Gramineen, Befarien, und des Frailejón. Nur die allerhöchsten Teile derselben sind ganz von Vegetation entblöſst und bilden auf diese Weise den Übergang zum Schneegebiet.

Im allgemeinen sind die Páramos gefürchtet und gemieden. Wer nicht absolut gezwungen ist, einen Páramo zu überschreiten, unterläſst es sicher, und es giebt Leute z. B. am Nordabhange der Cordillere und auch in den Llanos, welche allein aus Furcht vor den Páramos nicht dazu gelangt sind, eine Reise in das Innere der Cordillere zu machen. So giebt es auch manche, welche, wenn sie nur irgend können, z. B. den groſsen Páramo de Mucuchies umgehen und lieber einen Umweg von vielen Tagereisen machen, als den Páramo überschreiten.

In der That ist es nicht zu leugnen, daſs der Übergang über die Páramos selbst für einen an europäisches Winterklima Gewöhnten doch mancherlei Unangenehmes hat, insofern die Haut in den Tropen viel empfindlicher ist und jeden auch noch so geringen Temperaturwechsel stark spürt. Kommt man daher, wie es geschehen kann und mir selbst oftmals passiert ist, binnen wenigen Stunden aus einer Temperatur von 30° in eine solche von 8 oder 6 ° C., so erstarren die Hände und klappern die Zähne; man friert, als ob es 8 Grad unter anstatt über Null wären. Namentlich die in dem heiſsen Lande Geborenen, die Kinder der tierra caliente, leiden unter der Kälte der Páramos; häufig sind sie aus Dürftigkeit oder aus Nachlässigkeit mit nur einem Hemde und einer Hose bekleidet, zuweilen besitzen sie sogar nicht einmal die sonst allgemein üblichen Sandalen, Alpargatas, die zum Teil aus den Fasern der Agave geflochten werden. Natürlich friert sie dann in hohem Grade, und es kommen nicht selten Todesfälle auf den Páramos vor. Man hat ein eigenes Wort für diesen Prozefs des Erstarrens, emparamarse, von Páramo abgeleitet. Der Wanderer wird müde, sucht sich zu setzen; zunächst erstarren die äufsersten Glieder, Finger und Zehen, allmählich schreitet die Erstarrung fort, und wenn es versäumt wird, rechtzeitig Gegenmittel anzuwenden, so tritt der Tod ein. Wahrscheinlich wird der letale Ausgang dadurch hervorgerufen, dafs in den Höhen unter den völlig veränderten Bedingungen die Blutcirkulation nicht mehr in derselben Weise zu funktionieren vermag, wie in der tierra templada und tierra caliente. Eine Stockung tritt ein, und die Folge derselben ist der langsame Tod durch Erstarrung. Mein eigener Diener, Manuel, wurde einmal bei dem Übergang über einen gar nicht hohen Páramo, den von Ocaña, von diesem Zustande erfafst; er fing an, langsam zu erstarren, und nur durch andauerndes heftiges Reiben und Schlagen seitens seiner Gefährten wurde er gerettet. Ich selbst merkte auf dem Übergang über den Páramo del Molino in kaum 3000 m Höhe, dafs meine Hände anfingen, an den Zügeln zu erstarren, so dafs ich von dem Maultiere absitzen und eine Zeitlang zu Fufse gehen mufste, um meine gewohnte Blutcirkulation wieder herzustellen. Die Temperatur betrug + 8 ° C., es war ein kalter und, wie ich hinzusetzen mufs, feuchter und nebliger Morgen.

Tiere werden ebenfalls von der Páramokrankheit befallen und sterben bisweilen. So traf ich in dem 3270 m hoch liegenden Gehöfte Los Apartaderos einige Reisende, welche von den Llanos von Barínas heraufkamen und Vögel in Merida verkaufen wollten. Von denselben waren ihnen bei dem Übergang über den etwa 4000 m hohen Páramo de Santo Domingo eine grofse Anzahl erfroren, trotz tüchtiger Erwärmung durch Decken, welche über die Käfige gelegt waren. Was also im tierischen Organismus eintritt, sollte doch auch für den menschlichen gelten.

Ich glaube, dafs es namentlich die scharfen Winde sind, welche zu dem Prozefs des Erstarrens ganz wesentlich beitragen. Mein Diener bezeichnete den Páramo von Ocaña als einen ganz besonders stürmischen, was wohl daher rühren mag, dafs er unmittelbar am Absturz der Cordillere gegen das heifse Tiefland des Rio Magdalena liegt, so dafs hier der Gegensatz der warmen und kalten Luftschichten übermäfsig grofs wird und kalte Winde oft von dem Páramo in die Ebene hinabstürzen. Auch trägt die meist grofse Feuchtigkeit und Nässe dazu bei, den Eindruck des Fröstelns noch zu erhöhen und das Gefühl gröfster Unbehaglichkeit, wenigstens für die Bewohner des sonnigen Tieflandes, zu erzeugen. Denn meistens ist die Atmosphäre auf den Páramos trübe und mit Wasserdampf gefüllt. Der Boden ist feucht, kleine Lagunen und Teiche, Wassertümpel aller Art, bedecken den Boden. Das Gras ist durchnäfst, durch starken Thau und Regen, sowie besonders durch Nebel. Niederschläge fallen häufig und reichlich auf den Páramos, und zwar namentlich von Mittag an. Auch die Winde beginnen erst um Mittag, etwa von vormittags 11 Uhr an, stärker einzusetzen, und daher gilt eine ganz allgemeine Regel für alle Páramos, nämlich dafs man suchen soll dieselben vor der Mittagsstunde, womöglich schon vor 10 Uhr morgens, zu überschreiten.

Doch fallen natürlich auch gerade morgens besonders häufig Regen- und Schneeschauer von erkältendem Einflufs, da die Temperatur früh am niedrigsten ist. Als ich am 8. Juli 1885 morgens 8 Uhr den hohen Páramo de Mucuchies oder Timotes überschritt, lag tiefer Schnee von dem Hause Barro Negro an bis zur Höhe des 4120 m hohen Passes, so dafs ein deutscher Kaufmann, Herr Matthias aus Maracaibo, und ich uns das Vergnügen bereiten konnten, uns regelrecht zu schneeballen. Aus der weifsen Schneedecke ragten einzig und allein nur die schwarzen Stümpfe der Frailejónpflanzen[1]) mit ihren weifsgrünen Blättern und gelben Blumen hervor, ein merkwürdiger Anblick. Doch lag der Schnee nur bis zur Pafshöhe, und zwar auf der westlichen Seite; auf der östlichen dagegen, nach Trujillo zu, war kaum eine Spur mehr davon zu bemerken, als ich um 9 Uhr den Abhang hinabstieg. Wahrscheinlich war die Sonne auf dieser Seite bereits stark genug gewesen, den Schnee zu schmelzen, während auf der im Schatten liegenden Westseite die weifse Decke sich noch einige Stunden länger erhalten konnte.

Die Páramos der Cordillere sind einander im allgemeinen recht ähnlich. Vor allem ist es die ungeheure Ruhe, Stille, Öde, welche allen gemeinsam ist; dann ist die Vegetation dieselbe und der Mangel an Tieren und Menschen berührt auf allen gleichmäfsig traurig. Und doch giebt es grofse Unterschiede unter den Páramos namentlich deshalb, weil bei manchen die Baumgrenze höher liegt als bei anderen, so dafs diese letzteren erst mit über 3000 m Höhe den Charakter als Páramos erhalten, während andere schon in einer Höhe Páramos sind, wo sich in anderen Teilen der Cordillere noch die schönste Hochwaldlandschaft ausbreitet. Die Bevölkerung bezeichnet als Páramos auch Gipfel, die noch mit Wald bestanden sind, aber bereits eine bedeutende Höhe erreichen,

---

[1]) Espeletia Frailejón, eine Composite.

wie z. B. den Páramo de Canaguá (Latalita) mit 2740 m, und den Páramo del Portachuelo, an der Grenze von Tachira und Merida, welcher allerdings über 3200 m Höhe hat, aber infolge seiner aufserordentlich geschützten Lage doch noch Hochwald trägt.

Die Páramos der Cordillere sind meist nichts weiter als die breiten flachen Kämme der einzelnen hohen Längsketten und ziehen sich daher in häufig ununterbrochener Reihe in den höchsten Höhen des Gebirges hin, wie z. B. an der Trujillokette die Páramos Volcan, Chorrotes, Tetas, Linares, Atajo, Pozo del Café und Cristalina auf einander folgen; ähnlich auf der Batallon- und Culata-Conejoskette. Nur in den centralen Teilen der Cordillere, um die Stadt Mucuchies, wo nicht nur einzelne Bergketten über die Baumgrenze hinausragen, sondern das gesamte Gebirge in weitem Umkreise vom Pan de Azucar bis zu der Schneekette von Santo Domingo und von der Sierra Nevada bis gegen Pueblo Llano und Chachopo Páramo-Charakter trägt, da finden wir ein weites Gebiet ohne andere landschaftliche Züge als die der Páramos. Weite Wiesenflächen, Hochmoore, dazwischen kleine Lagunen, Frailejón, die Charakterpflanze der Páramos, zahlreiche Blumen und frischer Tau auf den Blättern der Pflanzen, öde, graue, starre Felsmassen zu beiden Seiten der Wiesengründe, Nebel dazwischen in unablässigem Kampfe mit der Sonne; hie und da ein feiner Staubregen und in der kälteren Jahreszeit ein Schneefall, dazu wütender, stürmischer, kalter, schneidender Wind, welcher das Mark in den Knochen ertötet: das sind die Merkmale des Páramo-Charakters. Die Natur verhält sich still, kaum ein Laut läfst sich hören, nur das leise Plätschern des Wassers der in den Hochmooren langsam herabrinnenden Quellbäche der grofsen Ströme des Tieflandes, das Murmeln frischer, klarer, kalter Quellen am Bergabhang, dann vielleicht einmal das Brüllen der Kühe auf den Wiesen, oder das Summen einer vereinzelten, versprengten Fliege. Das und die die Maultiere anfeuernden Rufe der Treiber und Reiter oder der Fufstritt der Begleiter sind die einzigen Laute auf den Páramos. Darüber zieht in schönen Bewegungen der Buitre, der Adler der südamerikanischen Anden, seine Kreise; kleinere Vögel sind selten, nur gewisse aufserordentlich schnell fliegende Arten fand ich auf einzelnen Höhen. Auch Schmetterlinge sind spärlich und meist von dunklen, braunen bis schwarzen Farben.

So zieht man meist einsam und im Nebel und daher noch mehr auf die nächste Umgebung beschränkt auf den Páramos weiter, häufig bei Sturm und Regen, klappernd vor Nässe und Frost, tief eingehüllt in die gewaltige blaurote Decke, die Cobija, und begierig, möglichst bald wieder die ungastlichen melancholischen traurigen Höhen zu verlassen.

Nicht jeder trifft es so glücklich wie ich bei dem Übergang über den gewaltigen Paſs von Mucuchies oder Timotes, nicht jeder findet so glänzende Sonne, so schönes klares Wetter wie ich am 8. Juli 1885 morgens. Am Tage vorher war ich in dem letzten Gehöfte vor dem Passe auf der Seite von Merida, in Los Apartaderos, angelangt und konnte am selben Tage wegen vorgeschrittener Tageszeit nicht mehr wagen, den Paſs zu überschreiten. In Los Apartaderos herrschte das echteste Páramowetter. Leichter Sprühregen fiel mit kurzen Unterbrechungen den ganzen Tag hindurch; die Temperatur stand auf + 10 ° C., d. h. es war schändlich kalt. die Bewohner des einsamen Gehöftes froren in ihren gewaltigen cobijas, kein Sonnenstrahl durchbrach die trüb herabhängenden Wolken; absolute Ruhe herrschte im Gebirge und im Gehöfte: nur das Rauschen des durch dasselbe flieſsenden Wasserlaufes, einer der Quellen des Rio Chama, unterbrach die Stille. Nachdem ich in dem einsamen Hause einen sehr einförmigen Tag verlebt hatte, brachen wir vor sechs Uhr am 8. Juli auf und erreichten um acht Uhr die 4120 m hohe Spitze des Passes. Der Weg führt am Quellbache des Chama aufwärts in engem gewundenem Thale zwischen kahlen, öden, traurig ernsten, grauen Bergriesen, deren Abhänge weiſs schimmerten, während eine blendend weiſse Decke den Weg überzog. Die Niederschläge des vorigen Tages hatten sich in der Nacht fortgesetzt und die Form von Schnee angenommen. Bald nach Sonnenaufgang brach blendendes Licht über die Hochgebirgslandschaft herein, strahlend lag die weiſse Schneedecke im schönsten Sonnenschein vor uns; nach langsamem Reiten in der dünnen Luft erreichten wir, ein deutscher Kaufmann aus Maracaibo und ich, die Paſshöhe, welche nicht etwa frei auf Bergeshöhen liegt, sondern umgeben ist von wilden starren Bergriesen, so daſs kein freier Blick nach der umgebenden Gebirgswelt möglich ist. Nur nach Trujillo hinein kann man schauen und auch hier erblickt man nur ein wildes Gewirre von Gipfeln und Kuppen, deren wüstes Durcheinander eine weitergehende Aussicht verhindert. Gewaltige Züge und Ketten türmen sich gegen Nordosten und Osten auf; doch erkennt man aus einer Lücke im Gebirge den Weg, den die Flüsse Motatán und Momboy zwischen den beiden gewaltigen Ketten von Mendoza und Trujillo nehmen. Eine Telegraphenstange steht auf dem höchsten Punkte des Passes, ein Symbol der in die Bergwildnis unaufhaltsam eindringenden Kultur.

Scharf ist der Abstieg vom Passe nach Nordosten, sanft nach Südwesten. Im allgemeinen aber ist der Páramo de Mucuchies im Verhältnis zu den übrigen ein entschieden bequemer Paſs zu nennen. Die Straſse ist gut, die Paſshöhe zwar bedeutend, aber wenige Stunden unterhalb liegen sowohl im Osten wie im Westen Ortschaften, auf der

Trujillanischen Seite Chachopo, auf der Meridenser San Rafael und Mucuchies, ganz abgesehen von Los Apartaderos.

Unter den übrigen hohen Páramos ist im Westen zunächst der Zumbador zu nennen, den man von Colombia und San Cristóbal kommend zuerst zu überschreiten genötigt ist. Dieser Zumbador hat seinen Namen der ‚Säuser‘ von den Geräuschen, die zuweilen von ihm ausgehen sollen, erhalten und liegt an der Grenze der alten Urgebirgsformation gegen die jüngeren Randablagerungen. Seine westliche und nordwestliche Hälfte besteht aus Sandsteinen, die östliche und südliche aus Thonschiefern, deren äufserste westliche Grenze hier erreicht wird. Der Páramo del Zumbador bildet einen langgestreckten Höhenzug von 2500—2700 m Höhe, und ist von sehr grofser Wichtigkeit, da die grofse Strafse von San Cristóbal nach La Grita, Tovar und Merida über ihn hinweg führt, so dafs der gesamte Verkehr zwischen Merida und Táchira über ihn zieht. Dieser Pafs ist im allgemeinen bequem; denn wenn auch der Aufstieg von beiden Seiten steil ist, so hat doch die Strafse auf dem Passe selbst kaum irgend nennenswerte Schwierigkeiten zu besiegen gehabt; sie führt in breiten Krümmungen etwas unterhalb der eigentlichen Gipfelhöhe am südlichen Abhange entlang und ist gut gehalten. Der Wind ist zwar auch auf dem Zumbador sehr heftig, da wegen der Lage des Bergzuges am Rande des Steilabfalls nach dem Táchira-Hügellande der Unterschied der warmen Táchira-Landschaften und der kalten Hochgebirge in ungestümer Luftbewegung ausgeglichen wird, allein der Übergang über den genannten Pafs von dem Punkte, wo man von Osten aus den schützenden Hohlweg von La Yerbabuena verläfst, bis nach dem Hause El Palmár an den Quellen der Quebrada Raya oder des Rio Torbes beträgt kaum eine halbe Stunde; leider ist die Aussicht auf dieser Strecke sehr gering. Grofsartig dagegen ist sie am Nordwestabhang gegen Lobatera zu; hier übersieht man von der Höhe von 2300 m aus die gesamte Landschaft des Táchira mit ihren vielen kleinen und gröfseren Ortschaften, hohen Ketten, klaren Flüssen und schönen Fluren. Eine Reihe von Kulturstufen überblickt man hier, und das Auge findet erst Ruhe an den blauen Bergen Colombias, die fern im Westen duftig aufsteigen.

Unmittelbar südlich dieses Passes liegt der hohe Gipfel Páramo de las Agrias, welcher die Ortschaft Queniquea im Süden von der grofsen Strafse Merida—San Cristóbal absperrt. Dieser Gipfel mufs daher überschritten werden, wenn man von dem Zumbador aus gegen den Süden des Táchira vordringen will. Der Agrias bildet durchaus keinen eigentlichen Pafsübergang, sondern der Weg führt fast unmittelbar unterhalb des Gipfels hinweg, da nach alter spanischer Sitte die Gebirgswege möglichst über die höchsten Stellen der Ketten hinüberführen. Man hat daher von Norden wie von Süden eine ungeheuer lange Cuesta, einen zickzackförmigen Aufstieg bez. Abstieg zu bewältigen, deren Beschwerlichkeit für den Anfänger im Reisen grofs sein mag, die aber für einigermafsen geübte Reisende mit guten Tieren nichts besonders Schwieriges oder Gefährliches bietet.

Auch von hier aus ist keine besonders schöne Aussicht nach Norden zu geniefsen, dagegen erblickt man nach Süden zu den ganzen südlichen Táchira, ja sogar die Llanos und gegen Osten einen sehr grofsen Teil der Gebirgszüge der Cordillere.

Ein weit interessanterer als der aus Thonschiefern bestehende Agrias ist der Páramo del Batallon in derselben Kette, zwischen Pregonero und La Grita. Der Batallon erreicht mit 3670 m die gröfste Höhe der sämtlichen Ketten westlich von Ejido und bildet einen flachen, gerundeten, buckligen Gipfel, über den ebenfalls ein schwer gangbarer Weg führt. Der Batallon imponirt überall, von wo aus man ihn auch sehen mag, durch seine gewaltige Masse, durch die kolossalen Umrisse des grofsen Hauptgipfels, durch die abgeschliffene, ausgeglichene Form und endlich durch die ungeheuren Hochwälder an seinen Abhängen, vornehmlich gegen La Grita und das Mucutiesthal zu. Der Batallon trägt auf seinem Gipfel, der aus Glimmerschiefer besteht, Graswuchs, Sabane und Frailejón, und der allgemeinen Abrundung des Batallon ist es zu verdanken, dafs man zu Pferde bis auf den Gipfel gelangen kann, wie denn überhaupt die hohen Gipfel der krystallinischen Centralketten der Cordillere meist von so sanften und bequemen Formen sind, dafs man sie fast alle bis zum Gipfel zu Pferde erreichen kann, oder doch wenigstens bis an den Fufs der alleräufsersten Spitze.

In Gesellschaft meines liebenswürdigen Gastfreundes, des Herrn Avé Lallemant in Tovar, unternahm ich zu Anfang Februar 1885 eine gröfsere Gebirgstour nach den Ortschaften Guaraque, Pregonero und zurück über das Mucutiesthal. Um von Pregonero nach dem letzteren zu gelangen, mufsten wir den Páramo del Batallon übersteigen und brauchten dazu etwa dreizehn Stunden, von Pregonero aus bis nach der grofsen Strafse am Páramo del Portachuelo. Nachdem wir die einzelnen Vorberge überwunden, das Thal des Llano de San Antonio unmittelbar am Fufse des Batallon gekreuzt und die Ersteigung begonnen hatten, bot sich uns beim Heraustreten aus dem Walde das Schauspiel eines Sabanenbrandes dar. Die Bewohner der höheren Teile der Cordillere pflegen ihr Vieh auf den Bergweiden grasen zu lassen. Um nun frisches Futter für dasselbe zu erzielen, zünden sie kurz vor Beginn der Regenzeit, also in den Monaten Februar und März, das Gras an, damit die bald darauf folgenden Regen die Grasarten besser und kräftiger aufsprießsen lassen. So sieht man in diesen Monaten in der Cordillere oft an den Berghängen ungeheure Feuer und Brände einherzüngeln, die abends einen geradezu prachtvollen Anblick gewähren. Oftmals bilden diese Brände bei der Langenweile der Abende in den kleinen Orten des Hochgebirges die einzigen Gegenstände des Interesses. Namentlich von Pregonero aus sah ich im Februar allnächtlich feurige Schlangen an den Bergen herabeilen, die sich zum Teil vereinigten, dann wieder auseinanderflüchteten, bald einen plötzlichen hellen Glanz verbreiteten, dann wieder an anderen Stellen erloschen. Der Eindruck, den diese ringsum an den Berghängen lodernden Feuer machten, war ein geradezu grofsartiger.

So hatten denn auch die Besitzer der Wiesen und Weiden am Páramo del Batallon auf der Spitze des Berges ein Feuer hervorgerufen: die ganze Kuppe des Batallon stand in Flammen; diese selbst nahmen allerdings nur einen verhältnismäfsig geringen Streifen ein, aber der Rauch und Qualm trieb weit über den Berg und erfüllte die Umgebung mit Höhenrauch. Grofse Strecken verkohlten Grases zeugten für die dort thätig gewesene verderbliche und doch wieder nutzbringende Macht des Feuers. Gespenstig starrten die schwarzen verkohlten Stümpfe des Frailejón aus der grauweifsen Asche heraus, die den Boden bedeckte und hie und da erblickte man, wenn der Nebel zerrifs, das Skelett eines höheren Strauches, den das Feuer zerstört hatte.

Da wir nicht den gewöhnlichen Weg von Pregonero nach La Grita nahmen, sondern über den Berg in der Richtung nach dem Rio Mucuties ohne erkennbaren Pfad dahinzogen, so gerieten wir bald an eine Stelle, wo das Feuer in weiter langgedehnter Linie den Weg versperrte. Hier galt es nun durchzubrechen, und in der That gelangten wir glücklich durch die Zone des Rauches und Feuers auf die andere Seite der Feuerlinie.

Doch war es für mich ein höchst eigenartiges Schauspiel, wie Herr Lallemant, der vor mir ritt, in das Feuermeer sprengte und plötzlich im Rauche verschwand, und ich selbst, der ich ihm unmittelbar folgte, kam erst wieder zum vollen Bewufstsein, als ich den Dunstkreis passiert hatte; denn nicht nur hat man als Unkundiger eine unwillkürliche Scheu, in den Feuerkreis zu setzen, sondern der beizende Rauch zwingt dazu, die Augen zu schliefsen und völlig im Dunkeln in die unbekannte Qualmmasse hineinzusprengen. Laut knisterten zu beiden Seiten des Weges die brennenden Frailejónpflanzen, hier und da züngelten die Flammen über den Pfad; aber die an solche Dinge anscheinend bereits gewöhnten Maultiere kümmerten sich nur wenig darum und setzten ihren Weg ohne Rücksicht auf Feuer, Rauch und Flammen fort. So gelangten wir glücklich über den Batallon, stiegen langsam den Abhang auf pfadlosen Spuren hinab und erreichten die grofse Strafse auf dem Páramo del Portachuelo.

Der Páramo del Portachuelo ist in mehrfacher Beziehung merkwürdig. Einerseits ragt er trotz der grofsen Höhe von 3250 m doch nicht über die Baumgrenze auf, sondern man passirt ihn stets im niedrigen Walde reitend. Der Grund dafür liegt darin, dafs keine energischen Winde den Pafs erreichen können, indem die hohen Ketten im Norden und Süden dieselben völlig absperren. Andererseits ist der Páramo del Portachuelo strategisch sehr wichtig, indem er die grofse Strafse Merida-Táchira vollständig beherrscht; endlich bildet der Pafs die Grenze zwischen Merida und Táchira. Er ist eine Einsattelung zwischen der Batallon- und der nördlich davorliegenden Küstenkette, fällt ziemlich steil nach beiden Seiten, nach Bailadores fast 1000 m, nach La Grita zu anfangs 800, dann aber noch 1000 m herab und wird von einem steilen Zickzackwege überschritten, der jedoch in ziemlich gutem Stande ist. Der Páramo del Portachuelo trägt die Quellen des Rio Mucuties und des Rio de la Grita, die von seinen beiden Flanken in engen Schluchten, letzterer bei dem Gehöfte Las Porqueras, ersterer bei Marmolejo in das gemäfsigtere Gefälle eintreten.

Von weiteren Páramos im Gebirge der Landschaft Merida wollen wir nur diejenigen von Guaraque, Molino und Aricagua erwähnen, welche alle in der Thonschiefer-Formation liegen, während die Besprechung der eigentlichen Sierra Nevada und des Pan de Azucar in dem Kapitel X unter dem Titel: „Schneeberge“ erfolgen soll.

Die Páramos de Guaraque oder de los Alineaderos und Molino, sowie auch der von Aricagua, gehören alle derselben Höhenstufe von 3000—3400 m an, sind alle aus Thonschiefer zusammengesetzt und im allgemeinen wenig wichtig, da sie den Verkehr von der grofsen Thalrinne des Nordens nach den südlichen Landschaften vermitteln, welche fast ohne Bedeutung sind. Der Verkehr ist denn auch sehr gering auf diesen Páramos; desto mehr aber treten ihre specifischen Eigenschaften der Öde, Melancholie, Einförmigkeit und Menschenleere in die Erscheinung. Ihre Abhänge sind mit Wald bestanden; sowohl am Alineaderos, wie am Molino, wie auch am Aricagua, füllt Hochwald schönster Art beträchtliche Strecken; der Alineaderos besitzt auch auf dem Gipfel noch Unterholz, und reicht mit seinen 2970 m noch gerade an 3000 m heran, welche Höhe im allgemeinen in der Cordillere der Baumgrenze entspricht. Die Höhe des Molino beträgt schon bedeutend mehr, 3305 m, und daher ragt dieser Páramo denn auch weit über die Baumgrenze hinaus. Ich überschritt ihn am 9. März 1885 früh bei heftigem

Sturm, der den Nebel von Zeit zu Zeit zerrifs und dann einen der grofsartigsten Blicke in die Hochgebirgswelt eröffnete. Weit über das Land schweift hier der Blick. Die Culatakette, die Sierra Nevada, das Gebirge von Mucuchies, kurz die ganze Landschaft Merida bis an die Llanos liegen hier zu unseren Füfsen. Es ist das wieder ein Beispiel, dafs nicht immer die höchsten Gipfel, sondern die im Centrum einer gewaltigen Gebirgslandschaft liegenden die grofsartigsten Aussichten bieten. Diese Eigenschaften besitzt der Páramo de Molino in vollem Mafse und übertrifft in dieser Beziehung auch weit den Páramo de Aricagua, dessen Höhe, 3415 m, um 100 m bedeutender ist.

Dieser Páramo de Aricagua hat jedoch den grofsen Vorteil, dafs er in unmittelbarer Nähe der Sierra Nevada de Merida liegt und die Einsicht in die südliche rückwärtige Seite dieses Zuges freigiebt. Von hier aus gesehen, erscheinen die Gipfel der Nevada weit schroffer als von Norden aus. Namentlich der Picacho Coluna zeigt von hier aus die Form eines schroffen, spitzen Klotzes auf dem Rumpfe der eigentlichen hohen Kette.

Im übrigen ist der Páramo de Aricagua wie der Molino, der Alineaderos und der Zumbador ein langgestreckter kahler Thonschieferrücken, dessen Vegetation die bekannten blumigen Weiden bildet, wie sie bei den übrigen Páramos geschildert worden sind.

Auch die Páramos von Trujillo gleichen in dieser Beziehung den übrigen, insofern sie ebenfalls von hohen breiten Kämmen der grofsen Centralketten gebildet werden, deren Abhänge gegen die parallel laufenden Flufsthäler mit Wald bedeckt sind. In zwei langen Reihen ziehen sich die Páramos durch Trujillo. Sie gehen aus von den Páramos von Santo Domingo, Los Granates und Mucuchies und bilden zunächst bei Pueblo Llano eine geschlossene Mauer, die dann später an den Quellen des Rio Burate in zwei Äste aufgelöst wird, welche zu beiden Seiten dieses Flusses und des Rio Boconó einherziehen. Man findet von Pueblo Llano gegen Nordosten zunächst den Páramo Tuñame, dessen Höhe mir niedriger erschien als die der übrigen. Ich fand für den Páramo Tuñame nur 3770 m Höhe, während die übrigen der Reihe, die von Pueblo Llano, von Niquitao etc., 4000 m erreichen. Der Tuñame ist ein Páramo von ganz besonders grofser Öde.

Er erstreckt sich zwischen den Hochthälern der Quellflüsse des Rio de Santo Domingo im Süden und einer Quebrada, die in den Rio Motatán geht, im Norden. Keine menschliche Wohnung liegt im Süden in der Nähe des Páramos, im Norden nur ein paar Hütten am Abhange zur Quebrada Sururui. Das nächste Dorf im Norden ist Jajó, im Süden Pueblo Llano; doch ist der Páramo so schwer zu überschreiten, dafs es einer vollen Tagereise bedarf, um rechtzeitig noch abends das Ziel, eines der beiden genannten Dörfer, zu erreichen. Von einem Wege ist bei dem Páramo de Tuñame eigentlich überhaupt nicht die Rede, man quält sich mühsam durch Steine und hohes Gras bis auf den Gipfel, der durchaus nichts Bemerkenswertes bietet.

An die Páramos von Tuñame und Pueblo Llano schliefsen sich im Osten und Nordosten von den Quellen des Rio Burate an in der nordwestlichen Trujillokette die hohen, öden, kahlen, gänzlich menschenleeren Páramos de los Chorrótes, worauf dann die Tetas de Niquitao folgen, die ihren Namen „Zitzen von Niquitao" von der zitzenartigen Hervorragung zweier kleiner Gipfel und von der am Fufse der Páramos im Thale des Rio Burate liegenden Ortschaft Niquitao haben. Auf diese Tetas führt ein leidlicher Weg von Tostós und Altamira, sowie ein zweiter besserer von Niquitao, jedoch sind beide natürlich sehr steil und nur relativ gut zu nennen, insofern sie weniger schlecht sind als die meisten anderen Maultierpfade. Die Tetas sind ebenfalls ein gewaltiger Zug von krystallinischen Schiefern, jedoch wenig bewaldet; namentlich auf der Südseite fehlt der Wald fast ganz. Ich erwähnte bereits, dafs hier an den Tetas die höchsten dauernden menschlichen Wohnsitze in der Cordillere liegen und zwar Hütten von einigen äufserst schmutzigen Mischlingen aus Indianern und Weifsen, die sich ursprünglich aus Furcht vor den Revolutionen im tieferen Lande in diese fast unnahbare Wildnis geflüchtet und allmählich an ihrem hohen Wohnort Gefallen gefunden haben. Freilich schön ist der Blick über das weite Land, nach den Llanos und den Ebenen am Maracaibo-See, die von der Höhe des Kammes gleichzeitig übersehen werden können. Jedoch geniefsen die etwas verkommenen Bewohner nur wenig davon, da grofsenteils Nebel die Berge einhüllen und so auch leider während meiner Anwesenheit auf den Tetas.

Das Merkwürdigste an diesen Gipfeln ist, dafs sie nicht aus alten Schiefern und Gneis, sondern aus weifsem Quarzsandstein bestehen, der sonst meines Wissens in der ganzen Cordillere nicht wieder in so grofser Isoliertheit auftritt. Weit um den Gipfel herum giebt es keinen Sandstein; nur die äufserste Spitze der Tetas de Niquitao besteht aus ihm. Es ist ein grober grofser Klotz von mehreren Hundert Metern Höhe, in Zerfall begriffen, zum Teil bereits durch die Atmosphärilien gesprengt und in ein Haufwerk von Blöcken zersplittert, zwischen denen die Indianer ihre Götzenbilder und Werthsachen versteckt zu haben scheinen; denn man findet hier oft kleine Thonfiguren, Gerätschaften und Schmucksachen aus Schiefer, Glimmerschiefer und auch wohl Nephrit, der jedoch in der Gegend nicht ansteht.

Gegen Nordosten folgen in der Trujillokette auf die Páramos der

Tetas eine Reihe mir nicht näher bekannter, wie Linares, Pozo del Café, Atajo, Pozo Negro, und dann die Cristalina, welche als Paſsübergang von Boconó nach Trujillo sehr wichtig ist und einen leidlichen Weg trägt, der allerdings sehr steil ist. Denn wenn auch die Trujillokette hier bereits anfängt beträchtlich an Höhe zu verlieren, so ist doch immerhin der Páramo de la Cristalina mit seinen 3000 m noch immer 1800 m über Boconó, 2200 m über Trujillo erhaben. Auf dem Páramo pflegt heftiger Wind zu herrschen, der den Übergang nicht gerade sehr angenehm macht. Im übrigen bietet der Weg eine Bequemlichkeit dar, indem etwas unterhalb der Paſshöhe im Thale eines kleinen Baches ein einzelnes Haus steht, in welchem denn auch gewöhnlich gefrühstückt wird.

Mit der Cristalina endet die Páramoreihe der Trujillokette, und nunmehr setzen sich die Páramos der Llanoskette, die ich nicht näher als nur mit ihren Namen Volcan, Calderas, Rosarios kenne, gegen Norden zu fort im Cabimbú, Jabon, Rosas, dem zweiten Jabon und den Páramos von Agua de Obispo oder von Carache, von denen allen ich nur die letzteren bei dem Austritt aus der Cordillere nach Barquisimeto überstiegen habe. Sie bilden die äuſsersten Bollwerke der Cordillere gegenüber dem flachen Lande, und mit Bedauern läſst man sie hinter sich zurück. Denn wenn auch die Beschwerden bei dem Übergang über die Páramos groſs und häufig recht lästig sind, so gemahnen sie doch mit ihren frischen blumigen Wiesen und Matten und ihrem feuchten, kalten Klima an die deutsche Heimat.

Leider machen die Páramos von Carache und Agua de Obispo keinen günstigen Schluſseindruck, da sie über alle und jede Begriffe steinig, förmlich mit spitzen Geröllen gepflastert und daher äuſserst beschwerlich und ermüdend sind; auch hat man keinen so weiten Rundblick, wie man es gerade an diesem vorgeschobenen Posten der Cordillere erwarten sollte; sie bestehen aus Sandstein und Kalkstein und haben eigentlich zwei Paſsübergänge, zwischen denen in einem nicht sehr tiefen Thale das nur aus wenigen zerstreuten Hütten zusammengesetzte Dorf El Agua de Obispo liegt, nach dem die Páramos ihren Namen führen.

Damit haben wir die Besprechung der Páramos der Cordillere vollendet und wollen nur noch kurz einer Eigentümlichkeit derselben erwähnen, nämlich der Lagunen.

In der Cordillere finden sich auf zahlreichen hohen Ketten kleine Lagunen zerstreut, die im allgemeinen alle dieselbe Höhe und ein ähnliches Äuſsere besitzen; sie liegen alle zwischen 2000 und 3000 m Höhe. Sie sind alle düster, öde, traurig und melancholisch anzusehen, worauf auch der oft sich wiederholende Name Laguna Negra, „schwarzer Weiher“, deutet, und ihre Ufer pflegen mit Binsen, Schilf, Gras bestanden zu sein. Fast alle liegen im Gebiete der krystallinischen Schiefer, in Reihen oben auf der Höhe der Ketten, seltener am Abhang. Meist sind sie eingebettet in die Vertiefungen des Bodens, steigen in niederschlagsreichen Jahren, nehmen aber im allgemeinen an Umfang ab, so dafs sich häufig Punkte zeigen, wo augenscheinlich früher eine Lagune gewesen sein mufs, wie z. B. auch am Páramo del Zumbador am Abhang nach San Cristóbal zu, oder man kommt auch an Orte, die La Laguna oder La Laguneta heifsen, ohne dafs ein Weiher zu sehen wäre, so dafs nur angenommen werden kann, dafs sie ausgetrocknet seien. Bei Bailadores fand ich in der That, dafs an einem solchen Punkte, bei einer weifsen Kapelle im Norden des Städtchens, eine solche Lagune im Jahre 1866 ausgetrocknet ist. Meist liegen sie dort, wo der Abhang des Gebirges steiler abzufallen beginnt, oberhalb der Baumgrenze, doch auch inmitten des Ufergebüsches der Krummholzregion. Solche Lagunen, deren es auch auf den höchsten Páramos, z. B. am Pan de Azucar in 4500 m Höhe giebt, geben dem Volke vielerlei Anlafs zu Sagen und scheuer Verehrung, die namentlich dahin geht, dafs diese Lagunen es nicht vertragen könnten, wenn man einen Stein hineinwerfe oder an ihrem Ufer laut schreie; dann wälzten sie ihr Wasser gegen den Rufer und verschlängen ihn. Auch soll namentlich zur Osterzeit, vor allem am Charfreitag, an manchen Lagunen Trauermusik erschallen, wie z. B. an einer Lagune in der Nähe der Quebrada Chorros bei Aricagua und ferner auf der Höhe des Páramo del Batallon; so sind die wenigen besonderen Erscheinungen, welche in der Cordillere vorhanden sind, Gegenstand von Mythenbildungen geworden.

Denn in der That ist die Cordillere arm an charakteristischen Formen, Hörnern, Säulen, Nadeln, Klippen und Naturspielen; wer überhaupt erwartet, in den venezolanischen Anden etwas den Alpen Ähnliches zu erblicken, sieht sich gründlich getäuscht. Schroffe Formen sind sehr selten; an ihre Stelle tritt das Runde, Abgeschliffene, Ausgeglichene; doch auch dieses ist in seinen kolossalen Dimensionen grofsartig und packend.

Neuntes Kapitel.

Die Vegetationsformen.

Es ist bereits bei der allgemeinen Einleitung (S. S. 2) hervorgehoben worden, dafs Venezuela zu denjenigen wenigen südamerikanischen Staaten gehört, die alle drei hauptsächlichen Terrainformen des Kontinents in sich begreifen: nämlich das alte wenig gegliederte Urgebirgsland Guayanas, die Ebenen und die Hochgebirge. Dementsprechend sind auch die Vegetationsformen sehr mannigfaltig. Wir finden grofse echte tropische Urwälder, ferner Hochgebirgswälder in den Gebirgen; wir sehen das Weideland in den Llanos fast alleinherrschen, das Wiesenland in den höheren Teilen der Cordillere eine grofse Rolle spielen. Wir treffen ferner Unland, unfruchtbare, öde, sterile Distrikte, die sowohl im centralen Venezuela, namentlich in Barquisimeto und Coro, doch auch in der Cordillere bedeutende Strecken einnehmen.

Naturgemäfs wechseln alle diese Vegetationsformen mit einander ab; zwischen die Grasfluren der Llanos ist häufig Buschwald, an besonders feuchten Stellen auch echt tropischer Urwald eingestreut; in der Cordillere und dem Karibischen Gebirge sehen wir ferner den Wechsel zwischen unfruchtbaren Kaktusdistrikten und frischen Wäldern, dann höher hinauf den Wechsel der frischen Wiesen, Weiden und des steinigen, der Vegetation fast entbehrenden Hochgebirgslandes.

Auch in den niederen Teilen Central-Venezuelas greifen diese einzelnen Vegetationsformen ineinander ein. Bei Barquisimeto endet das Kaktusgestrüpp, und es folgt die Sabane von Llanostypus, um gleich darauf dem tiefen Walde am Yaracui Platz zu machen, worauf dann im Inneren des Karibischen Gebirges wieder kleine Sabanen in den Flufsthälern folgen.

Dieser Wechsel nach horizontaler Erstreckung ist für den Reisenden von belebendem Einfluſs; denn wer andauernd im Walde reist, und sei es auch der üppigste schönste Wald mit den bequemsten Wegen, sehnt sich doch nach einiger Zeit wieder hinaus auf eine Stelle, wo ein freier Umblick über das umliegende Land möglich ist. Wer andererseits über die endlosen Sabanen reitet, nur Gras und abermals Gras zu sehen bekommt, der wünscht in den frischen schattigen Wald zu kommen, und wer gar verurteilt ist, in den sandigen Kaktusdistrikten lange Tagereisen zu machen, der verwünscht bald das Land, die Bewohner, die Sonne, kurz alles, und lechzt nach einem Stückchen frischen Landes, und sei es auch nur eine spärlich bestandene Sabane.

Während man auf diese Weise beim Reiten durch das Land in horizontaler Beziehung zwar von Zeit zu Zeit in ein anderes Vegetationsgebiet gelangt, aber jedesmal doch ziemlich lange in jedem einzelnen derselben ausharren muſs, läſst sich die gesamte Reihe der Vegetationsstufen bei einem Ritte in vertikaler Linie, also bei der Besteigung eines höheren Berges, in einer einzigen Tagereise durchziehen.

Dieses Übereinander der Vegetationsformen ist einem jeden bekannt, welcher einmal eines der neueren geographischen Schulbücher und die darin befindliche charakteristische Zeichnung der von Humboldt festgestellten Höhenstufen am Chimborazo eingesehen hat. In ähnlicher Weise gliedert sich denn auch die Vegetation in Venezuela und zwar vor allen Dingen in der Cordillere; denn wenn auch im Karibischen Gebirge eine ganze Reihe der Höhenstufen der Vegetation vorhanden sind, so reicht dieses Gebirge doch nirgends in die Páramo-Region hinauf, und es fehlen daher die höchsten Stufen, vor allem die auſserordentlich charakteristischen des Frailejón.

Doch auch in der Cordillere läſst sich nicht überall diese Einteilung der Höhenstufen ganz klar verfolgen, da manche Gebirgsketten ebenfalls nicht hoch genug sind, um die höchsten Vegetationsregionen zu erreichen, andererseits manche der unteren Stufen entbehren, indem sie sich z. B. erst aus einem Thale von 800 oder 1000 m Höhe heraus erheben.

Beispielsweise ist die Sierra Nevada selbst keine für diese Erscheinungen typische Kette, sondern hier fehlt völlig die Palmenregion, die unterste der vielen Höhenstufen, und auch die meisten anderen Hochketten, die Trujillo - Batallón - Agrias - Zumbador - Ketten steigen erst aus Thälern von 600 m bis 1800 m Höhe auf. Überall fehlt also hier die Palmenregion, die aber gerade für den gesamten Aufbau dieser Skala ganz unentbehrlich ist. Eigentlich sind nur die nördlichen und südlichen Abfälle der Cordillere, also der ganze Nordabhang nach dem

Zulia-Walde hin und der Südabhang gegen die Llanos Träger sämtlicher Vegetationsregionen, aber auch hier fehlen zuweilen wieder die höchsten Glieder, z. B. an der Kette von Tovar, an dem Gebirge bei Mucuchachí, Aricagua, und nur die Culata-Mendoza- und Llanos-Ketten erfüllen alle Bedingungen; namentlich letztere, weil hier auch die Sabanen der Llanos hinzutreten, die im Norden völlig fehlen.

Diese einzelnen Vegetationsformen sind nun im allgemeinen folgende: Zu unterst befindet sich die Palmenregion, welche vom Meeresspiegel bis etwa 1000 m Höhe reicht, mit ihr parallel geht die Region der Kaktusdistrikte, und zwar richtet sich die Verbreitung dieser Vegetationsformen nach der Bewässerung. Wo viel Wasser vorhanden ist, siedelt sich der Wald rasch an, wo solches fehlt, ist die Kaktusregion alleinherrschend. Diese beiden Vegetationsformen wechseln im tieferen Lande, und zwar hält sich die letztere wesentlich in den inneren Thälern, die erstere an den Abhängen der Ketten nach aufsen zu.

Auf diese untersten Stufen folgt die Region des Farrenwaldes von etwa 1000 m bis 1800 m, ja auch bis über 2000 m, und an sie schliefst sich unmittelbar die Region der Cinchonen, der Chinarindenbäume, etwa bis zu 2400—2500 m. Diese Regionen gehen in der Weise in einander über, dafs eine bestimmte Grenze nicht festgesetzt werden kann, und man kann daher auch beide Stufen als die Region des Hochwaldes zusammenfassen, die sich aber von dem weiter abwärts liegenden Palmenwalde auch nicht scharf abgrenzen. Wo, wie an den nördlichen und südlichen Randketten, alle diese Wälder übereinander folgen, da sieht man eine gewaltige dunkle Waldmasse von der Küste und dem Fufse des Gebirges bis weit hinauf zur Höhe von 2500 m, also bis gegen die Baumgrenze, sich hinaufziehen, und eine derartige bewaldete Kette bietet dann einen höchst grofsartigen Anblick dar. In diesen drei Regionen liegt die Pracht der Tropen. Wer einmal in einem solchen Walde übernachten konnte oder mufste, wird einen unauslöschlichen Eindruck mit sich nehmen.

Als ich auf der Reise von Merida nach den Llanos die Páramos von Aricagua überstiegen hatte und nun in die Randwälder eintrat, mufste ich am Ufer des Rio Caparro etwa in der Höhe von 600 m eine Nacht zubringen.

Auf die Entfernung einer Tagereise hin gab es keine Hütte, kein Haus. Der Wald bedeckt hier die Randketten der Cordillere so dicht, dafs auf zwei Tagereisen Entfernung nicht einmal ein Ausblick auf das umliegende Land ermöglicht wurde. Wenn man auf einen höheren Gipfel gelangte, so verhinderten die Wipfel der Bäume die Aussicht.

In tiefster Abgeschiedenheit führt hier die Strafse bergauf, bergab, über die zum Teil noch 2000 m Höhe erreichenden Ketten des südlichen Sandsteingebirges. Der Weg ist in die Abhänge eingeschnitten; in endlosen Hohlwegen zieht er zickzackförmig einher, eng sind die Pfade, so dafs man auf dem Maultier sitzend leicht zu beiden Seiten an die Wände scheuert. Das Erdreich ist locker, aufgelöst, verwittert, rotgelb gefärbt, und stürzt bei jedem Schritte in gröfseren Lagen und Massen ab. Über den Weg liegen Bäume, Stämme, Äste, welche denselben versperren und oft einen langen Aufenthalt herbeiführen, da sie erst durchschlagen werden müssen, um dem Reiter und vor allem dem Lasttier den Durchgang zu ermöglichen. Häufig werden die Tiere dabei scheu, indem sie mit der Last an die Wände des Hohlweges scheuern und infolge des dadurch erzeugten Lärms und der sie zurückhaltenden Reibung erschrecken. Der Wald ist im allgemeinen still, ruhig, fast leblos; nur von Zeit zu Zeit hört man vielleicht im Walde den Ruf des Paují, und der begleitende Führer springt in den Busch, um ihn zu schiefsen. Gegen Abend gelangten wir an den Rio Caparro, welcher hier zwischen Aricagua und Quiú nicht sehr schnell fliefst und wenig Wasser führt.

Hier schlagen wir am linken Ufer das Lager auf, an einer für die eventuell verkehrenden Reisenden gelichteten Stelle im Walde. Um diese Lichtung herum erheben sich gewaltige Palmen und jene vielen Riesen des Urwaldes, deren Aufzählung mit lateinischen oder spanisch-indianischen Namen den Leser ermüden würde. Da es gegen Sonnenuntergang geht, so beginnen die Vögel zu lärmen. Scharen der kleinen grünen Papageien, der periquitos, pericos, schreien unaufhörlich, kreischend, gellend, wahrhaft ohrenzerreifsend, in wirrem Durcheinander, alles andere Geräusch völlig übertönend. Aber wie auf ein gegebenes Zeichen hören sie plötzlich auf und begeben sich in den Bäumen zur Ruhe; dies tritt etwa zur Zeit der ziemlich kurzen, nur etwa eine halbe Stunde währenden Dämmerung ein. Denn es ist ein Irrtum, zu glauben, dafs die tropische Dämmerung so aufserordentlich kurz sei, dafs die Landschaft plötzlich und unvermutet in Dunkel gehüllt und der Übergang vom Tageslicht zum Nachtdunkel in einem Augenblick vollzogen würde.

Wenn die Papageien schweigen, so beginnt die eigentliche Stille der Nacht. Alle gröfseren Vögel haben sich mittlerweile zur Ruhe begeben, hier und da sieht man ein paar rotgefiederte grofse Guacamayos, bei uns Aras genannt, ihre nächtliche Ruhestätte aufsuchen, und bald hört man nur noch vereinzelte Rufe im Walde. Tiefes Schweigen umfängt die Gegend, und nur das unheimliche Huschen der Fledermäuse ist noch hörbar. Zuweilen sieht man ihre gespenstischen Gestalten durch die Wipfel ziehen; sie begeben sich dann auf die Nahrungssuche, und häufig belästigen sie während der Nacht die Maultiere, so dafs man dieselben früh blutüberströmt findet.

Man begiebt sich dann selbst zur Ruhe und lauscht in der zwischen zwei Bäumen ausgespannten Hängematte den spärlichen Tönen des Waldes. Meist starrt man in das hell flackernde lodernde Feuer, dessen Schein unberufene Gäste abhalten soll. Leise beginnt der Nachttau zu fallen, die Begleiter ermüden, das Feuer erlischt allmählich, und tiefe Ruhe, nur zuweilen noch unterbrochen durch das Schnauben der Maultiere, lagert sich über das Biwak. Doch der Schlaf ist nicht tief, zuweilen erhebt sich einer der Führer, um das Feuer von neuem anzufachen, oder um nach den Maultieren zu sehen, oder um, aufgeschreckt durch einen plötzlichen Lärm im Walde, nach etwaigen ungebetenen Besuchern zu spähen.

Nicht immer verläuft die Nacht ganz ruhig, sondern oftmals erhebt sich Getöse und Geschrei im Walde, wahrscheinlich weil sich ein Raubtier auf schlafende Affen oder Vögel gestürzt hat. Dann ist es mit dem Schlafen sofort vorbei, allein die Müdigkeit überwiegt wieder und der durch die Strapazen des Tages angestrengte Körper verlangt Ruhe. Glücklich, wer durch das leise Säuseln der Wipfel des Waldes eingeschläfert, früh die nötige Ruhe findet; denn sollte er erst gegen Morgen einschlafen, so kann er keinen erquickenden Schlaf finden, da früh schon vor Sonnenaufgang das Leben im Walde wieder erwacht und den Reisenden unerbittlich zur neuen Tagesarbeit ruft. Da hört man den lauten Ruf des Paují und den triangelartig schlagenden Ton des Ziegenmelkers, dessen charakteristische Weise man nie aus dem Gedächtnis verliert. Da erheben die Chicharras ihr gellendes Pfeifen, die kleinen grünen Papageien halten ihre Morgenkonzerte in Gestalt wüsten Gekreisches, die ersten Strahlen der Sonne dringen durch den taufeuchten Wald, die Wipfel bewegen sich leise im Morgenwind, die Diener erheben sich schlaftrunken, um die Maultiere zu tränken, das Feuer zu schüren, 'einen Morgenimbifs zu bereiten und das Gepäck zu ordnen. Da verläfst denn auch der Reisende seine Hängematte und bald geht es wieder fort in den sonnigen Morgen hinein, durch den schweigenden erhabenen Wald, auf den bodenlos holprigen Wegen.

Ein etwas anderes Bild bietet der Hochwald, in welchem ich ebenfalls einmal am 30. März 1885 in der Höhe von 2000 m zwischen Pregonero und Rio Bobo in einer der unwegsamsten Gegenden des Táchira zu übernachten hatte. Hier tritt die Wärme des tieferen Waldes natürlich stark zurück, und während der letztere wenigstens an manchen Stellen häufig trocken und gut gangbar ist, bietet der Hochwald besondere Schwierigkeiten infolge der grofsen Feuchtigkeit, die in ihm herrscht.

Ich wollte durchaus von Pregonero über das Gebirge hinüber nach Rio Bobo, und es fand sich auch ein junger Mensch, der den Weg angeblich wufste. Nachdem wir aber von dem einigermafsen gebahnten Wege abgekommen und auf einen im Anfang leidlichen Waldpfad gelangt waren, verlor der junge Führer den Weg und führte uns nun durch Dick und Dünn durch den Hochwald auf einer der grauenhaftesten „Picas“, die ich je gesehen habe. Es ging zum Teil in dem Gerölle der Bäche aufwärts, dann wieder durch dichtes Unterholz, das den Maultieren die gröfsten Schwierigkeiten bereitete, und endlich blieben wir oben im Walde stecken und mufsten hier Vorkehrungen für ein Nachtlager treffen, wozu wir z. B. insofern nicht eingerichtet waren, als keine Kochmaschine zum Bereiten eines warmen Getränkes vorhanden war.

Infolge dieser aufserordentlichen Umstände verbrachten wir eine äufserst unbehagliche Nacht; die Temperatur sank auf 10°, die Luft war mit Wasserdampf gefüllt, Nebel zogen an den Gehängen einher, und der ganze Wald triefte von Feuchtigkeit. Das aber ist der Charakter des Hochwaldes. Ein meist ungeheurer Wasserreichtum trägt zur Entwickelung üppigster Vegetation bei; namentlich sind die Orchideen in diesen Hochwäldern sehr häufig. Sie sitzen auf dem knorrigen Geäste der hohen Bäume und bedecken häufig die Zweige vollständig.

Zuweilen werden sie von Ameisen besucht und wenn man an einen derartigen orchideenbesetzten Ast stöfst, so wird man von einem Regen von Ameisen belästigt, welche vom Stamme herabfallen, und sich natürlich sofort beifsend über den ganzen Körper verbreiten. Doch, sieht man von dergleichen Zufälligkeiten ab, so ist der Hochwald noch schöner als der Palmenwald der tieferen Regionen. Die Farrenbäume oder Baumfarren sind es vor allem, die dem Hochwald der Cordillere und auch des Karibischen Gebirges den hauptsächlichsten Reiz verleihen. Ihre Gestalten sind eleganter, zierlicher, harmonischer als alle übrigen Tropenbäume. Sie bedürfen bedeutender Feuchtigkeit und bedecken daher meist in Gruppen die Ränder der Bäche, Wasserläufe und Quellen. Gewaltige Teppiche frischen grünen, roten und weifsen Mooses umgeben ihren Fufs. Ihre zartgegliederten ebenmäfsigen Wedel breiten sich schützend über zahlreiche kleinere Pflanzen aus, die unter ihrer Bedeckung aufwachsen, ähnlich wie die Cinchonen immer von ganz bestimmten Pflanzen umgeben sind. Von den Ästen der einzelnen gewaltigen Riesen des Hochwaldes hängt langes weifses Bartmoos herab, welches durch den Wind leise hin- und herbewegt wird und vereint mit dem Nebel, der schwadenweise durch den Wald zieht, der ganzen

Zone des Hochwaldes einen eigentümlichen Anstrich giebt. Gewaltige Lianen und Schlingpflanzen kommen auch hier noch vor, ungeheure Luftwurzeln hängen bis auf den Boden herab, Pilze, Flechten und Moos überziehen den Pfad, der bei jedem Schritte eine neue grofsartige Gruppierung der Hochwaldpflanzen und neue überraschende Bilder darbietet.

Die Wege durch den Hochwald sind infolge der in demselben herrschenden Wasserfülle häufig sehr schlüpfrig, vom Wasser zerrissen, aufgelöst und glatt. Dennoch zieht man gerade hier gern seines Weges und achtet wenig der Strapazen, da man hier frei ist von den vielen Plagen des Tieflandwaldes, den Mosquitos, den Stechfliegen, der Hitze, dem Modergeruch.

Meist streicht ein frischer Wind durch den Hochwald und verscheucht den Verwesungsgeruch, der allerdings auch hier grofse Strecken des Waldes erfüllt; denn der Wasserreichtum begünstigt den Fäulnisprozefs. Man hat aber in diesen Hochwäldern ein frisches kühles erquickendes Klima, und Menschen sowie Tiere atmen auf bei dem Durchzug durch dieselben. Zum Glück hat der Reisende in der Cordillere oft Gelegenheit, derartige Wälder zu passieren; denn grofse Teile auch der inneren Ketten der Cordillere sind von demselben erfüllt. Überall, wo man einen Gebirgszug in der Höhe von 1500—2500 m Höhe, ja auch noch bis gegen 3000 m Höhe kreuzt, gerät man bald in gröfsere oder kleinere Bestände dieses Hochwaldes, der je nach dem Wasserreichtum und nach der Frequenz der Strafse stärker oder schwächer ist. Diese Wälder bedecken z. B. die Sierra Nevadakette auf beiden Seiten, die sämtlichen hohen Ketten unterhalb der Páramos; man trifft sie am Batallon, Zumbador, Agrias, Portachuelo, im Táchira, ferner bei Pregonero, Queniquea, am Rio Uribante, sodann auf dem gesamten Nordabhang der Küstenketten bei Geguïnes, Zea, Torondoi, Palmira, San José de Pocó, Caus, Monte Carmelo. Im Thale des Rio Chama sind sie spärlicher, bedecken aber doch auch gröfsere Strecken oberhalb 1800 m Höhe; im Süden davon erfüllen sie die Ketten des Páramo de Molino, des Canaguá, Mucuchachí, Aricagua, ferner in Trujillo den nördlichen Abhang der Trujillokette gegen San Lázaro, Quebrada, Jajó zu, sodann die Gebirge um Boconó und Carache, sowie den ganzen Südrand der Llanoskette.

Gegen Osten zu finden wir die Hochwälder noch in der Portuguesakette, in dem Yaracui an den Bergen von Nirgua und San Felipe, ferner am ganzen Nordabhang der Cordillera costanera des Karibischen Gebirges, sowie an einzelnen Stellen auch am Südabhang dieser Kette, wie bei Los Teques, Carácas und, wie ich glaube, auch im Osten bei Cumaná und den übrigen Küstenstädten, welche ein höheres Gebirge hinter sich besitzen.

Meist sind die nördlichen Abhänge stärker bewaldet als die südlichen, da von den Winden die Feuchtigkeit gegen die nördlichen Gehänge getrieben wird. So finden wir in der Cordillere die eigentümliche Erscheinung, daſs z. B. die Kette von Tovar an ihrem südlichen Gehänge fast kahl, am nördlichen sehr stark bewaldet ist. Dies setzt sich gegen Süden fort und kann auch zum Teil an den Ketten von Aricagua, Mucuchachí und Trujillo beobachtet werden.

Auch die Palmenregion verhält sich in ihrer Verbreitung ähnlich. Vor allem sind die unteren Teile des Nordabhanges und des Südabhanges der Cordillere mit dem tropischen Tieflandswald bedeckt.

Der Wald von Zulia erstreckt sich allein schon über sehr weite Strecken und steigt auch an der Cordillere bis zu groſsen Höhen hinauf. Auch am Südabhang sahen wir ein ungeheures Waldland, welches sich von dem Torbes und Rio Frio über die Flüsse Uribante und Caparro bis gegen den Santo Domingo erstreckt; erst hier wird der Gürtel weniger dicht. Überhaupt findet man sowohl am Nordabhang wie am Südabhang der Cordillere, daſs der Urwaldsgürtel von NO. gegen SW. dichter und üppiger wird, indem er seine gröſste Breite und Ausdehnung und auch seine groſsartigste Fülle am Nordrande in der Gegend der Flüsse Zulia und Catatumbo, am Südrande bei dem Doradas und Uribante erreicht.

Doch tritt der Palmenwald auch in die Ebene der Llanos hinaus und bedeckt hier an drei Punkten die Ebenen an Stellen, wo der Wasserreichtum ganz besonders groſs ist. Das sind die Selva de Camilo, die Selva de Ticoporo und die Selva de Turén, deren Groſsartigkeit vorzüglich und mit den lebensfrischesten Farben in einem kleinen Schriftchen geschildert ist, das in Hamburg anonym in der Richterschen Druckerei erschienen ist und den Titel „Heimwärts“ führt. Verfasser sind Hamburger Kaufleute, die vor einem halben Jahrhundert dort lange Reisen gemacht haben.

Der Palmenwald ist in Coro und Barquisimeto, soviel ich weiſs, nur sehr spärlich vertreten, greift dagegen wieder in das Karibische Gebirge über und bedeckt hier zunächst die Landschaft Yaracui fast vollständig, sodann den Nordabhang des Karibischen Gebirges von dem Yaracui bis nach dem Cap Codera, wahrscheinlich auch noch weiter bis nach Trinidad und auch Teile dieser Insel selbst. Ferner tritt er auf am See von Valencia, in den Thälern von Aragua und des Tuy und, wenn auch sehr sporadisch, auch am Südabhange der Serrania del Interior. Im Innern dringt er nur bis in die ersten Thäler von San

Estévan und Umgebung vor; dagegen sind auch hier die Südabhänge der Cordillera costanera, also die gegen den See von Valencia gekehrten Gehänge, völlig kahl und werden von der Kaktusvegetation eingenommen.

Diese Kaktusvegetation, in deren Gefolge besonders Mimosen, Agaven, Euphorbien, Dornen aller Art erscheinen, nimmt alle tieferen Teile Venezuelas ein, die nicht gut bewässert und daher einer frischen Vegetation nicht teilhaftig geworden sind.

Die Kaktusvegetation liebt trockene, sandige, heifse Striche und findet sich daher ganz besonders in dem centralen Venezuela, Barquisimeto, Coro und gegen Maracaibo zu; doch sind auch die inneren Thäler der Cordillere an manchen Stellen davon erfüllt, so namentlich in Trujillo die Gegend von Valera am Motatán, ferner bei Trujillo selbst, bei Carache und Chejendé-Cuicas; gegen Süden dringt die Kaktusvegetation an einigen Stellen bis zu den Llanos vor. In Merida (Guzman) bedeckt sie namentlich das untere Chamathal von San Juan und Lagunillas bis Chiguará, ferner einzelne Strecken bei Aricagua und Mucuchachí.

Im Táchira überzieht sie vor allem die Senke von Cúcuta, San Antonio und Rosário, ferner die Gegend von Lobatera, Colón, El Rio, Ureña; ferner tritt sie auch im höheren Gebirge noch in 1200 m Höhe bei La Grita nahe dem Gehöfte La Quinta auf. Überall ist der Eindruck derselbe. Hitze, Sand, Unfruchtbarkeit, Wassermangel, Staub, glühender Boden, Trockenheit sind die Begleiterscheinungen dieser Vegetationszone.

Auch im Karibischen Gebirge findet sie sich nicht selten. Besonders die Ufer des Sees von Valencia zeigen an der Nord- und Westseite fast ausschliefslich Kaktusvegetation, die vor allem alle von dem Wasser verlassenen Gebiete des alten, sandigen Seebodens besetzt und hier augenscheinlich auf Kosten anderer Pflanzen vordringt.

Auch die Küste entbehrt ihrer nicht. Bei Puerto Cabello durchzieht man auf dem Wege nach Valencia zunächst bis Palito am Meeresstrande selbst eine lange Zone von ungeheuer hohen Kaktus und Mimosen, von denen erstere häufig bis zu zehn Metern Höhe erreichen. Ich kann nicht leugnen, dafs diese gewaltigen, vielfach in verschiedenen Farben blühenden Pflanzen einen geradezu grofsartigen seltsamen Anblick gewähren, wenn auch niemand sich berufen fühlen wird, diese Distrikte für schön zu erklären. Der Sand liegt hier sehr tief, alles ist verlassener Meeresboden, das Reiten und Fahren ist schwierig, die Mücken tanzen zu Millionen über dem öden Sande, so dafs man, von Valencia kommend, in Palito meist die Pferde der Kutschen mit Zuckerrohrbranntwein einreibt, um ihnen einigermafsen Schutz gegen die zu erwartenden zahlreichen Stiche der Mosquitos zu verschaffen.

Auch auf der Seite der Llanos finden sich Kaktusdistrikte in gröfserer Zahl, namentlich von Valencia aus südlich und auch bei Villa de Cura und San Juan de los Morros; dann aber tritt hier die Sabane in ihr Recht.

Indem ich mir vorbehalte, die Vegetation der Llanos bei der Besprechung dieser grofsen Ebenen näher zu beleuchten, will ich hier nur kurz anführen, wo der Sabanencharakter in die Gebirge eindringt.

In dieser Beziehung ist vor allem das Karibische Gebirge zu nennen, wo sich zwischen Nirgua und Valencia bei den Städten Bejuma, Miranda und gegen Montalban zu kleine Sabanen im langen Thale zwischen der Cordillera costanera und der südlich davor liegenden Nebenkette ausdehnen, die augenscheinlich alle in kleinen Becken entstanden sind, deren Boden früher von einem Gebirgssee eingenommen war.

Dieser Sabanencharakter tritt auch namentlich hervor im Yaracui zwischen Chivacoa und Buría nahe dem Rio Barquisimeto; hier wie überhaupt in den nördlichen Llanos ist die endlose Grasebene mit ihrem mannshohen Grase oft durch Buschwald unterbrochen, welcher den Reisenden wegen seines wenn auch nur spärlichen Schattens willkommen ist. Auch nördlich über Chivacoa hinaus dringt die Sabane nach Urachiche, San Felipe und bis an den Fufs der isolierten Hügel von Duaca und des Grenzgebirges gegen den Rio Aroa hin vor.

In der Cordillere kann ich nur ein einziges Gebiet namhaft machen, welches in gröfserer Ausdehnung Sabanencharakter trägt: das sind die Llanos von Monai in Trujillo, welche am Abfall des Gebirges von Chejendé und Torococo am Zusammenflufs der Flüsse Cuevas, Botella, Portachuelo, Jeringa und Jirajara mit dem Rio Carache liegen und fette Weiden für Vieh und Pferde abgeben, auch durch kleine Gehölze, Buschwald, in eine Reihe von einzelnen Abteilungen zerfallen, die alle den Namen Sabane, wie z. B. Sabana Grande, Sabana de Ojancal führen und etwa 300—400 m über dem Meere liegen. Leider sind diese Sabanen so fieberreich, dafs weder gröfsere Ansiedelungen in ihnen aufkommen können, noch bedeutendere Strafsen durch sie hindurchgelegt sind, sondern jedermann meidet ihre Nähe, umgeht sie lieber auf steinigen, holprigen, aber doch gesunden Gebirgsumwegen, und die einzige Dorfanlage, welche in diesen Sabanen existiert, Monai, hat, obwohl sie schon aus dem Ende des sechzehnten Jahrhunderts stammt, doch keinerlei Aufschwung genommen und es bisher nur bis zu wenigen Hundert Einwohnern gebracht.

Wir haben bisher alle diejenigen Vegetationsregionen betrachtet, welche in das Gebiet unterhalb der Baumgrenze fallen, und müssen nun noch diese selbst und die aufwärts auf sie folgenden Höhenzonen behandeln.

Der Cinchonenwald, dessen Name dem häufigen Vorkommen weniger guter und vieler unbrauchbarer Arten des Chinarindenbaumes entstammt, geht nach oben hin allmählich in Krummholz, Unterholz, verkrüppelte Stämme über. Ich halte dafür, dafs es wesentlich auf die Stärke und Kälte der Winde ankommt, wo man die Baumgrenze beginnen läfst; denn dieselbe ist durchaus nicht an eine bestimmte Höhe gebunden, sondern steigt hier höher auf, weicht dort weiter nach unten zurück und ist im allgemeinen nach meinen Erfahrungen in der Höhe von 3000 m anzusetzen.

Ich fand, dafs gerade dort, wo die Cordillere gegen das Tiefland abfällt, die Baumgrenze stets tiefer liegt als in den mittleren Ketten des Gebirges, weil eben die Winde am Absturz der Cordillere ganz besonders stark sind, insofern sie den Unterschied der heifsen Luft des Tieflandes und der kühlen des Hochgebirges ausgleichen, während dieser Temperaturunterschied im Innern der Cordillere nicht so grofs ist, da hier der Fufs der Ketten oft erst in 1600 bis 2000 m Höhe liegt.

Aus den Beobachtungen, die ich an den Páramos der Cordillere gemacht habe, ergiebt sich, dafs die Baumgrenze im Táchira in 2800 m Höhe, in Merida in 2900 m Höhe, in Trujillo in 2800 m Höhe liegt, also in dem innersten Staate der Cordillere etwas höher als in den beiden äufseren. Wahrscheinlich darf man aber noch etwa 100 m dazusetzen und erhält dann rund 3000 m für die Baumgrenze.

Demnach rücken denn auch in den inneren Ketten die Wälder in Höhen hinauf, die an den Rändern nicht mehr erreicht werden können. Während am Pino und Zumbador der Baumwuchs schon in 2500 m zu Ende geht, passiert man den Páramo del Portachuelo zwischen den hohen Ketten des Batallon und der Küste in 3250 m noch im niedrigen Walde, und steigt bei Merida im Walde der Sierra Nevada bis 3000 m empor. Dagegen finden wir an den Páramos de Agua de Obispo schon in 2600 m keine Wälder mehr, weil hier oben am Ende der gesamten Cordillere der Temperaturgegensatz gegen das heifse Land von Tocuyo und Carora so grofs ist, dafs sich aufserordentlich heftige Winde entwickeln können.

Oberhalb der Baumgrenze finden wir nun zuerst eine Region blühender Stauden, Sträucher und Kräuter, unter denen die Befarien, Andesrosen, hervorleuchten; darauf folgen die Gräser, die Gramineen, welchen die ungeheuren Wiesen und Weiden zugehören, über deren Nutzbarmachung für die Viehzucht ich in dem vorigen Kapitel (S. 134/5) gesprochen habe. Sie bilden den unteren Teil der Páramos, die angenehmer zu bereisenden Strecken derselben. Darauf folgt dann endlich die Region des Frailejón, der verschiedenen Espeletia-Arten, einer Composite, deren äufsere Merkmale ich schon auf S. 130 beschrieben habe. Sie erfüllen die höchsten Teile der Páramos, stehen dicht zusammen auf dem Abhang und bilden bei weitem die charakteristischste Vegetationsform, die man in Venezuela sehen kann. Ihre grünen bis grauen Blätter sind auf der unteren Seite silberweifs, glänzen im Sonnenlicht und verleihen dann einem derartigen Abhang ein ganz eigenartiges Ansehen, das mit der grauen monotonen Masse der umgebenden kahlen öden Berge vorzüglich harmoniert. Zur Zeit der Blüte tragen die braun- und gelbblühenden Pflanzen sehr zur Verschönerung der Landschaft bei, indem aus der graugrünweifsen Rosette von Blättern ein langer Blütenstiel mit gelber Blume hervortaucht und eigentümlich mit dem Stumpfe abgefallener Blätter, auf dem sich die Pflanze aufbaut, kontrastiert.

Über der Region des Frailejón endlich tritt der Schnee in sein Recht; die Schneegrenze kann aber ebensowenig wie die Baumgrenze als eine in bestimmter Höhe geradlinig verlaufende Linie aufgefafst werden, sondern sie ist, wie in vielen Gebirgen, so auch in der Cordillere grofsen Schwankungen unterworfen. Im nächsten Kapitel werden wir einige Bemerkungen über die Schneeverhältnisse in der Cordillere geben; hier soll nur noch kurz auf die Frage der veränderten Lage der Schneegrenze aufmerksam gemacht werden.

In vielen Gegenden der Erde, namentlich auf der nördlichen Halbkugel, finden sich sowohl in der Ebene wie in Gebirgen Spuren eines früher kühleren Klimas.

Die norddeutsche Ebene lag unter hohem Eise begraben, die Alpen, Skandinavien, Schottland sandten grofse Gletscher aus, Nordamerika bis zum 40. Grade trug gewaltiges Inlandeis, die höheren Teile des Himalaya besafsen weit gröfsere Gletscher als heutzutage, und auch die Südspitze des südamerikanischen Continentes war vereist.

Es erhebt sich nun die Frage, ob nicht diese Erscheinung, die den Namen der Eiszeit erhalten hat, auch ihre Wirkungen in den Tropen geübt und dort ihre Spuren hinterlassen hat. In der Sierra Nevada de Santa Marta und der Sierra Nevada de Merida, den höchsten Spitzen der Gebirge des nördlichen Südamerika, fand ich in der That Anzeichen einer früheren stärkeren Eis- und Schneebedeckung. Eigentümliche Kare, Cirken und kleine, flache Lagunenbecken liegen hier unmittelbar unter der Schneelinie und bis 300—800 m unterhalb derselben. An dem Gipfel Concha giebt es eine Eisansammlung, die wahrscheinlich früher weiter abwärts gereicht und einen grofsen Gletscher durch die jetzige Schlucht des aus dem Gipfel Concha fliefsenden Wildbaches entsendet hat. Die Schneegrenze scheint damals weiter hinabgereicht zu haben und auch die in ungeheuren Mengen in der Cordillere vorhandenen Schotterterrassen sprechen für diese Ansicht, da es eine Zeit gegeben haben mufs, in welcher die Niederschläge reichlicher, die Schneemassen gröfser waren als heutzutage. Wenngleich keine sicheren Beweise für diese Behauptung beigebracht werden können, so ist es nicht einzusehen, warum nicht auch in den höchsten Teilen der Tropen die Wirkungen dieser Eiszeit fühlbar gewesen sein sollen, die doch bereits dann entstehen konnte, wenn die Temperatur nur um wenige Grade sank.

Dann müssen aber auch die Vegetationsgrenzen andere gewesen sein; der Wald kann nicht so weit am Gebirge aufwärts vorgedrungen sein, die Baumgrenze mufs tiefer gelegen haben, und wir gelangen auf diese Weise zu der Ansicht, dafs auch die Vegetationsverbreitung keine dauernde, sondern eine vom Klima abhängige, veränderliche sein mufs[1]).

---

[1]) Siehe mein Werk: Die Cordillere von Merida; Geogr. Abhandlungen III, 1. S. 162 ff.

Zehntes Kapitel.

Die Schneeberge.

Schon als ich im Februar 1885 zum erstenmal in Merida war, schwankte ich, ob ich nicht anstatt der Reise nach den südlichen Ketten der Cordillere lieber eine Besteigung der Schneeberge vornehmen solle, allein aus Gründen der bereits vorgerückten Trockenzeit wählte ich doch das erstere. Allerdings sprach auch manches für die Untersuchung der Sierra Nevada bereits im Februar und zwar gerade der Grund der Trockenzeit; denn in der That waren die Resultate, welche ich späterhin bei Besteigung der Schneeberge in der Regenzeit erzielte, nicht sehr günstig, und als ich im darauffolgenden Jahre die Sierra Nevada de Santa Marta im Februar, zur hohen Trockenzeit, erstieg, fand ich, dafs ich 1885 einen Fehler begangen hatte, nicht doch gleich schon im Februar die Sierra Nevada de Merida in Angriff genommen zu haben. Denn der Februar ist der klarste Monat im nördlichen Südamerika und zugleich der trockenste, also der für das eventuelle Übernachten in grofsen Höhen geeignetste. Dieser Monat war auch im Jahre 1868 von den Herren Bourgoin und Genossen in Merida gewählt worden, die damals die erste wissenschaftliche Besteigung der Sierra Nevada de Merida vornahmen. An derselben beteiligten sich die Herren Juan de Diós Picon Grillet, Jaime Picon, Antonio Maria Febres Cordero, Vicente Rubio und Antonio Pacheco, aufser dem obengenannten französischen Apotheker P. H. J. Bourgoin, welcher, seit langer Zeit in Merida ansässig, ein ganz besonders guter Kenner der Flora der Cordillere ist. Diese Expedition brach am 18. Februar 1868 auf und kehrte am 22. Februar zurück, brauchte also 5 Tage zur Bewältigung der Tour.

Sie scheinen in demselben Hause übernachtet zu haben, welches ich unterhalb der Nevada in 3000 m Höhe fand, und das jetzt einem Herrn

Quintero aus Tabai gehört. Sie nennen es „la Vega“, ein Name, der eine Aue, ein Flufsufer mit Wiesen bedeutet und wohl nur auf das kleine Wiesenthal unterhalb der Schneeberge angewendet werden kann. Ihre Absicht ging dahin, den Gipfel El Toro zu besteigen, und sie gelangten auch in der That am dritten Tage, 20. Februar, zu ihrem Ziele. Die Höhe bestimmten sie zu 5531 m, was ich für vollständig unmöglich halte, da an dem Fufse der Gipfel Concha und Coluna, welche ich besichtigte, von mir nur 4400 m Höhe gefunden wurden und der Toro kaum 200 m höher sein kann.

Die Sierra Nevada de Merida ist ein etwa 50 km langer Gebirgsstock im Centrum der Cordillere zwischen den Flüssen Chama und Nuestra Señora. Diese centrale Kette besteht aus Gneis, Glimmerschiefer und Granit und streicht in der Richtung von WSW. nach ONO., wo sie in die Páramos des Chamathales übergeht und sich gegen die Sierra de Santo Domingo hinerstreckt. Man hat sie im Norden durch den Rio Chama, im Süden durch den Rio de la Nuestra Señora zu begrenzen und erhält auf diese Weise eine scharf geschlossene Gebirgsgruppe, welche von drei Seiten aus zu grofser Höhe über dem Thale aufragt; denn auch im Westen wird sie durch den Rio de la Nuestra Señora begrenzt, der durch ihre westlichen Ausläufer in einem scharfen Knie hindurchbricht.

Die Höhe der Sierra Nevada de Merida ist sehr verschieden angegeben worden; Codazzi rechnet für die beiden Hauptgipfel Concha und Coluna 4580 und 4566 m, Humboldt giebt, ich weifs nicht, auf wessen Autorität hin, 4592 m an; Humboldt selbst war bekanntlich nicht in der Cordillere, sondern lernte nur den Osten Venezuelas und dann wieder Colombia kennen. In dem Stielerschen Atlas ist die zweite Zahl Codazzis 4566 angenommen; von Kloeden giebt 4528 m; das Anuario del Colegio de Ingenieros de Venezuela 4561 m. Von diesen Werten dürften die Codazzischen ungefähr die richtigsten sein, indem die Höhe des Gipfels Concha wohl 4600 m, die des Gipfels Coluna an 4700 m betragen dürfte.

Die Sierra Nevada trägt auf fünf Gipfeln Schnee. Es sind dies von Westen nach Osten die Picáchos del Leon, Toro, Coluna, Concha und de los Parros. Der Gipfel Concha trägt am meisten Schnee, indem seine überhängenden Wände denselben in einer Art von Kessel, Nische oder Kar vor den Sonnenstrahlen schützen und infolgedessen das ganze Jahr hindurch erhalten. Auch Eisbildung kommt vor. In einer Vertiefung des karähnlichen Beckens zieht sich eine kleine Eiszunge abwärts, aus welcher die Merideños das Eis alle Sonnabende schlagen, um es, in die Blätter der Espeletia Frailejón eingewickelt, nach Merida hinabzubringen, wo es sich bis zum Montag erhält und auf dem Markte verkauft wird, so dafs man jeden Montag Süfsigkeiten (Dulces) auf Eis essen kann.

Der Gipfel Coluna ist wahrscheinlich der höchste, und soll auch von den Llanos von Zamora aus sichtbar sein, doch trägt er weniger Schnee als die Concha, weil die aufserordentlich schroffen, steil abfallenden Wände denselben nicht zu bewahren vermögen. Dasselbe ist der Fall bei dem Gipfel Toro und auch dem Leon, welche beide nur geringe Schneemassen tragen.

Ich will nun kurz meine Besteigung dieser Schneeberge schildern.

Nachdem ich am Johannistage 1885 in Merida angekommen war, begann ich sofort die Expedition auf die Nevada zu organisieren, wobei mir Herr Salomon Briceño, Kaufmann in Merida, sowie der Besitzer der Posada, der Oberst Don Antonio Ranjel Pacheco, ihre kundige Hilfe gewährten. Es galt, sich für einige Tage mit Lebensmitteln und frischen Maultieren auszurüsten; letztere Aufgabe löste Don Salomon, erstere Don Antonio. Ich erhielt ein gutes gelbes Reit-Maultier und ein erträgliches Lasttier, aufserdem nahmen mein Diener Manuel und ein Führer aus Merida an der Besteigung teil. Leider konnte ich meinen früheren Begleiter auf der Reise nach Santa Barbara, Ramon, nicht auftreiben, da derselbe grade, um Eis zu schlagen, in die Nevada aufgebrochen war. An Lebensmitteln nahmen wir eine sehr beträchtliche Menge mit, da die Dauer des Aufenthaltes in dem Gebirge unbestimmt war. Gewöhnlich pflegt bei derartigen Unternehmungen ein grofses Stück bereits gekochten Fleisches die Hauptrolle zu spielen, dazu treten in zweiter Linie eine Menge von Weifsbroten, sowohl Weizenbrot wie auch Maiskuchen, in dritter Reihe kommen die Dulces, welche gerade in Merida in wahrhaft vorzüglicher Weise zubereitet werden; namentlich sind es die Dulces de Guayaba, welche aus der Frucht des Guayababaumes in Form einer Marmelade und in Gestalt von handbreiten und oft beinahe meterlangen Streifen in den Handel kommen. Daneben sind es zweitens die Quitten, welche in derselben Weise, jedoch meist in kleinen Holzkästchen verkauft werden, dazu treten besonders Käse, meist weiche, körnige, sehr frische, äufserst schmackhafte Hochgebirgskäse, sodann zuweilen Büchsen mit europäischen Konserven, vor allen den unvermeidlichen Sardinen, und der ebenso unumgänglichen Mortadella aus Bologna, einem Fleischpräparat, welches im Anfang wohlschmeckend ist, aber an der Luft leicht verdirbt, und das man sich infolge dessen leicht zuwider ifst.

Ferner giebt es zuweilen auch europäische Würste, salchichones in Büchsen (latas) und sonstige Fleischwaren. An Getränken führt man in der Cordillere von Merida zweierlei Weine, den vino tinto, Rotwein, meist schlechtester Qualität, und vino seco, wörtlich „trockener Wein“, einen schweren süfsen spanischen oder italienischen Wein. Endlich giebt es Bier in der Cordillere und zwar meist solches aus der Brauerei von Deetjen und Schröder in Hamburg, welches allerdings meist recht schlecht, aber doch allenfalls trinkbar ist, namentlich wenn man nach einer längeren Reise in Hitze und Staub nach einer Erfrischung lechzt; denn dieses Bier ist leicht und steigt nicht zu Kopf, erfrischt aber entschieden. Man erhält dasselbe sowohl wie auch das beliebte Norwegian Pale Ale jetzt in allen Städten der Cordillere, ja sogar in abgelegenen Orten, wie z. B. Aricagua, wo man es durchaus nicht erwartet, so dafs Bier unter den Einfuhrartikeln jetzt zweifellos eine grofse Rolle spielt. Natürlich wird auch der Aguardiente de caña, der Landesbranntwein mit ins Gebirge genommen und auch eine Flasche „Ron", Rum, darf nicht fehlen. Alles dies wird in sogenannte Petacas gepackt, darunter man zwei längliche, häufig ovale Kasten versteht, die genau ineinander passen, und aus Holz oder Häuten hergestellt werden. Sie sind in der Cordillere häufig im Gebrauch und werden infolge ihrer gröfseren Anpassungsfähigkeit an den Leib des Maultieres den Koffern vorgezogen.

Um auf die Sierra Nevada de Santa Marta zu gelangen, bedarf es nur einer halben Tagereise; in sechs Stunden, allerdings angestrengtesten Kletterns, kann man das in 3000 m Höhe liegende Hüttchen des Herrn Quintero aus Tabai, in acht Stunden die Pafshöhe unterhalb des Hauptgipfels erreichen, so dafs die Reise nach dem südlich der Nevada liegenden Dorfe Los Nevados nur eine allerdings starke Tagereise erfordert. Don Salomon Briceño hatte mir geraten, am Nachmittag aufzubrechen, um noch abends die am Fufse der Cuesta, d. h. des eigentlichen Aufstieges liegende Hacienda des Señor Dávila zu erreichen, welchen Rat ich denn auch befolgte, um aber in der Folge zu finden, dafs dadurch nur Zeit verschwendet und der Reisende um eine üble Nacht reicher gemacht wird. Denn am folgenden Tage erreicht man auf diese Weise früh am Vormittag bereits das Haus Quintero und der Nachmittag ist daher vorloren, weil man nicht mehr nach den Hochgipfeln aufzubrechen imstande ist. Vielmehr mufs die Reise in der Weise gemacht werden, dafs man mittags gegen 12 Uhr von Merida aufbricht, so dafs man dann spät am Nachmittag an die Hütte Quintero gelangt und gerade noch Zeit hat, für Essen und Einrichtung des Nachtquartiers zu sorgen. Dann vermag man am nächsten Morgen ganz früh ins Hochgebirge aufzubrechen und nachmittags nach dem Hause zurückzukehren.

Infolge des falschen Rates des würdigen Don Salomon kam ich morgens um acht Uhr in der Vega de Quintero an, also zu spät um noch viel vor mich zu bringen und zu früh, um den Tag über auszuruhen. Aufserdem war ich infolge vierstündigen Reitens am Morgen nicht mehr frisch und nur noch halb bei Kräften, so dafs ich denn auch nicht auf die Spitze des Gipfels Concha gelangen konnte.

Am 26. Juni nachmittags brachen wir von Merida auf. Man überschreitet hier den Rio Chama auf einer neuen Holzbrücke und bewegt sich dann eine lange Strecke in südöstlicher Richtung, also thalaufwärts, gegen das Hochgebirge zu, jedoch unter sehr langsamem Steigen. In zwei Stunden gelangt man von der Chamabrücke (1400 m) nur 200 m aufwärts bis zur Hacienda Dávila in 1785 m. Hier verbrachte ich eine recht schlechte Nacht, welche mir aber ganz besonders deshalb höchst unbequem wurde, weil es von Mitternacht an zu regnen begann. Lange Zeit war es trocken gewesen, allein gerade zur Zeit meiner Besteigung der Nevada begann der Regen wieder einzusetzen. Alles troff von Wasser, als wir am folgenden Morgen um 4 Uhr aufbrachen; der Weg war aufserordentlich schlüpfrig und glatt geworden, die Maultiere glitten aus, und häufig gerieten wir in Gefahr, an den Seitenwänden des engen Weges Beine und Füfse zu zerquetschen. Da wir um 4 Uhr abgegangen waren, so hatten wir bereits eine bedeutende Strecke zurückgelegt und eine beträchtliche Höhe erklommen, als die Sonne aufging. Die Aussicht auf das Thal von Merida war daher bereits frei geworden und für die Mühen und Strapazen des Weges entschädigte mich denn auch ein grofsartiger Anblick. Tief unten lag Merida, schachbrettartig auf der Mesa, in der Ferne war Ejido deutlich erkennbar; dazwischen die Haciendas von La Punta und dieses kleine Dorf selbst. Über Ejido hinaus sieht man das Chamathal noch auf eine weite Strecke hin offen daliegen, San Juan und die Gegend von Lagunillas sind noch sichtbar; gegen Osten zu erblickt man das Haciendenumgürtete Dorf Tabai, ferner Cacute, Escaguai und auch noch Mucurubá. Den Ort Mucuchies sieht man nicht mehr.

Dieser Blick auf das gesamte Chamathal ist eine der schönsten Aussichten, welche ich jemals auf irgend einem Punkte des Hochgebirges genossen habe; denn im allgemeinen ist entgegen den Vorstellungen, die man sich von der Aussichtsweite der hohen Ketten der Cordillere macht, der Ausblick meist nur beschränkt und häufig geradezu gering. Am grofsartigsten sind wohl die Aussichten von der nördlichen Randkette, der Culata aus, wie z. B. von dem Páramo del Pan de Azucar und anderen, weil von dort aus der Maracaibo-See und die Ebenen von Zulia erblickt werden können; doch fehlt hier wieder der Einblick nach den inneren Thälern der Cordillere, da fast gleich hohe Gipfel sich südlich vor den Pan de Azucar lagern. Was die Aussicht von der Sierra Nevada aus so fesselnd macht, ist auch nicht die Weite des Gesichtskreises, sondern die grofse Anzahl der bewohnten Ortschaften, gröfseren Städte und Ansiedlungen, namentlich der beiden Städte Merida und Ejido, sowie das fruchtbare und gut angebaute Thal des Rio Chama. Ich kenne nur zwei Aussichtspunkte, die in dieser Beziehung mit dem Blick von der Sierra Nevada herab wetteifern könnten, nämlich den Páramo del Zumbadór im Tachira, von dessen Nordwestseite, dem Aufstieg von Lobatera aus, man einen grofsen Teil des Táchira überblickt, und ferner die Höhe von Las Cruces vor San Antonio del Táchira, von welcher aus man die drei Städte Cúcuta, El Rosario und San Antonio in ihrer eigentümlichen schachbrettartigen Bauart über die Ebene verstreut sieht.

Von der Sierra Nevada aus fällt noch ein Objekt in grofsartigster Weise in die Augen, das ist die hohe Kette nördlich von Merida, die Culatakette, deren gewaltige Páramos 4000—4700 m Höhe erreichen. Diese Kette trug am 27. Juni 1885 früh Schnee, sowohl der Páramo de la Culata, wie auch der Páramo de los Conejos waren in weifse Kappen gekleidet, die über dem hellbraunen Ton der oberen kahlen Teile der Kette und dem Grün der Wiesen ganz besonders scharf hervortraten. Aber nicht allein die nördliche Kette der Cordillère, sondern auch die gesamte Bergwelt am Páramo de Mucuchies und gegen die Sierra de Santo Dómingo hin, kurz alle über 3800 — 4000 m hinausragenden Spitzen trugen Schnee. Unter diesen immerhin nicht alle Tage eintretenden Verhältnissen bot das Hochgebirge eine ganz besondere Anziehung dar.

Allerdings war mir dieser frische Schneefall für meine Besteigungspläne der Hochgipfel durchaus nicht willkommen, und in der That wurde mir denn auch der starke Niederschlag der Nacht zum 27. Juni schon weiter aufwärts, unterhalb der Schneegrenze, insofern sehr lästig, als alle Sträucher und das hohe Gras von Wasser troffen, so dafs die Fufswanderung, welche am Mittag folgte, durchaus nicht erfreulich war.

Von der Hacienda Dávila an bleibt der nackte Abhang der Nevada noch einige Hundert Meter kahl, und erst in etwa 2000 m Höhe beginnt der Wald der Farren- und Cinchonenstufe. Dieser Teil des Weges ist ganz besonders schlecht, da gerade im Walde der Reise noch weit mehr Hindernisse erwachsen als an den kahlen Teilen des Bergabhanges. Denn im Walde stürzen oftmals Bäume quer über den Weg, und da niemand sich der Instandhaltung desselben annimmt, etwa mit Ausnahme der spärlichen Bewohner des Dorfes Los Nevados, die ein Interesse daran haben, die Verbindung mit Merida aufrecht zu erhalten, und des Herrn Quintero, dessen Vieh in der Nevada grast, so kommt es oftmals vor, dafs man sich erst mit dem *machete* den Weg durch die quer über den Weg gestürzten Bäume bahnen mufs. Und auch auf der Sabane weiter oberhalb bieten sich neue Uebelstände dar, insofern der Weg dort auf dem alles überwuchernden Grase häufig so glatt und nafs wird, dafs die

Maultiere nicht vorwärts kommen können. Namentlich im Bergwalde aber finden sich häufig grofse Stufen im Wege, welche durch das herabrinnende Wasser gegraben werden. Man legt Stämme auf die Sohle des Weges, um einen Widerstand gegen die alles abspül den Wasser zu erzeugen. Unmittelbar unterhalb dieser Stämme beginnt das Wasser daher seine Arbeit und legt dieselben bald blofs, so dafs oft meterhohe Stufen und Absätze im Wege entstehen, auf welche die Maultiere nur mit gröfster Mühe hinaufspringen können. Da die Tiere im allgemeinen ganz wohl beurteilen können, ob sie imstande sind, ein solches Hindernis zu nehmen oder nicht, so thut man wohl, abzuwarten, ob sie ohne weiteres hinaufspringen oder resigniert stehen bleiben. Im letzteren Falle ist es vorzuziehen, abzusteigen und das Tier ohne die Last des Reiters das Hindernis nehmen zu lassen, doch geschieht es auch zuweilen, dafs die Maultiere ihrer Kraft zuviel zutrauen und nur mit knapper Not auf eine solche Stufe hinaufgelangen; dabei reifst zuweilen das Sattelzeug, namentlich der Gurt, und man gleitet dann meist rückwärts hinab. Mit dem Satteln und Wiederordnen der Ladung wird dann viel Zeit verbraucht, und derartige Vorkommnisse pflegen sowohl die Reise bedeutend zu verzögern als auch die Tiere zu ermüden. Dazu kommt, dafs eine Anzahl von Maultieren sich in der ungewohnten Kühle nicht wohl fühlen und dann häufig auf das Fressen verzichten, sei es vor Überanstrengung oder infolge Unbehagens in der kalten Luft. Man sieht sie dann fröstelnd und traurig gesenkten Hauptes dastehen und in solchen Fällen, namentlich wenn es noch andauernd regnet, machen sie einen kläglichen Eindruck. Besonders leiden sie beim Uebernachten im Bergwalde, und als wir einst zwischen Pregonero und Rio Bobo im Táchira genötigt waren, hoch oben im Walde in 2000 m Höhe zu übernachten, da kroch mein Maultier so nahe an das Lagerfeuer, dafs es sich seinen prachtvollen langen Schweif verbrannte, so dafs ich fast während der gesamten darauf folgenden Reise, fast dreiviertel Jahre, zu sorgen hatte, um denselben wieder zu seiner früheren Länge zu bringen. Im allgemeinen haben nämlich die Maultiere bis an den Boden herunterhängende Schweife, und zwar läfst man dieselben wohl aus dem Grunde wachsen, weil die Tiere dann besser gewaffnet sind gegen die zahlreichen quälenden Fliegen und Mücken, indem sie mit ihrem Schweife noch weit nach dem Vorderkörper peitschen können, und in der That ist eine solche Erleichterung des Vertreibens der lästigen Feinde so sehr erwünscht, dafs man alle andern Rücksichten dagegen nicht aufkommen läfst. Denn die Maultiere werden in einer Weise von den Mücken gestochen und geplagt, dafs Tiere ohne langen Schweif viel leichter zu Grunde gehen oder wenigstens ermüden als solche, die im Besitz einer derartigen Zierde sind. Denn eine Zierde ist der lange Schweif ohne jeden Zweifel, er verleiht dem Individuum etwas entschieden Majestätisches, Würdevolles, und ich konnte mich, als ich wieder in europäisch-nordamerikanische Kultur zurückversetzt war, im Anfang durchaus nicht an die stark gestutzten Schweife der besseren Reitpferde gewöhnen.

Man wächst auf einer langen Reise derartig mit seinem Reittier in Freude und Leid zusammen, dafs es schliefslich grofse Überwindung kostet, ein fremdes zu besteigen — und doch ist dies nicht zu umgehen, da die Maultiere während einer so langen Reise, wie ich sie zu machen hatte, häufig einmal einer Rast von einer oder mehreren Wochen bedürfen, namentlich wenn sie in eine so zahlreiche Reihe von schwierigsten Gebirgsreisen quer über die Ketten und von schauerlichsten Sumpfwegen gehetzt werden, wie während der Dauer meiner Reise.

So hatte ich auch bei der Besteigung der Sierra Nevada fremde Tiere, und reiste deshalb durchaus nicht mit dem Gefühl der absoluten Sicherheit, welches ich auf meinem eigenen Maultiere empfand, da ich gesehen hatte, dafs dasselbe mich bereits fünf Monate durch Dick und Dünn getragen hatte. Man ist, da man die neu gemieteten Tiere nicht kennt, meist geneigt, dieselben zu unterschätzen und dafür zu halten, dafs sie bei weitem nicht so gut seien wie die eigenen. Und selbst wenn man bald bemerkt, dafs sie nicht von geringerer Qualität sind, so bleibt doch eine Eigenschaft der Maultiere, die man niemals rasch ergründen kann, nämlich die Launenhaftigkeit (mañas). Viele scheuen vor Baumstümpfen, andere vor plötzlich aus dem Gebüsch tretenden Menschen, wieder andere wollen nicht über eine Brücke schreiten. Man sieht sie einen Augenblick mit vorgestreckten Ohren stutzen, oft auch schauen sie den Gegenstand ihres Schreckens mit schief gegen rechts oder links unten geneigtem Kopfe an, machen dann plötzlich kehrt und sausen im Galopp einige Hundert Schritte zurück. Tritt dies auf einem engen Waldweg ein, und reist man, wie auf solchen immer, einer hinter dem andern, so wird auf diese Weise oft die allergröfste Verwirrung angerichtet, und es können ernsthafte Unglücksfälle dadurch herbeigeführt werden.

Doch erwiesen sich bei meinem Aufstieg auf die Nevada die Maultiere allen Anforderungen entsprechend, und wir gelangten daher glücklich aus dem Walde heraus. Die Baumgrenze lag hier in etwa 3000 m, ein grofses Thor sperrte den Weg beim Austritt in die Sabane ab, damit nicht das draufsen weidende Vieh sich im Walde verlöre. Diese Thore sind in der Cordillere allgemein, namentlich aber im Westen. Im Táchira und dem benachbarten Santander findet man ein Thor neben dem anderen, und von einer Wiese auf die andere folgt Thor auf Thor, was sehr lästig und zeitraubend ist. Da man nicht immer absteigen mag, um ein solches Thor zu öffnen, so erlernt man allmählich, dieselben vom Sattel aus zu regieren, was nicht ganz leicht ist, da auch dabei die Maultiere häufig Schwierigkeiten herbeiführen. Kaum hat man mit Mühe das Thor erfaſst, so beginnen die Tiere infolge des Knarrens der sich öffnenden Thür scheu zu werden und machen Miene sich rückwärts zu konzentrieren. Dazu kommt, daſs manche dieser Thore so auſserordentlich massiv, dick und von so schwerem Holze gefertigt sind, daſs es thatsächlich, wenigstens vom Sattel aus, bedeutender Körperkräfte bedarf, um sie zu öffnen. Haben aber die Maultiere erst einmal gesehen, daſs der Reiter in der Erschlieſsung solcher Thore einige Geschicklichkeit erlangt hat, so warten sie geduldig, bis seine Bemühungen von Erfolg gekrönt werden.

Nachdem wir auf die Sabanen-Region hinausgetreten waren, erblickten wir bald über uns die hohen Schneegipfel in blendend weiſsem Lichte, doch umzogen von dunklen Wolken; der frisch gefallene Schnee der vorigen Nacht lieſs sie ganz besonders reich mit Schnee bedeckt erscheinen und hob ihre groſsartigen Häupter doppelt scharf von dem Gewirr der Klippen unter ihnen heraus.

Man durchzieht nun oberhalb der Waldregion die im ganzen Gebirge auf dieselbe folgende Grasstufe, welche meist allmählich gegen die höheren Teile des Gebirges hin in die öden kahlen Hochgebirgsflächen übergeht. Die Sabanenregion an der Sierra Nevada erstreckt sich etwa von 3000 m bis 3800 und 4000 m. Sie wird gebildet aus dicht stehendem Grase und bekleidet wesentlich den Kamm des Gebirges. Die Kämme der Cordillere sind meist breit und massig, weit ausgedehnt und kompakt; an sie schlieſst sich dann der eigentliche Steilabfall, und dieser wird von dem Walde angenommen. Infolge dieser Umstände wird gewöhnlich dort, wo die Sabane beginnt, der Aufstieg weniger steil, und man kann einigermaſsen bequem reiten, nur daſs mit zunehmender Höhe die Luft um so dünner wird und daher die Maultiere dazu zwingt, häufig stehen zu bleiben und zu verschnaufen. Wahrscheinlich ist die Existenz der Sabane auf dem eigentlichen breiten Kamm daraus zu erklären, daſs die über denselben hinstürmenden Winde keinen Waldwuchs mehr aufkommen lassen, und daſs andererseits an den Steilabfällen des Gebirges die Wälder sich ansiedeln können, liegt daran, daſs eben dort die Gewalt des Sturmes durch den Abfall selbst vermindert wird.

Auf dieser mit Blumen und Alpenpflanzen bestandenen Sabane zieht man aufwärts bis etwa 3300 m und verläſst dann den Reitweg, um links seitwärts in das Thal eines von dem Hauptgipfel Concha herabkommenden Baches hinabzusteigen. Man vermag hier nicht mehr zu Pferde zu bleiben, sondern ist genötigt zu Fuſse zu gehen und die Tiere am Zügel zu führen oder besser sich allein zu überlassen. Durch einen niedern Busch von Unterholz und verkrüppelten Stämmen steigt man etwa 200 m abwärts, überschreitet den kleinen Bach und erreicht das Haus des Don Vicente Quintero aus Tabai, wo Rast gemacht wird.

Dieses Haus besteht aus roher Zimmerung einiger Balken und besitzt sehr fadenscheinige Wände und ein ebenso fadenscheiniges Dach. Es liegt in einem ziemlich weiten Wiesenthale, dessen Wiesen sehr gute Weiden für Vieh abgeben, so dafs auch Maultiere hier wenigstens gutes Futter vorfinden. In der That wird denn auch dieses Hochwiesenthal von den Bewohnern des tieferen Landes als Viehweide benutzt, und wir trafen bei unserer Ankunft dort den Besitzer des Viehes selbst, Herrn Vicente Quintero aus Tabai. Wie zu erwarten, war derselbe sehr erstaunt, hier plötzlich einen Deutschen erscheinen zu sehen, und beschlofs denn auch, obwohl er eben erst aus dem Hochgebirge zurückgekehrt war, doch meine Expedition nach dem Gipfel der Concha mitzumachen. Um 8 Uhr waren wir in dem Hause Quintero angelangt, und um $9^1/_2$ Uhr brachen wir bereits nach den Schneebergen auf, um womöglich noch vor Mittag an dieselben zu gelangen. Im Hause liefsen wir meinen Diener Manuel zurück, um für den Nachmittag das Essen zu bereiten, und setzten uns dann in Bewegung.

Der Weg führte zunächst am Bache entlang durch hohes Gras und Buschwald, Unterholz und Gestrüpp; alles troff von Wasser, mooriger Boden umsäumte den Bach, und dieser selbst mufste mehrfach überschritten werden, so dafs ich bald gänzlich durchnäfst war. Nachdem wir auf diese Weise eine Stunde zugebracht, mufsten wir eine gewaltige Felswand erklimmen, welche sich gegen den Picacho de la Concha hinzieht, und von der ein Wildbach in einem etwa 100 m hohen Wasserfalle herabstürzt; einen zweiten höheren sieht man von den obersten Teilen des Gipfels herunterfallen, einem weifsen Schleier vergleichbar.

Oberhalb der Felswand dehnt sich nun in dem Oberlauf des Wildbaches ein weites Hochmoor aus, das nach meinen Beobachtungen in etwa 3670 m Höhe beginnt und sich bis zur Schneegrenze hinaufzieht, also fast bis 4400 m. Auf diesem Hochmoor ist die Wasserfülle, wie überhaupt in den höheren Teilen des Gebirges, ganz kolossal; das Thal gleicht einem Schwamm, überall quillt Wasser, und der Weg, soweit man von einem solchen sprechen kann, ist daher äufserst morastig und schlüpfrig und infolgedessen sehr ermüdend. An einem etwas höher gelegenen Punkte am Beginne eines grofsen Geröllfeldes liefs ich Halt machen und bestimmte die Höhe mittelst Kochthermometers zu 3885 m. Gewaltige Blöcke von Granit und Gneis lagen umher; dieselben scheinen aus dem Gipfel Concha selbst zu stammen.

Von hier aus galt es noch eine beträchtliche Strecke in die Höhe zu klettern, und wir standen am untersten Punkte des Schneefeldes des Gipfels Concha an der Schneegrenze, die hier in fast 4400 m Höhe liegt. Der Gipfel Concha ist, wie schon oben bemerkt, ein karartiger Kessel, dessen schroffe Wände von Granit gebildet werden und dem Schnee im Grunde des Kares das Liegenbleiben ermöglichen. Infolgedessen ist dieser Gipfel der bedeutendste Schneeträger des Gebirges, und es kommt auch zur Eisbildung. Gerade als ich mich an der Schneelinie befand, traf ich die von dem Gipfel zurückkehrenden Merideños, Arbeiter, unter ihnen meinen früheren Führer Ramón, welche mit Eis bepackt bergab wanderten. Ein jeder von ihnen trug etwa 60—70 Pfund Eis, eingewickelt in die Blätter der Espeletia Frailejón.

Leider war der Tag schon so stark vorgeschritten, 1h 30′ p. m., daſs ich es nicht mehr wagen konnte, auf das Eisfeld und nach den Zacken des Gipfels selbst vorzudringen; denn etwa um Mittag pflegt Nebel die hohen Spitzen der Nevada zu umhüllen. Man sagt dann: Der Páramo schlieſst sich, „el páramo se cierra“, und es ist dann nicht länger ratsam, sich oben aufzuhalten. Allerdings war gerade am 27. Juni der Nebel weniger stark als sonst, so daſs ich vielleicht doch noch einige Stunden hätte oben zubringen können, allein die Meridenser Eisschläger rieten mir so energisch davon ab, daſs ich von dem Versuche abstand und den Rückweg antrat, der mich nachmittags 4 Uhr gänzlich durchnäſst in die Hütte zurückbrachte. Ich verbrachte daselbst eine infolge heftigen Zahnwehs recht unangenehme Nacht und fand mich am folgenden Morgen nicht imstande, die Besteigung der Concha zu wiederholen, zumal da es heftig regnete und auf den Gipfeln stark schneite. Ich lieſs daher den Abstieg antreten und brach um 10 Uhr morgens nach Merida auf, wo ich am Nachmittage gegen 2 Uhr glücklich anlangte.

Nicht zufrieden mit den Resultaten dieser Besteigung beschloſs ich eine zweite, dieses Mal auf den Gipfel Coluna gerichtete, auszuführen und setzte dafür den 5. Juli fest. Dieser 5. Juli ist groſser Nationalfesttag in Venezuela, Gedenktag der Unabhängigkeitserklärung, so daſs meine Zurüstungen für diese ernsthafte Expedition grell gegen die allgemeine Jubelfeier abstachen. Obendrein war der 5. Juli ein Sonntag, so daſs meine Abreise doppelt auffiel. Um 12 Uhr mittags brach ich auf und erreichte auch, dieses Mal nach meinem eigenen Plane handelnd, leicht und schnell schon um 4¾ Uhr die Hütte Quintero.

Der Gipfel Coluna liegt etwas westlich des über die Sierra Nevada führenden Passes, und es war daher nötig, von der Hütte Quintero über den Reitweg hinüber nach Westen vorzudringen. Erleichtert werden alle Besteigungen der Nevada de Merida durch den Umstand, daſs der genannte Reitweg, und zwar in einer Höhe von mehr als 4000 m, über das Gebirge hinwegführt. Von der Stelle, wo der Fufsweg von der Hütte Quintero in den Reitweg mündet, hatten wir daher noch eine beträchtliche Strecke auf dem letzteren selbst zurückzulegen und zwar etwa $1^1/_2$ Stunden. Gegen 6 Uhr waren mein Führer Ramón und ich von der Hütte aufgebrochen, und um 7 h 20′ stieg ich in fast 4000 m Höhe vom Pferde; wir kletterten nun unter grofser Mühsal über ein Geröllfeld hinweg, das sich am Fufse des Gipfels Coluna erstreckt, und gelangten etwa um 9 Uhr an den Fufs desselben. Leider trat hier ein sehr heftiges Schneegestöber, das man fast einen Schneesturm nennen konnte, ein und verhinderte die Besteigung des eigentlichen Gipfels. Ob dieselbe überhaupt möglich ist, ist allerdings eine andere Frage; denn der Gipfel Coluna besteht aus ganz aufserordentlich steilen Wänden. Die fast senkrecht stehenden Gneisschichten sind durch das Wasser von obenher zernagt und zersägt, eine Stelle zum bequemen Aufstieg fand ich nicht und mufste mich daher, besonders infolge des Schneesturms, zur Rückkehr entschliefsen; vorher jedoch bestimmte ich mittelst Kochthermometers die Höhe des Fufses des Gipfels Coluna zu 4180 m, wonach der starr aufstrebende Gipfel selbst über 4600 m Höhe erhalten dürfte. Dieser Gipfel Coluna ist in Form einer Säule mit zwei Nebenflügeln gestaltet und mag daher auch seinen Namen, „die Säule“ erhalten haben; er ist, von dem Passe von Aricagua aus gesehen, von ganz eigentümlicher Form, ein ganz schroffer Pic mit geringer Schneemenge. Auch auf der Seite von Merida trägt er wenig Schnee, da die aufserordentlich steilen Wände nicht imstande sind, denselben zu halten. Der Gipfel Coluna soll auch von den Llanos von Zamora aus sichtbar sein.

Nachdem ich noch die Pafshöhe des Reitweges besucht und mich vergeblich bemüht hatte, von dem dahinter liegenden Thale des Rio de la Nuestra Señora und dem Dorfe Los Nevados auch nur eine Spur zu erblicken, kehrte ich nach der Hütte Quintero zurück und brach von dort um 2 h 30 p. m. auf. Auf dem Abstiege herrschte ein so ungemein dichter Nebel, wie ich ihn niemals wieder in Venezuela gefunden habe; es war absolut unmöglich, auch nur zwanzig Schritte vor sich zu sehen, und ich war daher froh, als ich spät, nach 7 Uhr abends, wieder in Merida eintraf.

Bevor ich einen allgemeinen Überblick über die Verhältnisse der Schneebedeckung in der Cordillere gebe, mufs ich noch einer anderen Bergfahrt gedenken, die ich zwischen den beiden Besteigungen der Nevada ausführte, nämlich der Untersuchung des oberen Teiles des Rio Mucujún und der Besteigung des Páramo Pan de Azúcar.

Der Pan de Azúcar gehört geologisch dem Granitknoten von Mucuchies, orographisch der Culatakette an und bildet den nördlichsten Ausläufer des ersteren, den östlichsten der letzteren. Er trägt die Quellen des Rio Mucujún, und da dieser Fluſs bei Merida in den Rio Chama fällt, so ergiebt sich daraus die Route nach dem Pan de Azúcar von selbst. Man hat einfach das Thal des Rio Mucujún von der Mündung bis zur Quelle zu verfolgen und gerät auf diese Weise eo ipso auf den Gipfel des Pan de Azucar. Diese Tour ist weit weniger strapaziös als die Besteigung der Sierra Nevada, da der Aufstieg sich stets im Thale des Flusses Mucujún hält, so daſs man halb parallel der eigentlichen Hauptkette ganz allmählich auf die höchsten Höhen gelangt, ohne die Notwendigkeit, einen steilen Abhang hinanklettern zu müssen, wie bei der Sierra Nevada.

Ich brach am 2. Juli mit dem Sohne meines Gastwirtes, des Don Antonio Ranjel Pacheco, auf und lieſs diesmal Manuel zu Hause, damit er sich für die folgende Nevada-Besteigung erhole. Statt seiner begleitete mich Estéban Gavídia, gewöhnlich San Estéban genannt, der frühere langjährige Diener des Herrn Prof. A. Goering, meines Vorgängers in der Cordillere. Leider war San Estéban seit der Zeit Goerings, also etwa seit 10 Jahren, etwas stumpf geworden, und man behauptete auch, daſs er trinke; in der That hatte ich keinen angenehmen Eindruck von ihm, denn er war mir allzu geschwätzig, eine Eigenschaft, die ich an Dienern und Führern am allerwenigsten leiden konnte. Wir haben daher, obwohl ich gern die Dienste San Estébans noch länger ausgenutzt hätte, da er in der ganzen Gegend jeden Baum und jeden Stein kannte, doch aus obigen Gründen nur diesen einzigen Ausflug zusammen gemacht.

Von Merida aufwärts durchzieht man auf dem Wege nach dem Thale des Mucujún zuerst die Vorstadt Milla und steigt langsam und fast unmerklich auf der Mesa de Merida empor.

Von der Mesa de Merida klettert man dann ganz steil hinab in das Fluſsbett des Mucujún und reitet nun immer im Thale dieses Flusses aufwärts, so daſs man allmählich die verschiedenen Höhenstufen der Vegetation durchmacht. Im allgemeinen ist das Thal des Rio Mucujún öde und sehr wenig bewohnt; Herr Salomon Briceño besaſs dort früher eine Hacienda, El Pantano, am rechten Ufer des Flusses gelegen, allein dieselbe steht unbenutzt, und weitere Gebäude von irgendwelcher Bedeutung habe ich nicht dort gefunden. Ein paar Hütten am Eingang des Thales sind alles, was der Aufzeichnung wert wäre. Doch weidet viel Vieh im Thale des Mucujún, und die Wiesen, Weiden und Moräste der Sierra Nevada wiederholen sich auch hier.

Am Nachmittag kamen wir in dem Hause des Herrn Luis Quintero an und erlebten hier eine grofse Enttäuschung. Genannter Herrhatte uns mit dem bekannten Phrasenreichtum eingeladen, bei ihm abzusteigen, allein alles, was uns dreien vorgesetzt wurde, waren zwei Eier und zwei Tassen Kaffee. Da wir kaum etwas Mundvorrat mitgenommen hatten, so war diese Mahlzeit denn doch etwas ärmlich.

Am folgenden Morgen 5 Uhr bestiegen wir die Maultiere bei Mondlicht und sehr grofser Kälte; es waren nur $5^{1}/_{2}$ ° C., so dafs wir vor Frost klapperten. Im Thale des Mucujún führte der Weg ununterbrochen aufwärts; wir passierten die letzten unbewohnten Ansiedlungen und traten um 7 Uhr in die Frailejón-Region, also höher als 3000 m ein; der Charakter des Thales bleibt meist derselbe, weite Wiesengründe, umgeben von grauen, düstern, frostigen, nicht besonders hoch über die Thalsohle hervorragenden Bergen. Um 10 Uhr erreichten wir die letzten Höhen des Gebirges, hinter denen die Cordillere steil zum Maracaibo-See abstürzt. Diese höchsten Teile derselben sind aufserordentlich öde; man sieht weiter nichts als kahle runde Gipfel, bedeckt mit Frailejón, hie und da liegt noch ein geringer Rest von Schnee, und kleine Lagunen sind in den Thalgründen eingebettet. Die hohen Gipfel sind hier sämtlich nur um kaum 100 m über die Thalsohle erhaben. Den Pan de Azúcar hatte ich mir ganz anders vorgestellt; anstatt eines spitzen schroffen Kegels, worauf schon der Name hindeutet, fand ich einen flachen, gebuckelten, schildartigen, runden Gipfel, auf dessen Spitze ein gewaltiger Granitklotz lag, hinter welchem ich, vor dem stürmischen Winde Schutz suchend, kauerte, um meine Kochthermometer-Spirituslampe anzünden zu können.

Leider aber gelang mir dies nicht, und ich mufste daher meine Beobachtungen am Fufs des gebuckelten Gipfels machen, die für die Höhe des Pan de Azúcar 4640 m ergaben, also eine Höhe, die der Sierra Nevada de Merida nichts nachgiebt und über deren bedeutende Gröfse ich noch jetzt erstaunt bin.

Leider war die Aussicht von dem Pan de Azúcar eine nur beschränkte, indem gerade der schönere Ausblick auf den Maracaibo-See und die Zulia-Ebene nur zum Teil frei war. Ungeheure Nebelmassen wogten unten am Abhange der Cordilleren und liefsen nur auf Augenblicke einmal das Auge die weit im Hintergrunde leuchtende Fläche des Maracaibo-Sees oder die düsteren, gelbgesprenkelten Wälder des Zulia erschauen. Bei freier Aussicht mufs der Pan de Azúcar einen weiten Kreis der Ufer des Sees und der nördlichen Züge der Cordillere erschliefsen, da er gerade am Angelpunkte derselben liegt, dort, wo die Cordillere von Mendoza beginnt nordwärts zu streichen, so dafs er sich im Scheitel eines spitzen Winkels erhebt.

Grofsartig war dagegen der Eindruck, den man im Süden und Südosten gegen das Innere der Cordillere zu erhielt; die Sierra Nevada de Santo Domingo und die Sierra Nevada de Merida glänzten im Schneekleide, eine ungeheure Menge von hohen Gipfeln des Berglandes von Mucuchies, meist dem Pan de Azúcar wenig nachgebend, starrten im Südosten auf, und weithin bis zum Páramo de Molino im Südwesten reichte der Blick. Man behauptet, dafs bei klarem Wetter auch das Gebirge von Escuque und Betijoque, sowie die Häfen von La Ceiba und Moporo am Maracaibo-See deutlich sichtbar sein sollen.

Über den Pan de Azúcar führt ein Weg nach Torondoi am gleichnamigen Flusse, der in den See von Maracaibo fällt; dieser Weg setzt sich gegen SSW. bis zur Stadt Mucuchies fort.

Der Pan de Azúcar trug nur einen ganz geringen Schneefleck, und dies ist um so eigentümlicher, als die Höhe des Berges derjenigen der Sierra Nevada und der Sierra de Santo Domingo gleichkommt, so dafs man erwarten sollte, bereits mehrere Hundert Meter unterhalb des Gipfels die ewige Schneedecke beginnen zu sehen, und um so mehr, als gerade die nördliche Kette der Culata und des Pan de Azúcar den Niederschlägen mehr ausgesetzt ist als die mittlere der Sierra Nevada, indem der NO.-Passat seine gesamte Feuchtigkeit zunächst doch am Nordrande der Cordillere absetzt und auch die Westwinde der Regenzeit zuerst auf den Nordwest-Abhang derselben treffen.

Wenn dennoch in der Cordillere so grofse Verschiedenheiten in der Begrenzung der Schneelinie bestehen, so mufs dies wohl in lokalen Umständen begründet sein, und als solche bieten sich denn in der That die orographischen Eigenheiten der betreffenden in Frage kommenden Gebirgszüge dar. Der Pan de Azúcar hat einen flachen, runden, schildförmigen Gipfel, und keinerlei schroffe Felsgrate bilden überhängende Wände. Während einerseits nun allerdings auf dem Pan de Azúcar der Schnee gleichsam eingeladen wird zum Liegenbleiben auf der ebenen Fläche des Gipfels, so hat andererseits die Sonne doch Gelegenheit, den Schnee rasch wieder zu schmelzen, und keine überhängende Felswand schützt ihn vor den Sonnenstrahlen. Dagegen finden wir auf dem Gipfel Concha der Sierra Nevada, dafs gerade die schroffen Felsgrate in dem zwischen ihnen liegenden Kessel die Funktion von Schattenspendern ausüben, dadurch die Sonnenstrahlen abhalten oder ihnen wenigstens nur um die Mittagszeit erlauben, in den Kessel hinein zu gelangen, und auf diese Weise den Schnee konservieren. Auch ist der Gesteinscharakter ein anderer, und aus ihm erklärt sich eben die gröfsere oder geringere Neigung der Formen zu schroffen steilen Abstürzen oder zu runden flachen Gipfeln. Der Granit des Pan de Azúcar ist im allgemeinen von gleichartiger, gleichmäſsig körniger Zusammensetzung, so daſs beim Zerfallen und bei der Einwirkung der Erosion das Gestein in eine Reihe von groſsen Blöcken auseinanderfällt, die dann später in Quarzfragmente aufgelöst werden. Dagegen befinden sich in dem Granit der Concha eine groſse Menge langer, kolossaler Glimmertafeln, welche dem gesamten Gestein die Neigung zur Absonderung in scharfe nebeneinander herlaufende Grate und Bänke geben, und auch bei den übrigen Gipfeln der Sierra Nevada zeigt sich der Glimmerschiefer und Gneis derartig geschichtet und aufgerichtet, daſs die steilen Schichtenköpfe die höchsten Punkte der Gipfel bilden, so daſs das Gestein in eine Reihe scharfer Schichten aufgelöst wird, zwischen denen das Schneewasser eindringt, gefriert und dabei das Gefüge der Schichten stark lockert, so daſs allmählich Grat neben Grat entsteht. In den Zwischenräumen der einzelnen Schichten bleibt der Schnee liegen, und wo mehrere nebeneinander aufgelockert und ausgebröckelt sind, entsteht eine Nische, ein Kar, welches, wie überall, so auch hier, zur Aufnahme des Schnees am geeignetsten ist.

Es scheint, daſs auch die Sierra de Santo Domingo, welche in der östlichen Verlängerung der Nevada liegt, ungefähr dieselbe Höhe haben mag und ebenfalls ewigen Schnee trägt, aus ähnlichen Gesteinen wie die Sierra Nevada besteht.

Im allgemeinen liegt die Schneegrenze in der Sierra Nevada de Merida ziemlich niedrig, stimmt aber mit der Sierra Nevada de Santa Marta in Colombia überein; bei beiden beträgt die Höhe der Schneelinie etwa 4400 m. Wenn man damit allerdings die Höhe derselben in dem übrigen Amerika vergleicht, so ergiebt sich, daſs sie fast in allen Teilen Südamerikas verhältnismäſsig viel höher liegt. Dies zeigt sich namentlich in Bolivia, wo unter 14—18° S. B. die Schneelinie im Osten der Anden in 4850 m, im Westen gar in 5630 m Höhe liegt, während wir hier in Merida unter 8—9° nur 4400 m für die Höhe der Schneegrenze fanden. In Nord-Chile liegt sie unter 28° gar noch 5500 bis 4300 m hoch, und ebenfalls finden wir, daſs sie in Mexico auch nur bis 4500 m herabgeht, obwohl die hohen Berge dieses Landes um 10° nördlicher gelegen sind, als die Cordillere von Merida.

Auch in Abyssinien reicht sie unter 15° nur bis 4300 m Höhe hinab, und im Thianschan, Kwenlun und den übrigen Gebirgen Centralasiens zeigt sich die Erscheinung, daſs die Schneelinie unter 41° N. B. ebenso hoch liegt als unter 8—9° in der Cordillere von Merida.

Betrachten wir aber die genannten Länder näher, so finden wir, daſs sie alle, namentlich Centralasien und die Westküste von Bolivia und Chile, ein auſserordentlich trockenes Klima besitzen, und im Gegensatze dazu sehen wir denn auch, dafs in der Cordillere ganz besonders viele Niederschläge fallen, dafs das westliche Venezuela ein regenreiches Land ist, und daher dürfen wir uns denn auch nicht wundern, dafs die Schneegrenze hier verhältnismäfsig tief hinabreicht.

Nach der Aussage glaubwürdiger Personen soll der Schnee in der Culatakette häufig in nur 3600—3800 m liegen bleiben, sowohl in der kühleren Trockenzeit, November bis März, als auch in der feuchten Regenzeit, im Hochsommer, Juli, August. In der That fand ich am 8. Juli 1885 beim Übergang über den 4120 m hohen Pafs von Mucuchies Schnee etwa bis Piedra Gorda, d. h. bis 3800 m herab liegen.

Elftes Kapitel.

Santander.[1])

Die äufsersten westlichen Landschaften der Cordillere, der Táchira und das sogenannte Territorio Armisticio, grenzen an den colombianischen Staat Santander, welchem ich hier ein eigenes Kapitel widmen will. Dieser Staat bildet einen Teil des östlichen Colombia und dehnt sich im Gebiete der colombianischen Cordillera oriental zu beiden Seiten des Hauptzuges derselben vom Magdalena nach dem Rio Táchira und den Llanos am oberen Arauca aus. Seinen Charakter empfängt er daher durch die gebirgigen Landstriche, welche ihn fast ausschliefslich zusammensetzen, so dafs man den Staat Santander als einen echten Gebirgsstaat bezeichnen kann. Seinen Namen hat er von dem ersten Präsidenten der Republik Colombia, dem General Santander (1831), dessen Familie früher aufserordentlich grofse Haciendas am Rio Táchira besafs, namentlich bei San Faustino an der Grenze gegen Venezuela.

Santander ist infolge seiner orographischen Anordnung in zwei Teile geschieden, einen westlichen und einen östlichen. Der westliche öffnet sich zum Rio Magdalena und besitzt die Hauptstadt des ganzen Staates, Socorro, sowie die grofse Handelsstadt Bucaramanga, ferner die Städte Ocaña und Velez. Der östliche Teil öffnet sich zum Rio Zulia-Catatumbo und gehört daher dem Gebiete des Maracaibo-Sees an; in ihm liegen die grofsen Städte Cúcuta und Pamplona. Infolge dieser Zweiteilung ist auch der Handel des Staates Santander auf zwei Auswege angewiesen. Die Städte des Westens senden ihre Produkte nach dem Thale des Rio Magdalena hinunter und befördern sie dann auf Dampfschiffen nach Barranquilla, dem Handelscentrum für fast ganz Colombia, aufser Panamá und Ost-Santander. Die Städte des Ostens aber erreichen mit ihren Produkten besser die auf venezolanischem Gebiete liegende Stadt Mara-

---

[1]) Siehe darüber auch A. Hettner, Reisen in den columbischen Anden. Leipzig 1888.

caibo, indem sie die Waren von Cúcuta aus auf einer kleinen Eisenbahn nach dem Puerto Villamizár am Rio Zulia, von dort per Dampfer den Rio Zulia-Catatumbo hinab verschiffen.

Auf diese Weise entsteht zwischen Pamplona und Bucaramanga-Ocaña-Velez eine Scheide, die denn auch im allgemeinen wenig bewohnt und sehr unkultiviert ist und durch die hohen Páramos der Centralkette eingenommen wird.

Ich selbst kenne nur das östlichste Santander im Osten dieser Páramos; meine westlichsten Punkte sind Pamplona, Cucutilla und Salazar gewesen, die ich von Cúcuta aus auf einer kleinen Rundreise im Mai 1885 erreichte.

Damals befand sich Colombia in einer der schwersten Krisen, die dieses unglückliche Land seit langer Zeit zu bestehen gehabt hat. Der Präsident Nuñez, welcher von der liberalen Partei gewählt worden war, ging plötzlich zu den Konservativen über, und es lehnten sich nun seine eigenen früheren Parteigenossen gegen ihn auf. Die Revolution begann gleichzeitig an mehreren Punkten im Lande und zwar besonders in den Staaten Santander, Cauca, Bolívar; der eigentliche Anlafs aber war die Kassierung liberaler Wahlen im Staate Santander, welche der Regierung unbequem waren.

Der eigentliche militärische Führer der Revolution war der General Camargo, der politische: Gaitan. Die Liberalen machten im Anfang Fortschritte und nahmen einen grofsen Teil des nördlichen Colombia ein; namentlich hielten sie die Küsten besetzt und hatten ihr Hauptquartier in Barranquilla aufgeschlagen. Da sie jedoch nicht genügend organisiert waren und vor allem nur ungenügende Mittel zur Fortführung des Kampfes besafsen, so wurden sie zu Anfang des Jahres 1885 in Santander und dem Cauca, zu Mitte und gegen Ende 1885 im Staate Bolívar geschlagen, vermochten es nicht, die Stadt Cartegena einzunehmen, und verloren Barranquilla.

In Santander erlosch gerade um die Zeit meiner Anwesenheit an der Grenze die Bewegung, und die Liberalen wurden gezwungen, aufser Landes zu gehen. Schon Ende April hatte ich die Absicht, Santander zu bereisen, allein es wurde mir allgemein abgeraten, mich in unnötige Gefahr zu begeben. Dennoch wollte ich wenigstens die Stadt Cúcuta kennen lernen und setzte denn auch meine Absicht durch.

Als ich am 24. April von Capacho aus die gewöhnliche Strafse vom Táchira nach Santander hinabzog, kamen Nachrichten, dafs die Liberalen ihre letzte Niederlage an dem Cerro Tasajero erlitten hätten. Dieser Cerro Tasajero erhebt sich im Nordosten von Cúcuta zu einigen Hundert

Metern über der Ebene und besitzt einen vollständig freien Blick auf das umliegende Land und eine entschieden herrschende Stellung. Dort hatten sich die Reste der liberalen Partei verschanzt und glaubten sich vollständig in Sicherheit. Allein am 23. April früh wurden sie von den Konservativen unter dem Schutze dichten Nebels überfallen und unter Zurücklassung einer Anzahl von Toten zersprengt.

Eine eigentümliche Sitte zeigte sich bald darauf. Während die Toten der liberalen Partei auf dem Tasajero unbeerdigt liegen gelassen wurden und dort die Luft verpesteten, brachte man die Gefallenen der konservativen Partei nach Cúcuta und zwar einen derselben, den Sohn einer angesehenen Familie, zu Pferde. Der Tote saſs zu Pferde, eingewickelt in ein Fahnentuch, und hinter ihm ein Mann, der ihn hielt. So gelangte der Zug nach Cúcuta.

Diese Episode wurde mir brühwarm aufgetischt, als ich am Tage darauf, am 25. April, in Cúcuta eintraf. Um mein gutes Maultier nicht zu exponieren, da die Gefahr nahe lag, daſs dasselbe von den Colombianern als gute Prise weggenommen werden würde, bestieg ich mein gewöhnliches Lastpferd und gelangte auf diesem, dessen Wert äuſserst gering war, glücklich nach Cúcuta, wo ich im Hause der Herren Minlos Breuer & Co. freundliche Aufnahme fand und auf diese Weise plötzlich in eine deutsche Kolonie versetzt wurde. Leider war nur die Stimmung in Cúcuta äuſserst gedrückt, da die Nachricht der Schlacht am Tasajero noch alle Herzen umfing und manche Familie in Trauer versetzt hatte, zumal da die deutschen Häuser gerade wesentlich mit den Radikalen Geschäfte machten, weil dieselben gröſsere Kenntnisse und ausgebreitetere Besitzungen besaſsen, als die Konservativen, deren Stern bis 1885 andauernd im Niedergang gewesen war. Doch gab es noch einen Kegelabend, ein Genuſs, auf welchen ich gewiſs nicht gerechnet hatte, und wie überall, wo Deutsche im Auslande zusammenkommen, so erfolgte auch hier bald eine solenne Skatpartie. Am folgenden Morgen, einem Sonntag, ritt ich mit Herrn Hesselmann, dem Chef des Cúcutahauses der Firma Minlos Breuer, nach den sogenannten Cerros Colorados an der El Vado genannten Stelle am Rio Pamplonita, wo Professor A. Goering im Jahre 1876 ein vollständiges Megatheriumskelett ausgegraben hatte. Für die Art der Bevölkerung ist das Verfahren bezeichnend, das Herr Hesselmann anwandte, um die Leute zur Erinnerung an die Ausgrabungen zu bringen. Er fragte nicht etwa gleich, ob Goering hier vor Jahren ein Skelett ausgegraben hätte — denn dann würden die Angeredeten infolge der plötzlichen Frage vor den Kopf geschlagen gewesen sein —, sondern er lieſs zunächst etwas Getränk bringen, sprach über Gleichgültiges, über die Kinder der Frau, bei welcher wir abgestiegen waren u. s. w. Endlich nach einiger Zeit kam er auf Umwegen auf unser Thema, und nach abermaligen zehn Minuten erinnerte sich denn auch die Frau, dafs sie eine andere Frau kenne, die ihrerseits wieder den betreffenden Mann gekannt habe, auf dessen Besitzung die „huesos de gigante", „Riesenknochen", ausgegraben worden seien. Nachdem wir diese Auskunft erhalten hatten, schieden wir von der Frau, ohne weitere Nachforschungen nach dem betreffenden Manne anzustellen; denn da ich infolge der Kriegsgefahr meinen Aufenthalt in Cúcuta einstweilen noch hinausgeschoben hatte, so waren wir sicher, dafs sich im Laufe der Zeit bis zu meiner Wiederkehr die Sache unter der Bevölkerung herumsprechen würde, und in der That täuschten wir uns darin nicht; denn als ich nach einem Monat wieder nach Cúcuta zurückkehrte, warteten bereits die Interessenten auf mich, und bei meiner Ankunft in der betreffenden Hacienda El Vado waren Ausgraber und Knechte bereit, und die Arbeit konnte sofort beginnen. Ich will nur gleich bemerken, dafs ich im Laufe eines Tages eine grofse Menge fossiler Knochen des Megatherium fand und auf einem Esel nach Cúcuta schaffen liefs, von wo sie in Kisten gepackt nach Deutschland abgingen. Leider aber zerbröckelten sie fast vollständig, so dafs ich kein Resultat damit erzielen konnte, was mir um so weher that, als Goering seinerzeit eine beträchtliche Summe für die gut erhaltenen Skeletteile erzielt hatte.

Mein Aufenthalt in Cúcuta konnte jedoch einstweilen nur von kurzer Dauer sein, da ich noch nicht im Lande reisen konnte, und die Häupter der konservativen Partei selbst abrieten, nach Pamplona zu gehen. Daher brach ich bald wieder aus Cúcuta auf und gelangte glücklich wieder über die Grenze nach San Antonio, wo Verwundete in Menge lagen. Überhaupt war die ganze Grenze überfüllt mit colombianischen Flüchtlingen oder Ausgewiesenen, und auch in Ureña wohnte ich bei einer sehr feinen und gastfreundlichen liberalen Familie aus Cúcuta, Ramirez, die hier und später im Sommer in Capacho lebte, um die Wogen der Reaction sich erst wieder ein wenig verlaufen zu lassen.

Zum zweitenmal kam ich Anfang Mai von Süden her nach Cúcuta. Ich hatte nämlich in dem colombianischen Grenzdorf Las Planadas am oberen Rio Táchira auf einer alten indianischen Begräbnisstelle Ausgrabungen veranstaltet, die denn auch von Erfolg begleitet waren. Am oberen Táchira liegt auf einer Schotterterrasse in beträchtlicher Höhe das kleine Dorf Las Planadas, dessen Gründung erst in die neueste Zeit fällt. Doch mufs seit alter Zeit hier eine Indianeransiedlung gewesen sein, da beträchtliche Mengen von Schädeln an der Ostseite des hohen Sandsteinberges, der sich über Las Planadas erhebt, zwischen Steinen versteckt lagen. Dieser Cerro, den ich Cerro de los Indios genannt habe, da er keinen bestimmten Namen führt, besteht aus Quarzsandstein und ist ein gewaltiger Klotz mit einer Plattform oben darauf. Hier haben zwischen den wild und wüst umherliegenden Sandsteinblöcken die Indianer ihre Toten bestattet; man scheint dieselben entweder zwischen die grofsen Blöcke hineingebettet, oder, was wahrscheinlicher ist, diese letzteren vor das Grab gewälzt zu haben. Jedenfalls fanden sich nun dort Skelettreste, einige Topfscherben und augenscheinlich Reste von Lebensmitteln, wie Vogelknochen etc., die wohl in die thönernen Schalen hineingelegt worden sind, um den Toten für den Weg ins Jenseits als Reisevorrat zu dienen. Auch rohe Schmucksachen, Halsbänder aus Carneol, fanden sich daselbst, deren Arbeit keine besonders hohe Kulturstufe der Indianerbevölkerung des Táchira verrät. Der Cerro de los Indios blickt mit seiner hauptsächlichsten Stirnseite gegen Osten, und die Toten sind denn auch der aufgehenden Sonne entgegen gebettet worden. Man hat von dem Cerro de los Indios sowie auch von dem Dorfe Las Planadas eine recht hübsche Aussicht auf die gewaltigen Sandsteinwände, sarkophagähnliche Klötze und Massive, welche sich gegen den Páramo de Tamá auftürmen und entschieden dazu beitragen, dem oberen Thale des Rio Táchira einen wilden Anstrich zu geben.

Von Las Planadas aus zog ich immer am linken Ufer des Rio Táchira abwärts nach Cúcuta zu und trat gegen Nachmittag in das heifse sterile Land der Ebene vor Rosario ein, deren Hitze meine durch den Aufenthalt im kühlen Gebirge verwöhnten Glieder anstrengte. Kaum waren wir in das Hügelland von Rosario hineingeritten, als uns auch bereits ein Zollwächter anhielt und uns bis zur Stadt Cúcuta begleitete, wo meine Koffer und Kisten trotz aller Gegenmafsregeln meinerseits und der mir zur Hilfe eilenden Herren des Hauses Minlos Breuer in der Aduana, dem Zollhause, niedergelegt und eingeschlossen wurden. Es war auch nicht möglich, dieselben noch am Abend herauszubekommen, und die traurige Folge davon war, dafs ich nicht einmal einen anständigen Anzug besafs, um abends ohne Anstofs im Klub erscheinen zu können. Nicht einmal Stiefel besafs ich, da ich die letzten im Táchira neu gekauften, gänzlich unbrauchbaren Stiefeletten auf dem Cerro de los Indios an dem scharfen Geröllе zerrissen hatte. Es blieb mir nichts übrig, als den Abend aus dem Klub fern zu bleiben; endlich gelang es dann am folgenden Morgen, die Koffer aus der Aduana zu erlösen.

Dieses Mal fand ich die Stadt Cúcuta sehr verändert; an Stelle des toten oder ausgestorbenen Platzes mit verschlossenen Fensterläden, anstatt der niedergedrückten, traurigen, angstvollen Bevölkerung fand ich Leben überall, freudige Stimmung, vergnügte Gesichter, Festlichkeiten. Der Grund dieser Verwandlung war die plötzliche Ankunft von 1200 Mann

Regierungstruppen unter den Befehlen des Señor Quintero Calderón, eines Grofsgrundbesitzers aus Boyacá. Calderón, ein freundlicher, aber energischer und allgemein als von besonderer Gerechtigkeit erfüllt bekannter Mann, herrschte seit acht Tagen in Cúcuta und übte dort um so unumschränktere Gewalt aus, als er freie Hand von der Regierung erhalten hatte. Er stand unmittelbar unter dem Präsidenten oder ersetzte die Präsidialgewalt völlig; sein militärischer Beirat war der General Lesmes. Die Offiziere, welche in Cúcuta lagen und oft bei Minlos Breuer und van Dyssel-Thies & Co. frühstückten oder zu Mittag afsen, machten einen angenehmen, gebildeten Eindruck und waren zum Teil auch in Europa gewesen. Auch die Truppen sahen gut aus, erschienen wohl diszipliniert und blieben meist in Reih und Glied, wenn sie auf die Wache zogen, welches letztere Schauspiel ich in Venezuela selten gesehen hatte. Wenn es einmal zum Kriege zwischen Venezuela und Colombia kommen sollte — und man sprach 1885 und 1886 mehrfach davon —, so zweifle ich sehr, wer die Oberhand gewinnen wird. Das venezolanische Militär ist nur gering an Zahl, aber diese 1200 Mann colombianischer Nationaltruppen, d. h. unmittelbar der Centralgewalt unterstellten Truppen, repräsentierten eine wirklich kriegerische disziplinierte Macht.

Einen grofsen Teil des Tages hindurch wurden Übungen abgehalten, und die Wache wechselte stets in gröfster Ordnung. An einem Sonntage zu Mitte Mai fand auch eine gröfsere Parade auf der Plaza de Cúcuta statt, wobei andauernd Kanonen gelöst wurden.

Der gröfsere Teil der Truppen zog bald nach dem Hafen Villamizar am Rio Zulia ab, um die Reste der Liberalen, die nach Venezuela hinübergetreten waren, an der eventuellen Rückkehr zu hindern. Allein der Aufenthalt in der heifsen Tieflandsniederung bekam den Soldaten recht übel; Offiziere und Mannschaften bekamen das Fieber, einige starben, und der Rest mufste schleunigst abgelöst werden.

Es war überhaupt damals keine gesunde Zeit in Cúcuta. Alle Welt bekam das Fieber, mein Wirt, Herr Hesselmann, ferner der Provisor der deutschen Apotheke, Herr Bergter aus Altenburg, und ich selbst wurde krank, als ich auf der Reise nach dem Puerto Villamizar befindlich war, und konnte nur mit Mühe wieder nach Cúcuta zurückkommen, wo ich jedoch sehr schnell genas. Eine aus San Cristóbal eben angekommene venezolanische Familie erkrankte mit sämtlichen Mitgliedern, bis auf die Dienstboten. Man schob diese üblen Erscheinungen auf die grofse Hitze, welche damals in Cúcuta herrschte, und die vom Puerto Villamizar heraufkommenden Winde. Letzteren Umstand halte ich allerdings für den bedenklicheren, denn die ungeheure Vegetation, welche den Hafen von San Buenaventura oder Villamizar umgiebt, erzeugt viele Miasmen, und das Klima der Landstriche am Rio Zulia ist anerkanntermaſsen ungesund und fieberreich. Wenn die Nordwinde diese Miasmen und schlechten Dünste von dem Hafen nach Cúcuta heraufbringen, so wird auch dort der Krankheitsstoff eingeschleppt, und dies pflegt alle Jahre mehreremal zu geschehen. Im allgemeinen glaube ich jedoch nicht, daſs das Klima von Cúcuta schlecht zu nennen ist, wenngleich die Hitze sehr bedeutend ist und noch durch die Öde und Sterilität des Bodens, auf welchem die Stadt steht, vermehrt wird.

San José de Cúcuta liegt am linken Ufer des Rio Pamplonita am Fuſse kahler, nur mit spärlichen Cactus, Dornen und Mimosen besetzter Hügel, die steil zur Stadt hinabstürzen. Sie bestehen aus Sandstein, Mergel und Thon mit Eisenbändern, sind auſserordentlich wasserlos und sehr stark verwittert und dehnen sich westlich bis zum Rio Zulia aus. Auf ihnen liegen nur ein paar Hütten und weiden nur einige Ziegen; der äuſserste westliche Abhang trägt das Dorf Urimaco. Von den Höhen oberhalb Cúcuta genieſst man eine prachtvolle Aussicht auf die Stadt, welche seit 1876 ganz neu aufgebaut worden ist.

Denn leider ist an den Namen Cúcutas eine der schrecklichsten Katastrophen geknüpft, welche die Geschichte Südamerikas kennt. Am 18. Mai 1875 zerstörte ein furchtbares Erdbeben Stadt und Umgebung völlig.

Im allgemeinen sind Erdstöſse in der Cordillere nichts Seltenes, doch scheinen sie häufiger im Gebiete der jüngeren Formationen vorzukommen, als in den alten centralen Gebirgsstöcken. Dies zeigte sich auch wieder bei dem Erdbeben von Cúcuta, welches auch in den Táchira in Venezuela hinübergriff. Nachdem der Anfang des Monats Mai 1875 ganz besonders groſse Hitze und Schwüle gebracht hatte, erfolgte am 18. Mai vormittags $11^1/_4$ Uhr ein auſserordentlich starkes Erdbeben, welches binnen wenigen Minuten die Stadt vollkommen in Trümmer legte. Augenzeugen berichten, daſs die Uhr der Kathedrale 11 Uhr 20 Minuten gezeigt habe, bevor der Turm zusammenstürzte. Es war dies gerade die Frühstückszeit, so daſs die meisten Familien in den Häusern versammelt waren, wodurch der Verlust an Menschenleben meiner Ansicht nach noch vergröſsert worden ist. Es erfolgten zunächst mehrere wellenförmige Bewegungen des Bodens, und Personen wurden mehrfach niedergeworfen, nachdem sie sich kaum wieder erhoben hatten. Herr Ed. Meier, ein Deutscher, welcher die Katastrophe miterlebt hatte, erzählte mir, daſs er im Hofraum seines Hauses zwischen der Küche und einer Wand eingeklemmt gewesen und nur mit Mühe gerettet worden sei. Die gänzliche Zerstörung führt man allgemein auf einen vertikalen und zugleich drehenden Stofs zurück, der alles durcheinander geworfen hatte. Der Anblick der verwüsteten Stadt mufs ein grauenhafter gewesen sein; man erklärte mir, dafs keine Mauer von ½ m Höhe stehen geblieben sei, was wohl übertrieben ist. Indessen scheint thatsächlich kein Haus der eigentlichen Stadt dem Schicksal der Zerstörung entgangen zu sein, da mir Herr Riedel, der deutsche Konsul in Cúcuta, versicherte, dafs nur noch die Flaggenstange in seinem Hofe den in den Strafsen obdachlos Umherirrenden zur Orientierung gedient habe; im übrigen soll es unmöglich gewesen sein, den Platz der einzelnen Häuser oder gar der Strafsenecken zu erkennen.

Aus der zusammengestürzten Stadt erhob sich eine ungeheure Staubwolke, und als dieselbe sich verzogen hatte, bot sich das Bild des Jammers, welches bei allen grofsen Erdbeben mehr oder weniger dasselbe zu sein scheint. Der Verlust an Menschenleben wird sehr verschieden angegeben und schwankt zwischen 2000 und 6000 Seelen. Nimmt man an, dafs Cúcuta damals 10 000 Einwohner gehabt hat, so würde die niedrigste Ziffer, 2000 Tote, bereits nicht weniger als 20 %, gleich einem Fünftel der Bewohnerschaft, ergeben, was schon eine absolut und relativ sehr hohe Zahl wäre. Schlimmer noch als der Umstand, dafs alles Eigentum unter dem Schutt der Stadt begraben lag, war die Thatsache, dafs ganz aufserordentlich viel gestohlen wurde. Es bildeten sich geradezu Räuberbanden in der Umgebung, die in die Trümmer Cúcutas einfielen und nach Herzenslust raubten und stahlen. Eine ganze Reihe von jetzt wohlhabenden Leuten in Cúcuta wurden mir namhaft gemacht, von denen behauptet wird, dafs sie ihren jetzigen Wohlstand dem Raube bei Gelegenheit des Erdbebens verdankten.

Die Bevölkerung Cúcutas rettete sich teils nach der benachbarten Vega, wo sie bis 1876 lebte, teils nach Venezuela. Allein hier im Táchira fand sie auch nur Unglück und Elend vor, denn auch der Táchira war durch das Erdbeben sehr heftig in Mitleidenschaft gezogen worden. Nicht allein dafs die Städte Rosario und San Antonio vollständig zerstört wurden, auch die Gegend von San Cristóbal war schwer geschädigt worden. Capacho lag vollständig in Trümmern; Lobatera, Michelena, Colón, Ureña, Borotá und Táriba waren zum Teil, San Cristóbal zur Hälfte vernichtet. In letzterer Stadt waren zwei Kirchen im südlicheren enggebauten Stadtteile, darunter die von San Juan Bautista, und eine grofse Reihe von Strafsen zerstört worden. Der nördliche und nordöstliche Teil der Stadt San Cristóbal, die weitläufiger gebaute Hälfte, kam besser davon. Auch im Osten von San Cristóbal, in La Grita, Tovar, Merida, wurde der Stofs gespürt, richtete jedoch keinen Schaden an. Im Westen Cúcutas wurde

Salazar de las Palmas noch stark beschädigt, in Ocaña stürzte der Turm der Kirche ein, in Pamplona wurde wenig Unheil gestiftet; jenseits Pamplona fühlte man zwar den Stofs, jedoch nur schwach.

Infolgedessen ergiebt sich, dafs das Erdbeben auf die jüngeren Formationen beschränkt geblieben ist, während die älteren kaum litten. Bei Pamplona im Westen und La Grita im Osten beginnt das alte Grundgebirge der Cordillere, und man findet nun, dafs die im Gebiete desselben liegenden Städte fast gar nicht gelitten haben. Man darf also annehmen, dafs das Erdbeben von Cúcuta eine lokale Erscheinung in den jungen Sedimentärformationen, der Kreide und dem Tertiär gewesen ist, und zwar mufs es von der grofsen Senke zwischen den Gebirgen Colombias und Venezuelas, der Scharte von Cúcuta, ausgegangen sein, da die in dieser liegenden Städte Cúcuta, Rosario und San Antonio vollständig vernichtet worden sind; von dieser Spalte aus nimmt die Intensität des Erdbebens gegen Westen und Osten zu ab. Wahrscheinlich müssen noch jetzt Schwankungen in der Lage der einzelnen Schichten unter dieser Senke stattfinden, die an der Oberfläche als heftige Erdbeben zu spüren sind; ihr Grund liegt in dem steilen Zusammenschub der Cordillere des Táchira. Mit vulkanischen Ausbrüchen haben die Erdbeben der Cordillere dagegen durchaus nichts zu thun; denn vulkanische Gesteine giebt es in derselben überhaupt gar nicht. Die Richtung des Stofses soll, wie allgemein angegeben wird, von Nordwest gegen Südost verlaufen sein; und dies stimmt ganz wohl überein mit der wahrscheinlichen Aufrichtung des Gebirges, die auch wohl von Nordwest gegen Südost vor sich gegangen sein mag. Wenigstens streichen die meisten Bergzüge und hohen Ketten der Cordillere von Südwest nach Nordost, dürften also in der Richtung NW.-SO. zusammengeschoben sein.

Ob Schallerscheinungen bei dem Erdbeben wahrgenommen wurden, vermag ich nicht zu sagen; es ist mir von keiner Seite darüber eine Bemerkung gemacht worden, doch mag es sein, dafs das etwaige unterirdische Getöse in dem Lärm der zusammenstürzenden Stadt ungehört verhallte. In der Nähe von San Cristóbal befindet sich der Páramo del Zumbador an der Grenze der alten Schiefer gegen das jüngere Sandstein- und Kalksteingebirge; dieser Berg hat seinen Namen „der Sauser“ von den unterirdischen Geräuschen, die man zuweilen von ihm ausgehen hört (S. S. 133).

Im Jahre 1883 von August bis November war unterirdisches Getöse in West-Venezuela und Ost-Colombia an der Tagesordnung; es sollen damals aus Pamplona und anderen Orten Truppen ausgerückt sein, in der Ansicht, dafs eine Revolution ausgebrochen und Kleingewehrfeuer hörbar sei. Man brachte diese Geräusche später mit dem Ausbruch des Vulkans Krakatau in der Sundastraſse in Zusammenhang (!), der am 27. August seinen Ausbruch hatte, etwa gerade an demselben Tage, wo man das unterirdische Grollen im Táchira und Colombia zuerst hörte.

Nachdem die Cucuteños sich von dem ersten Schrecken erholt hatten, beschlossen sie, die Stadt wieder aufzubauen, und begannen denn auch im Jahre 1876 mit der Wiederherstellung derselben. Entgegen zuerst gehegten Plänen wurde Cúcuta an derselben Stelle oder doch nur ein wenig weiter vom Flusse entfernt, gegen die Berge zu, wieder erbaut. Noch heute passiert man mitten in der Stadt auf dem Wege von San Cristóbal her die Ruinen. Es ist gar nicht unmöglich, daſs sich dieser Leichtsinn einst strafen wird; denn die Gegend der Senke von Cúcuta ist ohne Zweifel in unaufhörlicher Erdbebengefahr. Die Stadt Rosário ist ebenfalls etwas aufwärts von ihrer früheren Stelle wieder errichtet worden, allein sie sowohl wie auch Cúcuta haben sich von dem Schlage noch nicht wieder erholt.

Zwar ist die neue Stadt Cúcuta ohne Zweifel sehr viel schöner, geräumiger und namentlich auch in gesundheitlicher Beziehung sehr viel zweckmäſsiger wiedererstanden; allein der innere Wohlstand, welcher Cúcuta vor dem Erdbeben zu einer der reichsten Städte Colombias machte, hat denn doch beträchtlich gelitten, und die schlechten Zeiten, Handelskrisen, namentlich der sinkende Kaffeepreis, haben den Reichtum nicht sobald wieder aufkommen lassen. Sodann trat die schwere Revolution ein, und erst neuerdings mögen die Verhältnisse gebessert worden sein, doch höre ich aus Privatbriefen, daſs 1886 auſsergewöhnlich schwere Fieber die Gegend von Cúcuta und den Táchira heimgesucht haben, daſs sogar das gelbe Fieber dort von Maracaibo her eingedrungen ist, alles Momente, welche auf den Handel nur einen schädigenden Einfluſs ausüben konnten.

Wie sehr die Revolution den Wohlstand untergraben hat, geht aus der einen Thatsache hervor, daſs allein die Eisenbahngesellschaft infolge der Einstellung der Arbeiten und der Beschädigung des Materials 10 000 Fuertes = 40 000 Mark eingebüſst hat. Die Kaufleute waren nicht mehr imstande, ihre Rimessen von den Gutsbesitzern und kleinen Kaufleuten des Innern zu erheben, das Land wurde ausgesogen, das Vieh für Kriegszwecke konsumiert, und wenn man bedenkt, wie sehr groſse Kredite viele Häuser im Innern ausstehen hatten, so kann man die damalige Niedergeschlagenheit der Kaufmannschaft wohl würdigen. Es ist sogar vorgekommen, daſs Warenballen für Barrikadenbauten benutzt werden sollten. Die Pferde und Maultiere muſsten versteckt werden, viele wurden von den Weiden gestohlen, und als ich am Ende meines Aufenthalts in Cúcuta ein Lasttier kaufte, wurde allgemein behauptet, dafs dasselbe gestohlen sei. Ein Deutscher aus Tunja in Boyacá, Herr Wiedemann, flüchtete damals mit einem gröfseren Trupp wertvoller Pferde und Maultiere nach der Cordillere Venezuelas und verkaufte dieselben dort unter beträchtlichen Verlusten. Dafs sehr wertvolle Tiere darunter waren, beweist das Faktum, dafs ein Herr in Merida von Herrn Wiedemann ein schönes Reitpferd für 1000 Fuertes = 4000 Mark kaufte, welches er dem damaligen Präsidenten der Republik, General Crespo, schenkte.

Über das Vorgehen der Revolutionsparteien hörte ich ganz eigentümliche Geschichten, die ich jedoch unterdrücke, da ich sie nicht verbürgen kann. Nur eine will ich anführen, da ich selbst Augenzeuge davon war. Die Eisenbahn, welche von Cúcuta nach dem Hafen Villamizar hinunterführt, besitzt in den Personenwagen an der Decke mehrere Farben, Rot, Grün, Blau, Gelb, welche in Kreisform zusammengestellt sind, so dafs jede einen Quadranten bildet. Da nun die Farbe der Konservativen blau ist, so hatten die Liberalen diese ihnen verhafste Farbe herausgeschnitten, und als dann die Konservativen ans Ruder kamen, nahmen sie ihrerseits die gelbe Farbe der Liberalen aus der Deckenverzierung heraus. Als ich dann später in der Eisenbahn fuhr, besafs der Wagen nur noch die rote und grüne Farbe; die beiden anderen fehlten. Auf eine so kindische Weise betrieb man das Kriegführen.

Der gröfste Übelstand der Revolutionen in diesen Ländern ist eben der, dafs man sich nicht begnügt, eine Partei zu schlagen, sondern dafs man sucht, deren Wohlstand zu vernichten. Gewöhnlich ist der Schaden an Eigentum aufserordentlich grofs, der Verlust an Menschenleben nur gering. Felder, Haciendas und Industrieanlagen werden zerstört, das Vieh getötet oder auf noch raffiniertere Weise unbrauchbar gemacht. Einem Besitzer wertvoller Zuchtesel, die zur Erzeugung der feinen Maultiere verwandt werden und beträchtliche Summen kosten, tötete man seine Esel nicht, sondern kastrirte sie; doch kamen auch politische Morde vor, und im Juni 1885 wiederhallte die ganze Gegend von einem Schrei des Entsetzens über den Mord einer ganzen Familie im Orte Arboledas: man verwundete den Vater, tötete die Mutter, sämtliche Kinder und sogar das Neugeborene der während des Mordanfalls niedergekommenen Frau. Zum Glück wurden die Verbrecher gefafst, und obwohl die Todesstrafe abgeschafft war, so wurde dieses Mal ein Exempel statuiert und die vier Mörder an vier verschiedenen Orten des Staates Santander gehängt. Leider herrscht unter dem Deckmantel der in einer Republik angeblich notwendigen Humanität grofse Lauheit in der Bestrafung schwerer Verbrecher. Zehn Jahre Zuchthaus waren für Mord die höchste Strafe, und dabei brauchten die Bestraften nur auf die nächste Revolution zu warten, um schleunigst wieder aus dem Zuchthause befreit zu werden, wie z. B. in Pamplona im Jahre 1885.

Auch die Bevölkerung selbst ist von unglaublicher Langmut gegen Verbrecher, und namentlich die Frauen bemitleiden die armen Unglücklichen. Im Táchira und in Cúcuta trieb lange Zeit ein gewisser Morales sein Wesen und brachte es schliefslich dahin, sechzehn Mordthaten auf dem Gewissen zu haben. Als er endlich gefafst und mit Handschellen gefesselt in Cúcuta eingebracht wurde, jammerten die Frauen über die unmenschliche Behandlung, die dem „armen Kerl“ „pobrecito“ zu teil werde.

Unter solchen Umständen ist es nur freudig zu begrüfsen, dafs der Präsident Nuñez endlich einmal die lächerlichen Humanitätsschwärmereien beiseite liefs und die schärfsten Mafsregeln gegen diese Rotte von Verbrechern anwandte.

Die Stadt Cúcuta mag heute etwa 10 000—12 000 Einwohner besitzen, welche ihre Zeit wesentlich dem Handel widmen. Cúcuta ist nach dem Erdbeben in schöner und wohlgefälliger Weise wieder aufgebaut worden. Namentlich legte man grofses Gewicht auf die Verbreiterung der Strafsen, damit bei einem etwaigen zweiten Erdbeben der Verlust an Menschenleben nicht so grofs sei wie bei dem ersten. Die Häuser stehen nun so weit auseinander, dafs selbst wenn sie von beiden Seiten auf die Strafse zusammenfallen, doch in der Mitte noch Raum für die Bewohner bleibt, so dafs die Gefahr des Erschlagenwerdens vermindert wird. Leider sind namentlich die Frauen bei Erdstöfsen gänzlich unzurechnungsfähig. Anstatt möglichst weit von dem Hause fortzueilen, werfen sie sich auf den Fufssteig unmittelbar vor dem Hause nieder und flehen um „Misericordia“. Wenn sie dann durch die niederfallenden Wände erschlagen werden, so hilft alle Barmherzigkeit nichts mehr.

Ganz besonders geräumig, weit und grofs ist der Marktplatz von Cúcuta, auf welchem sich bei Erdbebengefahr leicht die ganze Bewohnerschaft wird lagern können. Dieser Markt bietet morgens ein sehr belebtes Bild dar. Schon ganz früh, wenn die ersten Schläge der Betglocke zur Frühmesse ertönen, beginnt dort der Verkauf von Milch, und den ganzen Vormittag hindurch setzt sich der bedeutende Markt fort. Im übrigen besitzt Cúcuta weder alte grofsartige Gebäude aus der spanischen Zeit, noch auch irgendwelche erwähnenswerte Neubauten. Was aber ganz besonders angenehm auffällt, ist die Sauberkeit der Häuser, die eben sämtlich nur zwölf Jahre alt sind. Am Ausgang der Stadt finden sich auch hier, wie in allen grofsen Städten des nördlichen Südamerika, Quartiere mit kleinen häfslichen Hütten, in denen die arme Bevölkerung haust.

Eine besondere Zierde der Stadt bildet die grofse steinerne Brücke über den Rio Pamplonita, die am Eingange der Stadt von San Cristóbal aus und auch von Pamplona her sich erhebt.

Diese Brücke ist mit grofsen Kosten erbaut worden und war zu meiner Zeit noch nicht ganz fertig. Ein Brückenzoll suchte die Mittel für den Ausbau des letzten Bogens zu beschaffen. Ehe aber an die Fertigstellung desselben gegangen werden konnte, hat ein schweres Hochwasser im nassen Sommer 1886 die grofse schöne Brücke hinweggerissen. Der Wiederaufbau dürfte sehr grofse Kosten beanspruchen und viele Jahre dauern.

Der Rio Pamplonita ist ein nicht sehr tiefer Flufs, führt jedoch zur Regenzeit gewaltige Wassermassen, da er aus den Paramos um Pamplona entspringt, welche niederschlagsreich sind. Doch ist er gleichzeitig von dem gröfsten Segen für Cúcuta und seine Bewohner, da an seinen Ufern wundervolle Vegetation, grofse Kakaopflanzungen und kultiviertes Terrain aller Art liegen. Für den Kaffeebau ist das Klima von Cúcuta schon zu heifs, allein der Kakao gedeiht in den feuchtwarmen Auen am Ufer des Flusses ganz ausgezeichnet. Mit Herrn Hesselmann besuchte ich die Kakaopflanzungen oberhalb der Vega am linken Ufer des Pamplonita und konnte mich hier in die grofartigste Vegetation versenken, während das rechte Ufer, welches den Weg nach Los Vados und Pamplona trägt, trocken, öde und steril ist. Die Passierung des Flusses machte hier einige Schwierigkeiten, da die Furth nur wenig gangbar war, allein die prachtvollen Vegetationsbilder entschädigten für die gehabte Mühsal. Doch kann man auch unmittelbar bei Cúcuta solche grofsartige Vegetation finden, worüber ich sehr erstaunt war, da ich bereits vierzehn Tage in Cúcuta gelebt hatte, ohne davon zu erfahren, bis ich endlich von mehreren Deutschen aufgefordert wurde, meine durch ein kleines Fieber etwas steif gewordenen Gelenke durch einen Nachmittagsritt wieder aufzufrischen. Unmittelbar am Ausgang der Stadt gegen Osten zu befinden sich diese Auen, die in einem sehr grofsen Kontrast stehen zu den öden, kahlen, schattenlosen, trockenen, verwitterten Hügeln des Westens.

Das erwähnte Fieber belästigte mich, als ich einen Ausflug nach dem Puerto Villamizár machte. Bis zum Orte Agua Blanca, etwa vier Leguas von Cúcuta, mufste man im Mai 1885 noch die Fahrstrafse benutzen, dann erst begann die Eisenbahn. Diese Eisenbahn verbindet Cúcuta mit dem Hafen San Buenaventura, oder, wie er neuerdings genannt worden ist, Villamizár. Es hat sehr lange Zeit, viel Geld, grofse Mühe und auch Menschenleben gekostet, diese Bahn zustande zu bringen. Zunächst bildeten die morastigen Urwälder nahe dem Hafen grofse Hindernisse, indem einerseits oft die bereits fertiggestellten Brücken über kleine Wasserläufe in den morastigen Grund einsanken, andererseits infolge des ungesunden Klimas zahlreiche Arbeiter starben. Als dann glücklich die Schwierigkeiten des sumpfigen Tieflandes überwunden waren, warfen schwere Regen die Bauten über den Haufen, und mit grofsen Kosten mufste zum Teil von vorne angefangen werden. Darauf trat die Revolution ein, die Arbeiten an der noch fehlenden Strecke Agua Blanca-Cúcuta mufsten wegen der allgemeinen Unsicherheit und des Mangels an Arbeitern und Geld eingestellt werden; während der Revolutionszeit verfielen die Vorarbeiten wieder und mufsten erneuert werden, und so kam es, dafs die Bahn erst im Januar 1887 eingeweiht worden ist. Dieselbe durchzieht von Cúcuta aus zunächst das niedere Hügelland und fällt von dieser Stadt bis Agua Blanca etwa 150 m auf vier Leguas = 20 km, sodann auf die übrige Strecke von Agua Blanca bis Puerto Villamizar 200 m auf sieben Leguas = 35 km. Von Cúcuta bis Agua Blanca benutzte ich noch die sterile, staubige, öde Fahrstrafse, auf der jedoch viel Leben und Frachtverkehr herrscht; dann führt die Bahn über die Stationen Alto Viento, Uripaya, Jaira nach dem Hafen, an welchem meist die Flufsdampfer liegen, welche vom Maracaibo-See heraufkommen. Die Vegetation zwischen Agua Blanca und dem Puerto Villamizar ist überaus grofsartig; namentlich finden sich sehr viele Palmen zu beiden Seiten der Bahn im feuchten Walde, besonders Fächerpalmen, doch auch eine grofse Anzahl anderer Palmenarten; dagegen fehlen Kokospalmen, die nur an der Küste gedeihen, und ebenso die Palma real (Chaguaramas), welche ich im Westen Venezuelas und in Santander nirgends gefunden habe. Das Entzücken über die üppige wuchernde Vegetation, die man vom Fenster der schnellfahrenden Waggons aus an sich vorübergleiten lassen kann, wurde bald durch einen Fieberanfall getrübt, so dafs ich im Puerto Villamizár in einer ekelhaften Kneipe schlief, anstatt mir den Hafen anzusehen. Mit Mühe kehrte ich abends nach Cúcuta zurück.

Die Dampfer fahren vom Puerto Villamizár bis an die Boca de Catatumbo und laden hier ihre Waren auf die Dampfer des Maracaibo-Sees um. Zur Trockenzeit führt der Rio Zulia jedoch häufig so wenig Wasser, dafs die Dampfer nur bis Encontradas, am Zusammenflufs der Rios Catatumbo und Zulia, hinaufkommen können. Man mufs dann von Encontradas die Reise flufsaufwärts in einem kleinen Boote zurücklegen, was nicht gerade zu den Annehmlichkeiten gehört und viele Tage in Anspruch nehmen kann. Immerhin ist es aber eine Verbesserung gegen früher, als man die ganze Flufsreise in einem Boote zurücklegen mufste, wobei z. B. 1874 Herr Ed. Meier, wenn ich nicht irre, mehr als einen Monat zugebracht hat. Denn die Dampfschiffahrt auf dem Rio Catatumbo-Zulia ist erst neueren Datums.

Nachdem sich zu Anfang Mai die Aufregung im Lande gelegt hatte und das Reisen sicher geworden war, brach ich zu einer kleinen Rundreise im Staate Santander auf, deren Zweck die Erreichung des alten Urgebirges in den Paramos von Pamplona war. Es bot sich mir die gute Gelegenheit, einen Deutschen aus Cúcuta zu begleiten, welcher nach Beendigung der Revolution die Beziehungen zu den Geschäftsfreunden des Hauses Minlos Breuer & Co. selbst wieder anknüpfen wollte. Es war der leider kürzlich verstorbene Herr Federico Minlos, damals jung verheiratet und Besitzer einer liebenswürdigen Frau, in deren Hause ich recht angenehme Stunden verbracht habe.

Wir verliefsen Cúcuta am 12. Mai früh 5 Uhr und zogen der grofsen Strafse nach, die von Cúcuta in das Innere des Landes, zunächst nach Pamplona, dann weiter nach Túnja und Bogotá führt. Dieselbe windet sich in dem engen Thale des Rio Pamplonita aufwärts, der etwa drei Stunden oberhalb von Cúcuta bei La Regadera anfängt sein Thal zu verengen, indem er hier durch die Randketten hindurchbricht.

Der Weg führte hier an den steilen Felswänden in Form wirklicher Treppenstufen aufwärts, welche sehr schlecht zu passieren waren und selbst den sicheren Maultieren Schwierigkeiten machten, zumal da sie durch herabrinnendes Wasser und starke Bekleidung mit Moos schlüpfrig geworden waren.

Das Thal des Rio Pamplonita ist nur wenig bewohnt; wirkliche Ortschaften trifft man auf dem ganzen Wege Cúcuta-Pamplona überhaupt nicht, sondern nur einzelne Gruppen von Hütten und eine gröfsere Ansiedlung Doña Juana, in deren Nähe im Jahre 1876 die Liberalen einen entscheidenden Sieg über die Konservativen davongetragen hatten. Hier zweigt sich der Weg nach einem ziemlich hoch liegenden Dorfe, Chinácota, ab. Wenn auch das Thal des Rio Pamplonita ziemlich wenig belebt ist, so findet man doch andauernd Zuckerrohrpflanzungen und Wirtshäuser, von denen namentlich gegen Pamplona zu eine ganze Reihe, Tescua, Teja, Apartaderos, Mochilas, liegen, weil der Verkehr zwischen Pamplona und Cúcuta zu Friedenszeiten grofs ist und der Weg kaum in einer Tagereise zurückgelegt werden kann, so dafs Übernachten die Regel ist. Dennoch machten wir die Reise in einem Tage, da das Wirtshaus La Teja infolge des Krieges geschlossen worden und das von Las Mochilas ungenügend verproviantiert war. Trotzdem wir gegen Dunkelwerden in Mochilas ankamen, setzten wir doch die Reise fort und hatten grofse Mühe, in der stockfinsteren Nacht durch das enge Felsenthal des oberen Rio Pamplonita den Weg zu finden; dennoch gelangten wir glücklich abends um 9 Uhr nach Pamplona und fanden die Stadt vollständig ausgestorben. Denn einerseits geht man in den kalten Gebirgsstädten sehr früh zur Ruhe, andererseits war vor ein paar Tagen ein junger Mann in einem Laden erstochen worden, und die Bevölkerung getraute sich des Abends nicht mehr auf die Strafse. Nach grofser Mühe gelang es uns endlich, Misia Carmelita, die Wirtin des Gasthauses „El Soto", herauszutrommeln, welche uns bald ein Abendessen spärlichster Art zurecht machte, während mein Maultier die Rosenstöcke im Garten abfrafs, da es unmöglich war, für dasselbe noch Futter zu beschaffen.

Pamplona liegt 2290 m über dem Meere in einem kesselartigen Gebirgsthal, das auf allen Seiten von hohen Páramos umgeben wird. Die Temperatur von Pamplona ist daher recht viel geringer als die von Cúcuta, und wir spürten diesen Unterschied ganz gewaltig. Während man in Cúcuta zur Mittagszeit 30—34° C. findet, bringt es Pamplona nur auf 18°. Dennoch kennt man daselbst keine Glasfenster oder Kamine, obwohl häufig im Januar und Dezember sehr niedrige Temperaturen vorkommen. Infolgedessen gelang es uns auch erst nach Überdeckung mit zahlreichen Wolldecken im Bette warm zu werden, während man in Cúcuta froh ist, keinerlei Bedeckung über sich zu spüren.

Die Stadt Pamplona ist alt, ehrwürdig, Sitz eines Bischofs und Hauptherd der klerikalen Bestrebungen in Santander; sie besitzt daher mehrere Kirchen, unter denen die von Santa Clara und de la Nuestra Señora del Carmen die bedeutendsten sind. Eine von ihnen hat romanische Architektonik, und auch ein altes Kloster besitzt noch einige Spuren guten Stiles. Da man im allgemeinen im Lande durchaus keine architektonisch interessanten Kirchen findet, sondern immer wieder denselben langweiligen Jesuiten- und Dominikanerstil, so berührt es angenehm, einmal wieder auf einige alte interessante Gebäude zu treffen.

Pamplona hatte in der Revolution ebenfalls gelitten, obwohl es der siegreichen Partei angehörte; doch war namentlich infolge der allgemeinen Stockung des Handels gänzlicher Mangel an Verkehr eingetreten, und Herr Minlos wurde allgemein freudig begrüfst als erster Bote des wiederbeginnenden Geschäfts.

In der Stadt lag eine beträchtliche Garnison, unter der während meiner Anwesenheit die Blattern (viruela) und Dysenterie oder rote Ruhr (pujas) ausbrachen. Pamplona besitzt aufser dem Handel mit den Produkten des Hochgebirges, Weizen, Gerste, Kartoffeln, Vieh, und einigen Minen auch etwas Industrie; denn einmal sind es die Zündholzfabriken, welche der Stadt eine gute Einnahme bringen und deren „fosforos" allen übrigen weit vorzuziehen sind; dann aber besonders die Bierbrauereien. Eine derselben besuchten Herr Minlos und ich und liefsen uns das Produkt wohl schmecken. In der That ist das Bier von Pamplona äufserst leicht, stark kohlensäurehaltig, sehr erfrischend und wohlschmeckend, zudem aufserordentlich viel billiger als das eingeführte, so dafs ich, wenn ich beide Sorten fand, die „cerveza pamplonesa“ stets vorzog.

Die Flasche kostet in Pamplona selbst nur 60 Pfennige, $1^1/_2$ Reales, während man das eingeführte Bier meist nicht unter $2^1/_2$ Reales (1 Mark) erhält. In grofsen Kellereien waren ungeheure Mengen von Flaschen aufgestapelt, von denen ich besonders bedauerte, dafs ich sie nicht mit nach der Cordillere von Merida nehmen konnte, da sie in der That äuferst erfrischend und angenehm wirken.

Pamplona stellte sich mir als eine aufserordentlich tote, leere, öde Stadt dar, in welcher nur wenige Menschen zu sehen waren. Allerdings trägt ja der Hochgebirgscharakter stets dazu bei, einer Stadt einen stilleren Charakter zu geben, und auch die Menschen sind geräuschloser und verschlossener als im Tieflande. Der Kontrast gegen das lärmende, unruhige, ewig bewegliche Volk von Cúcuta und die von glühender Sonne übergossene Stadt war sehr grofs.

Am 15. Mai trennten wir uns; Herr Minlos begab sich wieder nach Cúcuta zurück und erreichte dasselbe noch am Abend, eine starke Leistung, die nur noch durch unseren Herritt thalaufwärts übertroffen wurde. Fast ununterbrochen waren wir vierzehn Stunden im Sattel gewesen, von 5 Uhr früh bis 9 Uhr abends; davon gingen nur eine Stunde Rast zur Frühstückszeit und eine nachmittags zwischen drei und vier Uhr ab, eine bedeutende Anstrengung, die selbst die reitgewohnten Colombianer erstaunte.

Ich selbst versenkte mich in die Páramos bei Pamplona und zog auf einem gänzlich öden, unbewohnten Wege nach den Quellflüssen des Rio Zulia, dem Rio Sulasquilla und Rio Cucutilla hinüber, an welchem letzteren das elende Dorf Cucutilla liegt. Der Weg sollte angeblich unsicher sein, und man behauptete, dafs noch vor wenigen Tagen ein Reiter überfallen und ausgeraubt worden sei, allein es geschah uns nichts, und wir konnten unbelästigt am Nachmittag unsere müden Glieder in einem Wirtshaus an der Heerstrafse niederlegen, in welchem die wenige Tage vorher durchgezogenen Truppen alles rattenkahl aufgegessen hatten, so dafs wir mit ein paar Eiern und der traurigen Yuca, einer Speise, an die ich mich niemals habe gewöhnen können, vorlieb nehmen mufsten. Diese Gebirge ähneln in jeder Beziehung den älteren Teilen der Cordillere von Merida und stehen ihr auch in geologischer Beziehung sehr nahe. Es sind waldbedeckte Höhenzüge mit tiefen Erosionsschluchten der Flüsse, über die zahlreiche Brücken, eine sehr angenehme Erscheinung und Verbesserung gegenüber Venezuela, geschlagen sind. Diese Brücken sind meist gut gearbeitete Holzbrücken mit Überdeckung in Gestalt eines vollkommenen Daches; zuweilen wird ein Brückenzoll erhoben, den man gern erlegt, da man auf diese Weise den lästigen und häufig geradezu gefährlichen Übergängen über angeschwollene Flüsse entgehen kann.

Die Thäler des Gebirges von Cucutilla und der darauf folgenden sauberen Ortschaft Arboledas sind ganz besonders frisch und grün, ein angenehmer Gegensatz gegen die kahlen und öden Gebirgsthäler der westlichsten Teile der Cordillere von Merida. Auch an Groſsartigkeit übertreffen sie letztere; ein interessanteres und romantischeres Thal als das des oberen Rio Pamplonita von Las Mochilas bis Pamplona trifft man in der Cordillere von Merida in gleichen Höhen gewiſs nicht.

Erst wenn man den Rio Salazar und den Ort Salazar erreicht, wird man wieder an die Landschaften des Táchira erinnert; Salazar liegt auf einer Schotterterrasse am linken Ufer des Flusses etwa 60 m über demselben; auch hier überspannt eine Brücke den Rio Salazar. Die Stadt heiſst eigentlich Salazar de las Palmas, doch fand ich gerade dort weniger Palmen als anderswo, wie denn überhaupt diese Beinamen häufig sehr wenig zu dem Charakter der Städte, Dörfer oder auch einzelner Örtlichkeiten stimmen. So findet man oft Punkte, die La Laguna, La Laguneta heiſsen, ohne daſs eine Spur einer Wasseransammlung dort anzutreffen wäre. An anderen, die El Tabacal, El Papayal etc. heiſsen, findet man alle möglichen Pflanzen, aber gerade diejenigen, nach denen der Ort genannt ist, nicht.

Salazar ist berüchtigt wegen seiner vielen Skorpione, die auch sonst überhaupt nicht gerade selten sind und sich besonders gern zwischen Kehrichthaufen, Scherben und unter Steinen, auch in schmutziger Wäsche aufhalten.

Nachdem ich mich schon bei der Reise von Las Mochilas nach Pamplona darüber beklagt hatte, in stockfinstrer Nacht haben reisen zu müssen, wurden wir nochmals, am 16. Mai, in ein derartiges Abenteuer verstrickt, welches leicht unangenehm für uns hätte ablaufen können. Schuld daran trug die Gewohnheit der Bevölkerung, die Entfernung nach einem bestimmten Orte, die man zu wissen wünscht, zu gering anzugeben. So auch dieses Mal. Ich wollte nach Santiago, und man sagte mir, daſs die Entfernung 3 leguas betrüge, so daſs ich um 3 Uhr aufbrach, um gegen 6 Uhr in Santiago anzulangen. Allein die Entfernung betrug nicht 3, sondern $4^1/_2$ leguas, und infolgedessen brach bald die Nacht über uns herein. Es war eine Nacht ohne Mondlicht, auch fing es leise an zu regnen, alles war trübe, grau, schwarz, und zum Überflusse traten wir gerade jetzt in einen Wald ein, während uns ein solcher zur Mittagszeit lieber gewesen wäre. Die Situation war durchaus nicht angenehm. Zur Linken hatten wir den schäumenden donnernden Rio Pedro Alonso, der hier durch einen Querriegel im Gebirge bricht, zur Rechten die Bergwand. Dabei war der Weg nur schmal und schlecht, und weder die Maultiere noch mein Diener kannten ihn. Wir waren daher genötigt, auf den Spürsinn der Maultiere zu vertrauen; ich ritt voraus, mein Diener auf dem Lasttier hinterher, und in der That führte mein Maultier uns recht gut. Nur einmal blieb es plötzlich stehen, und als wir, um uns zu orientieren, Schwefelhölzer anzündeten, fanden wir, daſs der Weg eine scharfe Wendung bergaufwärts machte, so daſs wir, wenn das Maultier nicht stillgestanden wäre, in den vor uns strömenden Fluſs geraten wären. Endlich um acht Uhr anstatt um sechs Uhr trafen wir in Santiago, einem kleinen Dorfe am rechten Ufer des Rio Pedro Alonso, ein.

Am folgenden Tage beendete ich meine Reisen in Santander durch einen scharfen Ritt von Santiago nach Cúcuta über den Rio Zulia. Das Gebirge wird unterhalb von Santiago durch den Rio Pedro Alonso nochmals durchbrochen, wobei es einige gefährliche Stellen unmittelbar über dem Flusse zu passieren giebt. Dann erreicht man eine weite sterile Ebene und endlich den Rio Zulia, der auch in der Trockenzeit nur mit Böten überschritten werden kann. Man bewerkstelligt dies in derselben Weise wie in den Llanos, indem man Menschen und Gepäck in das meist ziemlich morsche Boot packt und die Tiere hinten an dasselbe anbindet. So gelangten auch wir hinüber, und bei ungeheurer Gewitterschwüle erreichte ich mittags die Stadt Cúcuta, wo man in groſser Besorgnis war, daſs die Hitze ein Vorbote eines abermaligen Erdbebens sei, zumal da der folgende Tag der 18. Mai war, der Gedenktag des groſsen Erdbebens. Dieser Tag wird in Cúcuta kirchlich gefeiert, und die meisten Läden werden geschlossen; denn in der That giebt es kaum eine Familie, die nicht irgend einen Angehörigen während der schrecklichen Katastrophe eingebüſst hätte.

Zwölftes Kapitel.

Reisevorbereitungen.

Wir wollen hier ein Kapitel über die Reisevorbereitungen einschalten, teils weil es an und für sich empfehlenswert erscheint, die Bedürfnisse eines in Venezuela Reisenden ausführlicher zu schildern, da an diesen Darstellungen die Art der Schwierigkeiten und die besonderen Verhältnisse des Reisens in der Republik klargelegt werden können, teils auch um künftigen Reisenden Fingerzeige für die Art der Ausrüstung, die beste Weise, im Lande über manche Hindernisse hinwegzukommen, und vor allen Dingen auch Warnungen zukommen zu lassen, da der glückliche Ausgang einer Reise in fremden Ländern oft mehr von dem abhängt, was man zu unterlassen, als von dem, was man zu thun hat.

Auch darf man nicht glauben, dafs das Reisen in Venezuela überall gleichartig zu gestalten sei; vielmehr haben wir schon in der bisherigen Darstellung der Landes- und Volksnatur zur Genüge darauf hingewiesen, dafs die Sitten und Gebräuche, die Art und der Charakter des Volkes sowie seiner einzelnen Bestandteile, der verschiedenen Rassen, so sehr abweichend sind, dafs man sich häufig in Lagen versetzt sieht, wo man gerade das Umgekehrte zu thun hat, als in einem andern Teile des Landes.

Natürlich bleiben die Grundbedingungen des Reisens in Venezuela im allgemeinen dieselben. Schlechte Wege giebt es überall, gute nur an wenigen Stellen der Republik. Der Maultiere kann man nirgends entbehren, daher denn auch nicht der Diener, Führer und vor allem der Gastfreunde, bei denen man absteigen will. Und doch sind wieder in gewissen Gegenden kleine Wirtshäuser vorhanden, in den allerkultiviertesten Landstrichen sogar gute Wirtshäuser; auch bleibt im allgemeinen das Klima gleichartig, und man hat daher ähnliche Vorsichtsmafsregeln für die Erhaltung der Gesundheit anzuwenden; dennoch aber ist es natürlich ein ungeheurer Unterschied, ob man im heifsen Tieflande oder in den kühlen, ja oft kalten Páramoregionen reist, und es ist ebenso sehr zu beachten, ob man Neger, Indianer oder die altspanische Bevölkerung vor sich hat.

Man wird daher sehr bald inne, dafs man nicht alles über einen Kamm scheren kann, obwohl ein Neuling gewöhnlich die Ansicht mit sich bringt, dafs Tropen Tropen und Venezolaner Venezolaner bleiben. Die häufig unangenehmen Erfahrungen führen jedoch bald zur Fähigkeit, Land von Land und Bevölkerung von Bevölkerung unterscheiden zu lernen.

Vor allem sollte ein jeder, welcher in einem fremden Lande reist, sich die Anfangsgründe der Sprache einprägen. Auch davon giebt es natürlich Ausnahmen, und in manchen Ländern, wie China, Japan, Afrika etc., kann man ohne Dolmetscher nicht auskommen. Allein, wo man, wie in Venezuela, eine lebende europäische Sprache zu sprechen hat, erfordert es nur eine verhältnismäfsig geringe Vorbereitung, um sich wenigstens verständlich machen zu können. Die Ansicht, dafs wer Französisch und Italienisch kennt, spricht und versteht, nun auch in spanisch redenden Ländern fortkommen könne, ist durchaus irrig; ich habe Beispiele genug erlebt, wo gute Kenner des Französischen und Italienischen gänzlich hilflos dastanden und vor allen Dingen in dem Verkehr mit dem Volke völligen Schiffbruch ihrer Kenntnisse erlitten. Gerade aber auf den Verkehr mit dem Volke kommt es ja an, und auch selbst bei den gebildeten Venezolanern im Innern stöfst man doch nur sehr selten auf Kenntnis der französischen, niemals auf solche der italienischen Sprache; nur in Carácas kann man eher darauf rechnen, mit Französisch mühsam durchzukommen. Schlimmer noch steht es mit dem Englischen; Kenner der englischen Sprache werden nicht einmal in den Häfen immer gut weiterkommen, aber unmittelbar aufserhalb derselben versteht überhaupt kein Mensch mehr ein Wort Englisch. In dieser Beziehung würde man, wie ich glaube, besser an der afrikanischen Westküste und in Asien als an der südamerikanischen Nordküste fortkommen; an der Westküste Südamerikas scheint dagegen das Englische häufiger gesprochen zu werden.

Wer Deutsch kann, wird in den Häfen und in Carácas und Valencia mit Hilfe der zahlreichen Deutschen leicht durchkommen; aufserhalb der Häfen natürlich durchaus nicht mehr. Wo man aber mit Deutsch gut fährt, kann man auch Englisch und Französisch reden, da die Deutschen fast alle dieser Sprachen mächtig sind.

Zweifellos ist die Kenntnis des Lateinischen sehr wertvoll; denn eine sehr grofse Anzahl der spanischen Worte läfst sich fast unmittelbar aus dem Lateinischen ableiten, so dafs es leicht fällt, sich verständlich zu machen, wenn man die wichtigsten Redewendungen kennt. Ohne diese ist es natürlich in jedem Lande fast undenkbar, sprachlichen Verkehr zu pflegen.

Ich hatte vor Beginn meiner Reise nur zehn spanische Stunden genommen, aber ein ganzes Ollendorfsches Übungsbuch durchübersetzt und infolgedessen bereits eine einigermafsen sichere Herrschaft über die wichtigsten Formen, Verben, Schreibart u. s. w. erlangt, so dafs es mir später wenigstens in orthographischer und grammatikalischer Beziehung nicht schwer fiel, leidlich zu schreiben und zu sprechen. Was jedoch nur im Lande gelernt werden kann, ist der Accent.

Als ich in Carácas ankam, verstand ich trotz aller Vorstudien keinen Menschen und ebenso verstand mich niemand, so dafs es mehrere Wochen dauerte, bis ich mich auch nur einigermafsen unterhalten konnte; als ich aber einmal über die Schwierigkeiten des Accentes hinweggekommen war, da machte ich denn auch desto gröfsere Fortschritte und hatte nun den Vorteil, vermöge grammatikalischer und orthographischer Vorbildung z. B. die unregelmäfsigen Verben, diese Crux aller Sprachen, richtig beherrschen zu lernen, so dafs ich nicht in den gefährlichen Fehler verfiel, mir nicht existierende Formen vom Gehör aus einzuprägen. Man fand denn auch bald überall, dafs ich die Sprache rasch und gut gelernt hätte, und in der That sprach ich entschieden besser, als z. B. manche Engländer und Italiener, die jahrelang im Lande gelebt hatten. Bei den Engländern bildet eben die natürliche Unfähigkeit, Sprachen rasch zu lernen, den Grund dieses Mangels, sowie auch das häufig allzusehr ausgebildete Selbstbewufstsein dieses Inselvolkes, welches gewöhnlich glaubt, dafs alle Leute Englisch verstehen und sprechen müfsten. Bei den Italienern liegt der Hauptgrund ihres mangelhaften Sprechens in ihrer meist geringen Bildung, dann aber auch darin, dafs sie infolge der Ähnlichkeit des Italienischen mit dem Spanischen immer wieder in die Flexion, Pluralbildung etc. ihrer Muttersprache zurückfallen. So fand ich z. B. einen sehr liebenswürdigen Italiener in dem Dorfe Mucuchachí südlich Merida, der trotz jahrzehntelangen Aufenthaltes im Lande noch immer sagte: li camini son buoni, anstatt: los caminos son buenos, die Wege sind gut, der also das spanische Wort camino für Weg zwar benutzte, aber die Pluralbildung in italienischer Weise vollzog, wenn auch mit kleinen Abweichungen, z. B. „li".

Einen besonderen Vorteil für die rasche Erlernung der Sprache sehe ich in dem Zwange, unter Bauern zu leben. Der Reisende hat vermöge seines Berufes wohl mehr Gelegenheit auf das eigentliche Land, in die entlegensten Winkel der Gebirge zu gelangen, während der Kaufmann sich eigentlich nur in den Städten aufhält. In letzteren spricht man aber doch im allgemeinen besseres und vor allem klareres Spanisch als auf dem Lande. Versteht man also die kleinen Bauern, Knechte, ganz besonders aber die Frauen auf dem Lande, so kommt man auch in den Städten gut durch, während das Umgekehrte zu bezweifeln ist. Denn die Landbevölkerung hat ihren eigentümlichen Tonfall, viele Besonderheiten, viele Vokabeln, die man in den Städten kaum hört, und die Tendenz, ganze Silben zu verschlucken.

Dafs andererseits der in den Städten das Spanische lernende Kaufmann dafür wieder den Vorteil hat, ein besseres, reineres Spanisch, castellano castizo, zu lernen, als der auf dem Lande umherschweifende Reisende, liegt auf der Hand. Ich selbst habe einen grofsen Teil meiner spanischen Kenntnisse von meinem Diener, sowie sonstigen Knechten, Mägden, Eseltreibern und Arbeitern gelernt, wobei natürlich auch manche derbere Redensart mitunterlief, die man in guter Gesellschaft besser unterläfst.

Die jungen Kaufleute in den Seestädten haben aber ihrerseits wieder den Nachteil, dafs sie viel mit ihren Landsleuten, Deutschen, Engländern, Nordamerikanern, verkehren und infolgedessen stets von der Syntax ihrer Muttersprache und von den charakteristischen Redewendungen derselben angekränkelt bleiben, im Anfang sogar einfach übersetzen, wie z. B. „er machte sich aus dem Staube“ „el se hizo del polvo“ und Ähnliches, während man als Reisender bei der oft monatelangen Abgeschlossenheit von allen Deutsch sprechenden Individuen notwendig dazu geführt wird, sich tiefer in den Geist der Sprache einzuleben, und gleichsam mit der Nase auf eine Menge spezifisch spanischer Redewendungen gestofsen wird, die man sonst leicht überhört oder vergifst, weil sie der deutschen Denkweise widersprechen.

Es kommt noch hinzu, dafs die verschiedenen Teile des Landes bestimmte Provinzialismen besitzen, die nur derjenige alle kennen lernt, welcher einen grofsen Teil der Republik bereist, während Leute, die z. B. nur auf das Karibische Gebirge angewiesen bleiben, naturgemäfs die Sprechweise der Cordillere nicht kennen lernen. Es giebt sogar eine Reihe von Getränken, Speisen, Produkten, die in den einzelnen Landstrichen verschieden benannt werden. Die „Agua de miel“, wörtlich Honigwasser, süfses Zuckerrohrwasser, im Táchira ganz allgemein, ist in Trujillo nicht einmal dem Namen nach bekannt; ebenso nennt man die braunen ungereinigten Zuckerbrote in der Cordillere panela, in den übrigen Staaten papelon, wobei auch die Form eine verschiedene ist, wie S. 124 auseinandergesetzt wurde.

Wer also im Lande reisen will, verschaffe sich vor seiner Ankunft die nötige grammatikalische und orthographische Kenntnis der spanischen Sprache, pauke sich die unregelmäßsigen Verba tüchtig ein und spreche dann bei seiner Ankunft im Lande nur ruhig ins Blaue hinein; binnen wenigen Wochen wird er sich ganz unwillkürlich den Accent aneignen, und dann mag er nur ruhig im Lande zu reisen beginnen: mit jedem Tage wird er riesige Fortschritte machen. Fehlen ihm aber die grammatischen und orthographischen Vorkenntnisse, so wird er einen groſsen Teil des Gehörten falsch aussprechen und ganz falsch schreiben.

Die zweite Vorbedingung zum Reisen im Lande ist ein gesunder Körper. Ich habe schon in dem Kapitel über das Klima die Behauptung aufgestellt, daſs das Klima in Venezuela im allgemeinen ein gesundes zu nennen ist. Daſs natürlich hier und da Fieberherde existieren, ist bei einem stark bewaldeten Tropenlande selbstverständlich; allein im Vergleich zu Afrika ist Südamerika auch nicht im entferntesten so gesundheitsgefährlich wie namentlich die Westküsten und die Ostküsten des genannten Kontinents.

Wer allerdings geschwächt, krank oder mit einem früher nicht völlig kurierten Leiden nach Venezuela kommt, kann dort mit einiger Sicherheit darauf rechnen, wieder krank zu werden, und auch der Gesundeste darf sich auf ein oder einige Fieber gefaſst machen. Doch kann ein Gesunder im allgemeinen darauf rechnen, nach kurzer Verhinderung durch die Krankheit weiterziehen zu können, ohne irgend welchen nachhaltigen Schaden für seine Gesundheit erlitten zu haben.

Man befindet sich als Reisender allerdings in einer weitaus gefährlicheren Lage denn als Kaufmann. Man muſs täglich im glühenden Sonnenbrande reiten, hat bald die furchtbarsten Regengüsse, bald die ärgsten Temperatursprünge auszuhalten, letzteres allerdings nur im Hochgebirge; man entbehrt der Bequemlichkeit völlig, leidet sehr häufig unter mangelhafter Nahrung, schläft oft nicht genügend und erhält heute um 11 Uhr, morgen um 2 Uhr, übermorgen überhaupt gar kein Frühstück. Natürlich wirken alle diese Umstände stark auf den Körper, zehren an der vorhandenen Widerstandskraft und bringen den Reisenden oft auch in eine höchst unerquickliche Stimmung, in Ärger, Wut, Zorn und, was schlimmer ist, in ohnmächtigen Zorn; alle diese Gemütsbewegungen tragen dazu bei, den Reisenden für das Fieber empfänglicher zu machen, dem letzteren in dem strapazierten Körper den Boden zu bereiten.

Dagegen hat der Reisende auch wieder in seiner Lebensweise selbst ein Korrektiv für die schädlichen Einflüsse. Er befindet sich unaufhörlich in Bewegung, er reitet den halben oder den ganzen Tag, er sieht jeden Tag etwas Neues, stets etwas Anregendes, er erfreut sich des belebenden Wechsels, der Zerstreuung, der häufig geradezu wohlthuenden Überlastung mit Wünschen, Gedanken, Zwecken, Absichten. Er hat sich ein bestimmtes Ziel gesteckt, verfolgt dasselbe mit eiserner Energie, ruht nicht, bevor er es erreicht hat, lebt daher in ununterbrochener Spannung, in endloser Hoffnung, in ewigem Streben. Das sind seelische Vorgänge, die den Menschen aufrecht erhalten, über die zeitweilige Erbärmlichkeit seiner Umgebung, die ärgerlichen Auftritte mit Menschen und Tieren, die Enttäuschungen, Krankheitsanfälle und sonstigen widrigen Schicksale hinwegbringen, ihn nicht zum Bewuſstsein seiner oft momentan üblen Lage gelangen, und niemals die Apathie, diese schlimmste Feindin der Gesundheit, aufkommen lassen.

Wer in steter Verfolgung eines gesteckten Zieles und in täglicher gesunder Bewegung im Lande umherzieht, der hat in seiner Beschäftigung selbst ein schwerwiegendes Mittel zur Besiegung der Schwierigkeiten, zur Bekämpfung der Langenweile, der Erschlaffung, Ermüdung, Resignation.

Es kommt noch ein sehr wichtiges Moment zur Erhaltung der Gesundheit und Körperfrische der Reisenden hinzu: das ist das beseligende Gefühl der absolutesten persönlichen Freiheit. Wenn man morgens ausreitet, so hat man ja zwar seinen bestimmten Plan für den Tag gemacht, sein Nachtquartier ausgewählt, und strebt nun, dasselbe zu erreichen; allein, wenn man es nicht erreicht, so bleibt man eben weiter diesseits in dem ersten besten Hause an der Straſse, oder man hängt seine Hängematte zwischen die hohen Bäume des nächsten Waldes, oder man folgt der Einladung eines zufällig Angetroffenen, auf seine Hacienda zu reiten, dort zu übernachten und am folgenden Tage dieses oder jenes Sehenswerte in Augenschein zu nehmen. Meistens zwar sträubt sich das wissenschaftliche Forschungsgewissen gegen materielle Abstecher, und ich habe vor allem stets meine eigenen Absichten durchzuführen gesucht und auf keinerlei Lockungen sirenenartiger Gutsbesitzer gehört; allein es kommen doch auch Tage, wo man ohne Gefahr der Verzettelung seiner Kraft oder Vergeudung seiner Zeit eine solche Einladung annehmen und einmal der persönlichen Freiheit nachhängen kann. Und das sind Freudentage im sonst meist sorgenvollen Leben eines einsamen Reisenden, dem unaufhörlich die Frage vorschwebt, ob seine nach Europa gesandten Kisten auch ankommen werden, dem des Nachts im Traume der gänzliche Schiffbruch der rettenden Dampfer erscheint, der in steter Sorge um die Manuskripte, Notizbücher, Gesteine, Pflanzen, Tiere schwebt, welcher unaufhörlich aufpassen muſs, ob nicht etwa die Diener aus Rücksicht auf bequemere Reise und geringere Belastung der Maultiere die gesammelten Gesteine den ersten besten Abhang hinunterkollern lassen, um am Abend gänzlich ahnungslos auf die ängstliche Frage des Reisenden das stereotype „se perdió“, „es ist weg“ zu antworten.

Aber trotz aller dieser Sorgen und Mühen bleibt die Grundstimmung des Gefühls vollster persönlicher Freiheit bestehen. Zwar hat man ja nicht viel zu befehlen, allein mit seinen Maultieren und Dienern kann man machen, was man will, und diese kleine Karawane steht völlig zur Verfügung des Reisenden. Will man irgendwo bleiben, so bleibt man, gefällt es einem nicht, so läfst man satteln und reitet fort zu andern, gastlicheren Dörfern. Und wenn man so in den frischen Morgen hinausreitet, die Natur noch nicht ermüdet ist von des Tages Hitze und Last, die Tiere eilig vorwärtsstreben, die Diener mit lautem Zuruf die Tiere anfeuern, die Sonne über den Bergen aufgeht, die Nebel zerreifsen und der Blick weithinaus ins Land frei wird, da lacht einem das Herz, und man empfängt Eindrücke, die ganz gewifs niemals im Leben wieder erlöschen können. Und diese Freiheit ist das höchste Gut des Reisenden, sie hat er vor allen anderen voraus, und namentlich vor den Kaufleuten in den Häfen, die tagaus tagein das ewige Einerlei des Geschäfts betreiben. Daher herrscht denn auch meist Jubel, wenn einmal einer derselben eine Geschäftsreise im Lande machen kann; denn trotz aller Strapazen ist es doch eine Abwechselung, eine Veränderung, ein Markstein in dem sonst einförmigen Leben in den kleinen Hafenplätzen.

Bei der Ausrüstung zur Reise sollte das Hauptgewicht auf die Auswahl guter Maultiere gelegt werden. Wenn man schon an und für sich die Maultiere nicht selbst kaufen, sondern dieses Geschäft erfahrenen Leuten überlassen sollte, so mufs bei dem Ankauf von Reisemaultieren ganz besonders vorsichtig vorgegangen werden.

Es empfiehlt sich meiner Ansicht nach nicht immer, diejenigen Tiere zu kaufen, welche anerkanntermafsen vorzüglich sind. Mulas finas, feine Maultiere, d. h. solche mit einem feinen Pafsgang, sind für den wissenschaftlichen Reisenden durchaus nicht unumgänglich nötig. Im Gegenteil wird er für viel weniger Geld passendere Tiere erstehen können, passendere insofern, als gerade unter den Maultieren mittlerer Güte viele sind, deren Eigenschaften zum langen Reisen besser taugen, als die der sogenannten Mulas finas. Stärke, Ausdauer und sanfte Gemütsart sind die drei wichtigsten Eigenschaften für Reisemaultiere. Ein Reisender will ja nicht möglichst viele Kilometer möglichst bequem an einem und demselben Tage zurücklegen, sondern er will täglich mehrere Stunden zu Pferde sein, hierhin reiten, dorthin eilen, überall, wo etwas zu untersuchen ist, zur Stelle sein, seine Studien keinen Tag ganz liegen lassen, und ununterbrochen auf dem Sprunge sein, irgendwohin abzureisen.

Daher mufs das Maultier eines Reisenden ausdauernd und unaufhörlich zur Abreise fertig sein; kräftig aber mufs es sein, weil der Reisende nicht auf den gebahnten Wegen bleibt, sondern hier einmal in die sumpfigen Wälder eindringt, dort einen steilen Berg zu erklimmen sucht, die Gebirgsketten in der Querrichtung übersteigt, kurz stets von den Hauptstrafsen abweicht. Das Maultier mufs daher imstande sein, den Reisenden überall durch Dick und Dünn zu tragen, ihn aus gefährlichen Situationen im Sumpf herauszureifsen, und darf nie versagen, wo ein schweres Hindernis zu bewältigen ist.

Endlich mufs das Reitmaultier auch sanfter Gemütsart sein, weil man oft im Sattel Notizen und Skizzen zu machen hat, und dies nur bei einem ruhigen Tiere thun kann, während bei einem wilden die Aufmerksamkeit stets auf die Bewegungen desselben gerichtet sein müfste. Auch darf das Tier nicht vor jedem beliebigen Gegenstande an der Strafse scheuen und überhaupt keine besonderen Launen haben. Man nennt diese letzteren „mañas“, und ein Tier, von dem es heifst: „tiene mañas“, „es hat Launen“, darf man nicht kaufen.

Ein wirklich feines Tier braucht man also nicht, zumal da man im allgemeinen langsam zu reiten hat und auf Schonung der hinteren Körperteile keinen grofsen Anspruch machen darf.

Ich hatte fast während der ganzen Zeit ein mittelgrofses schwarzes Maultier aus der Cordillere, ein Gebirgstier von sehr starkem Bau, mit besonders starken, nicht leicht abzunutzenden Hufen und fast ohne jegliche Launen und Grillen. Dieses Tier trug mich etwa elf Monate lang, von Tovar in der Cordillere erst nach dem Westen und dann bis Carácas. Ich kaufte dasselbe für 190 pesos und verkaufte es wieder für 100 pesos an einen jungen Deutsch-Venezolaner in Puerto Cabello, durch dessen leider allzufrühen Tod es jedoch bald herrenlos geworden ist. Obwohl man überall das Maultier für nicht sehr fein erklärte, gab man doch zu, dafs es sich nicht scheute, durch Dick und Dünn zu gehen, und dafs es ausdauernd sei; das aber ist die Hauptsache.

Man soll nicht glauben, dafs weniger daran läge, ein gutes Lastmaultier zu bekommen. Mehrfach hörte ich, dafs Reisende viele Mühe und Sorgfalt, sowie auch hohe Kosten darauf verwendeten, ein gutes Reittier zu erhalten, aber den Kauf des Lasttieres laxer betrieben. Solche Handlungsweise rächt sich meistens auf das bitterste. Denn wenn das Lasttier nicht gut zu Fufse oder zur Ertragung grofser

Lasten unfähig ist, so bleibt es stets zurück, man hat die gröfsten Scherereien damit, mufs es bei schwierigeren Ausflügen ganz zu Hause lassen und wird oft genötigt, die Reise zu unterbrechen oder ganz aufzugeben.

Im allgemeinen führt man aufser dem Lasttier noch ein drittes Tier für den Diener mit, doch begnügte ich mich im weiteren Verlaufe meiner Reise mit im ganzen zwei Tieren und gewöhnte meinen Diener von vornherein daran, zu Fufse zu gehen.

Die Auswahl eines Dieners, peón (Knecht) oder asistente (Gehilfe), ist ebenfalls von grofser Wichtigkeit, da von der Qualität desselben aufserordentlich viel abhängt. Wenn man einen treuen, zuverlässigen Diener hat, kann man sich eine unendliche Menge von kleinen Scherereien und Widerwärtigkeiten ersparen, die auf die Dauer hinreichend wären, einem das Leben zu vergällen und in der That dasselbe so verbittern, dafs meist nur die Gewöhnung an einen anderen besseren Diener dagegen hilft. Im allgemeinen hatte ich Glück in der Auswahl meiner Diener; den ersten, Pedro, verschaffte mir Herr Stelling in Carácas aus seinem eigenen Geschäfte. Pedro, ein schon älterer Mann und im Besitze erwachsener Söhne, begleitete mich während des ersten Teiles meiner Reise von Carácas nach den Llanos und zurück nach Valencia und Puerto Cabello zu meiner gröfsten Zufriedenheit. Als ich dann später in Tovar kleinere Ausflüge allein oder mit Herrn Lallemant machte, brauchte ich gar keinen Diener und reiste sogar allein von Tovar nach Merida, was ich heute auch nicht wieder thun würde, da man doch häufig durch irgend eine Kleinigkeit, Rifs eines Sattelgurtes oder ähnliches Unglück, in die gröfsten Unannehmlichkeiten gebracht werden kann. Da die Strafsen vielfach nur wenig begangen werden, so kann man sein Maultier verlieren, sein sämtliches Gepäck einbüfsen und schliefslich allein zu Fufse weitergehen. Es ist daher sehr anzuraten, stets einen Diener, wenn auch nur einen Knaben, mitzuführen.

Später wechselte ich mehrfach bei gröfseren und kleineren Ausflügen die Begleiter und fand endlich im März 1885 in San Cristóbal einen Mann, der mir seitdem auf das treueste und ausdauerndste zur Seite gestanden hat, nie von meiner Seite gewichen ist und auch noch die Reise nach der Sierra Nevada de Santa Marta, die ich in der ersten Hälfte des Jahres 1886 ausführte, mitgemacht hat. Dieser Mann hiefs Manuél Prieto oder Perez, stammte aus der Gegend zwischen Tovar und Merida, dem Übergange von dem Rio Mucuties nach Chiguará und Estanques, hatte aber mit seinem Vater lange in Cúcuta gelebt und nach dem Tode desselben seinen Aufenthalt in Capacho im Táchira genommen.

Er war ganz aufserordentlich häfslich, hatte zweifellos sehr viel Negerblut in seinen Adern und glich sehr auffällig dem in Prof. Kirchhoffs „Unser Wissen von der Erde“ Band I Seite 929 Fig. 547 abgebildeten Kaffern, so dafs es mir möglich erscheint, dafs er ein Abkömmling der Bantu-Rasse war. Von Beruf war er eigentlich Maurer, doch verstand er es auch, Uhren zurechtzumachen, Haare zu schneiden und sonstige ähnliche Kunstfertigkeiten auszuüben. An mich gewöhnte er sich schnell, erklärte mir, dafs ich ihm gefiele, und bat nach der ersten schweren Reise, die wir von San Cristóbal nach Queniquea und in die Wildnisse am Rio Uribante miteinander machten, bei mir bleiben zu dürfen. Ich gab diesem Wunsche Gehör nnd bereute es wahrlich nicht, ihn bei mir behalten zu haben. Denn er lernte bald alle meinen speziellen kleinen Wünsche erledigen, manchmal ehe ich davon gesprochen hatte; er brachte meine Instrumente stets in guten Stand, wenn einmal die Unbill der Witterung daran gezaust hatte, er lernte sich meinem Charakter anpassen und gefiel mir ganz besonders wegen seiner Ernsthaftigkeit, Ruhe, Sicherheit und Gemessenheit, während sonst die Peones häufig über alle Mafsen schwatzhaft, albern, lebenslustig, lärmend zu sein pflegen. Sein erstes Wesen fiel mir um so mehr auf, als seine Stammesgenossen in Südamerika meist äufserst lebendig, ausgelassen und heiter sind. Er gewöhnte sich bald an mich, und wir sind bis zum Ende der Reisen, volle fünfzehn Monate lang, die besten Freunde geblieben, haben alles Leid und die selteneren Freuden des Reiselebens mit einander getragen und uns erst auf Curaçao getrennt, wo der arme Manuel weinend das Schiff verliefs. Jetzt wohnt er wieder in Capacho und handelt mit Mais und Erbsen. Unser Verkehr war entschieden mehr freundschaftlich, als er zwischen Herr und Diener zu sein pflegt; abgesehen von den vorzüglichen Eigenschaften Manuels führte dahin auch die lange Dauer der Reise, und überhaupt ist das Verhältnis zwischen Herr und Diener in Venezuela ein etwas anderes als bei uns. Man nennt seinen Diener zwar bei dem Namen, also Pedro, Manuel, Abelardo, Venancio, Ramón oder wie sie nun gerade heifsen, aber man sagt auch zuweilen zu ihnen „Señor“, „Herr“, und wenn man von ihnen spricht, so heifst es „mi asistente“, mein Gehilfe; der Titel peon ist ungeheuer unbeliebt, obwohl er doch nichts anderes sagt als Knecht, Arbeiter; aber alles mufs einen schönen Namen haben, was ja im Grunde dasselbe ist, wie wenn sich in Baiern die Barbiere Chirurgen und sonst auch in Deutschland die Schneider Kleidermacher nennen.

Doch sind die Ansichten der Diener von ihren Obliegenheiten nicht immer dieselben wie bei uns. Zuweilen war es mir, obwohl man ja fast stets mit ungeputzten Stiefeln, auch in den kleineren Ortschaften, umherläuft, doch ein Bedürfnis, einmal geputzte Stiefel zu besitzen, und dabei kostete es denn grofse Mühe, jemanden zu finden, der es besorgte; denn alle meine Diener verweigerten nach der Reihe das Putzen, und ich konnte Manuel erst dann dazu bewegen, es persönlich zu thun, als ich mich einst selbst dem Stiefelputzen unterzog; bis dahin hätte auch Manuel lieber sein letztes Geld ausgegeben, als die Stiefel selbst gereinigt.

Gewöhnlich sind die Diener, Knechte, Führer u. s. w. äufserst leichtlebig, wie das eben im Volkscharakter liegt, und auch Manuel brachte es fertig, nach der Ankunft in Carácas in wenigen Wochen den gesamten hohen Lohn von über hundert Thalern, den er während der langen Reise aufgespeichert hatte, wieder durchzubringen, und zwar in Kleidern, neuen Anzügen etc. anzulegen, die wir später auf der Reise in Colombia einfach in der Stadt Barranquilla zurückliefsen, so dafs er schliefslich wieder ebensoweit war wie vor der Reise. Meist aber legen die Diener ihr Kapital in anderen Dingen an oder verjubeln es schon während der Reise mit Frauenzimmern oder anderen Freunden beim Spiel.

Während man sich bald an einen bestimmten Diener gewöhnt, und sich lieber mit einigen kleinen Schwächen desselben abfindet, als dafs man einen andern annimmt, bereitet die Notwendigkeit, häufig noch besondere Führer für eine bestimmte Wegstrecke oder für einen speziellen Punkt, wie z. B. Höhlen etc., bestellen zu müssen, viel Ärgernis. Sobald ich hörte, dafs ein „vaqueano“, Führer, notwendig sei, begann bei mir auch schon die Angst; denn entweder kamen die Führer gar nicht, oder sie führten falsch, wenn sie geruhten zu kommen. Die endlosen Widerwärtigkeiten mit den Führern verbittern das Reisen sehr; für gewöhnlich verlangen sie etwas Geld im voraus, „en adelante“, um sich z. B. Sandalen zu kaufen, und wenn sie schliefslich erscheinen, so gehen sie barfufs. Aufserdem pflegen die „Vaqueanos“ nach Kräften die Notlage der Reisenden auszunutzen, und ihre Bezahlung gehört daher zu den weniger angenehmen Momenten für den Kasse machenden Reisenden.

Wenn es daher irgendwie anging, habe ich von besonderen Führern abgesehen, und es kam mir dabei zu statten, dafs Manuel den ganzen westlichen Teil der Cordillere, von Merida an gerechnet, genauer kannte, natürlich mit Ausnahme der Waldwildnisse abseits der Heerstrafsen. In Trujillo hatten wir nicht mehr das Glück, die Gegend selbst zu kennen, und mufsten daher aufs Geratewohl die Reise fortsetzen; allein es ist nur äufserst selten vorgekommen, dafs wir uns, wie z. B. zwischen Burbusai und Carache, verliefen. Manuel besafs eine grofse Fähigkeit, sich rasch richtig zu orientieren, und fast regelmäfsig traf er an Kreuzwegen den richtigen Weg; denn leider giebt es in Venezuela keine Wegweiser.

Doch habe ich zuweilen auch recht angenehme Führer gehabt, wie z. B. einen gewissen Patricio auf der Reise von Queniquea nach dem Uribante, einen Mann, der nie unaufgefordert sprach, stets an der Spitze marschierte, während viele Führer mit Vorliebe am Ende der Kolonne zu zuckeln pflegten, immer klare, scharfe, sichere Auskunft gab, unumwunden etwaige Unkenntnis zugestand und beim Einschlagen des richtigen Weges niemals einen Moment zögerte. Besonders empfehlenswert sind als Führer die Indianer des Hochgebirges.

Dreizehntes Kapitel.

Reiseausrüstung.

Ein weiterer Punkt von Wichtigkeit bei der Ausrüstung zur Reise ist die Auswahl des Sattelzeuges. Dieselbe wird sich naturgemäfs verschieden gestalten, je nach dem Ausgangspunkte der Reise. Kauft man sein Reitzeug in Carácas, so hat man eine weit gröfsere Auswahl als im Innern; in der Cordillere giebt es z. B. überhaupt nur eine ganz bestimmte Art von Sätteln, die colombianische Form, mit Ausnahme von Trujillo, wo man sich bereits der östlicheren nähert.

Diese colombianischen Sättel sind sehr schwer, hoch und breit; sie bedecken einen grofsen Teil des Tieres und sind an dem hinteren Ende ein wenig in die Höhe gerichtet, damit bei dem Aufstieg auf Berge der Rücken einen Halt habe. Ebenso besitzen diese Sättel am vorderen Ende ein Horn, meist aus Leder oder Holz, aber auch versilbert, und bei Prachtsätteln sogar von gediegenem Silber; dieses Horn dient dazu, sich festzuhalten, wenn man steil abwärts reitet. Diese Vorrichtung ist praktisch, da in der That auf den aufserordentlich steilen Bergwegen der Sattel häufigen Lagenveränderungen ausgesetzt ist, so dafs es mir mehr als einmal geschah, dafs ich rückwärts langsam über den Hinterteil des Maultiers herabglitt; auch kann man bei steilem Abstieg Gefahr laufen, über den Hals des Tieres hinwegzuschiefsen.

In Carácas dagegen sind die Sättel zierlicher, leichter, geschmackvoller, wenn auch im Verhältnis zu unseren Sätteln aufserordentlich grofs und schwer. Für das Reiten in der Ebene empfiehlt sich dagegen ein ganz leichter Sattel. Im Staate Magdalena in Colombia traf ich in der Stadt Rio Hacha einen Franzosen, Mr. Seignette, der seinen französischen Kavalleriesattel, ein ganz leichtes Ding, mitgebracht hatte und ausschliefslich auf demselben ritt. Doch hatte er nur ebene Strecken zu durchmessen, da er nur bis nach seiner in kaum 300 m Höhe gelegenen Besitzung ritt und wieder nach Rio Hacha zurückkehrte.

Ich selbst benutzte einen mittelgrofsen Sattel, den ich bei einem grofsen deutschen Kürschner in der Calle del Comercio in Carácas einkaufte.

Zu einer Reitausrüstung in Venezuela gehören aber noch viele andere Dinge; auf den Rücken des Maultiers legt man zunächst ein aus Gras hergestelltes, dem Rücken desselben angepafstes deckenförmiges Geflecht, welches das Tier gegen den Druck des Sattels schützen soll. Dann folgt der Sudadero, die Schweifsdecke, darauf abermals Decken und dann der Sattel. Die Steigbügel trägt man entweder über oder unter dem geprefsten Leder des Sattels, in der Cordillere stets darüber, so dafs ich, dem es bequemer war, sie darunter zu tragen, im Westen des Landes deshalb oft befragt wurde. Ferner legt man hinten über den Sattel die Satteltaschen, welche an dem Riemen am Rückgrat des Pferdes befestigt werden und dann zu beiden Seiten desselben herunterhängen. Diese Satteltaschen, „bolzones“ oder „alforjas“, sind für geringere Reisen äufserst praktisch, da sie grofs genug sind, um sich für vierzehn Tage ganz ausreichend mit Wäsche versehen zu können, und im Notfall nachts als Kopfkissen dienen. In diesen Bolzones verschwand alles, was gesammelt wurde, Steine, Spiritusflaschen mit Tieren, eventuell Pflanzen, ferner die notwendigsten Nahrungsmittel, Käse, Zucker, Cigarren, Rum, auch ferner Schwefelhölzer, Lichter, Tücher, Mütze etc., so dafs ich, wenn einmal etwas fehlte, stets von Manuel die stereotype Antwort erhielt: „va en los bolzones, Señor“, „es geht in den Satteltaschen, Herr“. Auf den die Satteltaschen verbindenden Riemen wird ferner die grofse Reisedecke, Cobija, Carpeta, geschnallt, und darüber der Regenmantel. Die Cobija ist häufig sehr schwer und besteht aus blaurotem Wollzeug; die innere Seite ist rot, die äufsere blau. Gewöhnlich wirft man die Cobija über den Kopf, zu welchem Zwecke sich in derselben ein grofses Loch befindet, und läfst dann die grofse Decke bis zu den Knöcheln herabhängen. Es ist ein Vorrecht der Generäle, die rote Seite nach aufsen zu tragen, während sonst im allgemeinen die blaue, schon wegen der sanfteren Farbenwirkung, nach aufsen zu liegen kommt. In der Cordillere hat man auch kleinere mantelförmige Decken, die Ruanas, die ebenfalls über den Kopf geworfen werden, jedoch nur bis zu den Hüften herabhängen, welche Sitte in den Centralstaaten lächerlich erscheint. Häufig benutzen die Venezolaner diese Cobija gegen den Regen, doch ist es dann höchst unangenehm, wenn man sich nachts mit einer nafsgeregneten Cobija zudecken soll. Ich benutzte daher gegen den Regen meinen Regenmantel, „Cautchuc“, bis derselbe in Fetzen auseinanderging; man kann nicht genug darauf halten, dafs der Regenmantel aus dickem Stoffe, womöglich von grauer oder weifser Farbe, hergestellt werde, da schwarze sehr heifs sind und dünne bald vollkommen zerreifsen. Die Cobija benutzte ich nachts zum Zudecken, da es im allgemeinen in den Wohnungen keine Betttücher (sábanas) giebt.

Auch die Zäume der Venezolaner sind schwer, massiv und ebenso der Sattelgurt. Doch sah ich häufig in der Cordillere primitivere Verschlufsvorrichtungen; manche banden einfach einen starken Riemen um den Leib des Pferdes, und der Sattel hielt sich fast besser als mit einem grofsen Sattelgurt. Auf einer langen Reise wird man gut thun, den Sattelgurt einmal zu erneuern, da infolge des furchtbaren Schweifses am Bauche des Maultieres das Gewebe zersetzt wird und eines schönen Tages, vielleicht in einem sehr ungeeigneten Momente, reifst. Auch der Sattelüberzug wird gewöhnlich nach einigen Monaten durchstofsen, da man unaufhörlich mit den Beinen gegen denselben scheuert. Endlich sollte man stets einige Riemen in Reserve mitführen, da häufig durch das Reifsen eines einzigen Riemens die gesamte Ausrüstung zerstört und die Reise unmöglich gemacht werden kann.

Ein gutes vollständiges Reitzeug kostet keine geringe Summe; sechzig bis achtzig Thaler wird man daran wenden müssen; dafür hielt dann aber auch meine Ausrüstung volle zwanzig Monate unter den gröfsten Strapazen aus und hätte sicher noch weitere zwanzig Monate ihren Dienst gethan.

Verwickelt ist auch die Art, wie man die Lasttiere beladet, und auch in dieser Beziehung hat man verschiedene Formen des Lastsattels. In manchen Teilen des Landes setzt man auf den Rücken der Tiere, namentlich der Esel, hölzerne Gestelle mit gabelförmigen Zinken am vorderen und hinteren Ende, um welche dann die zur Befestigung der Koffer, Säcke etc. dienenden Stricke geschlungen werden. Im Táchira benutzt man dagegen Netze, weite grofse Netze, und thut in diese die Koffer oder sonstigen Gegenstände, wie z. B. Bündel Bananen, oder was es auch immer sein mag. Diese Netze hängt man über das Tier, zieht dann die Maschen fest zu und schlingt den Strick um den Leib des Tieres. Dann sitzt die Last wie angegossen auf dem Rücken desselben, und man hat den grofsen Vorteil, dafs man während der Reise nur sehr selten einmal nachzusehen braucht, wie die Ladung sitzt, dagegen fast nie in die Lage kommt, die Last wieder abnehmen und neu aufpacken zu müssen, was sonst bei den übrigen Arten der Verpackung und Beladung sehr leicht vorkommt. Allerdings bedarf man bei der Táchira-Weise immer etwas längere Zeit, um die Last vollständig fertig zu stellen, allein diesen Zeitverlust bringt man auf der Reise wieder ein, indem man nicht genötigt wird, Aufenthalt zu nehmen, um die Last neu zu ordnen und zu befestigen.

Unter die gesamte Last kommen unmittelbar auf dem Rücken des Tieres wieder jene oben erwähnten Grasdecken zu liegen, darüber der Sudadero und endlich der eigentliche Packsattel. Die Maultiere schleppen auf diese Weise bis zu acht Arrobas = 200 Pfund spanisch, und zwar auch sogar auf längeren Reisen; ich habe einmal die höchst beschwerliche fünfzehnstündige Reise von Carache in Trujillo über die Páramos von Agua de Obispo nach Humucaro Bajo am Fuſse der Cordillere mit über acht Arrobas Last machen lassen, und dennoch kam das Maultier gut nach dem Bestimmungsort. Für gewöhnlich pflegt man nur sechs Arrobas = 150 Pfund spanisch aufpacken zu lassen; mit dieser Last aber laufen gute Maultiere andauernd Trab, wenn es nötig ist. Hat doch auch das Reittier meist eine Last von fast 200 Pfund zu tragen. Ich selbst wog 135 Pfund spanisch, der Sattel, die Decken, die Barometerkästen und die vollgefüllten Bolzones hatten sicher 50 Pfund Gewicht, so daſs nur noch wenig an 200 Pfund fehlte. Allerdings findet man denn auch nur wenige Lastmaultiere, die nicht eine oder mehrere Wunden, Abschürfungen der Haut u. s. w. aufzuweisen hätten, und auch mein Reittier krankte viele Wochen lang an blutigen Stellen, so daſs ich es einmal etwa vierzehn Tage lang in eine Hacienda bei Boconó schicken muſste, wo es denn auch glänzend kuriert wurde.

In der Cordillere hat man für längere Reisen bestimmte Holzkästen, die etwa von der Gröſse eines mittleren Koffers, aber viel niedriger sind, und zum teil aus Holz, aber auch aus Leder bestehen. Diese Kasten heiſsen petacas und sind sehr praktisch, so daſs ich sie auf meiner Reise von Merida nach Santa Bárbara und den südlichen Ketten mitnahm; doch haben sie den einen Nachteil, daſs sie nicht verschlossen werden können.

Für gröſsere Lasten verwendet man in der Cordillere sowohl wie auch im übrigen Venezuela vor allem Maultiere, die namentlich in den Berggegenden ganz unumgänglich notwendig sind; für geringere Lasten hat man aber vorzugsweise Esel eingeführt, die in Venezuela sehr zahlreich sind. Die Esel laufen zum teil vorzüglich, und ich fand einen Italiener, der eine groſse Reise von dem Yaracui über Acarigua und die Llanos von San Carlos nach Carácas andauernd zu Esel machte.

Neben der Ausrüstung mit Reitzeug ist die Frage der Bekleidung sehr wesentlich. Am richtigsten wird es sein, wenn man sich auch in dieser Beziehung an die Landessitten anschlieſst. Nur sind auch darin die Gebräuche sehr verschieden, und namentlich fanden wir auch hierin wieder einen groſsen Unterschied zwischen der Cordillere, namentlich

Merida und Táchira, und dem Osten. Im allgemeinen trägt der Venezolaner leichte Stoffe, die sehr schnell zerreifsen und daher für längere Reisen nicht empfehlenswert sind. Ich habe daher stets meine europäischen Kleider getragen, abgesehen von dem einen oder andern leichten Anzug oder Jäckchen, das mitunter gute Dienste thut. Ich ritt stets in ziemlich dicken europäischen Herbst- oder Frühlingshosen, die ich jedoch mit Leder hatte bekleiden lassen, so dafs das Gesäfs und die unteren Teile der Schenkel einen Lederüberzug zeigten, der namentlich im Innern oft die Lachlust erregte, aber nach genauer Prüfung von den Bewohnern doch meistens für praktisch erklärt wurde. Diese Lederhosen haben mir aufserordentliche Dienste geleistet und, falls ich einmal wieder eine Reise in Venezuela unternehmen sollte, würde ich vielleicht vollkommene Lederhosen kaufen.

Allerdings waren diese Hosen meist sehr heifs, allein auf etwas mehr oder weniger Schweifs darf man es nicht ankommen lassen, und die Hauptsache ist schliefslich doch, dafs man sich nicht durchreitet; das aber ist mir niemals, auch nicht ein einziges Mal, passiert.

Will man einmal kleinere Ausflüge machen, so kann man ja gewöhnliche Hosen anziehen; zwar waren meine Lederhosen schliefslich in einen so bedauernswerten Zustand geraten, dafs selbst Manuel sich, wahrscheinlich in dem Wunsche, einen nicht gar zu schäbig gekleideten Herrn zu besitzen, dagegen empörte; allein ich habe bis zum Schlufs bei diesen Beinkleidern ausgeharrt und habe es nie bereut. Über die Reithosen zog ich grofse Reitstiefel. Ursprünglich hatte man mir Gamaschen empfohlen, allein ich halte dieselben nicht für praktisch, da die Stangen leicht rosten und dann nicht mehr brauchbar sind; auch ist es höchst lästig, endlose Versuche zu machen, die Stangen in ihre Schienen hineinzupassen.

Anfangs ritt ich daher, wie ich ging, mit gewöhnlichen Stiefeletten, und dies ging auch ganz gut, so lange die Trockenzeit dauerte. Als aber die Regenzeit anbrach, da sah ich mich infolge mehrfacher Durchnässungen bald genötigt, schwere Reiterstiefel, wie sie die Kürassiere bei uns tragen, anfertigen zu lassen. Ein geschickter Italiener in San Cristóbal setzte diese Stiefeln in die Welt, und zwar waren sie so vorzüglich gearbeitet, dafs ich volle vierzehn Monate die schwersten Reisen mit ihnen habe machen können. Diese Stiefel waren aber, obwohl sie bis beinahe an die Hüften reichten, doch nicht imstande, mich stets vor Nässe zu schützen, da bei Flufsübergängen das Wasser zuweilen oben hineinlief.

Im Táchira trägt man die sogenannten Zamarros, weite Hosen aus irgend welchen Fellen von Ziegen, Rindern, ja auch von Silberlöwen (Pumas) und Jaguaren; diese Beinkleider werden mit den Sporen zusammen festgebunden und sind allgemein verbreitet, doch bin ich kein Freund davon, da sie das Wasser anziehen, infolgedessen sehr schwer werden und aufserdem den Reiter über die Mafsen unbehilflich machen. Dazu kommt, dafs die Maultiere sich, wenn die Hosen aus dem Fell des kleinen Löwen oder des Jaguars gemacht sind, nicht besteigen lassen, da sie vor dem Geruch scheuen.

In diese Zamarros steckt man im Táchira und Colombia, sowie auch bis gegen Merida ganz ungeheuer grofse Sporen mit riesigen Rädern und langen Stacheln, die förmliche Waffen für sich bilden. Diese enormen Sporen würden den Reiter in Central-Venezuela lächerlich machen, und ich glaube auch nicht, dafs sie praktisch sind, da es nicht darauf ankommt, ob man dem Maultier einen grofsen Sporn in die Weichen drückt, sondern einen scharfen spitzen. Dafs die Maultiere allerdings tüchtiger Stöfse bedürfen, ehe sie sich zum raschen Lauf entschliefsen, ist zweifellos.

Als Unterkleidung trug ich stets Wolle, mit Ausnahme der Nächte und der Ruhetage; aber sobald ich auf die Reise ging, hüllte ich mich in Jägersche enganschliefsende Unterbeinkleider und ein rotes sogenanntes Garibaldi-Hemd, das jedoch insofern unpraktisch ist, als es abfärbt und an der schwitzenden Haut grofse Flocken roter Wolle kleben bleiben läfst, so dafs man sich nach der Ankunft in einem Orte stets auf der ganzen Brust völlig scheckig aussehend findet. Daher kann ich diese roten Hemden durchaus nicht empfehlen, sondern ziehe graue oder andersfarbige vor. Ein Übelstand bei der Wollkleidung ist der Umstand, dafs dieselbe sehr schnell einläuft, so dafs das Hemd nach jeder Wäsche um ein Stück kürzer geworden ist, und man schliefslich aus drei Hemden zwei von der ursprünglichen Gröfse herstellen könnte.

Diese Wollkleidung hat jedoch den grofsen Vorteil, dafs man niemals an der Haut friert, sondern stets warm bleibt, während ein Flanellhemd, wenn es abgekühlt ist, schon das Gefühl des Fröstelns erzeugt. Zwar ist nicht zu leugnen, dafs es einer gewissen Überwindung bedarf, bis man sich an die wollene Kleidung gewöhnt, da allerdings bei tropischer Hitze das prickelnde Gefühl der Wolle äufserst unangenehm ist; allein bald lernt man den guten Einflufs derselben schätzen und geht nicht wieder davon ab.

Doch ist es empfehlenswert, die wollenen Unterkleider bereits in Europa einigemal zu tragen, damit das Gefühl der prickelnden Wolle nicht allzu unerträglich werde.

Im übrigen führte ich Weste und Rock oder Joppe ganz wie in Deutschland, während sonst meistens die Weste ganz weggelassen wird; doch ist es für den Reisenden wünschenswert, stets eine Uhr in der

Nähe zu haben, die aber in der Joppe nicht festsitzt. Daher habe ich stets eine Weste beibehalten, wenngleich die Einwirkung der Hitze dadurch noch stärker fühlbar wird. In dem betreffenden Quartier am Ziel der Tagereise angekommen, kleidete ich mich dann um, zog anstatt der wollenen Hemden leichte Flanelljacken und ein leinenes Hemd an, statt der schweren Reisekleider ein leichtes Kostüm und befand mich bei dieser Art des Kleidens sehr wohl. Auch hatte dann das durchgeschwitzte Wollhemd Zeit, bis zum nächsten Tage wieder zu trocknen.

Als Hut benutzte ich im Anfang einen englischen Helm, Korkhelm mit Schleier, fand jedoch bald, dafs ein gewöhnlicher Strohhut mit breitem Rande weit bessere Dienste thut. Den Schleier verlor ich gleich, als ich zum erstenmal einen Urwald passierte, an den Dornen der Bäume; der Hut oder Helm selbst weichte nach den ersten starken Regengüssen und infolge des vielen Schweifses dermafsen auf, dafs ich ihn wegwarf; die gewöhnlichsten Strohhüte sind für Reisezwecke die besten, und ich halte es für unnötig, einen teuren Hut zu kaufen, wie man sie im Táchira und Santander trägt, gewaltige hohe, breitkrämpige schöngeflochtene, sehr wertvolle Hüte, die bis zu sechzig Pesos kosten.

Handschuhe habe ich im Anfang ebenfalls getragen und fand auch bei anderen Deutschen diese Sitte; der Hauptzweck derselben ist der Schutz gegen die Mosquitos, während es gleichgiltig sein kann, ob die Haut durch die Sonne verbrannt wird. In Colombia habe ich mich über keine Unterlassungssünde mehr geärgert, als darüber, dafs ich meine sämtlichen alten Handschuhe in meinem Koffer hatte stecken lassen und nun, da Handschuhe im Staate Magdalena ein unbekannter Artikel sind, schutzlos den Stichen der blutgierigen Mosquitos ausgesetzt war.

Manche empfehlen eine Leibbinde mitzuführen, falls man von der Dysenterie befallen werden sollte; doch habe ich niemals von einer derartigen Binde Gebrauch machen können, da ich zum Glück von jeglichem, auch dem leisesten Ansatz zu Dysenterie verschont blieb; jedenfalls halte ich es für schwer, sich des Tragens der Binde wieder zu entwöhnen.

Für die Maultiere braucht man einige Bürsten und womöglich Schwämme zum Reinigen der nicht ausheilenden Hautabschürfungen.

Für das Leben in der Wildnis bedarf man natürlich einer weitgehenderen Ausrüstung, als da sind Feldbett, Hängematte, Geschirr, Waschbecken etc., obwohl man z. B. eines Feldbettes in warmen Gegenden und eines Waschbeckens eigentlich überhaupt entraten kann. Sehr empfehlenswert ist aber auf alle Fälle eine Vorrichtung zum Kochen, eine kleine Spirituslampe oder etwas Ähnliches, da es vorkommen kann, dafs man infolge elementarer Ereignisse oder auch nur des schlechten Weges im Walde übernachten mufs, wobei dann der Mangel eines Kochapparates im höchsten Grade fühlbar ist.

An Instrumenten führte ich drei Aneroide und einen Kochthermometer mit. Die beiden kleinen Aneroide kann man in den Satteltaschen unterbringen, das grofse trug ich an einem Riemen um den Hals, wodurch ich allerdings sehr belästigt, ja mehrmals in unangenehme Lagen versetzt wurde, insofern sich der Riemen z. B. in einen Baumast, unter dem ich hindurchkroch, verfing und mich rücklings vom Pferde zog. Den Kochthermometer führt man wohl am besten in einem Futteral auf dem Lasttiergepäck mit, so dafs man ihn stets rasch zur Hand hat. Kompafs, Bussole und Notizbücher mufs man in der Jacke selbst unterbringen, im Notfall wenigstens in den kleinen Taschen auf dem vorderen Ende des Sattels. Ein Hammer, den ich zu geologischen Zwecken mitgenommen hatte, hing mit meinem Revolver zusammen am Gurt. Mein Diener führte einen Hirschfänger. Waffen gröfserer Art, Gewehre, sind in Venezuela überflüssig: es sei denn, dafs man ein Freund der Jagd wäre. Ich selbst habe niemals eine Schufswaffe abgefeuert, und auch mein Diener nur einmal aus Freude über den glücklich vollzogenen Übergang über den hohen schneeigen Páramo de Mucuchies.

Unter den Ausrüstungsgegenständen, die sich viele Reisende bereits im Heimatslande anschaffen, nehmen Konserven, allerlei Fleischarten, oder gar eingemachte Gemüse und Früchte einen der hervorragendsten Plätze ein. Solche Dosen mit Konserven mögen ganz brauchbar sein für Länder, in denen Mangel an Nahrungsmitteln herrscht; allein für Venezuela halte ich sie für völlig überflüssig. Gewifs giebt es Lagen und Ausflüge, auf denen man gewisser Vorräte bedarf, wie z. B. die Ketten südlich Merida bei Aricagua, allein auch dort vermag man sich aus der nächsten gröfseren Stadt, also in diesem Falle aus Merida, einesteils eine Reihe von Konserven mitzubringen, andererseits aber frische Vorräte in Menge zu entnehmen, so dafs ein völliger Ersatz für die Konserven gefunden ist. In Merida, sowie in allen mittelgrofsen Städten des Landes findet man Wurst, italienisches Fleisch, allerlei Fischarten, z. B. Sardinen, Lachs etc. in Dosen, ferner Corned Beef und allerlei Kleinigkeiten. Aufserdem aber kann man im Hochgebirge selbst gekochtes Fleisch in frischem Zustande tagelang mitführen.

Jedenfalls sind diese dem Lande selbst entnommenen frischen Nahrungsmittel aufserordentlich viel gesünder als die seit langer Zeit in der gröfsten Hitze herumgeschleppten, oft nicht vollständig hermetisch geschlossenen Büchsen mit schweren Fleischsorten. Will man seine Gesundheit in gutem Stande erhalten, so esse man, was das Land bietet, und es giebt in Venezuela wahrlich genug zu essen und genügend Gutes. Im Notfall kaufe man Reis, Mais und lebe von Reissuppe, Reiskuchen, Reis und nochmals Reis oder Mais, dazu Kakao, Kaffee, Käse, Zucker. Aus diesen Nahrungsmitteln lassen sich auch auf einfachen Kochapparaten mit nur geringer Mühe mannigfache Gerichte herstellen, und schliefslich kann man doch auch in den kleinsten Ortschaften Eier und Hühner erhalten, letztere sogar tagelang mit sich führen. Im Notfall thut auch die carne seca, das in Streifen geschnittene Fleisch, gute Dienste, und wenn man dann nach einigen Wochen wieder in eine Stadt gelangt, so schmeckt die frische Fleischnahrung doppelt gut. Und schon aus äufseren Gründen wird man im allgemeinen genötigt, keine allzu langen Reisen mit vollem Gepäck zu machen, sondern kleine Streifzüge an Stelle derselben zu setzen.

Denn wenn man sein sämtliches Gepäck und die allerdings spärlichen Sachen seines Dieners zusammenthut, so macht das ein recht bedeutendes Gewicht aus, und es handelt sich bei der dauernden Fortschaffung desselben um beträchtliche Kosten. Denn ein Lasttier kann bei allergröfster Bepackung doch nur höchstens zehn Arrobas (125 kg) in der Ebene schleppen, und für alles, was darüber geht, bedarf man eines zweiten Lasttieres. Ein zweites Lasttier aber zu kaufen ist mifslich, da es nicht ratsam ist, allzu viel bares Geld in Maultieren festzustecken. Will man aber ein neues Tier mieten, so kostet das ebenfalls grofse Summen, da einerseits die Leute von der Zwangslage des Reisenden Nutzen ziehen, andererseits aber das z. B. von Tocuyo nach Barquisimeto mitgenommene Lasttier doch auch wieder zurückgeschickt werden mufs, was wieder einen besonderen Kostenaufwand erfordert.

Ein gemietetes Tier kann man aber nicht auf weite Strecken mitnehmen und wird daher genötigt, von Station zu Station wieder neue Tiere zu mieten, wodurch schliefslich eine bedeutende Summe herauskommt. Daher soll man lieber ein billiges Tier für einige Zeit kaufen und dann wieder verkaufen, wie denn überhaupt Maultiere für längere Reisen durchaus nicht gemietet, sondern nur gekauft werden sollten, insofern man bei letzterer Weise entschieden billiger fährt. Natürlich verliert man bei dem Verkauf der Maultiere stets eine gewisse, zuweilen nicht unbeträchtliche Summe, allein diese steht nicht im Verhältnis zu dem, was gemietete Tiere kosten würden, und dabei ist noch der Vorteil zu beachten, dafs man sein gekauftes Tier genauer kennen lernt, etwaige Schäden und Schwächen bald herausfindet, sich demgemäfs einrichten und seine Tagereisen nach der Stärke des Tieres bemessen kann, während gemietete Tiere stets verschieden sind und niemals genauer kennen gelernt werden können. Wenn man auch noch den Vorteil hat, sein Tier an einem billigen Orte zu kaufen und an einem teueren wieder zu verkaufen, so verschwindet der Unterschied des Preises fast völlig, der Verlust wird nur sehr gering.

Von der Belastung der Tiere hängt die Schnelligkeit der Reise ab und von der Art der Ausrüstung die Belastung. Beladet man sich daher mit allerlei unnützem Zeug, so leidet darunter die Beweglichkeit, die Tagereisen werden kleiner, die Tiere vergeuden ihre Kraft in unnützer Weise. Es giebt ja zwar Umstände, die zu starker Belastung zwingen. In Colombia veranlafste mich z. B. der Mangel an Goldgeld, gutem überall kursierenden Papiergeld, und auch das Fehlen kreditfähiger Häuser im Innern des Staates Magdalena meinen ganzen Kredit, fast 1000 $ in Silber, mitschleppen zu müssen. Dadurch wurden die Maultiere unnatürlich belastet. In Venezuela aber hat man den grofsen Vorteil, überall im Innern Geschäfte von Kreditfähigkeit anzutreffen, die mit den deutschen Häusern der Küste in Verbindung stehen und angewiesen werden können, eine gewisse Summe in Gold an den Reisenden auszuzahlen. So ist man in den Stand gesetzt, einmal stets nur geringe Summen bei sich zu führen, was auch vom Standpunkte der Sicherheit und des ruhigen Schlafes aus vorzuziehen ist, und andererseits diese geringen Summen auch in Gold ausgezahlt zu erhalten, so dafs das Gewicht nicht so grofs wird wie bei Silber, ja so dafs man die gesamte Summe von ein paar hundert Thalern in zwei gewöhnlichen Portemonnaies unterbringen kann.

Man hat in Venezuela erstens das heimische Geld, dessen Einheit ein Bolívar = 1 Franc ist; man findet neue Fünf-, Zehn-, Zwanzig-Bolívarstücke in Gold, und ferner die alten Pesos, Thaler in Silber, deren Wert Mk. 3.20 = 4 Francs beträgt; dazu die Pesos fuertes im Werte von Mk. 4 oder 5 Francs. Man hat darunter auch peruanische Soles, chilenische und bolivianische, sowie ecuadorianische Stücke, jedoch keine oder nur wenige colombianische, da dieselben seit Jahren minderwertig sind und immer mehr im Preise sinken. Ferner sind unter dem Goldgeld besonders französische Zehn- und Zwanzig-Frankenstücke, englische Sovereigns, halbe Sovereigns und amerikanische Fünf-, Zehn- und Zwanzig-Dollarstücke häufig. Ein Zwanzig-Dollarstück heifst eine Morocota und ist im Lande ziemlich häufig. Auch die kleinen schönen Ein-Dollarstücke findet man nicht selten; der Wert ist 5.20 Bolívares, also eine Morocote 104 Bolívares. Ihnen an Gröfse ähnlich sind die mexikanischen und centralamerikanischen Unzen, Onza, zu 82 oder 80 Bolívares Wert, je nachdem sie aus dem Anfange des Jahrhunderts oder aus der zweiten Hälfte desselben stammen. Die Onza centro-americana gilt z. B. bis zum Jahre 1837 82 Bolívares, von 1837 an nur 80 Bolívares = 80 Francs. Ebenso gilt die spanische Unze 82 Bolívares und ihr entsprechend die der übrigen südamerikanischen Länder der früheren spanischen Kolonieen.

Seltener findet man Vierzig-Francsstücke, und es ist überhaupt merkwürdig, wie verschieden die Verteilung des Geldes ist. In Carácas und Valencia erhielt ich fast nur venezolanisches und französisches Goldgeld, in der Cordillere dagegen sehr viele amerikanische Dollars, namentlich Morocotas, Zwanzig-Dollarstücke, und auch Sovereigns. Dagegen sah ich niemals die Hundert-Bolívaresstücke, welche nach dem Dekrete des Präsidenten Guzman Blanco vom 31. März 1879 geprägt werden sollten.

An Silbergeld sieht man viele Pesos aller Staaten, auch deutsche Thaler in grofser Menge, für die sogar der Name Thaler bekannt ist, sodann die einheimischen Fünf-, Zwei- und Ein-Bolívarstücke, die französischen entsprechenden Franken, dann 50 Centesimos und 20 Centesimos, sowie die französischen Äquivalente, endlich eine Menge von englischen Shillings, amerikanischen Dimes etc. Deutsches Gold- und Silbergeld ist noch selten, doch findet man in den Küstenstädten schon die Zwanzig-Markstücke im Werte von 24 Bolívares 75 Centavos, niemals aber Zehnmarkstücke oder Einmarkstücke. Belgisches Geld ist stark vertreten, portugiesisches, holländisches, brasilianisches sah ich dagegen nirgends.

An geringeren Münzen besitzt Venezuela aufser den halben Bolívares oder Reales auch noch die halben Realstücke und Nickelstücke von einem und zweieinhalb Centavos. Da alle diese verschiedenen europäischen und amerikanischen Münzen nebeneinander cirkulieren, so ist der Neuling, dessen Kenntnisse z. B. von spanischem Geld bisher gleich Null waren, vor die schwere Aufgabe der Sichtung dieser endlose Verwirrung anrichtenden Geldstücke gestellt, und es kann jedem Ankömmling im Lande nur empfohlen werden, sich baldmöglichst mit dem Studium des Geldes zu befassen.

Bedauert habe ich stets die unglücklichen Opfer, welche in grofsen Geschäftshäusern die Kasse zu führen und mit den Maultiertreibern die Rechnungen aufzumachen und auszugleichen hatten; für den Reisenden aber ist es ein wahrer Segen, dafs viel Gold im Lande kursiert, so dafs die Ladung der Maultiere nicht noch besonders erschwert wird.

Endlich wollen wir bei der Frage der Ausrüstung eines wissenschaftlichen Reisenden in Venezuela noch der Arzeneien gedenken, die vielleicht von manchen für nötig gehalten werden. Hier gilt ebenfalls die Parole: Auswahl nur des Allernotwendigsten. Ich hatte im Anfange eine grofse Menge Flaschen, Gläser, Kasten, Schachteln etc. bei mir, welche die ganze eine Hälfte eines Handkoffers füllten; schon nach acht Wochen war der gröfste Teil verdorben, den Rest warf ich weg; eine riesige Flasche mit Karbol überreichte ich meinem Wirt, Herrn Avé Lallemant, und alles, was ich zurückbehielt, bestand in Jodoform, Salicylwatte und Pflastern.

Man braucht wesentlich nur Sachen, die für Behandlung von Wunden tauglich sind, da die Mosquitostiche leicht kleine Wunden erzeugen, die man nachts unwillkürlich kratzt, und welche dann schlimmer werden können. Dagegen hilft Jodoform, Salicylwatte, gegen andere geringere Schmarren und Risse Pflaster; doch achte man keine auch noch so kleine Schramme zu gering, da das Tropenklima leicht Entzündungen herbeiführt, wodurch die unbedeutendste Wunde bösartigen Charakter annehmen kann.

Chinin, das eigentliche Generalmittel für alle Sorten Malariafieber, kauft man besser in Venezuela, da man es dort in Pillenform erhält, während in Deutschland meist kleine Papiertafeln verkauft werden, so dafs man den Inhalt, das Chinin, in Wasser überschluckt, dabei aber den bodenlos bitteren Geschmack zu kosten hat, was bei den viel praktischeren, meist aus Paris bezogenen Chininpillen ganz wegfällt.

Als weitere Kleinigkeiten der Ausrüstung nenne ich blaue Brillen, Handtücher, Leinwand, bequeme Schuhe; die Brillengläser müssen Goldfassung besitzen, da alles andere Metall leicht den Einflüssen des Klimas erliegt.

Alle Ausrüstungsgegenstände packt man am besten in kleine Koffer von der Gröfse eines mäfsigen Handkoffers. Diese Koffer können dann ohne weiteres auf die Maultiere geschnallt werden; ich selbst habe fünf solche Koffer und einen sechsten kleineren einem einzigen Maultier ohne Schwierigkeit aufpacken lassen. Wer grofse Koffer mitnehmen will, wird sie bereits an der letzten Eisenbahn- oder Dampfschiffsstation stehen lassen müssen, wie es einem jungen Deutschen in San Cristóbal erging, dessen schwerer grofser Koffer noch jetzt in Cúcuta steht.

Vierzehntes Kapitel.

Die Llanos.

Wenn hier eine Schilderung der Llanos versucht werden soll, so bin ich mir wohl bewufst, dafs ich einesteils diese eigentümlichen Ebenen nur an ihren Nordrändern kenne, und dafs andererseits die bekannte klassische Beschreibung des Llanoscharakters seitens Humboldts vorliegt und von Dr. C. Sachs ein anerkannt vorzügliches Buch über die Llanos geschrieben worden ist.

Dennoch glaube ich ein gewisses Recht zu besitzen, die Llanos, wenigstens soweit ich sie kenne, zu behandeln, da einerseits die Schilderung Humboldts anerkanntermafsen veraltet ist, insofern sich die Vegetationsverhältnisse seit Anfang des Jahrhunderts stark verändert haben, und andererseits gegenüber Sachs mir die Kenntnis der westlichen Ebenen zu Gebote steht. Sachs, sowie auch Humboldt nahmen den gewohnten, am häufigsten begangenen Weg von dem Karibischen Gebirge nach Calabozo und von dort nach San Fernando de Apure, kreuzten die echten typischen Llanos in der Richtung von Nord nach Süd und durchzogen also die ganze Breitenausdehnung derselben. Mir dagegen war es beschieden, die nördlichen Llanos an mehreren Stellen in der Längenausdehnung zu berühren und auf diese Weise einen guten Einblick in die Veränderung des Charakters der Llanos von Südwesten gegen Nordosten zu erhalten.

Diejenigen Punkte, wo ich die Llanos kenne, sind folgende: Erstens am Anfang der Ebene bei Ortiz, dann die Llanos von Araure-Acarigua und bis zum Rio Cojedes, drittens die ziemlich grofse Strecke von Guanare bis Barínas und endlich wieder von Quiú bis Santa Bárbara, so dafs ich also die südwestlichen Llanos am besten kenne. Und gerade aus diesem Grunde glaube ich berechtigt zu sein, in der Beurteilung der Llanos hier einen kleinen Beitrag, eine Ergänzung zu Humboldt und Sachs geben zu dürfen, zumal da die centralen und östlichen Llanos für jedermann leicht zu besuchen, die südwestlichen Llanos am Rande der Cordillere aber äufserst unzugänglich und erst nach weiten Überlandreisen unter den schwierigsten Verhältnissen erreichbar sind und daher denn in der That auch zu den unbekanntesten Teilen Venezuelas zählen.

Es kommt aber noch ein Moment hinzu, welches mich zu meiner Aufgabe berechtigt, nämlich der Umstand, dafs die Llanos am Cordillerenrande schon vom Rio Cojedes an beginnen, gewaltige Wälder zu tragen, welche namentlich dort zusammengedrängt sind, wo die Flüsse in gröfserer Zahl einander parallel fliefsen und auf diese Weise Feuchtigkeit genug am Boden ansammeln, um Urwälder zu erzeugen.

Im allgemeinen aber haben auch die südwestlichen Llanos einen ähnlichen Charakter wie die östlichen und centralen. Der Boden besteht aus dem Schutt und Geröll, welches die Cordillerenflüsse auf das Vorland geführt haben.

Wahrscheinlich war zur Tertiärzeit, der vorletzten grofsen Periode der Erdgeschichte, der Boden der jetzigen Llanos vom Meere bedeckt, welches bis an den Rand der Cordilleren vordrang und damals etwa 200—300 m höher stand als heutzutage. Wenn wir annehmen, dafs das Meer heute plötzlich um 200 m stiege, so würden die Llanos überall bis an diese Gebirgsränder überflutet werden; im Osten würde das Meer bis an die Gebirge von Cumaná, jedenfalls bis an den Südfufs des Massifs des Turumiquire und im Thale des Rio Unare bis gegen Barcelona vordringen, also das weite ebene Land zwischen dem Kap Codera und Rio Chico einerseits und Cumaná andererseits unter Wasser setzen. In den centralen Teilen liegt die Stadt Ortiz 215 m hoch, würde also an der Küste des Meeres liegen, die Galera von Ortiz erschiene dann als Insel über den Fluten. Weiter im Westen glaube ich San Carlos als unter 200 m liegend bezeichnen zu müssen; das Meer würde hier nördlich von Pao und San Carlos durch den Südfufs der Serrania del Interior begrenzt sein; sodann würde Agua Blanca am Rio Sarare bereits unter Wasser stehen, und die Hügel von Guacamayo, los Javillos und Margarita in der Gruppe des Armo y Pitiguado zwischen den Flüssen Cojedes und Sarare würden die Küste bilden. In der That scheint das Meer zur Tertiärzeit hier an diesen genannten Hügeln gebrandet zu haben.

Ganz junge Kalksteine sind hier Anlafs zu den Phosphatgruben geworden; gewaltige Höhlen, vielleicht durch die Brandung des Tertiärmeeres erzeugt, finden sich in ihnen; Guano lagert dort in Menge, vielleicht als Rest der Exkremente der Seevögel, die an den Felsen der alten Küste ihre Brutplätze hatten. Die Gegend von Araure-Acarigua macht durchaus den Eindruck einer Bucht des früheren Meeres. Nordwestlich von Acarigua stürzt die Cordillere in eigentümlichen Steilabfällen herab, die der Brandungsterrasse einer Steilküste gleichen, ja man glaubt etwa 100 m hohe Strandlinien zu sehen. Bis zu der jetzigen Boca del Llano bei Sarare mufs das Meer damals gereicht haben. Im Westen von Araure-Acarigua dürfte dann die Portuguesakette die Küste gebildet haben und fernerhin die Cordillere. Die Städte Ospino, Guanare, Barínas, die Dörfer Tucupido, Boconó de Zamora in dem Llano von Zamora liegen alle in oder unter 200 m Höhe; nur das Dorf Barrancas zwischen Barínas und Guanare hat 235 m Höhe, doch scheint auch dieses noch auf altem Meeresgebiet zu liegen, denn hinter demselben erheben sich die felsigen Hügel der letzten Ausläufer der Cordillere mit küstenähnlichen Umrissen. Und auch im äufsersten Südwesten liegen die Orte Capitanejo und Santa Bárbara in nur 245 und 230 m Höhe auf der Sabane; auch hier ist wahrscheinlich das Meer bis an die ersten Randketten von 400 m Höhe thätig gewesen.

Nehmen wir aber ein Ansteigen des Meeres um 300 m an, so würden, um nochmals die einzelnen Ränder der Llanos durchzugehen, Ortiz, Parapára und die Ansiedelung La Uvitera überflutet werden und das Meer bis gegen Flores am Fufse des Cerro de Flores steigen. Die Senke am Cojedes-Yaracui zwischen San Felipe und Acarigua-Agua Blanca würde fast vollständig überschwemmt; der Ort Buría de Londres im Süden und die Gegend unmittelbar nördlich Chivacoa würden noch dem Meere anheimfallen, und nur ein schmaler Isthmus zwischen Chivacoa im Yaracui und Buría am Rio Barquisimeto bliebe bestehen.

Aus der Bucht von Buría würden die Hügelreihen des Cerro Toruno und der Cuesta del Burro nur wenige Meter emporragen, und auch der Ort Sarare am gleichnamigen Flusse, die Boca del Llano, verfiele noch dem alles verschlingenden Meere der Llanos.

Weiter gegen Südwesten zu würde das Meer bis an die Cordillere herantreten und im Thale des Rio Doradas und des Torbes-Rio Frio weit aufwärts eingreifen.

So mag einst das Bild der südlichen Abhänge der Gebirge des nördlichen Venezuela ein ganz anderes und die jetzt breite Landzone zwischen dem Karibischen Meere und dem Massiv von Guayana weit schmäler gewesen sein; als dann das Wasser sich allmählich zurückzog, da blieben die jetzigen Llanos zurück, ein langsam und unmerklich abfallendes Land, dessen Neigungswinkel gewifs nur geringe

Bruchteile eines Grades betragen kann. Die sich entwickelnden grofsen Ströme durchfurchten dann den Boden und erfüllten ihn mit ihrem Gerölle.

Das Gefälle der Llanos ist jedoch kein gleichmäfsiges, weder in der Stärke noch in der Richtung. Entsprechend dem Laufe der Flüsse Apure-Orinoco sollte man erwarten, dafs sich der Boden der Llanos in der Richtung von Westen nach Osten neigte, oder wenigstens von Nordwesten nach Südosten. Allein wir finden bei näherer Betrachtung der Stromläufe, die ja gerade in der Ebene die Neigung des Bodens deutlich verraten, dafs dieselben zu einer bestimmten Hauptaxe konvergieren, und zwar nach den centralen Llanos von Baul und San Fernando de Apure hin. Die tiefste Linie der Llanos liegt nicht im Osten, sondern in der Mitte, und zwar bezeichnet der Lauf der Flüsse Cojedes-Portuguesa diese tiefste Einsenkung. Dies ist insofern wichtig, als die Linie des Cojedes-Portuguesa in ihrer nordwestlichen Fortsetzung die Yaracui-Scheide trifft, welche wir auf Seite 4 als Grenze der beiden Gebirgssysteme der Cordillere und des Karibischen Gebirges bezeichnet haben. Man sieht also, dafs die Trennung der beiden Systeme sich auch in der hydrographischen Anordnung der Llanos wiederspiegelt.

Alle Ströme westlich der Mündung des Apure in den Orinoco, also westlich des Knies von Caicara, konvergieren gegen den Cojedes-Portuguesa hin. Die von der Cordillere herabkommenden Flüsse fliefsen gegen Südost und Ost, die von dem Karibischen Gebirge herunterrinnenden gen Süd und Südsüdwest. Erst im Meridian von Barcelona beginnen sie gegen Ost und Ostnordost zu strömen. Im allgemeinen entspricht diese Richtung der Stromläufe dem Streichen der Gebirgssysteme. Die Cordillere streicht Nordost, die Flüsse fliefsen im rechten Winkel dazu, gegen Südost; das Karibische Gebirge streicht West-Ost, die Flüsse fliefsen ebenfalls im rechten Winkel dazu, gegen Süd.

Zwischen den einzelnen Flüssen dehnen sich sogenannte Mesas aus, das sind breite und lange Flächen, welche zwischen den Erosionsrinnen der Ströme stehen geblieben sind. Während diese letzteren das Bett immer tiefer graben, behalten die dazwischenliegenden Teile der Ebenen ihre Seehöhe bei und ragen daher, je tiefer die Flüsse einschneiden, desto mehr über deren Bett empor. Dieser Mesas giebt es namentlich in den östlichen und centralen Llanos eine ganze Reihe; ich nenne darunter die Mesa de Santa Clara und die Mesa Mereyal nördlich von Caicara, die von den Quellflüssen des kleinen Rio Manapire, dem Rio Santa Clara und dem Rio Espino, geschaffen worden sind. Diese Mesas bilden daher in den Llanos die einzigen Erhöhungen des Bodens und zeichnen sich gewöhnlich durch gröfsere Trockenheit aus.

Die gewaltigen Flüsse der Llanos haben in der Regenzeit die Gewohnheit, ihre Betten zu überschreiten und das benachbarte Land zu überschwemmen; man sieht dann von erhöhten Punkten aus weite Wasserflächen in der Ebene. Als ich während der stärksten Regenzeit Anfang August 1885 von der Cordillere nach den Llanos von Barínas hinabstieg, sah ich weit und breit gegen Süden zu auf der grünen Ebene grofse, gelbe Flächen lagern, welche die Überschwemmungsgebiete der grofsen Flüsse, namentlich der Rios de Santo Domingo und Masparro, sowie Paují, darstellten. Der Wasserreichtum der Llanosflüsse ist zur Regenzeit kolossal; bereits am Ausgang der Cordillere konnte ich die Rios de Santo Domingo und Boconó, also die aus den höchsten Teilen des Gebirges herauskommenden, nur noch im Kanoe überschreiten; am Ufer angekommen pflegt man zu rufen oder einen Revolver abzuschiefsen, um den Fährmann zu benachrichtigen, dafs eine des Übersetzens bedürftige Karawane seiner harrt. Man wird dann in ein Boot geladen, Gepäck etc. wird hineingeworfen, und die Maultiere und Pferde bindet man hinten an das Boot. Die Überfahrt halte ich für nicht ungefährlich, da die Tiere häufig hartnäckig sind und sich weigern, in das ihnen unangenehme nasse Element zu steigen, sowie namentlich durch die ihnen um die Hälse gelegten Stricke behindert und leicht scheu gemacht werden. Sowie sie aber den Grund unter den Füfsen verloren haben, beginnen sie zu schwimmen, und von da an geht die Überfahrt leicht vor sich; denn die Maultiere schwimmen gut und beeilen sich, an das andere Ufer zu gelangen, um wieder festen Boden unter den Füfsen zu gewinnen. Doch kann man nicht gut mehr als zwei Tiere auf einmal an das Boot binden, da die Stricke sich leicht verwickeln und auf diese Weise zu ernsthaften Unglücksfällen Anlafs geben können.

So passierte ich die Rios de Santo Domingo und Boconó. Noch viel unangenehmer ist der Übergang über kleinere Flüsse, welche nicht tief genug sind, um per Boot befahren zu werden, aber auch nicht seicht genug, um einigermafsen trocken passiert werden zu können. So ist mir der Rio Guanare in unangenehmer Erinnerung geblieben. Bei der Ankunft in Guanare von Norden her hat man den Strom zu überschreiten, der hier in drei Armen mit dazwischenliegenden Sandbänken strömt. Zunächst machte es uns schon die gröfste Mühe, den Fährmann zu bewegen, uns die Furt zu zeigen, und es bedurfte einiger kräftiger Mahnungen und der Erinnerung an vorhandene Waffen und Munition, um den Mann zur Dienstleistung zu bringen. Denn während man in der Cordillere mit scharfem Auftreten gewöhnlich nichts erreicht, sondern am besten thut, möglichst höfliche und schmeichelnde Worte zu gebrauchen, um seinen Zweck zu erlangen, verhält sich die Sache in den Llanos von Barínas umgekehrt; freundliche Worte nützen hier kaum etwas, die Leute sind gewohnt, scharf angefaſst zu werden, und wer sie höflich behandelt, wird von ihnen nicht für voll angesehen.

Nur unter ununterbrochenem Ärger und heftigen Scheltworten vermochte ich zwischen Barínas und Guanare weiterzukommen. Die Strömung des Rio Guanare war stark, die Tiere gerieten bis an den Bauch in das Wasser, und ich war froh, als ich hinüber war.

Noch unangenehmer waren die kleineren Flüsse, welche aus der Cordillere von Boconó hervorbrechen, der Masparro und die Quebrada Yuca. Letztere ist ein kaum 25 Schritt breites Wasser, aber mit reiſsender Strömung und von Steilufern umrahmt, so daſs namentlich das Herauskommen aus der starken Strömung auf das hohe Ufer mit groſsen Schwierigkeiten verbunden war. Wir hatten speziell, um die Quebrada Yuca passieren zu können, einen Führer „vaqucano del paso“ aus Barínas mitgenommen, und mit Hilfe desſelben gelang es denn auch, glücklich um Mittag die gefährliche Quebrada zu passieren.

Beinahe aber hätte uns der dann folgende Rio Masparro einen bösen Strich durch unsere Reiserechnung gemacht. Der Masparro führt an der Stelle, wo ihn der Weg Barínas-Guanare kreuzt, sehr viele Rollsteine, welche dicht gedrängt in dem nur seichten Fluſsbette liegen; und wenn auch die Strömung nicht gerade stark ist, so bietet doch der Fluſs insofern ganz besondere Schwierigkeiten, als die Rollsteine sehr rund, abgeschliffen, glatt sind und so gedrängt liegen, daſs die Tiere keinen festen Fuſs fassen können. Auſserdem bildet das Wasser Wirbel über dem Gerölle, und endlich hatten wir weit und breit keinen Menschen getroffen, so daſs wir die Furt nicht genau kannten und aufs Geratewohl übergehen muſsten. Dreimal versuchten wir durch den Fluſs zu kommen, allein jedesmal wurden die Maultiere durch die zahllosen Wirbel buchstäblich umgedreht, so daſs sie nach ein paar Sekunden wieder mit dem Kopfe gegen das eben verlassene Ufer gekehrt waren. Endlich entschloſs sich mein erprobter und obwohl des Weges unkundiger, doch im allgemeinen in Besiegung aller Arten von Fährlichkeiten wohlbewanderter Diener Manuel, allein durch den Fluſs zu gehen und die Furt zu suchen. In der That gelangte er glücklich an das andere Ufer, kehrte wieder zurück und nahm nun das Lasttier am Zügel. Auſserdem band er mein Reittier mit den Zügeln an den Schwanz des voranschreitenden Lasttieres, und mein Reisebegleiter, ein Deutscher, Namens Wiedemann, folgte. Denn man findet bei Passierung schwieriger Stellen, sei es in Flüssen, oder auf Gebirgswegen oder in Sümpfen stets, daſs, wenn einmal ein Maultier glücklich über das Hindernis hinweggekommen ist, auch die übrigen dann leicht folgen. Auf diese Weise gelangten wir denn auch nach einiger Mühe glücklich an das andere Ufer und fanden bald ein Haus neben einer alten Ruine eines Gutes, das in den Revolutionskriegen zerstört worden war.

Schlimmer als alles dieses war jedoch der Übergang über den oberen Lauf des Rio Guanare, welcher aus der Cordillere von Humucaro entspringt und aus zwei Quellflüssen, Chabasquén und Chabasquencito, zusammenfließt. Als wir bald oberhalb Guanare an dem sogenannten Bocadero den Fluß erreicht hatten, ging ein ungeheuerer Gewitterguß nieder, und es war infolgedessen nötig, etwa zwei Stunden zu warten, bis die Hochflut vorüber war. Endlich erklärte unser Führer, daß es nun möglich sei, den Fluß zu überschreiten, entkleidete sich ganz vollständig, und der Übergang begann. Indessen war die Strömung so außerordentlich stark, daß ich, auf dem Maultier sitzend, das Gefühl eines Schlittschuhläufers hatte, welcher mit ungeheuerer Schnelligkeit, dem Fallen nahe und ohne die Möglichkeit sich zu halten, über eine glatte Fläche dahingleitet. Man glaubt an solchen Übergängen, daß man von dem Wasser förmlich weggeschwemmt würde, während in der That das Tier langsam Schritt vor Schritt durch den Fluß geht. Das mit großer Schnelligkeit vorbeirauschende Wasser erzeugt den Eindruck, als ob man mit fortgerissen würde, und Verwunderung erfaßt den Reisenden, wenn er an den Landmarken sieht, daß er fast noch auf demselben Punkte steht. Wir mußten, um die richtige Furt zu nehmen, zunächst mit der Strömung eine ganze Strecke weit abwärts ziehen, um dann in einer scharfen Wendung gegen den Strom an das andere Ufer zu klimmen. Dieser Übergang hatte denn auch die Folge, daß wir und das Gepäck durchnäßt wurden und in dem nächsten Hause zur Nacht bleiben mußten.

Allein noch standen uns zwei Übergänge über denselben Fluß bevor, und bei dem unaufhörlichen Regen — die Regenzeit steht Anfang August in höchster Blüte — war es nicht gerade angenehm, diese Aussichten vor sich zu haben. Nachdem wir uns den ganzen Morgen durch Morast und fieberschwangere Flußuferdickichte hindurchgearbeitet hatten und am Nachmittage nur noch eine halbe Stunde von der rettenden Ortschaft der Sabana de Biscucui entfernt waren, hinderte uns in der That der reißende Fluß am Übergange. Die Strömung schoß pfeilschnell daher, weil es im Gebirge heftige Regengüsse gegeben hatte, und wir waren genötigt, das Ablaufen der „creciente“, Hochflut, abzuwarten. Zweimal hatten wir den Fluß, zuerst vom rechten zum linken und dann unmittelbar darauf vom linken zum rechten Ufer, zu kreuzen, und es hätte uns zwar auch freigestanden, einen durch den Wald gehauenen Pfad am rechten Ufer des Flusses zu benutzen; allein da ich aus Erfahrung wußte, daß diese selten begangenen „picas“, Pfade, durch den Wald schon in der Trockenheit, geschweige denn in der Regenzeit, das non plus ultra aller Beschwerlichkeiten bieten, und aufserdem versichert wurde, dafs diese „pica“ ganz besonders sumpfig und in schlechtem Zustande sei, so verzichteten wir gern darauf, wagten am folgenden Morgen, nachdem das Wasser etwas gefallen war, den zweimaligen Übergang über den reifsenden Strom, und er glückte denn auch in der That. Zu aller dieser Not kam auch noch der Umstand, dafs die Gegend ganz aufserordentlich ärmlich und die Bevölkerung unfreundlich war. Ich habe nur in wenigen Teilen Venezuelas eine so ekelhafte Bevölkerung getroffen wie hier am Rio Guanare. Halb nackt, gänzlich verkommen, durch Fieber und Hautkrankheiten decimiert und angegriffen, mangelhaft mit Lebensmitteln versehen, so dafs wir oftmals auch für vieles Geld nichts erlangen konnten, ungastfreundlich und bodenlos schmutzig, so stellte sich das Volk in diesem elenden Winkel unseren durch die Strapazen allerdings für derartige Widerwärtigkeiten abgestumpften Blicken dar. Wer unter Regen, Schmutz, mangelhafter Wohnung, Nässe, heranziehendem Fieber, Ärger und Unbequemlichkeiten aller Art auch noch mit ungastfreundlicher Bevölkerung zusammenzutreffen verurteilt ist, der schwankt nur noch zwischen zwei Gefühlen, entweder völliger Resignation oder dem Wunsche, alles kurz und klein zu schlagen.

In den Flüssen am Rande der Cordillere existieren die für die Llanos charakteristischen gefährlichen Fische, der Zitteraal und der Karibe-Fisch, nicht. Ersterer findet sich meist nur in den ganz ruhig fliefsenden, stark erwärmten Unterläufen der grofsen Llanosflüsse, und auch der Karibe-Fisch scheint sich nur in den südlichen Llanosflüssen aufzuhalten. Es ist dies der gefürchtetste Bewohner derselben, ein kleiner, aber äufserst gefräfsiger und in ungeheuren Mengen auftretender Fisch, welcher sich auf solche Tiere und Menschen stürzt, die mit einer offenen Wunde, aus welcher Blut fliefst, behaftet sind. Es wird von durchaus glaubwürdigen Personen ganz übereinstimmend behauptet, dafs, sobald die Karibe-Fische ein Rind oder Maultier, welches eine offene Wunde hat, über einen Flufs schwimmen sehen, sie mit unglaublicher Gier über dasfelbe herfallen, ihm buchstäblich das Fleisch vom Leibe reifsen und das Tier binnen kürzester Zeit total skelettieren. Reisende, deren Maultiere oder Pferde eine offene Wunde haben, helfen sich daher meist dadurch, dafs sie ein Stück rohen Fleisches in den Flufs werfen oder nachschleppen lassen, auf welches sich dann die Fische stürzen. Auch die Kaimans, welche in den ruhig fliefsenden Strömen der niederen Llanos häufig sind, fehlen in den Oberläufen derselben, da sie sich meistens in gering bewegten Flüssen aufhalten.

Der Vegetationscharakter der Llanos ist nun im allgemeinen, wie auch schon Sachs angiebt, ein Wechsel von Sabane und Buschwald. Auf der ganzen Strecke von Santa Barbara bis Quiú und von Barínas bis Guanare, sowie auch bei Acarigua und Agua Blanca ist dieser Typus herrschend. Meist findet man eine weite Sabane mit hohem Grase, das etwa bis an den Rücken der Maultiere reicht, so daſs es notwendig ist, beim Reiten hohe Stiefel zu tragen, damit nicht die Beinkleider gänzlich durchnäſst werden.

Einem Fuſsgänger reicht das Gras bis an den Hals und schlägt oftmals über seinem Kopfe zusammen. Man hat in der Sabane meist nur schmale Pfade ausgetreten, die jedoch an Stellen, wo das Gras weniger üppig wächst, breiter werden; ganz besonders hoch erschien mir das Gras an beiden Ufern des Rio Boconó, namentlich am rechten westlichen. Auf der Sabane stehen dann hie und da Baumgruppen, häufig auch förmliche Haine, namentlich der Cobija[1]), dann aber auch von Palmen, wie die Mauritia und die Marara[2]) von Barínas. Auch kommen der Algarrobo[3]), der Guásimo, die Caña fistola[4]) vor.

Diese Wälder nehmen wesentlich die Fluſsufer ein, doch zeigen sie sich auch auf offener Sabane, und das Reisen wird infolgedessen durchaus nicht so eintönig wie es erscheinen mag, da man zuweilen auch einmal einen Wald durchzieht oder am Rande eines solchen entlang reist, so daſs jedenfalls der Horizont niemals so unendlich ausgedehnt und unbeschränkt ist wie die landläufige Ansicht von den Llanos, den unabsehbaren Sabanen, es erfordert. Diese Ansicht ist wesentlich durch Humboldt hervorgerufen worden, welcher die Llanos in der That baumlos sah. Seitdem aber hat sich der Viehreichtum des Landes auſserordentlich vermindert. Früher, vor den Unabhängigkeitskriegen, war der Viehstand in den Llanos ein kolossaler, oftmals wurden ganze Herden geschlachtet, nur um die Häute zu erlangen und zu verkaufen; allenfalls wurden auch noch die Hörner aufbewahrt. Heute ist von alledem nicht mehr die Rede. Die Unabhängigkeitskriege, in welchen die Llanos der Sitz des hartnäckigsten Widerstandes gegen die Spanier waren und mehrmals, nachdem schon das ganze nördliche Gebirgsland von den Spaniern wieder erobert worden war, allein unter dem tapferen General Páez den Kampf noch aufrecht erhielten, haben den Viehstand auſserordentlich reduziert, und die darauf folgenden Bürgerkriege, namentlich die schreckliche guerra de cinco años, haben ihm den Todesstoſs gegeben.

---

[1]) Copernicia tectorum. — [2]) Marara bicuspidata. — [3]) Hymenaea curbaril. — [4]) Cassia fistula.

Erst ganz neuerdings, etwa seit 1871, fängt die Kopfzahl des Viehes wieder an sich zu heben, allein noch immer sind die Llanos ganz bei weitem nicht im Stande, auch nur im entferntesten den früheren Reichtum an Vieh zu erreichen. Es waren eben in den verschiedenen unaufhörlich aufeinander folgenden Kriegen die Llanos meist das Kriegstheater, da hier eher eine Entscheidung herbeigeführt werden konnte als in den Gebirgen, und wenn es Krieg gab, so wurden stets zuerst die Herden decimiert, um willkommenen Mundvorrat zu liefern.

Diese Verminderung des Viehstandes hat nun den Baumwuchs begünstigt; die früher nicht aufkommen könnenden jungen Schöfslinge haben sich allmählich zu grofsen Bäumen erhoben, neuer Nachwuchs ist erfolgt, und überall auf der Sabane erstehen Baumgruppen und Wälder, die entschieden dazu beitragen, die Landschaft reizvoller zu machen. Doch sollen nach der Versicherung meines Reisegefährten, des Herrn Wiedemann, welcher in den Llanos südlich von Nutrias einen Viehhof hatte, dort, im Süden des Rio Apure, die Ebenen fast baumlos sein.

Doch haben in den nördlichen Teilen der Llanos von jeher grofse Wälder bestanden, welche vielleicht als Reste einer einstmals ausgedehnteren Waldbedeckung gelten können. Noch heute finden wir an drei Stellen ungeheuere Urwälder, deren Reize ganz besonders grofs sind. Das sind die S e l v a s, und zwar die Selva de Turén, zwischen den Flüssen Acarigua und Cojedes, die Selva de Ticoporo zwischen Pedraza und den Ansiedelungen östlich von Santa Bárbara an den Quellflüssen des Rio Suripá und endlich die Selva de Camilo im Süden des Uribante und Doradas. Leider habe ich keine der drei Selvas genauer kennen gelernt, obwohl ich nahe an zweien derselben entlang zog, nämlich etwas nördlich der Selva de Turén bei Acarigua und nördlich der Selva de Ticoporo von Quiú bis Santa Bárbara.

Doch ist es zweifellos, dafs diese Wälder Urwälder ersten Ranges sind und alle Reize solcher besitzen. Da ich leider keine Zeit hatte, mich in dieselben zu vertiefen, und auch an dem ungeheuren Urwalde des Zulia bereits ein echtes Bild derartiger Landschaft geschildert habe, so kann ich hier nicht näher auf dieselben eingehen, verweise jedoch nochmals auf eine kleine Schrift „Heimwärts“ von ungenanntem Verfasser (Hamburg, J. F. Richter, 1880), welche in grofsartiger Sprache die Schönheiten dieser Wälder schildert (siehe S. 148).

Doch habe ich e i n e n Eindruck von ihnen erhalten, den ich niemals vergessen werde. Nach 1½tägiger Reise war ich von Aricagua in der Cordillere, ohne ein Haus zu sehen, ohne einen Ausblick auf die Llanos zu haben, endlich Nachmittags auf die Cuchilla, den letzten Höhenzug der Cordillere, gelangt. Und hier eröffnete sich mir plötzlich von dem auf der Höhe einsam stehenden Hause aus ein unendlich grofsartiger Blick auf die Waldungen im Süden, auf die Selva de Ticoporo. Ungeheuere unabsehbare dunkelgrüne Wälder überzogen die Ebene, und aus ihnen heraus tauchten die gelben Blüten des Flor-Amarilla-Baumes. Schweigend und still ruhte der Wald; die Nachmittagssonne senkte sich langsam über ihn hinab; unbewohnt, tot lag die Wildnis vor mir, in die ich bald darauf hineintauchen sollte.

Denn der gewaltige Wald von Ticoporo entsendet auch Ausläufer gegen Norden und Nordwesten an die Strafse von Barínas und Pedraza nach Santa Bárbara. Man durchzieht auf der Strecke Quiú - Santa Bárbara ebenso lange Hochwald wie Sabane, und zwar mufs ich ausdrücklich bemerken, dafs dies kein Buschwald wie in den übrigen Teilen der Llanos, sondern ein echter Hochwald war, und zwar ein trockener Hochwald, eine Erscheinung, die ich nur ein einziges Mal wieder, am Westfufse der Sierra Nevada de Santa Marta, gefunden habe; sonst pflegen die Tieflandswälder Venezuelas morastig und feucht zu sein. So war denn infolge der Trockenheit und des dadurch bedingten guten Weges die Reise durch den Wald zwischen Quiú und Santa Bárbara für mich ein Hochgenufs ersten Ranges, den ich in meinem ganzen Leben nie wieder vergessen werde. Ohne die Notwendigkeit, auf Schritt und Tritt acht zu geben auf vorüberziehende Lianen und Schlingpflanzen, an denen man sich bequem erhängen kann, ohne die Qual unaufhörlicher Angst vor neuen Widerwärtigkeiten und Beschwerden, wie sie in den morastigen Urwäldern des Zulia nur zu sehr an der Tagesordnung sind, ohne alle diese Abhaltung, sondern vielmehr im Gefühle angenehmer bequemer Reise auf gebahntem ebenen Waldweg, hatte ich Mufse genug, die prachtvollen feuerroten, fast kopfgrofsen Blumen der Brownea zu bewundern, welche zum Teil unmittelbar über dem Erdboden aus dem Stamme herauswachsen, und die Falter zu beobachten, die unaufhörlich in blauschillerndem Glanze um den Kopf meines Tieres flatterten. Fast leid that es mir, als wir auf der Sabane von Santa Bárbara anlangten, wo ich allerdings für den Mifsmut über das Verlassen des Waldes und das Eintreten auf die öde Sabane durch einen prachtvollen Blick auf die Cordillere entschädigt wurde. Santa Bárbara liegt unmittelbar am Fufse der Cordillere im abgelegensten Winkel der Llanos auf der Sabane mit einer geradezu grofsartig schönen Aussicht auf das Gebirge, so dafs Codazzi einmal gesagt hat: wenn Romulus Santa Bárbara gekannt hätte, so würde er die Stadt Rom in der Sabane von Santa Bárbara gegründet haben.

Leider ist es mir nicht vergönnt gewesen, weiter westlich in den innersten Winkel der Llanos vorzudringen, wo der Caparro, Doradas und Uribante ihre Wasser zu einer unabsehbaren Lagune vereinen.

Die übrigen Städte der Llanos sind weniger schön gelegen als Santa Bárbara, da sie meist weiter vom Gebirge entfernt erbaut sind. Pedraza kenne ich leider nicht, vermute jedoch, daſs es ebenso sehr heruntergekommen sein wird wie das nun gegen Osten zu folgende Barínas, die einstige Hauptstadt der Llanos, deren Namen eine ganze Provinz trug, die Besitzerin ungeheuerer, aus dem Viehstande gezogener Reichtümer, die Königin der Tabakstädte Venezuelas. Alles ist dahin, der Reichtum, der Viehstand, der Tabakbau. Die Kriege haben damit aufgeräumt, die Stadt ist verfallen, der Viehstand zerstört, buchstäblich im Kriege aufgegessen, der Tabakbau ist vollständig zu Ende.

Barínas bietet eine merkwürdige Mischung von sonst und jetzt dar. Die Häuser sind elend, viele nur mit Stroh gedeckt, die Straſsen schlecht gehalten, kaum gepflastert, unsauber, schmutzig, voll von Schweinen und Hühnern. Dazwischen aber stehen die groſsartigen Ruinen aus altspanischer Zeit, eine ungeheure Säulenhalle, der Rest des Hauses des Marques del Toro, der in den Unabhängigkeitskriegen mitsamt seiner Familie unterging. Die Stadt Barínas wurde damals verbrannt; doch ist ihr eigentlicher definitiver Ruin erst durch die guerra de cinco años (1866—1870) herbeigeführt worden, während welches mit äuſserster Grausamkeit und Blutgier geführten Kampfes Barínas mehrfach aus der Hand einer Partei in die der anderen überging. In dem Hause des Italieners Paolini, wo wir freundliche Aufnahme fanden, sah ich noch die Bajonett- und Kolbenspuren an einer damals verrammelt gewesenen Thür.

Infolge des völligen Niederganges der Stadt hat man ihr denn auch die Eigenschaft als Hauptstadt des Staates Zamora genommen und auf Guanare übertragen. Während Barínas früher in spanischer Zeit so bevölkert und reich war, daſs es allein eine Schwadron Reiter auf ausschlieſslich weiſsen Pferden beritten machen und bewaffnen konnte, hat jetzt meiner Ansicht nach die Bevölkerung kaum die Zahl von 1500 Seelen.

Auch in der Sabane am Masparro findet man, wie schon oben bemerkt, Reste alter Mauern, eines Gutssitzes des Marques del Toro, im Walde versteckt und überwuchert von Gebüsch. Dieses Gut wurde in den Unabhängigkeitskriegen zerstört, der Marques selbst ermordet. Die Stelle heiſst noch jetzt La Marquezeña.

Auch in der guerra de cinco años ist dieser Teil der Llanos arg mitgenommen worden; eine Reihe von Dörfern ist ganz verschwunden,

z. B. das noch auf der Karte Codazzis angegebene Dorf Yuca am rechten Ufer der Quebrada Yuca.

Die neue Hauptstadt des Staates Zamora, Guanare, befindet sich ebenfalls in einem recht traurigen Zustande, zeigt jedoch mehr Leben als Barínas. Das Pflaster der Strafsen ist durchlöchert, zerstört, die Strafsen selbst sind krumm und schief, eine bei spanischen Städten seltene Erscheinung und entschieden unrühmliche Ausnahme; das Geschäft ist gering, die Bevölkerung weniger angenehm.

Ospino kenne ich nicht, dagegen hat mir Acarigua einen günstigeren Eindruck hinterlassen. Acarigua und Araure sind Doppelstädte, nur durch einen Bach und eine Strecke von etwa einer Viertelstunde getrennt. Früher war Araure die gröfsere Stadt, wie denn auch auf Codazzis Karte Acarigua nur als Dorf angegeben ist; jetzt ist Acarigua bedeutender. Die Stadt hat mehrere Kirchen, ist reinlich und wohl gebaut. Das Klima ist, wie überall in den Llanos, sehr heifs; hier fand ich den höchsten Hitzegrad in der Sonne, $52{,}5^0$, nachmittags 2 Uhr am 14. Oktober 1885.

Acarigua ist mit Guanare durch einen Karrenweg verbunden, und auch nach Osten zu mit San Carlos durch einen solchen. Etwas nordöstlich von Acarigua liegt Agua Blanca, ein kleines Dorf am Rio Sarare. Hier träumte zur Zeit meiner Anwesenheit die ganze Bevölkerung von sofortigem Reichtum, da in den benachbarten Gebirgen Phosphat, Salpeter und Guanolager entdeckt waren und bereits eine französische Gesellschaft sich gebildet hatte, um dieselben auszubeuten. Man sprach sogar schon von dem Bau einer Eisenbahn von Puerto Cabello über den Yaracui und die Ebenen von Buría und Sarare nach Agua Blanca. Ein Vertreter der französischen Gesellschaft safs bereits mit seiner Frau in einem kleinen Hause bei Agua Blanca mitten auf der Sabane. Bei diesem liebenswürdigen Franzosen, seiner Frau und seinem Schwager verbrachte ich einen angenehmen Sonntag. Merkwürdig berührte mich der Kontrast des palmstrohgedeckten Hauses und der feinen Pariser Möbel sowie des echten porzellanen Services: Paris in der Sabane von Agua Blanca.

Fünfzehntes Kapitel.

Wohnung, Kleidung, Nahrung.

Wie in allen spanischen Ländern, also in ganz Südamerika außer Brasilien, in Cuba, Portorico u. s. w., sind auch in Venezuela die Städte außerordentlich regelmäßig angelegt. Man steckt zunächst eine Plaza, einen großen viereckigen, meist quadratförmigen Platz ab, und führt von diesem aus die Straßen nach den vier Himmelsrichtungen. Auf der Plaza selbst wird gewöhnlich die Kirche an der Ostseite angebracht, und die übrigen Seiten des Hauptplatzes nehmen die Regierungsgebäude oder die kirchlichen Bauten ein. Der Sitz der Regierung, die Hauptwache, das Gefängnis (carcel publica), oft auch der bischöfliche Wohnsitz oder die Pfarrhäuser bedecken die Plaza, und wenn dann noch Raum vorhanden ist, so siedeln sich die größeren Kaufleute an der übrig gebliebenen Seite an. So ist es z. B. in Merida, wo die Südseite die Kathedrale trägt, die Westseite das Regierungsgebäude, der Norden Läden und der Osten Privathäuser. So auch in Trujillo, wo z. B. die Wohnung des angesehensten Kaufmannes der Stadt, meines liebenswürdigen Wirthes Don Juan Carrillo Guerra, die eine Seite der Plaza bedeckt, während an den übrigen ebenfalls Kirche, Regierungsgebäude und Privathäuser wechseln. So auch steht es in Tovar, wo Kirche, Gefängnis und Bürgermeisterei die eigentliche Plaza umgeben, während das Haus des Don Elias Burguera, des dortigen ersten Geschäftsmannes, die eine Ecke derselben einnimmt. In den großen Städten, Carácas, Valencia u. s. w., auf die ich im neunzehnten Kapitel zurückkommen werde, herrscht immer noch dieselbe Sitte, doch verteilen sich die dort natürlich zahlreicheren öffentlichen Gebäude auch auf andere Plätze.

Die Plaza ist in den kleineren Orten meist mit Gras bestanden und dient in den Bergdörfern geradezu als potrero publico, als öffentliche

Weide; sogar in Merida sieht man häufig Esel und Ziegen, ja auch Maultiere auf der Plaza grasen. Wo die Sitte von Wochenmärkten herrscht, versieht die Plaza das Amt einer geduldigen Trägerin aller der Früchte, Knollen, Gemüse, Fleischsorten, Dulces und Menschen, die alle zusammen recht durchdringende Gerüche aushauchen.

In noch weiter vorgeschrittenen Gemeinden, die städtischen Charakter haben und den Centren der Civilisation nahe liegen, wie z. B. Maracai, La Victoria, Guacara, Villa de Cura zwischen Carácas und Valencia, wird die Plaza mit Bäumen bepflanzt, mit Kies bestreut, mit Bänken oder Stühlen besetzt, häufig auch mit Statuen geschmückt, und dient dann als öffentlicher Garten, paseo publico, alameda etc.

Diese Plätze sind zuweilen, wie in Puerto Cabello die Alameda am Hafen, in Maracai und Villa de Cura die Plaza, sehr hübsch und eines Besuches wert. Je weiter man nach dem Westen kommt, desto primitiver werden die Plazas, ja sogar Merida hat nur einen Grasplatz mit einem Kandelaber in der Mitte. Die Beleuchtung der Städte ist überhaupt noch in den Anfängen. In Carácas und Valencia hat man Gas, in der Cordillere Öllampen oder gar nichts. Im allgemeinen aber zeigt sich überall das Bestreben nach Verschönerung, und es giebt in der That wirkliche Verschönerungs-Vereine in einzelnen besseren Städten.

Von der Plaza aus ziehen sich die Strafsen nach den vier hauptsächlichen Himmelsrichtungen hinweg, und kreuzen sich rechtwinklig, so dafs es sehr leicht ist, sich zurecht zu finden; irgendwo stöfst man immer wieder auf die Plaza. Die Strafsen bieten meistens nichts Besonderes dar, nur fallen hie und da die alten gutgebauten massiven spanischen Häuser auf, welche riesenhaft zwischen den kleinen Wohnungen der neueren Bauperiode aufragen; ihre dicken Mauern, schattigen Höfe, kühlen Zimmer stechen vorteilhaft ab gegen die neueren luftigen Bauten, deren Höfe des Schattens entbehren und in deren Zimmer die Hitze leicht eindringt.

Die Dächer sind in den Städten, auch im Innern, fast stets mit Ziegeln gedeckt; platte Dächer findet man nur in einzelnen Seestädten, namentlich in Maracaibo, in gröfserer Zahl. Um die Strafsen mit Ziegeldächern aber lagern sich an den Enden der Städte die ärmlicheren Wohnungen mit Dächern von Palmstroh, Ried oder Schilf, und selten ist jetzt Mauerwerk, mamposteria, in den Städten des Westens zu finden; meist stampft man Sand, Kies, kleine Steine mit Wasser und Kalk zu einem häfslichen Brei zusammen in gewaltigen Bretterkästen, zieht dann die letzteren weg, und die Mauer steht fertig da. Dann bestreicht man die Aufsenseite, zuweilen auch das Innere mit Kalk, und das Haus ist bewohnbar. Ein Dach aus Rohrgeflecht mit Ziegeln oder Palmstroh darauf läfst sich rasch herstellen, und der Bau eines Hauses nimmt daher nicht gerade viel Zeit in Anspruch.

Die Häuser enthalten meist auf der Rückseite einen Hof, der ebenfalls mit einer Mauer umgeben ist; in diesen Höfen befindet sich zuweilen die Küche, häufig auch Ställe für Pferde, Maultiere und Esel, die Schweine laufen frei umher. Räudige Hunde fehlen selten, Katzen und allerlei Geflügel finden sich stets. In den kleineren Dörfern der Cordillere, namentlich im Táchira, fielen mir die vielen Truthühner „pavo“ auf, zum Teil prachtvolle Exemplare, deren Fleisch zu den einem Reisenden zu bietenden Leckerbissen gehört.

In den Höfen steht zuweilen Bananengebüsch, sonst auch wohl eine Palme oder einer der vielen grofsen schattigen Bäume, an denen die Tierra templada Venezuelas so reich ist. Am Meere findet man zuweilen Cocospalmen in den Höfen der Häuser, sonst Tamarinden, Ceibas, Bucares, Guamos und andere.

In den besseren Häusern sind die Zimmer um einen inneren Hof gruppiert, den Pflanzen schmücken, und in dem häufig ein kleiner Springbrunnen plätschert. Hier steht auch das Waschbecken und hängt ein Handtuch, in den Wirtshäusern zur Benutzung für jedermann; nur mir als „caballero distinguido“, „vornehmer Herr“, wurde oft ein reines Handtuch gespendet. In einer Ecke des Hofes befindet sich auch meist ein hohes Gestell, das einen gewaltigen Filter gewöhnlich von Kohle, jedenfalls aber stets ein riesiges thönernes Gefäfs enthält, aus dem mit einer Schöpfkelle Wasser entnommen wird; Gläser und Krüge in den besseren Häusern, ein Glas in den geringeren sind dort zur Benutzung aufgestellt.

Diese gröfseren Höfe, patios, finden sich aber eigentlich nur in den besseren Städten; in kleineren Orten fehlen sie oder gehen sogleich in den hinteren Hof über. Eigentliche Ställe für Pferde und Maultiere sind auch nicht überall vorhanden; am besten fährt man in dieser Beziehung in den mittleren Städten, die fast bei jedem Hause einen Stall haben, während in den kleinen Orten dafür der Potrero, die Weide, und in den gröfseren Städten, wie z. B. Carácas, Valencia, bestimmte grofse Geschäfte eintreten, die es sich zur Aufgabe machen, die Tiere der Durchreisenden aufzunehmen, wofür denn natürlich tüchtig bezahlt werden mufs.

Die Möblierung der Häuser ist meist einfach; Stühle, Tische, Bänke, auch zuweilen Schaukelstühle, und einzelne kleine Schränke, auch Glasschränke mit Nippsachen, sowie Gestelle für allerlei Geräte, endlich einzelne Bilder bilden im allgemeinen die innere Einrichtung einer Wohnung. Auf den Schränken sieht man sehr häufig ausgestopfte Vögel, und in den Höfen hält man auch lebende Tiere, wie Affen, Tigerkatzen, Marder, und namentlich Vögel, meist Papageien, loros, grofse grüne, pericos, oder periquitos, kleine Sittiche und Guacamayos, grofse rote mit kolossalem Schnabel und langen Schwanzfedern, auch Tukane und allerlei gröfseres Getier, wie die Guacharaca, ein schwarzer, am Wasser lebender und ein ganz eigentümliches Geschrei ausstofsender, meist bösartiger Vogel; in Maracaibo sah ich den Pájaro soldado, einen sehr hohen, schwarzen, mit roter Halskrause versehenen, ernsthaften, ein trompetenartiges Geräusch verursachenden Vogel, der sehr oft auf einem Beine steht, sich mit seinen Gefährten stets in eine gerade Linie aufstellt und daher seinen Namen „Soldatenvogel" hat. Colibris kann man in der Gefangenschaft nicht erhalten; desto häufiger sieht man sie ausgestopft. In Merida hatte Herr Salomon Briceño einen Geier gezähmt, der an einer Kette im Hofe gehalten wurde und sich, wenn auch nicht immer gutwillig, allmählich an die Gefangenschaft zu gewöhnen schien. Affen zu halten ist nicht empfehlenswert, da sie sehr schmutzig sind, alles entzwei beifsen und allzu menschliche Gewohnheiten haben. Eichhörnchen, deren es in den Wäldern viele giebt, findet man nicht selten; doch sind sie wegen ihrer aufserordentlichen Behendigkeit sehr schwer zu fangen. Am angenehmsten sind immer noch die Papageien, deren Gebifs zwar auch manches zerstört, deren Geschrei häfslich, deren Charakter meist bösartig ist, die aber auch zu vielen Scherzen Anlafs geben.

Oftmals, wenn ich in trüber Stimmung, ermüdet, ärgerlich, erhitzt an einem Hause vorbeiritt, erfrischte mich das Gelächter eines Papageien, denn diese Tiere lernen vor allem gern lachen und weinen, so dafs ich z. B. einmal in Niquitao bei Boconó mehrere Tage in einem Hause der Meinung lebte, dafs ein kleines Kind ein unausstehliches Geschrei vollführe, bis sich dann herausstellte, dafs es ein Papagei war, welcher das Weinen eines Kindes in vorzüglichster Weise nachahmte. Ein andermal fand ich einen Papageien in Las Planadas an der colombianischen Grenze, welcher die Spezialität betrieb, die Schweine zu rufen, und, wenn dieselben dann angestürzt kamen, ein Gelächter aufschlug, gerade als ob er die Betrogenen hätte auslachen wollen.

Häufig findet man auch in den Häusern den Trupial, einen bachstelzenartig beweglichen schwarzgelben Vogel, und in der Gegend von Villa de Cura sah ich mehrfach den roten Cardinal, der in dem spärlichen Gebüsch auf dem sonnenverbrannten Lande zuweilen seinen Ruf ertönen läfst.

In Carácas hatten meine liebenswürdigen Wirte, die Familie Stelling, ein Reh im Hause, und an niederen Tieren werden besonders Schildkröten, langsam sich bewegende Landschildkröten, Morrocoi, für die Kinder zu einem beliebten Spielzeug.

Das wichtigste Haustier in Venezuela ist ohne Zweifel der Esel, welcher überall aufserordentlich ausgenutzt wird. Der Esel, burro, dient als Träger kleiner Lasten und ist daher vorzugsweise im Lokalverkehr unentbehrlich. Die Esel sind nicht gerade teuer, doch werden gute Tiere hoch bezahlt, und namentlich feine Zuchtesel, die zur Erzeugung der Maultiere verwandt werden, sind sehr hoch geschätzt; der Preis beträgt etwa 150 pesos, also weit mehr als ein gewöhnliches Maultier.

Nach dieser Abschweifung wollen wir uns der Frage der Kleidung der Venezolaner zuwenden. In dem Osten ist die Kleidung der besser gestellten Klassen in nichts von der europäischen verschieden, man müfste denn höchstens die Lackstiefeln dahin rechnen. Gewöhnlich läfst man keine Stiefel anfertigen, sondern man kauft sie neu in den zahlreichen Schuhwarenläden oder besser Lagern, zapateria, und wirft sie, wenn sie unbrauchbar werden, wieder fort. Auch die Anzüge kauft man oftmals fertig in den sastrerias, und zwar ist Schwarz auch in Venezuela die feinste Farbe, wenn auch aus Rücksichten der Wärme helle Kleidung vorgezogen wird. Natürlich wechselt dieselbe sehr nach der Höhenlage des Ortes, und überall im Lande kann man daher in den tieferen Gegenden eine weifs gekleidete, luftig angezogene Bevölkerung finden, während im höheren Gebirge dunklere Farben vorherrschen. Die deutschen Kaufleute an der Küste tragen sich gewöhnlich weifs, eine zwar sehr zweckdienliche, aber sehr kostspielige Tracht, da das Waschen der weifsen Kleidung nicht unerheblich teurer ist als die des Unterzeuges, und andererseits durch die unglaublich rohe Behandlung der Wäsche viel verloren geht. Die Wäscherinnen legen die Hemden, Beinkleider etc. auf einen Stein, reiben sie auf demselben kräftig hin und her, bearbeiten sie von oben aus mit einem zweiten Stein, und lösen durch dieses Verfahren bald alle Bande der Gewebe. Gegen diese Art der Behandlung anzukämpfen ist unmöglich, man mufs sich eben in sein Schicksal ergeben; ein Reisender möge daher nur davon abstehen, etwa gute Wäsche mitnehmen zu wollen.

Das gewöhnliche Volk trägt meist Drillhosen und ein mehr oder weniger schmutziges Hemd, dazu Sandalen, alpargatas, und einen Strohhut. Der Hut ist das am wenigsten Entbehrliche, wofür eine glaubhafte Geschichte umläuft. Danach hatten zwei Amerikanerinnen sich darüber beschwert, dafs der Knabe ihrer Wäscherin stets nackt zu ihnen kam. Als der Junge aber das nächste Mal wieder nackt erschien und die Amerikanerinnen, ernstlich böse geworden, die Wäscherin darüber zur Rede stellten, sagte diese wutentbrannt zu ihrem Spröfsling: „Habe ich dir nicht gesagt, dafs du deinen Hut aufsetzen solltest?!"

Diese Anekdote fällt unter die Kategorie derjenigen, für die das

Wort gilt: Si non e vero e ben trovato. Denn sie ist in der That bezeichnend, und man kann im Laufe der Reise durch das Land Hunderte von Kindern sehen, die nur mit einem Hute bekleidet sind. Das zweitwichtigste Bekleidungsstück sind die Beinkleider, erst in dritter Linie folgt das Hemd; denn ich habe mehr Leute gesehen, die nur eine Hose, als solche, die nur ein Hemd angehabt hätten. Die Knechte auf den Haciendas wirtschaften meist nur mit einer Hose bekleidet; wollen sie auf die Landstraſse gehen, um sich nach einem benachbarten Orte zu begeben, so werfen sie ein Hemd über. In Quibor im Staate Lara, zwischen Barquisimeto und Tocuyo, liefen in einem Wirtshause die vierzehnjährigen, d. h. heiratsfähigen Töchter und Söhne nackt umher, allerdings das krasseste Beispiel von Bekleidungsscheu, oder wenn man will, Sparsamkeit der Mütter, das ich gesehen. Sonst werden die Mädchen wenigstens von sechs Jahren und die Knaben von zwölf Jahren an stets mit einem Hemd oder Kleid bedeckt; unter diesem Alter liefen sie in der Cordillere und Barquisimeto, auch oft in den Centralstaaten, nackt. Die erwachsenen Männer pflegen nur bei dem Übergang über einen Fluſs sich ihrer Kleider zu entledigen. Erwachsene Mädchen und Frauen gehen meist völlig verhüllt, und ihre Kleider pflegen für gewöhnlich auch nicht einmal den Hals und die oberen Teile der Brust freizulassen, sondern schlieſsen eng am Halse an, Beispiele, welche sich die Bewohnerinnen des colombianischen Staates Magdalena zu Herzen nehmen sollten.

Als Feiertagsgewänder nehmen die Frauen der Cordillere meist buntgefärbte Kleider, die der Küste, vor allem die Negerinnen, die grellsten und schreiendsten Muster. Knallgelb, Donnergrün, Blitzblau und Purpurrot, ferner Lila, Violett, Braun sind die Lieblingsfarben der Küstenneger, vor allem auf den Antillen, aber auch in den Häfen Venezuelas; dazu kommen anders gefärbte Kopftücher, so daſs die Farbenkontraste im höchsten Grade schreiend sind.

In der Cordillere tragen die Frauen lange schwarze Tücher, welche vom Kopfe über den Rücken herabhängen und einen eigenartigen Anblick gewähren; in den Centralstaaten dagegen tragen sie meist einen Strohhut, wie überhaupt in den wärmeren Gegenden des Landes. Die Männer der Cordillere führen die Ruana, das schon beschriebene, bis zu den Hüften herabhängende Mäntelchen, jedoch meist auch nur in den kühleren Gegenden von 1000 m aufwärts.

Sehr allgemein ist die Fuſsbekleidung der Sandalen, alpargatas, welche mit einem Bändchen über dem Fuſse festgebunden werden. Sie werden aus den Fasern der Agave Americana gefertigt und dienen als Modell für die neuerdings auch namentlich unter den Europäern aufkommenden Sandalen aus Leder, die sehr bequem und praktisch zu sein scheinen; mehrere meiner Bekannten in Maracaibo und Puerto Cabello trugen diese Lederschuhe.

Als Kopfbedeckung kauft man sich in Carácas gewöhnlich einen feinen Strohhut mit schmalen Rändern für einen nicht allzu hohen Preis; die Hutmacher sind vielfach Deutsche und sollen in früheren Jahren so zahlreich gewesen sein, daſs man in jeder Stadt mindestens auf einen deutschen Hutmacher gestoſsen sein soll. Die Firmen Dubbers in Carácas und Froehlke in Valencia sind sehr groſse Geschäfte.

Viele Personen in Venezuela tragen Unterbeinkleider und zwar auch des Nachts, so daſs ich oftmals auf Reisen Anstoſs erregte, wenn ich mich derselben entledigte, was für sehr unfein gilt.

Die Frauen in Carácas tragen bereits ganz allgemein europäische Hüte, im Westen jedoch sind dieselben zum Glück noch nicht eingebürgert. Zwar giebt es manche Frauen, die diese Mode auch z. B. schon in die stillen Thäler von Boconó eingeschleppt haben, allein die weitaus gröſste Mehrzahl derselben hält doch noch an der alten Sitte der Spitzentücher, mantillas, fest, und ich glaube, daſs diese äuſserst kleidsame Tracht aus dem Grunde nicht leicht auszurotten sein wird, weil die Frauen in derselben weitaus hübscher sind als in den europäischen Hüten. Indes ist vielleicht der Geschmack der jungen Venezolaner anderer Meinung, und von diesen wird es wesentlich abhängen, ob Mantilla oder europäischer Hut den Sieg davonträgt.

Im allgemeinen läſst sich behaupten, daſs, je weiter man nach Westen vordringt, desto weniger seitens der Bevölkerung auf Kleidung gegeben wird. In der Cordillere namentlich läſst man sich in dieser Beziehung gehen, und in den kleinern Städten derselben braucht man keine feinen Kleidungsstücke. Selten wird ein Hemdkragen umgebunden; in Trujillo war Don Juan Carrillo Guerra eigentlich der einzige Mensch, welcher auch mittags während der groſsen Wärme stets mit einem Hemdkragen erschien und seinen Rock nicht auszog; aber in der übrigen Cordillere entschuldigt man sich wegen mangelnder Salonfähigkeit, und damit ist es abgethan.

Sonntags wird jedoch auch dort eine Ausnahme gemacht, und namentlich die Frauen putzen sich dann überall für die Messe, die besondere Zerstreuung des Tages. Im allgemeinen gehen die Frauen sehr viel zur Messe, die Männer viel weniger; diese letzteren sind auch viel toleranter und dem Einflusse der Geistlichkeit nicht gerade sehr unterworfen. Überhaupt kann ich nicht leugnen, daſs ich unter den Geistlichen Venezuelas viele sehr tolerante Elemente, stets aber sehr liebenswürdige Aufnahme gefunden habe; ich ging daher gern zu den Geistlichen, teils weil sie die gebildetsten Leute zu sein pflegen, endlich auch aus materiellen Gründen, da sie nämlich oft die vorzüglichsten und reichlichsten Lebensmittel führen. Mein Freund, der padre Arias in Tovar, und mancher andere, wie z. B. einer in Cuicas in Trujillo und der padre Maldonado in Aricagua, waren recht umgängliche Leute; weniger gefiel mir der von Queniquea, welcher zwar ein recht kluger Mann, aber leider immer betrunken war. Der aguardiente brachte ihn um seine Stellung, seine Einkünfte, verbannte ihn nach dem traurigen Gebirgsneste Queniquea und wird ihn auch wohl noch um seinen Verstand bringen; dabei aber hielt dieser Mann ganz ausgezeichnete Predigten.

Die Geistlichkeit hat in Venezuela keine so bedeutende Stellung wie in anderen südamerikanischen Republiken; sie hat auch, wie ich glaube, im allgemeinen keine sehr guten Einnahmen, doch ist sie im Volke noch sehr angesehen, und obwohl manche Geistliche viele uneheliche Kinder besitzen, so sieht das Volk darüber hinweg.

Betrachten wir nun ferner, welches die hauptsächlichsten Nahrungsmittel des Volkes sind, so stofsen wir in erster Linie auf Mais, in zweiter auf Zucker, in dritter auf Fleisch. Daran schliefsen sich dann noch eine ganze Reihe anderer weniger wichtiger und wenig verbreiteter, wie Kaffee, Käse, zahlreiche Vegetabilien, unter denen die Banane und die Yuca die Hauptrolle spielen, ferner Süfsigkeiten, Dulces, also Fruchtgelées und Ähnliches; an Getränken stehen der Aguardiente de caña und der ebenfalls aus Zuckerrohr bereitete Guarapo obenan.

Es ist meiner Ansicht nach nicht richtig, dafs die Banane in Venezuela das eigentliche Brot des Volkes bilde, wie vielfach für andere Länder von dieser Pflanze behauptet wird. Zwar in der Cordillere mag es sich noch allenfalls so verhalten, allein in den Centralstaaten ist das Maisbrot so allgemein verbreitet und so billig, dafs auch die ärmeren Klassen Maisbrot essen, und dieses halte ich daher für das eigentliche Brot des Volkes. Das Maisbrot ist überall unter dem Namen Arepa bekannt und wird allenthalben in derselben Form flacher, etwa einem Frühstücksteller an Gröfse gleichkommender Kuchen gebacken. Meist kommt es noch warm auf den Tisch, und schmeckt auch eigentlich nur in frischem Zustande, da es, wenn altbacken, sogleich sehr zäh wird. Dennoch habe ich mich niemals recht mit dem Maisbrot befreunden können und das Weizenbrot, wo ich es erlangen konnte, stets vorgezogen.

Weizenbrot wird jetzt auch in allen gröfseren und sogar vielen kleineren Städten gebacken, und zwar ist es namentlich in der Cordillere häufig; es geht unter dem Namen pan de trigo und erscheint in Form von Semmeln, nie in solcher grofser Brote. Doch wird in vielen Teilen des Landes das Weizenbrot noch als halbe Delikatesse betrachtet, und die geringere Bevölkerung kommt selten zum Genusse des Weizenbrotes, da dasselbe sehr viel teurer ist als das Maisbrot.

Aufser Maisbrot bereitet man aus dem Mais auch einen Brei, die mazamorra, die besonders im Hochgebirge häufig gegessen wird und sehr nahrhaft ist, und ferner eine Art Pfannkuchen, tortilla, welche recht gut schmeckt. Man hat auch kleine lange weifse Maisbrote, die den Namen bollo führen und besonders im Táchira verbreitet sind.

Als zweitwichtigstes Nahrungsmittel bezeichnete ich den Zucker, welcher in der braunen und gereinigten Form von dem Volke, namentlich den Knechten, Arrieros, Arbeitern, in allen Gegenden und allen Höhenlagen gleichmäfsig massenhaft gegessen wird. Man schneidet von den kleinen oblongen oder zuckerhutförmigen Stücken eine Scheibe nach der andern ab und läfst sie ohne weiteres in den Mund wandern. So werden täglich gewaltige Quantitäten Rohzucker konsumiert. Aber der Zucker tritt auch in Form von Branntwein und als guarapo auf und bildet als solcher einen noch weit wichtigeren Nahrungsartikel als in fester Form. Bei der ungeheuren Hitze, die grofse Teile des Landes Tag und Nacht umfängt, bildet der frische Guarapo die einzige Kühlung und wird daher in wahrhaft kolossalen Quantitäten verbraucht. Ich selbst habe manchmal ganze Schalen dieses erfrischenden Getränkes im Laufe weniger Stunden zu mir genommen, und in den Schenken sieht man unaufhörlich die Leute Guarapo verlangen und trinken. Guarapo und aguardiente de caña: es ist schwer zu sagen, von welchem Getränke mehr konsumiert wird; denn auch der Zuckerrohrbranntwein, mit dessen Gewinnung sich eine jede Hacienda schon für den eigenen Konsum des Arbeitspersonales beschäftigen mufs, wird in geradezu fabelhaften Mengen verbraucht.

Drittens bildet Fleisch einen viel wichtigeren Bestandteil der gewöhnlichen Nahrung, als erwartet werden sollte. Denn z. B. in der Cordillere bekommen auch die Knechte genügende Fleischportionen, oft dreimal den Tag, und das Fleisch ist so billig, dafs die Herren ganz gut derartige Speise zugestehen können. Man hat jedoch nicht immer frisches, sondern oft getrocknetes Fleisch, Carne seca, ein Gericht, an welches sich der Fremde schwer gewöhnt. Der Grund für das massenhafte Vorhandensein der Carne seca liegt in dem Umstande, dafs in kleineren Orten nicht genügend Abnehmer frischen Fleisches vorhanden sind. Man läfst daher die Carne seca herstellen, indem man das frische Fleisch in Streifen schneidet und an der Sonne dörrt. Wo man auch reisen mag, überall findet man in den Höfen der Häuser diese Streifen Fleisches auf Gestellen hängen und wird oft durch den keineswegs immer erfreulichen Geruch unangenehm berührt.

Die Carne seca wird dann in eine Menge kleiner Schnitzel geschnitten und kommt in dieser Gestalt in einer grofsen Schüssel auf den Tisch man hat oft Mühe, das zähe Fleisch mit den Zähnen zu zerreifsen, doch gewöhnt man sich im Laufe der Reise wie an alles, so auch an dieses. Ich habe dasselbe sogar mehrfach dem frischen Fleische vorgezogen, insofern dieses letztere häufig mit einer Tomatensauce und ají, scharfem Pfeffer, auf den Tisch gebracht wird, welcher Mischung ich durchaus keinen Geschmack abgewinnen konnte.

In Coro ifst man viel Ziegenfleisch, das wegen seines oft bockigen Beigeschmacks auch zu den Delikatessen des Landes gehört; diese Carne de chivo findet sich auch in Barquisimeto und Trujillo. In kleinen Ortschaften im Gebirge kann man nicht immer auf Fleisch, nicht einmal auf Carne seca rechnen; man thut daher gut, solche mitzuführen, um wenigstens zuweilen Fleischgenufs zu haben. Allerdings setzen sich auf der Reise die Mosquitos und Schmeifsfliegen an das über die Ladung gehängte Fleisch; allein an derartig ekelhafte Dinge mufs man sich bald gewöhnen und gute Miene zum bösen Spiel machen.

Das Fleisch wird vielfach gebraten, kommt jedoch nur als Hauptgericht gebraten auf den Tisch. Zur Suppe ifst man gekochtes Fleisch. Diese Brühe, Fleischbrühe, Caldo, wird nur morgens zum Frühstück, Almuerzo, gereicht und erscheint dann allerdings stets. Man frühstückt um elf oder zwischen elf und zwölf Uhr, und zwar in den besseren Häusern sehr reichlich. Den Anfang machen die unvermeidliche Fleischbrühe, Bouillon, Caldo, und das Suppenfleisch, dazu ein grofser Teller voll Vegetabilien. Angeblich sollen neun verschiedene Früchte und Knollen zum Almuerzo gegeben werden, unter denen Banane, (platano), Yuca, Ñame, Apio, Tomaten, Kartoffeln (papas), Maiskolben die bekanntesten sind. In geringeren Häusern beschränkt sich diese lange Reihe aber meist auf Yuca, Platano und allenfalls Kartoffeln. Nach diesem Gange folgt Fleisch, Reis, oder ein Maisbrei, Eier, und geröstete, in Scheiben geschnittene Bananen, die bei weitem das Schönste sind, was ich an Efswaren in Venezuela getroffen habe. Man röstet sie mit Zucker und Butter. Endlich können noch eine Mehlspeise, oder eine Tortilla, Dulces, ferner Früchte aller Art, besonders feine Bananen (cambures), Mangos, Melonen, Ananas, Papaya und anderes gegeben werden. Den Schlufs macht stets schwarzer starker Kaffee. Im Magdalena in Colombia wurde meistens Kakao zum Frühstück gereicht. Dieses Frühstück hat also durchaus den Charakter eines starken Mittagessens.

Das eigentliche Mittagessen aber wird erst um 5 Uhr, also eine Stunde vor Sonnenuntergang, in den Küstenstädten häufig erst um sechs oder gar sieben Uhr, in den kleinen Bergstädten der Cordillere oft schon um vier Uhr eingenommen und besteht wesentlich aus denselben Speisen wie das Almuerzo, jedoch stets ohne Suppe und ebenfalls ohne Früchte, da man letztere nur bis zwölf oder zwei Uhr nachmittags genieſst, weil sie später für schlecht verdaulich gelten. Wenn viele Leute behaupten, daſs sie auch um Mitternacht noch Bananen ohne Schaden für ihre Gesundheit genieſsen können, so ist das noch kein Grund, daſs der neu angekommene oder auch jahrelang im Lande befindliche Europäer dies nachahmen sollte, ebensowenig wie der Umstand, daſs eine betreffende Person niemals Fieber gehabt hat, ein Beweis für die Ungefährlichkeit des Klimas ist.

Mit dem Genuſs von rohen Früchten sollte man überhaupt vorsichtig sein, sich aber auch andererseits nicht etwa aus übertriebener Vorsicht des Genusses der prachtvollen Bananen und Ananas sowie der erfrischenden Papayas und Melonen entschlagen. Das sind diejenigen Früchte, welche mir am meisten zugemutet haben. Weniger schwärme ich für Mangos, welche nach meiner Ansicht allzu sehr nach Terpentin schmecken und mit viel zu vielen Fasern in den Zähnen haften bleiben, als daſs sie angenehm beziehentlich appetitlich waren. Für den Rest, Zapote, Riñones, Limas, kann ich mich nicht erwärmen. Auch die Orangen, Apfelsinen, naranjas, habe ich mir schöner vorgestellt, doch bilden sie stets eine angenehme Erscheinung.

Dagegen sind die verschiedenen Gelées und Marmeladen, welche unter dem Namen Dulces gehen, auſserordentlich wohlschmeckend und bilden einen bedeutenden Bestandteil der Nahrung der Venezolaner. Namentlich die Guayaba und die Quitte, membrillo, werden zu Marmeladen verarbeitet, deren prachtvoller Geschmack alles hinter sich läſst, was ich sonst an Süſsigkeiten im Lande gefunden habe. Die Dulces de Guayaba werden in Scheiben geschnitten, die Membrillos bekommt man nur in kleinen Holzkästen. Auch nach auswärts wird viel Derartiges versandt, und zwar gelten Merida, Carácas und für membrillos der kleine Ort Sanare bei Barquisimeto als hauptsächlichste Versandstätten. Man hat auch Dulce de Coco, das häufig mit Reis zusammen erwärmt wird und in dieser Mischung ein sehr aromatisches Dulce giebt, das ich namentlich in Nirgua stark vertreten fand; doch ist Cocos stets schwer zu verdauen. Endlich ist die Tafelschokolade sehr schmackhaft, aber ziemlich selten. Nur in Carácas und Valencia giebt es Schokoladefabriken, in der Cordillere und Barquisimeto hat man nichts Derartiges. Dort formt man kleine Kugeln von 2 cm Durchmesser und vermag mittelst derselben rasch ein Kakaogetränk herzustellen, indem man sie in heiſsem Wasser auflöst und Zucker hinzuthut.

Als Getränk macht man in der Cordillere aus der Guanábanopflanze ein Dulce, welches aufserordentlich fein und aromatisch ist. Auch aus Ananas (piña) kann man natürlich erfrischende und wohlschmeckende Getränke brauen, die aufserdem sehr billig sind, da die mittelgrofse Ananas im Táchira medio real = 20 Pfg. kostet.

Diese Dulces, Süfsigkeiten, spielen eine so grofse Rolle im Lande, dafs man gut thut, sich bald mit ihnen zu befreunden, was meistens nicht schwer fällt. Dulce con agua, also z. B. Guayaba-Gelée mit Wasser ist die Vesperspeise eines grofsen Teiles der Bevölkerung. Mein Diener Manuel pflegte mit Vorliebe nachmittags etwa zwischen drei und vier Uhr sein dulce con agua, auch sogar auf der Reise, zu verzehren.

Für Reisezwecke habe ich den Reis sehr praktisch befunden, welcher leicht mitgeführt und auf so verschiedene Weise zubereitet werden kann, dafs man tagelang Abwechslung in seiner Nahrung hervorrufen kann, ohne dafs man sich diese Speise zuwider ifst.

Auf dem Lande sind Hühner und Eier die wesentlichsten Bestandteile der Nahrung auf der Reise. Kommt man an irgend einem kleineren Platze oder in einem einzelnen Hause gegen Dunkelwerden, also nachdem die Bewohner bereits gegessen haben, an, so läuft die Frau des Hauses meistens schleunigst fort, um ein Huhn für den Abendimbifs aufzutischen.

Ein Huhn kostet drei bis vier, auch fünf bis sechs Reales (1 M. 20 Pfg. bis 2 M. 40 Pfg.) ja auch sogar bis zu einem Peso, acht Reales = 3 M. 20 Pfg., letzteres aber nur in ganz armen Gegenden oder zu Kriegszeiten. Ehe jedoch ein Huhn geschlachtet, in den Topf gebracht, gekocht und aufgetragen wird, vergeht einem oft der Hunger, so dafs man sein Abendessen erst um acht Uhr empfängt, nachdem man um sechs Uhr angekommen ist. Neben Hühnern sind Eier fast stets zu haben, jedoch werden sie nur in der Form von Spiegeleiern gebracht, und da ich tagaus tagein diese häufig elend zubereiteten Spiegeleier zu essen bekam, so hatte ich bei der Rückkehr aus dem Innern einen wahren Widerwillen gegen Eier (huevos), wofür man in manchen Landesteilen ñemas, Dotter, sagt.

Der Kaffee bietet auf der Reise in ärmlichen Gegenden häufig die einzige Erholung, doch wird sie oft dadurch verleidet, dafs einem Käse dazu gereicht wird. Schlimmer noch ist die Zusammenstellung von Kakao und Käse, gewöhnlichem Handkäse, für den man auch dieselbe Bezeichnung, queso de mano, hat. Obwohl dieser nicht feste, sondern im Gegenteil lockere und feuchte Käse an und für sich recht schmackhaft ist, so ist doch seine Verbindung mit dem Kakao keinesfalls sehr für europäischen Geschmack gemacht. Ich fand diese Sitte besonders in der Gegend von Mucuchachí südlich Merida bei den echten Cordilleren-Kleinbauern, die nachmittags drei Uhr ihren Kakao tranken und ungeheure Mengen Käse dazu vertilgten.

Im übrigen hat man auch andere Sorten von Käsen, die in grofsen Klötzen namentlich von den Llanos nach der Cordillere und den übrigen Gebirgslandschaften eingeführt werden. Schon auf hundert Schritte Entfernung riecht man genau, was für eine Ladung die betreffende einem entgegenkommende Eselkarawane hat; an dem Paso de Cojedes traf ich einmal einen Zug von nicht weniger als sechzig Eseln, die jeder mit etwa 100 Pfund Käse beladen waren. Man kann sich daraus eine Vorstellung von dem riesigen Konsum von Käse bilden.

Was Getränke betrifft, so habe ich schon darauf aufmerksam gemacht, dafs das Zuckerrohr den Aguardiente de caña und den Guarapo liefert, von dem man zwei Arten, Guarapo dulce, süfsen Guarapo, und Guarapo fermentado, gegorenen Guarapo, unterscheidet. Letzterer scheint mir beliebter zu sein. Auch von der Agua de miel, die im Táchira heimisch ist, habe ich schon gesprochen. In dem karibischen Gebirge, z. B. bei San Juan de los Morros, erinnere ich mich, den carato gefunden zu haben, welcher aus Mais bereitet wird und nicht übel schmeckt. Die eigentliche Chicha, das Nationalgetränk der Colombianer, fand ich dagegen nirgends.

Neuerdings dringt das Bier vor, und zwar auch bis in die fernsten Winkel des Landes. Auf allen, auch den entferntesten Strafsen der Cordillere traf ich Bier, meist von Deetjen & Schröder in Hamburg oder Norwegian Pale Ale. Von der einheimischen Bier-Industrie in Pamplona in Colombia, habe ich schon gesprochen; ich glaube, dafs eine Bierbrauerei jetzt in Venezuela gute Geschäfte machen könnte, da nicht allein die Fremden, sondern auch schon die Venezolaner selbst sich an das Bier gewöhnen und den Fremden bereits oft auffordern, „vamos á tomar una cerveza“, „wir wollen ein Glas Bier trinken“.

Vor dem Frühstück liebt man es, einen sogenannten Cock-tail zu nehmen, dessen Bereitung besonders die Deutschen der Küstenstädte vorzüglich verstehen, wie denn überhaupt der Cock-tail ein seemännisches Getränk ist, das auf allen Dampferlinien der Antillen u. s. w. eine grofse Rolle spielt. Rum, Wasser, Zucker, Bitterer sind die Bestandteile des Cock-tail, dem jedoch auch ein Ei zugesetzt werden kann.

Die Sitte, einen Cock-tail zu nehmen, hat sich von der Küste ins Innere verpflanzt, jedoch keine allzu grofsen Fortschritte unter den Venezolanern gemacht. An der Küste, namentlich in Maracaibo, Puerto Cabello, La Guaira und in Carácas, ist der Cock-tail sehr häufig im Gebrauch; leider übertreiben manche Leute diese Sitte, indem sie zwei, ja drei Cock-tails vor dem Essen nehmen, was natürlich ein Unfug ist. Anderswo nimmt man gern vor dem Essen einen Brandy oder Whisky con agua oder eine „limonade gaseosa".

Sechzehntes Kapitel.

Der centrale Staat Barquisimeto (Lara).

Mit dem Ende des Karibischen Gebirges westlich von Nirgua läfst sich auch ein Abschnitt in der Einteilung Venezuelas in grofse geschlossene Gruppen festlegen. Wir haben in dem ersten Kapitel gesehen, dafs zwischen der geschlossenen Cordillere und dem Karibischen Gebirge Landstriche liegen, welche weniger gebirgigen Charakter haben als die beiden erstgenannten. Das sind die Landschaften Barquisimeto und das nördlich daran schliefsende Coro, von denen ersteres von einer schmalen Basis im Süden aus gegen Norden, Nordosten und Nordwesten breiter wird und zugleich mit der Verbreiterung auch mehr und mehr an Gebirgscharakter einbüfst. Dieser Staat Barquisimeto nimmt diejenigen orographischen Systeme ein, welche wir als Ausläufer der Cordillere bezeichnet haben. Die Cordillere läuft hier fächerförmig in eine Reihe von Ästen aus, welche sich gegen Nordosten immer mehr von einander entfernen und Hochebenen von welliger Natur zwischen sich lassen, die den Charakter des Staates Barquisimeto wesentlich bedingen.

So finden wir, dafs die Hauptkette sich im Süden erstreckt und daran nördlich die Hochebene der Städte Tocuyo, Quibor, Barquisimeto sich anschliefst. Dann folgt ein zweiter gröfserer Höhenzug, welcher von Barbacoas aus gegen NNO bis in die Gegend von Duaca zieht, und nördlich bezw. nordwestlich desselben liegt dann die zweite Hochebene, die von Carora-Siquisique. Hierauf folgt jenseits des Rio Tocuyo der dritte Höhenzug, die Sierra de San Luis, welche wahrscheinlich ihre Wurzel westlich von Carora in den wasserscheidenden Ketten der Sabanas de Taratarare hat und als ein nordöstlich und östlich umbiegender Ast dieser von den Páramos von Carache ausgehenden Gebirgsketten aufgefafst werden kann. Hierauf folgt im Norden das Küstenland von Coro.

Die einzelnen Gebirgsketten scheinen von Süd nach Nord an Höhe abzunehmen, und dasselbe ist der Fall mit den dazwischenliegenden ebenen Strichen. Die Cordillere im Süden, die Portuguesakette, dürfte 2000—1200 m unter Abnahme der Höhe von SW. nach NO. besitzen, die Hügelkette von Barbacoas-Bobare-Duaca 1800—1000 m, die Sierra de San Luis 1200—600 m.

Dementsprechend hat die Hochebene von Tocuyo-Barquisimeto 700 bis 600 m, die von Carora 400—300, das Küstenland von Coro 100—0 m Höhe.

Doch steht dieses centrale Mittelgebirgsland Venezuelas noch unter andern Einflüssen, die charakteristisch auf die Bodengestaltung und das allgemeine Äufsere dieser Gegenden einwirken. Das sind die klimatischen Einflüsse. Während im Karibischen Gebirge und auch in der Cordillere ein kolossaler Wall in Gestalt der Küstenkette bezw. des Nordabhangs der Cordillere unmittelbar gegen Norden abstürzt, finden wir im centralen Venezuela kein hohes Gebirge an der Küste. Dies hat zur Folge, dafs die Feuchtigkeit weit weniger konzentriert wird als in den östlichen und westlichen Teilen des Landes, und das Mittelgebirge von Coro und Barquisimeto hat daher viel geringere Regenmengen. Das ganze Land zwischen der Küste von Coro und der Portuguesakette macht daher einen sterilen Eindruck. Wassermangel ist häufig; nur wenige Flüsse bilden sich, und auch diese wenigen führen zur Trockenzeit nicht viel Wasser. Es giebt in dem weiten Lande, dessen Schilderung dieses Kapitel unternimmt, nur einen grofsen Flufs, den Tocuyo, alle übrigen sind sehr unbedeutend.

Der Rio Tocuyo ist allerdings ein sehr langer Flufs, allein im Verhältnis zu dem grofsen Areal, das er entwässert, hat auch er nur wenig Wasser. Der Rio Tocuyo entspringt auf den Páramos der von Boconó aus nordnordöstlich streichenden Cabimbúkette, wahrscheinlich am südlichen Páramo del Jabón in etwa 3000 m Höhe, und fliefst zunächst in einem engen Erosionsthale zwischen den Ketten der Páramos de las Rosas, Cendé und Agua de Obispo einerseits und Chabasquén, Caraqueño, Diablito andererseits gegen Norden. Bei Humucaro bajo hat er nur noch 900 m Höhe, also auf seinem Oberlaufe ein sehr beträchtliches Gefälle. Unterhalb Humucaro bajo durchbricht er bei dem Cerro de la Laguna das nördlich ziehende Gebirgsglied, welches später seine Fortsetzung in der Kette von Barbacoas und Curarigua findet. Der Weg ist in die Sandstein- und Kalksteinfelsen gesprengt und im allgemeinen sehr schlecht; es ist nur ein Maultierpfad von Cordillerencharakter, die unmittelbare Fortsetzung des beispiellos elenden Überganges über die Páramos von Carache und Agua de Obispo.

Der Weg ist vernachlässigt, da der Verkehr zwischen dem Staate Barquisimeto und der Cordillere sehr gering ist. Hier liegt dieselbe Erscheinung vor wie im Osten des Staates Lara. Es öffnet sich nämlich dieser Staat ausschliefslich nach dem Rio Aroa zu, also nach Nordosten. Alle Waren, welche eingeführt, und alle Produkte, welche ausgeführt werden, nehmen den Weg von Barquisimeto nach dem Endpunkt der Kupfermineneisenbahn Tucacas-Aroa, dem Dorfe La Luz nahe bei Aroa. Alle Städte des centralen Mittelgebirges und der Hochebenen von Lara, Tocuyo sowohl wie Carora als auch Quibor und Barquisimeto selbst, endlich auch die Landschaft Yaracui mit ihren üppigen Fluren und den gröfseren Orten Yaritagua, Urachiche, Chivacoa, Cuara, San Felipe, Guama etc., ferner auch die Orte am Rio Tocuyo, nahe der Grenze von Coro, die Weiler Siquisique, San Miguel, Moroturo konvergieren nach dem Endpunkt der Eisenbahn, nach La Luz. Von La Luz führt ein Karrenweg nach Barquisimeto, und von hier ist in den Jahren 1881 bis 1884 ebenfalls ein Karrenweg, Fahrweg über Quibor nach Tocuyo eröffnet worden. Von Tocuyo, einem sehr lebhaften, viel Handel treibenden Orte, geht daher infolge der Erbauung dieser Fahrstrafse der gesamte Verkehr nach Barquisimeto und La Luz. Carora entbehrt bisher noch einer Fahrverbindung mit Barquisimeto oder La Luz, allein auch diese Stadt hat nur nach Osten hin Verbindungen. Gegen Westen zu liegen die unbewohnten Küstenketten gegen den Maracaibo-See, so dafs keinerlei Verkehr nach diesem zu stattfindet, und gegen Norden sperrt die schwach bewohnte Sierra de San Luis ebenfalls den Ausgang. Zwar existiert ein Weg von Carora nach Cuicas, Chejendé, den Llanos von Monai und dem Maracaibo-See, allein derselbe ist in schlechtem Zustande, und die Waren gewinnen auf der Strecke Carora—La Luz schneller die Küste. Die Entfernung Carora-Barquisimeto beträgt kaum zwei Tagereisen, und dasselbe gilt für die Entfernungen von Siquisique, San Miguel und Moroturo nach La Luz; auch Yaritagua ist nicht weiter von La Luz entfernt, und die Ortschaften des Yaracui liegen der Bahn noch näher. Die Folge davon ist, dafs ganz Barquisimeto vorzüglich mit Puerto Cabello in Geschäftsverbindung steht. Um den Transport der Waren durch Barquisimeto noch zu erleichtern, beabsichtigt die Regierung, die Bahn Tucacas—La Luz bis zur Stadt Barquisimeto fortzusetzen, so dafs dann der Karrenverkehr schon in dieser Stadt sein Ende erreichen wird. Infolgedessen wird mit der Zeit dann auch jedenfalls Carora, eine ziemlich grofse und wichtige Stadt, durch eine Fahrstrafse mit Barquisimeto verbunden werden.

Auch Tocuyo vermag, wie schon bemerkt, seine Produkte nur nach dem Osten hin abzusetzen, da die kolossalen Páramos von Agua de Obispo, welche westlich von Tocuyo liegen, den Verkehr nach dem Maracaibo-

16*

See, von welchem Tocuyo in der Luftlinie nur 140 km entfernt ist, fast unmöglich machen, oder doch wenigstens aufserordentlich erschweren. Da nun aber die Thäler von Carache andererseits bessere Verbindung mit Trujillo, Valera und dem Maracaibo-See besitzen als mit dem Osten, so liegt der Teil des Gebirges zwischen Carache und Tocuyo, also die Páramos von Agua de Obispo und die Gegend von Humucaro-Bajo, an der Grenzscheide zweier divergierender Ausgänge nach der Küste, hat daher gar keinen Handel, keinen Durchgangsverkehr und keine Bedeutung. Nur die Post wird von Puerto Cabello über Land nach Carache via Tocuyo befördert, und ich habe einen Fall erlebt, dafs Briefe auf dem Landwege rascher in Carache eintrafen, als auf dem Seewege via Maracaibo. Allein für Maultierzüge, Warenlasten, und auch für Reisende ist der Seeweg vorzuziehen, da die äufserst unwegsamen Páramos östlich von Carache umgangen werden können.

Dennoch versuchen die Kaufleute von Puerto Cabello, in der Cordillere festen Fufs zu fassen, und machen hie und da Überlandreisen nach derselben, indem nämlich auch auf dem Seewege jetzt bessere Verbindungen zwischen Puerto Cabello und den Häfen des Maracaibo-Sees eingerichtet worden sind und das lästige Umladen der Waren in Maracaibo fortfällt, da direkte Segelschiffe von Puerto Cabello nach dem Hafen La Ceiba am Maracaibo-See zu fahren pflegen.

Vorläufig aber setzen die Páramos dem Landverkehr unübersteigliche Schranken entgegen, und wer von Osten über Barquisimeto nach der Cordillere reisen will, findet in Tocuyo die Welt sozusagen mit Brettern vernagelt. Nachdem er per Dampfer von Puerto Cabello nach Tucacas, per Eisenbahn von Tucacas nach La Luz und per Kutsche von La Luz über Barquisimeto nach Tocuyo gelangt ist, wird er in dieser Stadt verurteilt, seine Zuflucht zu Maultieren zu nehmen, die ihn auf schaurigen Gebirgspfaden nach etwa drei Tagen nach Carache bringen. Man kann zwar die Reise von Carache nach Humucaro-Bajo in einem Tage machen, allein sie ist sehr lang und beschwerlich, und gewöhnlich sind dann die Maultiere am folgenden Tage kaum noch zur Weiterreise nach Tocuyo geeignet.

Ähnlich wie der Staat Lara von Tocuyo und Carora durch die Páramos abgeschlossen wird, so auch vom Osten durch das Karibische Gebirge. Von Nirgua nach den Sabanen von Yaritagua führt kein direkter Weg, was ich zu meinem Schaden im Oktober 1885 fand. Um dem Kriegstheater der Yaracui auszuweichen, gedachte ich in der zweiten Hälfte des Oktober des genannten Jahres von dem elenden Orte Buría geradeswegs nach Nirgua hinüberzureisen, welches in der Luftlinie nur wenige Kilometer entfernt liegt, und da auch unterhalb Nirgua im Thale des gleichnamigen

Flusses sich die Minen von Burída de Nirgua (nicht zu verwechseln mit dem vorgenannten Burída) befinden, so würde die Entfernung noch geringer; allein es besteht kein Weg noch Steg, und ich war genötigt, von Burída nordwärts nach Chivacoa über die Sabanen zu ziehen, um dann in umgekehrter Richtung vom Rio Yaracui aus nach dem Berglande von Nirgua, dem Cerro de Santa Maria emporzusteigen und endlich an den Minen von Burída herauszukommen. Auch dieser Weg befindet sich in einem abscheulichen Zustande, weil er fast niemals begangen wird. Man klettert vom Rio Yaracui aus den waldbedeckten Cerro Enjalma hinauf und durchzieht dann ein morastiges, äufserst schlüpfriges Waldgebiet an der Quebrada Báquira. Wer das Glück hat, hier auch noch bei argen Regengüssen reisen zu müssen, wie es mir blühte, der verflucht aus vollem Herzen die Eisenbahn von Tucacas nach La Luz. Denn diese ist es, welche die Schuld daran trägt, dafs Nirgua keine Verbindung mit Yaritagua besitzt. Nirgua gravitiert nach Osten, der Yaracui aber nach Nordwesten, nach La Luz und der Eisenbahn nach Tucacas. Was zwischen dem Yaracui und Nirgua liegt, ist daher aufser allem Verkehr, vernachlässigt und fast pfadlos. Daher hat denn auch die Regierung richtig gehandelt, als sie das Departamento Nirgua wieder vom Staate Yaracui ablöste und dem Staate Carabobo zuteilte. Dieses Departamento hatte von 1859 bis 1882 zum Staate Yaracui gehört, mit dem es jedoch durchaus keine weiteren Beziehungen besafs.

Allerdings besitzt der Yaracui auch eine unmittelbare Landverbindung mit Puerto Cabello über die Küstenwaldlandschaft von Urama etc.; allein es wird im neunzehnten Kapitel der Zustand geschildert werden, in dem sich diese Strafse befindet, und das gefährliche Klima dieses Küstenstriches veranlafst fast jedermann, denselben zu meiden, so dafs die ganz allgemeine Reiseroute von Puerto Cabello nach San Felipe über Tucacas und La Luz führt.

Auch nach den Llanos findet eigentlich kein Verkehr gröfserer Art statt; zwar existiert eine Fahrstrafse von Barquisimeto über Cabudare nach Sarare und Araure-Acarigua, allein erstens ist dieselbe in einem kaum gangbaren Zustande, andererseits würde eine Ausfuhr und Einfuhr von den Llanos aus im gröfseren Stile sich nicht lohnen, da die Entfernung nach den Häfen am Orinoco aufserordentlich viel gröfser ist als nach Puerto Cabello, und auch der Wasserweg nicht so bedeutend billiger sein würde, da die meisten Llanosflüsse nicht bis zum Rande des Gebirges hin schiffbar sind und daher auch dort wieder Eisenbahnen angelegt werden müfsten, die die Frachten wieder erheblich verteuern würden.

Nach dieser Abschweifung wollen wir zum Rio Tocuyo zurückkehren, den wir am Durchbruch von Humucaro Bajo verlassen haben; gleich darauf tritt der Fluſs in die Thalebene von Tocuyo ein und führt hier immer noch kaum mehr als 1 m Wasser. Aber sein Wasser ist oberhalb und unterhalb von Tocuyo überall von groſser Bedeutung für die Landwirtschaft und die Bevölkerung; denn an seinen Ufern drängt sich die gesamte Agrikultur zusammen, und hier liegen denn eine groſse Anzahl von Haciendas, namentlich Zuckerpflanzungen, welche sich auf der ganzen Strecke von Humucaro Bajo bis Tocuyo einander ablösen und dem Thale einen lieblichen, frischen, üppigen Charakter geben, und zwar um so mehr, als die benachbarten Höhen gänzlich der Anpflanzungen, ja fast der Vegetation entbehren, während sonst im Karibischen Gebirge und der Cordillere auch gerade die Berghänge von Kaffeepflanzungen eingenommen werden. Unterhalb der Stadt Tocuyo versenkt sich der gleichnamige Fluſs in die Hügellandschaft des mittleren Lara und flieſst in nördlicher Richtung bis unterhalb Siquisique, von wo aus er nach Nordosten umbiegt, um endlich etwas nördlich des Rio Aroa ins Karibische Meer zu münden. Wie das Thal des Flusses abwärts von Tocuyo beschaffen ist, vermag ich nicht mit Sicherheit zu sagen, da ich meine Reisen nicht nördlicher als Barquisimeto ausdehnen konnte, glaube aber, daſs dem Tocuyo im wesentlichen dieselbe Eigenschaft eines segenspendenden Wasserlaufes innewohnen dürfte, da die denselben umgebenden Höhenzüge jedenfalls ebenso steril sein werden wie im Südwesten und Süden. Die Codazzische Karte verzeichnet an seinen Ufern auſser den Dörfern Tocuyo am Einfluſs des Rio Baragua und Arenales sowie Siquisique keine einzige Ortschaft, und auch auf den Höhen in der Nähe des Tocuyo scheinen sich nur wenige Ansiedlungen zu befinden. Wahrscheinlich hat das ganze Land nördlich der Städte Carora und Barquisimeto denselben Charakter wie zwischen beiden. Es ist dies eine Ebene, deren Seehöhe von SW. nach NO. allmählich abnimmt, eine öde, sterile, traurige Fläche, deren Vegetation ausschlieſslich aus Dornen, Mimosen und ganz besonders Kaktus besteht.

So stellt sich das Land zwischen Tocuyo und Barquisimeto dar; schon auf dem Wege von Humucaro Bajo nach Tocuyo finden sich Anfänge dieses Wüstencharakters, indem etwa zwei Stunden südlich von Tocuyo die Kaktusdistrikte beginnen. Unabsehbar, endlos dehnen sie sich nach allen Richtungen aus und enden nur an den spärlichen Wasserläufen, die das öde Hügelland hie und da, trägen Laufes oder überhaupt meist trocken gelegen, durchziehen.

Vor allen Dingen nimmt zwischen Quibor und Barquisimeto das Kaktusdickicht überhand; man reitet auf der breiten Fahrstraſse in gänzlich schattenloser, glühender Ebene, hie und da zeigt sich ein weiſser oder grauer, auch rotbrauner verwitterter Hügel, hie und da ein Haus, meist auf Entfernungen von mehreren Meilen. Und nicht einmal bei jedem darf man erwarten, Wasser für die Maultiere zu finden; durchaus nicht in jedem Hause werden die Tiere getränkt, sondern es sind bestimmte Punkte, an denen eine ausreichend grofse Wasserlache zum Tränken derselben existiert, deren Benutzung man dann teuer zu bezahlen hat. So dehnt sich die öde traurige Wüstenei bis vor die Thore von Barquisimeto aus, und anstatt dafs beim Eintritt in andere Städte ein frischer Hain schattiger Bäume den Reisenden empfängt und Haciendas in bunter Fülle schon lange Zeit vor der Ankunft in der eigentlichen Stadt deren Nähe verkünden, — statt dessen stehen unmittelbar vor den ersten Häusern der Stadt Barquisimeto Kaktusdickichte echtester Art.

Die Stadt Barquisimeto ist mit etwa 15 000 Einwohnern eine der bedeutendsten der Republik Venezuela, macht jedoch in ihrem Äufseren durchaus nicht den zu erwartenden Eindruck einer grofsen Stadt. Die Stadt Barquisimeto ist aber auch einer der ältesten Orte Venezuelas, indem sie bereits 1552 durch den Gobernador Diego de Villegas unter dem Namen Nueva Segovia gegründet wurde, und zwar an einem El Tejar genannten Punkte, von wo sie später durch den Gobernador Manzaneda nach der heutigen Stelle hinübergeführt ward. Barquisimeto ist in der Geschichte der Eroberung Venezuelas durch die Spanier berühmt geworden durch den hier 1561 erfolgten Tod des Tyrannen Lopez de Aguirre, von dem unten die Rede sein wird.

Die Stadt besitzt an öffentlichen Gebäuden eigentlich nur einige Kirchen, unter denen die Kathedrale am bemerkenswertesten ist; im Jahre 1812 wurde dieselbe durch das Erdbeben ernstlich beschädigt. Im übrigen habe ich in Barquisimeto nichts Bewunderungswürdiges vorgefunden; allerdings war auch die Zeit meiner Anwesenheit für Spaziergänge nicht gerade günstig gewählt, da infolge der Wahlunruhen unaufhörlich Schüsse in den Strafsen fielen, so dafs das Ausgehen, namentlich abends, entschieden lebensgefährlich war. Zum Glück konnte ich mich in einem merkwürdig vorzüglichen Gasthause für die Notwendigkeit der Unterlassung gröfserer Spaziergänge schadlos halten.

So häfslich sich nun auch die Lage der Stadt darstellt, wenn man sich auf dem Wege von Tocuyo oder von Yaritagua, d. h. also auf der grofsen Strafse, derselben nähert, so schön ist der Anblick Barquisimetos von der Südseite, dem Rio Turbio, aus. Denn von diesem aus erscheint die Stadt mit ihrer gekuppelten Kathedrale entschieden imposant. Der Rio Turbio hat sich in die flache Ebene ein tiefes Thal gegraben, und dieses ist nun erfüllt mit Haciendas, Wiesen und Baumgruppen, unter denen namentlich ein Macuto genanntes Wäldchen auffällt, und dieser frische Strich von Anpflanzungen setzt sich auch flufsabwärts bis Cabudare hin fort. Überschreitet man auf der Reise von Barquisimeto nach den Llanos den Rio Turbio und den daneben fliefsenden Rio Claro, so befindet man sich inmitten einer wirklich grofsartig schönen Vegetation, welche in dem denkbar schärfsten Kontrast steht zu der elenden armseligen Pflanzenwelt oben auf der Höhe der Ebene. Man erhält hier seit Tocuyo zum erstenmal wieder einen erfreulichen Eindruck.

Desto häfslicher ist die Stadt; lange, einförmige, schlecht gehaltene Strafsen mit unerträglichem Pflaster, gröfste Monotonie, keine irgendwie hervorragenden öffentlichen Plätze, kurz durchaus nichts Bemerkenswertes.

Einen desto freundlicheren Eindruck macht Tocuyo, welches von allen venezolanischen Städten des Binnenlandes westlich von Valencia meines Erachtens nach den weitaus wohlhabendsten und gesittetsten Anblick bietet. Alle Häuser, mit nur ganz geringen Ausnahmen, sind in Tocuyo in gutem Zustande, während sonst vielfach Ruinen und solche, die es werden wollen, den Wanderer begrüfsen. Die Farbe der Häuser erschien mir besonders reinlich, meist weifs, die Strafsen waren ganz ausgezeichnet gepflastert; nicht ein Stein fehlte, so dafs man es wagen konnte, in denselben Trab zu reiten. Von der Mitte aus war das Pflaster nach beiden Seiten hin leicht abfallend angelegt worden, eine sogenannte „loma de perro“, Hunderücken, von der das Regenwasser abfliefsen konnte, während sonst häufig in schlecht gepflasterten Städten ekle Pfützen andauernd in den Strafsen faulten. Dazu die Bewohner meist ganz besonders gut gekleidet, sehr höflich, freundlich und viel beschäftigt. Nirgends bin ich weniger belästigt worden durch müfsige Frager, unbeschäftigte Beamte, angeblich kenntnisreiche Minenbesitzer und Bettler aller Art, als in Tocuyo. In dieser Stadt schien alle Welt arbeitsam und fleifsig zu sein; ein jeder regte sich, die Läden standen stets voll von Käufern.

In der That scheint Tocuyo in erfreulichem Aufschwung begriffen zu sein, namentlich seitdem die Fahrstrafse nach Barquisimeto erbaut worden ist; wer die Stadt gesehen und das Vergnügen gehabt hat, einige Tage in ihr zu verweilen, kann nur wünschen, dafs der Aufschwung Tocuyos andauernd zunehmen möge.

Tocuyo ist im Jahre 1545 von Juan de Carbajal, dem Mörder Philipps von Hutten, unter dem Namen Nuestra Señora de la Concepcion gegründet worden und scheint keine besonderen Erlebnisse gehabt zu haben, aufser dafs es 1870 am 26. Juni durch ein Erdbeben leicht erschüttert wurde, während dasjenige von 1812 nur geringen Schaden anrichtete. Tocuyo ist eine der ältesten Städte Südamerikas, denn es ist die sechste Gründung in Venezuela.

Die Stadt besitzt nicht weniger als vier Kirchen, die von San Francisco, auch de las Mercedes genannt, die von la Concepcion, gegenüber dem Rathause, die von Santo Domingo, und endlich die von Santa Ana; ein fünftes Gotteshaus, von San Juan, liegt in Ruinen. Tocuyo macht daher mit diesen vier weiſs angestrichenen Kirchen von weitem einen recht ansehnlichen Eindruck; Palmen beschatten hie und da die Höfe, öffentliche Anpflanzungen und Anlagen auf der Plaza verschönern die Stadt. Der Thalkessel, in welchem sie liegt, ist weit, und von den Dächern und Türmen hat man eine weite Aussicht auf die nördlichen und südlichen Bergketten. Das Klima ist heiſs, so heiſs, daſs ich kaum in einer andern Stadt so arg geschwitzt habe, wie in Tocuyo. Die Bevölkerung besteht daher zu einem groſsen Teile aus Farbigen, wenigstens fällt einem diese Sache auf, wenn man aus der negerarmen Cordillere kommt.

Das absolute Gegenstück zu Tocuyo, das entschieden die beste Stadt zwischen Valencia und Cúcuta in Colombia ist, zeigt sich in dem Nachbarort Quibor, einer der ältesten Städte des Landes, in welcher sich noch jetzt der deutsche blondhaarige und blauäugige Typus der ursprünglichen Gründer, der deutschen Feldhauptleute der Welser von Coro, erhalten haben soll. Quibor ist gänzlich verfallen, ruinenhaft, ärmlich und elend. Niemals habe ich so viele Bettler gesehen wie in Quibor; die ganze Bevölkerung schien aus solchen zu bestehen.

Von den übrigen Orten sind Cubiro, Guadalupe und San Miguel kleine, die beiden letzteren ganz neu gegründete, aus den Jahren 1850 bis 1860 stammende Dörfer. Sanare im Gebirge ist berühmt wegen seiner Quittenzucht. Meist werden die Quitten (membrillo) als Gelée verarbeitet und in kleine schmale und lange Holzkästchen eingemacht, die dann in jeder Schenke am Wege käuflich sind (dulce de membrillo). Barbacoas ist ein trauriges Dorf am Rio Curarigua, armselig, und nur erwähnenswert wegen der ausgezeichneten Fundstätte von Ammoniten im dortigen Kreidekalk. Nach Barbacoas machte ich eine Expedition von Tocuyo aus, und wollte eigentlich über Curarigua nach Barquisimeto weiterreisen, als plötzlich eine Räuberbande, kühn gemacht durch die gesetzlosen Zustände der damaligen Wahlunruhen, über den Ort Curarigua herfiel und denselben gründlich ausplünderte. Dies ist der einzige Fall von Räubereien, der mir in Venezuela während meiner einjährigen Reise durch den gröſsten Teil des Landes zu Ohren gekommen ist, jedenfalls ein Beweis, daſs die Sicherheit des Reisens im Lande groſs ist, vielleicht gröſser als in Süditalien.

Südlich der Stadt Tocuyo liegt noch ein kleines Dorf, Guarico, in der Portuguesakette. Leider habe ich diese Gebirgskette nicht näher untersuchen können, da sich gerade in dem dazu geeignetsten Orte, Sanare, die bewaffnete Opposition der Regierungspartei festgesetzt hatte und das Land unsicher machte.

Endlich will ich noch der Stadt Carora Erwähnung thun, welche der westlichste Ausläufer der Civilisation in Barquisimeto genannt zu werden verdient. Sie liegt in etwa 400 m Höhe auf einer heifsen weiten Ebene, die von dem Cerro Gordo bei Cuicas in der Cordillere aus sichtbar sein soll und auch von der Kette von Barbacoas aus gesehen werden kann.

Carora wurde unter dem Namen San Juan Bautista del Portillo de Carora am 19. Juli 1572 am rechten Ufer des Rio Morere von Juan de Salamanca, an der Örtlichkeit Baraquigua, gegründet, kam jedoch sehr langsam in die Höhe und ist erst neuerdings zu einer gewissen Bedeutung gelangt, obwohl es auch jetzt noch an der Abgeschlossenheit vom Meere, von Maracaibo und Coro, krankt, wohin zwar Fahrstrafsen eröffnet werden sollen, was jedoch vorläufig wohl aussichtslos sein dürfte.

Östlich von Barquisimeto tritt man in eine eng abgegrenzte, geschlossene, landschaftlich, klimatisch und vegetativ begünstigte Gegend ein, in die Landschaft Yaracui, eine der Perlen Venezuelas. Wonach der Reisende, der, von Westen kommend, durch Barquisimeto gezogen ist, förmlich lechzt: Wald, Wasser, frische Weiden und Wiesen, üppige Pflanzenwelt, das alles findet sich im Yaracui. So öde, steril, unfruchtbar, trocken, schattenlos, heifs, mifsfarbig, unbewohnt die Kaktusdistrikte des centralen Barquisimeto sind, ebenso lebhaft, frisch, fruchtbar, üppig, schattig, anziehend, reizvoll und gut bevölkert sind die Thäler des Yaracui.

Im allgemeinen versteht man unter der Landschaft Yaracui die Gegend von San Felipe und Yaritagua, zwischen dem Gebirge von Aroa und dem Rio Yaracui, sowie südlich bis zur Wasserscheide im Osten von Yaritagua; doch werden auch die nordwestlichen Abhänge des Gebirges von San Felipe, das Thal des Rio Aroa, hinzugerechnet. Gegen Osten bildet der Rio Yaracui die Grenze. Bis zum Jahre 1855 war die Landschaft Yaracui ein Teil der alten Provinz Barquisimeto, dann wurde sie 1859 unter Hinzufügung von Nirgua zum Staate Yaracui erhoben, welcher jedoch in sich unhaltbar war und zum Glück bereits 1882 zu existieren aufgehört hat. Das Departamento Nirgua wurde wieder zu Carabobo geschlagen und der Rest, der eigentliche Yaracui, bildet heute eine Sección des Staates Lara (Barquisimeto).

Die Landschaft Yaracui ist einer der entzückendsten Gärten Venezuelas. Von Süden aus ziehen sich weite Sabanen von den Llanos durch die Pforte von Sarare nach Norden hin und haben ihre hauptsächlichste Erstreckung in der Gegend von Yaritagua, der gröfsten Stadt des

Yaracui. Von Buría de Londres an breiten sie sich unabsehbar gegen Norden aus und führen hier nach einander die Namen Sabana de Merei, Sabana de Londres, Sabana de Nuare, dann folgt El Hato, eine Kaffeehacienda nahe den Quellen des Rio Yaracui, und hierauf geht der Sabanencharakter weiter und dringt in Gestalt der Sabanas de Castillo, de Parra, del Pueblo, Larga, de Cocorote, de la Camaza bis Chivacoa, Urachiche und San Felipe vor, ja auch nördlich von der letztgenannten Stadt scheinen noch kleine Sabanen vorzukommen. Man darf jedoch nicht annehmen, dafs diese Sabanen ausschliefslich aus hohem Grase beständen, sondern es treten hie und da Baumgruppen dazwischen auf, welche namentlich sumpfige Stellen und Flufsläufe mit Vorliebe aufsuchen. Auf der Sabana de Nuare giebt es sogar einen förmlichen Wald, welcher zur Zeit meines Durchrittes sehr feucht und daher sehr beschwerlich zu passieren war; im allgemeinen bildet dieser Wechsel von Wald und Grasebene liebliche Konstraste dar und bringt reizvolle Bilder hervor. Es ist dies der Vegetationscharakter der Llanos, wenigstens des mir bekannten nördlichen Randes der Llanos von Barínas bis nach San Rafael am Rio Cojedes; dieses Eindringen des Vegetationscharakters der Llanos stimmt durchaus überein mit dem allgemeinen geologischen und orographischen Bau des centralen Venezuelas, wie S. 4, 150, 217 auseinandergesetzt worden ist.

In der That hört westlich Yaritagua der Typus des centralen Barquisimeto auf und reicht nicht mehr bis in den Yaracui; hier giebt es keine Kaktusdistrikte mehr, sondern hier durchdringen sich die beiden Vegetationsformen der Küste und der Llanos, der tiefe Wald der Küstenzone und der Buschwald und Sabanentypus der Llanos. Der tiefe Wald der Küste erfüllt die Ufer des Rio Yaracui selbst; bei meiner Reise von Chivacoa über Yamaro nach Nirgua war ich erstaunt über die Grofsartigkeit, Fülle und Schönheit des hohen lichten Waldes, der hier den Rio Yaracui umsäumt. Ich hatte nicht erwartet, hier noch einmal durchaus ursprüngliche Bilder zu finden, aber in der That lärmten die Affen im Walde, gleich als ob man sich in den Urwäldern an den unzugänglichen Rändern der Cordillere von Merida befinde. Nach Süden zu wird der Cerro Enjalma, der Absturz des Karibischen Gebirges gegen den Yaracui, mit dichtem Hochwalde sichtbar, und auch die Abhänge des Gebirges von Nirgua gegen Buría zu erheben sich tiefschwarz aus der Ebene. Ungefähr bei Chivacoa aber geht der Hochwald in der Ebene schon in den Buschwald über und kommt südlich der Sabana de Castillo nicht mehr vor.

Die lachende Landschaft des Yaracui ist nun der Sitz des Zuckerrohr- und Kakao-Baues, da gerade diese beiden Pflanzen am besten die grofse Feuchtigkeit und bedeutende Wärme ertragen. Denn der Yaracui liegt 100—300 m über dem Meere; am Übergang bei Yamaro fliefst der Flufs in kaum noch 100 m Seehöhe. Die Passatwinde führen von dem Meere her das ganze Jahr hindurch reichliche Niederschläge gegen das höhere Gebirge, und in der Regenzeit auch über die Ebene des Yaracui. Daher ist denn auch das Land zwischen dem Flusse und den Bergen bedeckt mit Haciendas, von denen einzelne sich allmählich zu Dörfern und Städten zu entwickeln anfangen. Die älteste Stadt des Yaracui ist San Felipe, noch heute Hauptstadt der Landschaft. San Felipe wurde an einer nur 230 m hoch liegenden Stelle schon 1551 von Juan de Villegas unter dem Namen Real de San Felipe gegründet, gehört also zu den ältesten Städten des Kontinentes.

San Felipe war eine ziemlich grofse Stadt mit vier Kirchen und von bedeutender Wichtigkeit, bis sie am 26. März 1812 durch das grofse Erdbeben von Carácas so stark zerstört wurde, dafs sie an einem anderen Orte, im äufsersten Westen der früheren Stelle, wieder aufgebaut werden mufste. Von den vier Kirchen ist nichts übrig geblieben; heute zählt die Stadt nur eine einzige. Von dem Schlage von 1812 hat sie sich bisher nicht wieder erholen können.

Neuerdings gaben die Silber- (?) und Bleierze, die in den benachbarten Bergen nach Aroa zu entdeckt worden waren, einige Hoffnung auf neuen Aufschwung, allein wahrscheinlich werden diese Minen wie fast alle übrigen nord-venezolanischen nicht genügend Ertrag geben, um eine lohnende Ausbeute zu gestatten.

Seit Anfang dieses Jahrhunderts ist daher die Stadt Yaritagua mehr emporgekommen, die aus dem Jahre 1671 stammt und in der Ebene, nicht weit vom Rio Barquisimeto entfernt, liegt. Ferner sind noch Urachiche, eine 1714 gegründete Ortschaft, und Guama zu nennen, sowie endlich Chivacoa. Von den kleineren Orten sind Cocorote, Albarico älteren, San Pablo, San Eusebio, Yamaro (Libertad) jüngeren Ursprungs.

Alle diese Dörfer und Städte betreiben aufser Zucker- und Kakaobau ganz besonders die Anpflanzung des Tabaks, der auch in Cabudare bei Barquisimeto kultiviert wird; allein in Yaritagua giebt es sechzehn Cigarrenfabriken.

Leider sind die Bewohner des Yaracui im ganzen centralen Venezuela verrufen als arge Streithammel und Kampfhähne, und in der That habe ich leider während meiner Anwesenheit in Barquisimeto diese Ansicht bestätigt gefunden, indem bei den Wahlunruhen der Yaracui vor allen anderen Staaten in die ärgsten Wirrnisse geriet. In Yaritagua und San Felipe lieferten sich die Anhänger der verschiedenen Parteien förmliche Schlachten, auf den Strafsen war es im höchsten Grade unsicher, und jede Woche hörte man von neuen politischen Morden. Leider wurde ich dadurch auch verhindert, das Gebirge zwischen Aroa und San Felipe zu studieren, was für meine Zwecke sehr wertvoll gewesen wäre. Ich kenne vom Yaracui aber nur Chivacoa und kann daher nicht umhin, meine ganz besonders schlechte Meinung von den Bewohnern des Yaracui auszudrücken, deren Landschaft die einzige war, die ich während meiner Reise in einer sehr ernsthaften Revolution begriffen gesehen habe.

Südlich des Yaracui liegt die kleine Ortschaft Buría oberhalb des Rio Barquisimeto auf der Sabane, jetzt ein elendes, völlig verfallendes Dorf, aber einst die Hoffnung der Eroberer. Hier soll eine Goldmine existiert haben, und noch heute wiegt sich die Bevölkerung in dem Wahne, sie mittelst allerlei Zaubermitteln wieder auffinden zu können.

Juan de Villegas, Gobernador von Coro, sandte bald nach 1550 den Damian de Barrio an den Abhang des Gebirges von Nirgua ins Gebiet der Jirajara-Indianer, um eine Goldmine aufzufinden, von der die Indianer berichtet hatten, und in der That glückte es demselben nach langer Mühe, diese Mine am Rio Buría zu entdecken. Am betreffenden Fundorte wurde dann der Ort Real de minas de San Felipe de Buría gegründet, der jedoch bald infolge eines gemeinsamen Angriffs der Indianer und der arbeitenden Negersklaven zerstört wurde. Nachdem El Real wieder aufgebaut, jedoch von den Indianern und Negern nochmals zerstört worden war, gab man die Ansiedlung auf. Später wurde dann Buría unter dem Namen Las Palmas, und ein drittes Mal unter dem Namen Nivar wieder ins Leben gerufen, allein die Gründung verfiel immer wieder aufs neue den stürmenden Händen der Jirajaras. Darauf zog sich die spanische Macht nach Valencia zurück. Die Jirajaras wurden zwar in einem hundertjährigen Kampfe aufgerieben, allein die Stelle der Goldminen verblieb unbekannt, und bis heute hat sich niemand gefunden, der sie hätte wiederentdecken können.

Siebzehntes Kapitel.

Allgemeine Sitten und Gebräuche.

Es kann hier nicht meine Aufgabe sein, eine erschöpfende Darstellung der Sitten, Gebräuche und Denkweise der Bevölkerung Venezuelas zu liefern, da zu einer solchen mein nur einjähriger Aufenthalt im Lande nicht genügend sichere Grundlagen für ein mafsgebendes Urteil bieten würde. Es mag daher nur auf einzelne charakteristische Züge und auf die Verschiedenheiten hingewiesen werden, welche in dem Charakter der Bevölkerung der verschiedenen Teile des Landes sich zeigen, und zu deren Erkenntnis gerade eine lange ausgedehnte Reise durch die wichtigsten Landschaften der Republik doch entschieden ausreicht.

Es kann auch in dieser Beziehung nur wieder auf den Gegensatz zwischen der Cordillere, den Llanos und dem übrigen Venezuela hingewiesen werden. Die Centralstaaten, die Gegend von Carácas, Valencia, ferner der Staat Barquisimeto bilden eine Kategorie, die Cordillere eine zweite, die Llanos eine dritte. Wie es mit Coro steht, weifs ich nicht genau, halte aber dafür, dafs seine Bewohner denen von Barquisimeto am nächsten stehen. Die Maracaiberos sind isoliert und bilden wieder eine besondere Gruppe. Ob der Oriente, Barcelona, Cumaná u. s. w. noch einen anderen Charakter der Bevölkerung darstellt, ist mir unbekannt geblieben; anzunehmen ist, dafs er den Verhältnissen im westlichen Karibischen Gebirge, zwischen Carácas und dem Yaracui, am nächsten steht. Der Yaracui steht wiederum allein, er nimmt in der öffentlichen Meinung eine ähnliche Stellung ein wie Maracaibo, d. h. die Bewohner gelten als unruhig, leicht zu Aufruhr geneigt, hitzig und besonders lebhaft. Auch in der Cordillere findet man keine geschlossene Charakterart, sondern auch hier giebt es Unterschiede, und zwar einen ziemlich scharf ausgeprägten Gegensatz zwischen Trujillanern und Meridensern, zu welchen letzteren die Tachireños zu rechnen sind; hier liegt auch der Gegensatz der stark colombianischen Sitten gegenüber den mehr einheitlich venezolanischen des Ostens, unter Einbeziehung Trujillos. (S. S. 55.)

Im allgemeinen wird man natürlich in erster Linie auch heute noch die nationalen Eigenschaften der Spanier in den Venezolanern ausgeprägt finden, die ernste Grundlage des Charakters, dabei die grofse Lebhaftigkeit, und in politischer Beziehung die Unstetigkeit, den Hang zur Zersplitterung in viele einzelne einander bekämpfende Fraktionen. Ein ganz hervorstechender Zug ist die Gastfreundschaft, über welche nicht genug Lobenswertes gesagt werden kann, wenngleich es ja nicht geleugnet werden kann, dafs es auch in dieser Beziehung traurige Ausnahmen giebt. Im wesentlichen aber ist die Bevölkerung desto gastfreundlicher, je weniger die neuen Errungenschaften der Kultur in sie eingedrungen sind, je weniger grofse Posadas, Wirtshäuser und Schenken es giebt. Im Westen, in der Cordillere, kann man vor jedes beliebige Haus reiten, und es wird stets aufgethan werden; in Trujillo ist das schon anders. Empfehlungsbriefe sind in Trujillo sehr ratsam, da man sonst in gewissen Ortschaften riskieren kann, auf der Strafse bleiben zu müssen. Besonders die Ortschaften Jajó in Trujillo und Jaji, sowie Chiguará bei Merida sind mir in dieser Beziehung in üblem Gedächtnis geblieben, doch sind das im allgemeinen nur Ausnahmen. Allerdings thut man wohl nicht zu viel zu verlangen und, wo Gasthäuser sind, dieselben aufzusuchen, obwohl der Aufenthalt in ihnen vielfach sehr unangenehm ist.

Doch zieht man es oft vor, in den Posadas zu bleiben, weil es häufig für den Reisenden selbst angenehmer ist, fordern zu können und zu erlangen, selbst gegen hohe Bezahlung, als in Privathäusern zum Schweigen verurteilt zu sein und dankbar das Wenige annehmen zu müssen, was geboten wird.

Denn die Aufnahme in Privathäusern ist doch sehr verschieden, und häufig macht man die Erfahrung, dafs die Bewohner schliefslich froh waren, als sie den Gast wieder losgeworden waren, und dem zu entgehen, flüchtete ich schliefslich, wenn es nur irgend anging, in die Gasthöfe, die Posadas.

Zwar sind die Posadas auch in den verschiedensten Gegenden recht jämmerliche Löcher, allein es giebt doch auch gute Gasthäuser, in denen man besser aufgehoben ist als in manchen Privathäusern. Eigentliche Posadas, welche nur von dem Verkehr der Reisenden und Fremden leben, finden sich allerdings nur in den fortgeschritteneren Teilen der Republik, sowie in den gröfseren Städten, auch z. B. der Cordillere. Natürlich zählen die oft von Fremden besuchten Städte Carácas, Valencia, sowie die Seestädte Puerto Cabello, La Guaira, Maracaibo eine Reihe von Gasthöfen, die vielfach den pompösen Titel Hotel führen, aber meist ganz aufserordentlich schlecht sind, so dafs für europäische Begriffe dort noch manches zu verbessern ist. In den kleineren Städten im Inneren giebt es kleine Posadas von geringeren Ansprüchen, aber zuweilen gar nicht zu unterschätzenden Leistungen, die natürlich sehr von dem Besitzer oder Pächter abhängen. In Los Teques z. B., einem kleinen Bergstädtchen nahe bei Carácas, gab es zu Ende 1884 eine recht gute Posada mit leidlichen Betten, vorzüglichem Essen, ja sogar numerierten Zimmern, allein schon nach einem Jahre, Ende 1885, war das Essen wesentlich schlechter geworden. Auch in Maracai am Ostende des Sees von Valencia bestand zu dieser Zeit ein gutes Gasthaus, während dasjenige zu La Victoria unter aller Kritik war und diejenigen in Villa de Cura ebenfalls nichts taugten. Doch wird man oft für geringere Leistungen durch freundliches Wesen und die augenscheinliche Bestrebung der Wirtin Gutes zu bringen entschädigt.

In Barquisimeto fand ich das beste Essen, die schnellste Bedienung und den gröfsten Verkehr von sämtlichen Wirtshäusern, die ich auf meiner ganzen Reise berührte, zugleich auch noch mäfsige Preise. In Tocuyo wurde ich ebenfalls sehr gut bedient, und in Carache bot die Wirtin alles auf, um mir den Aufenthalt angenehm zu machen. Desgleichen sorgte in Merida der alte Oberst Don Antonio Ranjel Pacheco, Besitzer der dortigen Posada, für mich mit dem gröfsten Eifer, wofür ich allerdings auch ziemlich stark bezahlen mufste. Indessen hatte ich die Absicht, in Merida von allerlei Strapazen auszuruhen, und liefs daher alles auftragen, was Don Antonio nur bieten konnte. In Trujillo fand ich die Posada dagegen als unter allen übrigen stehend und namentlich schmutzig.

In La Grita und Nirgua war es leidlich, in Miranda erträglich, und in den meisten übrigen Städten wohnte ich bei Bekannten oder infolge von Empfehlungsbriefen bei neu kennen gelernten Gastfreunden.

Es giebt aber auch viele Ortschaften, in denen keine Posadas existieren. In diesen Fällen wendet man sich, falls man keinen Empfehlungsbrief an der Hand hat, am besten an den Vorstand des Ortes, den jefe civil, Civilchef, und dieser wird dann stets in der Lage sein, dem Fremden bald ein Obdach verschaffen zu können, falls er nicht selbst imstande ist, denselben bei sich zu verpflegen.

In vielen kleinen Orten giebt es Frauen, die eine Art Geschäft daraus machen, Fremde zu beherbergen, also der erste Entwickelungszustand einer Posada; sie bezahlt man dann bei der Abreise. Es kommen aber auch Fälle vor, wo man zweifelhaft sein kann, ob man den Gastwirten eine Entschädigung für die Verpflegung anbieten soll oder nicht, und es ist nicht gerade leicht, hier immer das Richtige zu treffen, da manche es geradezu als Beleidigung auffassen, wenn man ihnen Bezahlung anbietet, und eben die Gastfreundschaft nicht mit klingender Münze vergelten lassen wollen.

So kommt es, dafs man oft in heikle Lagen gerät, aus denen man am besten in der Weise herauskommen kann, dafs man durch seinen Diener Erkundigungen einziehen läfst, ob die betreffenden Leute etwas annehmen oder nicht.

Die innere Ausstattung der Posadas ist eine sehr verschiedene und richtet sich ebenfalls nach dem Wirtschaftssinn der Frau vom Hause. In der Cordillere wird man nicht selten, wie in Betijoque und in Boconó, in eine vollkommen leere Stube geführt, in der als einzige Geräte zwei Haken in der Decke angebracht sind, um die Hängematte, welche man selbst mitzubringen hat, zu befestigen. Nach und nach erscheinen dann ein Nachttopf, welcher selten fehlt, ein Stuhl zum Ablegen der Kleider, ein Licht, und damit basta. Das Waschbecken nebst Handtuch befindet sich in dem patio, dem offenen Hofe des Hauses.

Wieder in anderen Orten, wie z. B. Lagunillas, wurde ich in ein behagliches kleines Zimmer geführt, in welchem ein fein angeputztes Himmelbett mit weifsen Vorhängen stand; Bilder irgendwelcher Heiligen oder des Befreiers Bolívar hingen an der Wand. Mit gröfster Freigebigkeit wurden mir alle Möbel zur Verfügung gestellt, und ich befand mich wie im Paradiese. So wechseln Sonnenschein und Regen auf der Reise. In den Centralstaaten befinden sich gewöhnlich in einer Posada mehrere Betten in einem Zimmer, sämtlich sogenannte Catres, Gestelle, die man bei uns Esel nennen würde. Man kann daher einen Schlafgenossen im Zimmer erwarten, was nicht immer angenehm ist.

In den Posadas wird für den Reisenden allein gedeckt, es sei denn, dafs noch mehrere Gäste anwesend wären; der Diener ifst abseits.

In den Privathäusern ifst man am Tische der Familie. Die Hausfrau giebt dem Gaste die Schüssel, welche derselbe entweder der Hausfrau als würdigster Person am Tische mit einer verbindlichen Redensart zurückstellt oder selbst das Austeilen der Speisen übernimmt, was für noch feinere Sitte gilt als ersteres; doch kann dieser Gebrauch nicht gerade als sehr erfreulich bezeichnet werden, da allzugrofse Ceremonien den von Sonne, Staub oder Regen belästigten und ermüdeten Reisenden nur noch mehr genieren.

Doch würde es für aufserordentlich unhöflich gelten, derartigen Ceremonieen sich nicht zu unterwerfen, obwohl man manchmal die gröfste Lust hat, sich davon freizumachen.

Die Venezolaner geben überhaupt viel auf äufsere Formen, Anstand, feines Benehmen gegen Frauen und Wohlerzogenheit im allgemeinen. Mit freundlichen Worten erreicht man hier mehr als anderswo, mit scharfen weniger.

Auch ganz niedriggestellten Personen gegenüber ist es zu empfehlen, grofse Höflichkeit walten zu lassen, da auch Knechte an höfliche Behandlung seitens Fremder gewöhnt sind. Mit den wenigen Worten, „hagame el favor“, „Thun Sie mir den Gefallen“, erreicht man in der Cordillere alles. Allerdings giebt es auch hiervon Ausnahmen. In den Llanos von Guanare lachten mich die Leute aus, als ich sie höflich behandelte; man war dort eben an harte Worte gewöhnt, und das in dieser Beziehung sehr grofse Register der spanischen Sprache, namentlich die unglaubliche Quantität von Schimpfworten, die auch in der Qualität ungeheuerlich sind, reichen zu eindringlichen Ermahnungen gründlich hin.

Übrigens ist die spanische Sprache in Südamerika in mancher Beziehung umgewandelt, und zwar ungünstig verändert, andererseits aber auch durch Hinzufügung von Amerikanismen sehr vermehrt worden. Einem Spanier wird man jetzt in Venezuela affektiertes Sprechen vorwerfen, da die Bevölkerung im Laufe der Jahrhunderte die feinere Aussprache ihrer Muttersprache aufgegeben hat. So wird das z stets wie ein weiches s, nicht wie das englische th gesprochen, wie in Spanien, und auch das j und das r, diese schwierigen Laute der spanischen Zunge, sollen in Venezuela etwas anders hervorgebracht werden als in Spanien.

Die Bevölkerung von Carácas giebt sich grofse Mühe, möglichst „castellano castizo“ zu sprechen, allein im Lande verzichtet man von vornherein auf die feineren Abtönungen in der Aussprache. Im Westen, in Merida und Táchira, ist der Dialekt ein etwas anderer als in den Centralstaaten, und man findet dort Worte, die im Osten ganz unbekannt sind. Die Zusammenziehung Misia für mi señora, meine Herrin, als Anrede an eine Frau, fand ich nur im Westen, und in dieser Weise lassen sich eine Menge Unterschiede aufzählen.

Manche eigentümliche Redensarten ziehen sich aber durch das ganze Land. Auch im Osten sagt man, wenn etwas zerbrochen ist: „amaneció roto“, „es ist zerbrochen aufgewacht“, und in der Cordillere hörte ich sogar einmal die sonderbare Verbindung: „amaneció muerto“, „er ist tot aufgewacht“, d. h. er ist plötzlich gestorben. Über die Provinzialismen von agua de miel, panela und papelon habe ich schon gesprochen, und in dieser Beziehung giebt es namentlich viele Unterschiede in der Benennung von Geräten bei der Landwirtschaft, von Reitzeug u. s. w.

Eigentliche Dialekte aber giebt es nicht; in Carácas und Barranquilla, den weitest auseinanderliegenden Punkten, die ich 1884—1886 besuchte, sprach man ähnliches Spanisch, während bekanntlich in Deutschland ein Plattdeutscher nicht imstande ist, einen Oberbaiern zu verstehen.

Ich habe schon bemerkt, dafs in der Cordillere Merida und Táchira in ihren Sitten, Gebräuchen und Anschauungen in vieler Beziehung einen Gegensatz zu Trujillo und auch zu der ganzen übrigen Republik bilden. Ihre Städte sind weitläufiger gebaut als die Trujillos, ihre Bewohner sind primitiver, zurückgebliebener, aber in anderen Beziehungen auch wieder vorzuziehen. Die Gastfreundschaft ist in Merida und im Táchira noch ursprünglicher, herzlicher, freigebiger; die Bewohner sind von der modernen von Carácas eingedrungenen Kultur noch freier geblieben. Über den Unterschied in der Reitausrüstung habe ich schon oben berichtet; ein Mann aus dem Táchira und Merida unterscheidet sich von dem Trujillano schon auf den ersten Blick durch Strohhut, Sattel, Reithosen und Aufzäumung des Maultieres. Die Maultiertreiber in Trujillo führen Glocken, die im Westen verschmähen dieselben; das sind alles kleine, an sich unbedeutende Züge, die jedoch in der Gesamtheit ein ganz anderes Bild hervorrufen. Überhaupt sind die Trujillaner kleine untersetzte Leute, die im Kriege gern mit dem Messer angreifen, also den Nahkampf lieben, während die Meridenser und Táchiraner weniger davon wissen wollen, auch im allgemeinen gröfser, wenn auch nicht gerade kräftiger sind als erstere. Die Grenze der trujillanischen Sitten gegen die des Westens liegt am Páramo de Mucuchies oder de Timotes, der schon oben als der Knotenpunkt des gesamten Cordillerensystems bezeichnet worden ist. Hier treffen wir auf die Scheide der Bevölkerung, und hier halten denn auch die von Osten kommenden Sitten des Tieflandes und Trujillos inne; sie vermochten nicht, in den Westen der Cordillere einzudringen, ebensowenig wie die Sitten des Westens nach Trujillo gelangten oder gar sich über die Landschaft Barquisimeto hätten ausdehnen können. Die unwirtliche Zone des Hochgebirges um Mucuchies setzte dem Vordringen eine Grenze. Diese Teile der Cordillere werden überhaupt wenig begangen, und nur wenige Trujillaner kennen Merida und den Táchira. Auch die Bewohner der Centralstaaten kennen die Cordillere kaum; nur selten einmal reist ein Bewohner der heifsen Distrikte in der Cordillere, und wenn er dann zurückkehrt, so klagt er über den „frio espantoso", „die fürchterliche Kälte", und schwört, nie wieder in einem so abscheulich kalten Lande reisen zu wollen.

Auch die Bewohner der Llanos haben ihren besonderen Volkscharakter gewahrt, welcher in Zähigkeit und Energie seinesgleichen sucht, wie die Llaneros bei Gelegenheit der Unabhängigkeitskriege gezeigt haben. Leider sind die Llanos so sehr zurückgegangen, dafs die verbliebene Bevölkerung heute keinen Einflufs mehr auf die Geschicke der Republik haben kann.

Wie in Deutschland in den einzelnen Landesteilen bestimmte Gattungen von Namen und vor allem spezielle charakteristische Eigennamen vorkommen, wie z. B. in Baiern die Huber und in Sachsen die auf itz und itzsch endigenden, so lassen sich ähnliche Erscheinungen auch in Venezuela konstatieren. So sitzen z. B. die Familien Yepez fast alle in Tocuyo, Barquisimeto und Umgegend, ebenso die Montesdeoca, Oropeza, Zubillaga und andere, die meist in den übrigen Landesteilen fehlen; in Trujillo sitzen die Febres Cordero, Bustillos, Labastidas, Urdaneta, Araujo, Gabaldon, Asuaje, Saavedra, Bocaranda, Carrillo; in Merida die Parra, Davila, Salas, Paredes, Hernandez, Ruiz; im Táchira die Colmenares, Niños, Cárdenas, Sanchez u. a., so dafs, wenn man Vertreter dieser Familien an einem Centralpunkte wie z. B. Carácas fände, leicht die Herkunft der einzelnen nach ihren Namen herausgefunden werden könnte.

Die meisten Namen endigen auf es oder ez, die bekannte spanische Endung für Eigennamen, und die Auswahl an Personennamen ist ebenso gering wie diejenigen an Ortsbezeichnungen, bei denen auch immer wieder dieselben Namen wie Agua fria, La Quebrada, El Alto u. s. w. wiederkehren, eine aufserordentlich geringe Phantasie der ersten Entdecker bezeugend. Man sucht sich, wie es scheint, aus diesem Grunde infolge der vielen gleichlautenden Nachnamen dadurch zu helfen, dafs man desto verschiedenartigere Vornamen gebraucht, die namentlich mit Vorliebe aus der alten Geschichte genommen werden, so dafs Temistocles, Arístides, Leonidas und andere nicht selten erscheinen.

Ganz interessant ist auch die Statistik der Beschäftigungen, insofern es auffällt, dafs grofse Berufszweige ganz besonders überfüllt sind. So zählt man in der Stadt Carácas auf 56 000 Einwohner 24 Apotheken (laut Anuario de Rójas Hermanos 1886, S. 330), also fast auf je 2000 Einwohner eine Apotheke, und 54 Ärzte, also fast auf je 1000 Einwohner einen Arzt. Die grofse Zahl der Apotheken erklärt sich vielleicht aus der Gewohnheit der Bevölkerung, stets kleine Hausmittel anzuwenden; die purgas und vomitivos, Abführungs- und Brechmittel, spielen eine ganz bedeutende Rolle. Sowie sich jemand, namentlich auf dem Lande, unwohl fühlt, nimmt er sofort ein Brechmittel; man kann sagen, dafs Brechmittel in den entfernteren arztlosen Gegenden, namentlich der Cordillere, das A und O der Medizin sind.

Die Anzahl der Ärzte und die der Advokaten ist eine Folge des allgemeinen Wunsches, aus niederen Stellungen in höhere, besonders

Staatsämter zu gelangen. Ähnlich wie sich in Deutschland eine starke Strömung dahin richtet, nur um jeden Preis irgend ein kleines Staatsamt zu erhalten, und wie sich die Söhne von Handwerkern dazu drängen zu studieren und auf diese Weise ein Gelehrten- und Beamten-Proletariat droht, so krankt auch Venezuela wie die übrigen südamerikanischen Republiken an der Sucht der niederen Stände, durchaus in höhere Kreise, womöglich an die Regierung zu gelangen. Es ist das eine wohl zu begreifende Bewegung, die jedoch, wenn sie nicht eingedämmt wird, bald zu noch schlimmeren Resultaten führen mufs, als schon bisher zu bemerken gewesen sind. Wo wollen alle die Advokaten in verhältnismäfsig doch kleinen Städten, in einem Lande von der Einwohnerzahl der Städte Berlin und Hamburg zusammen eigentlich alle hinaus? Und es giebt auch nicht so viele Kranke im Lande, dafs alle die vielen Ärzte genügende Beschäftigung und ausreichenden Lebensunterhalt finden könnten. Die Folge dieses Andranges wird sein, dafs ein grofser Teil der Advokaten und Ärzte infolge mangelnden Einkommens die stets grofse Partei der Unzufriedenen vermehrt, was für das gesunde Leben des Staates nur nachteilig sein kann.

Der Andrang zur Universität Carácas ist daher grofs, ganz besonders auch wohl weil sie die einzige im Lande ist; denn wenn z. B. Merida für eine Universität erklärt wird, so deckt sich das durchaus nicht mit unseren Begriffen von einer solchen. Die Schüler der Universität Carácas verteilen sich nach beendigten Studien über das Land, so dafs mir z. B. Herr Dr. Ernst in Carácas eine Reihe von Empfehlungen an seine Schüler auch für die Cordillere geben konnte. Die Universität zerfällt in vier Fakultäten, unter denen die juristische und die medizinische bei weitem die bedeutendsten sind. (S. Schlufskapitel.)

Mit dem intensiven Interesse der Venezolaner für das öffentliche Leben steht im nächsten Zusammenhange die geradezu aufserordentliche publizistische Thätigkeit der Parteien und des Volkes überhaupt. Im Verhältnis zur Gröfse der Einwohnerzahl giebt es in Venezuela eine ganz ungeheuere Menge Zeitungen. Für das Jahr 1886 zählt das Anuario von Rójas Hermanos (S. 292) etwa hundert Zeitungen auf, von denen neunzehn auf Carácas fallen.

Unter der Überschrift „Die periodische Presse in Venezuela“ giebt dieselbe Jahresübersicht einen kleinen Abrifs der Geschichte der Presse Venezuelas, aus welcher ich folgendes entnehme:

Die erste Druckerei in Venezuela errichteten die Nordamerikaner Balagher & Lamb 1808 in Carácas, und aus ihr ging denn auch die erste Zeitung, „Gaceta oficial“, am 24. Oktober 1808 hervor.

In Valencia wurde die erste Presse 1811 aufgestellt, und zwar von dem Franzosen Baillio, der die Anstalt der Nordamerikaner übernommen hatte.

Nach Cumaná gelangte die Druckerei 1812, nach Angostura in Guayana 1818. Die erste Zeitung der Revolution erschien am 27. Juni 1818 unter dem Titel El Correo del Orinoco, die Orinoco-Post, ging jedoch schon 1822 wieder ein.

In Maracaibo wurde die erste Zeitung, Correo del Zulia, 1821 begründet, in Barquisimeto 1829, und in diesem letzteren Jahre erschien auch in Barínas in den Llanos El Llanero libre, der freie Llanero. Erst 1835 erschien in Barcelona die Aurora, erst 1842/43 in Coro El Observador, in demselben Jahre wurde in Calabozo eine Druckerei errichtet, aus der jedoch erst 1856 die Zeitung El Eco del Guárico hervorging. In der Cordillere begann die Druckthätigkeit erst 1844 (Merida) und 1855 (San Cristóbal), und auch in der Stadt San Carlos in den Llanos erst 1856; hier hiefs die erste Zeitung La Gaceta de Cojedes. In demselben Jahre erschien auf der Insel Margarita El Espartano. In Trujillo gelangte erst 1865 die erste Zeitung La Opinion zur Ausgabe. In La Victoria erschien 1849 El Eden, in Petare bei Carácas 1875 El Bolivarense.

In demselben Jahre 1875 kamen Druckereien nach San Felipe, San Fernando de Apure und San Fernando de Atabapo in Guayana.

Alle die Zeitungen der früheren Jahre bis 1841 erschienen nur einigemal in der Woche. Die erste täglich erscheinende Zeitung war La Mañana, der Morgen, 1841 in Valencia; doch ging dieselbe sehr bald wieder ein. Erst 1849 erschienen El Diario de Avisos und Semanario de las Provincias, welches sich acht Jahre erhielt. El Federalista, eine ebenfalls tägliche Zeitung, lebte von 1863—1870, El Porvenir von 1863—1866.

Naturgemäfs hat die Hauptstadt Carácas das gröfste öffentliche Leben und daher auch die meisten Zeitungen. Die Opinion Nacional erscheint seit 1868 täglich und ist die gröfste Zeitung Venezuelas. Auch El Siglo wird seit 1880 täglich ausgegeben und, wenn ich nicht irre, auch La Nacion. Ferner giebt es eine Menge kleinerer Zeitungen, El Diario de Avisos, El Ancora, El Heraldo, La Revista, La Union Liberal, El Zancudo, El Sol de America, La Estrella Flamígera, El Laurel, El Granuja, El Obrero, La Tronada, El Nikel, ferner das medizinisch-wissenschaftliche Blatt El Ensayo Medico, die offizielle Gaceta Oficial, Regierungsanzeiger, und die Agencia Pumar.

Einige dieser Zeitungen erscheinen zweimal oder einmal in der Woche, andere alle vierzehn Tage.

Was die übrigen grofsen Städte betrifft, so hat Valencia die Voz

Publica, die Iris, die Primera Piedra, El Pastor, El Atalaya, El Receso, und die Gaceta Oficial del Estado Carabobo.

In La Guaira erscheint seit zwölf Jahren täglich El Diario de la Guaira, das Handelsblatt dieses grofsen Hafens, ferner La Republica, La Revista Commercial, und endlich fand ich dort auch ein Witzblatt mit Illustrationen, El Nene. In Puerto Cabello giebt es das Diario Comercial, in La Victoria „El Pensamiento", in Ciudad de Cura La Union Liberal, La Heroina, La Gaceta Oficial del Estado Guzman Blanco.

In Petare erscheint El Confidente.

Im Osten der Republik haben wir in Barcelona La Causa Liberal und El Deber Cumplido, in Cumaná El Liceo Cumanes, La Lira, La Paz, in Carúpano La Revista und La Discusion, in Porlamar El Club de Amigos und El Alba, in Píritu El Iris, La Paraulata, La Alborada und La Situacion.

In den Llanos finden wir in Calabozo El Progreso, El Estudiante, El Argos und die Gaceta Municipal del Distrito Crespo, in Baul El Tribuna, in Acarigua La Miaja und La Escuela Federal, in Libertad El Ideal, in Obispos La Juventud, in San Carlos La Alianza, in San Fernando El Araucano; endlich in Guanare El Sur de Occidente, La Esperanza und die Gaceta Oficial del Estado Zamora.

In Ciudad Bolívar (Angostura) erscheinen: La Prensa Liberal, La Temperancia und die Gaceta Oficial del Estado Bolívar.

In Barquisimeto finden wir El Occidental, La Propaganda Liberal, El Liceo Juvenil, und die Gaceta Oficial del Estado Lara, in Cabudare El Cabudareño, in Tocuyo El Eco, in Urachiche El Laborioso.

In Coro erscheinen seit elf Jahren La Industria, ferner Las Auras Corianas, El Derecho, La Alondra, La Republica, La Idea Feliz, El Eco Popular, und El Fotógrafo, in La Vela El Tradicionalista.

Eine grofse Reihe von Zeitungen hat auch Maracaibo, nämlich Los Ecos del Zulia, El Fonógrafo, El Posta del Comercio, La Beneficencia, La Gaceta de Tribunales del Zulia, El Boletin Comercial, La Miscelanea Mercantil, und die Gaceta Oficial del Estado Falcon-Zulia.

Letztere dürfte allerdings meiner Ansicht nach in Capatárida erscheinen, wo aufserdem die Zeitung El Eco del Estado herauskommt.

Was endlich die Cordillere betrifft, so ist auch hier viel journalistisches Leben bemerkbar. San Cristóbal hat zwar nur eine Zeitung, El 27de Abril, Merida aber nicht weniger als fünf, La Semana, El Lapiz, Los Andes, La Madrepora und die Gaceta Oficial del Estado de los Andes.

In Trujillo giebt es den Liberal, den Trujillano und die Brisas del Castan, endlich in Boconó den Progresista.

Man sieht, das ist eine stattliche Reihe von Zeitungen (periodicos), und alle Teile des Landes sind dabei vertreten. Allerdings wird nach drei oder vier Jahren von allen diesen vielleicht kaum noch die Hälfte existieren, da sie meist ein nur kurzes Leben haben, insofern das Angebot weit gröſser ist als die Nachfrage, oder auch weil viele Zeitungen nur im Hinblick auf einen Wahlfeldzug gegründet werden, etwa wie jetzt in Paris „La Cocarde“ und in Lyon „Quand vous voudrez“ für boulangistische Zwecke. Überhaupt hat das venezolanische Zeitungswesen viele Ähnlichkeit mit dem französischen, und die dort gebrachten Nachrichten sind meist französisch gefärbt.

So liegen auch die Interessen Venezuelas vollständig auf Seite der Franzosen, und wenn man die Deutschen auch teils ihrer persönlich angesehenen Stellungen, teils des groſsen Aufschwungs Deutschlands halber überall achtet, so liebt man sie doch im allgemeinen nicht, schon weil Deutschland jetzt der feste Hort des Monarchismus ist, den Venezolanern aber mit dem Begriffe Monarchismus stets der Gedanke an Sibirien, Knute, Tyrannei u. s. w. kommt, obwohl zweifellos die persönliche Freiheit und Sicherheit in Deutschland viel gröſser ist als in Venezuela. Dies aber den Leuten klar zu machen ist unmöglich.

Seit 1870 ist die Achtung vor den Deutschen erheblich gestiegen, und um so mehr, als niemand an dem glänzenden Siege Napoleons III. zweifelte, so daſs man, wie mir oftmals gesagt worden ist, geradezu vor den Kopf geschlagen war über den groſsartigen Erfolg der deutschen Waffen. Man denkt z. B. in der Cordillere vielfach daran, deutsche Einwanderung herbeizurufen, um die ungeheueren Ländereien, welche unbenutzt liegen, besser zu verwerten, und es ist auch nicht zu leugnen, daſs Klima, Boden und manche andere Verhältnisse, wie z. B. der Charakter der Bevölkerung, gerade in der Cordillere keinerlei Hindernis, sondern nur Förderung für die Einwanderung abgeben würden; allein Venezuela steht, obwohl das Land in erheblichem Aufschwung begriffen ist, in Deutschland noch in dem Rufe eines ewig und immer in Revolution befindlichen Landes, und es ist natürlich schwer, solche Vorurteile zu zerstören. Man wird daher in der Cordillere sowohl wie in dem übrigen Venezuela für lange Zeit auf keine nennenswerte Einwanderung von Deutschen rechnen dürfen.

Und doch hat der Volkscharakter der spanischen Rasse, wie auch der von ihnen stammenden Venezolaner so manchen guten Zug mit den Deutschen gemeinsam. Ich rechne dahin die im Grunde noble Anlage der Gemütsart, welche, wenn auch von allerlei Äuſserlichkeiten verdeckt, doch auch in Venezuela immer wieder zum Bewuſstsein des Reisenden gebracht wird; ferner die sehr groſse Empfindlichkeit in Angelegenheiten der persönlichen Ehre, und ferner einen gewissen ritterlichen Zug, den keine anderen Nationen so ausgeprägt zeigen wie die Spanier und die Deutschen. Auch Tapferkeit im Kriege ist beiden Nationen gemeinsam, und auch die Venezolaner haben dieselbe in ihren langen Unabhängigkeitskriegen glänzend bewiesen.

Was dagegen die Venezolaner und Deutschen am meisten entfremdet, ist der grofse Unterschied in der allgemeinen Art des Handelns und namentlich Sprechens. Der Deutsche macht wenig Worte, ist überaus nüchtern und oft etwas hausbacken; der Venezolaner dagegen spricht zuweilen mehr als er verantworten kann.

Dadurch entstehen Gegensätze, die häufig sehr scharf werden, und dies spielt sich ganz besonders auf das politische Gebiet über, auf welchem eine Einigung zwischen Deutschen und Venezolanern wohl überhaupt nicht zu erzielen sein dürfte, es sei denn, dafs die republikanische Staatsform einmal gründlich Schiffbruch litte, woran aber nicht zu denken ist, da dieselbe seit nunmehr fast drei Generationen fest im Volke wurzelt und ebensowenig zu erschüttern sein wird wie in Deutschland der Monarchismus.

Eine gröfsere Ähnlichkeit zwischen Venezolanern und Deutschen prägt sich auch in den Liedern aus, die bei beiden Nationen meist schwermütig sind. Dafs es auch in Venezuela lustige Weisen giebt, ebenso wie es in Deutschland zum Beispiel an Trinkliedern nicht fehlt, will ich gewifs nicht leugnen; doch sind die meisten Volksweisen melancholisch, trübe, traurig und monoton, zuweilen schwärmerisch. Man braucht nur einmal abends nach Sonnenuntergang in ein beliebiges Dorf der wärmeren Landstriche Venezuelas einzureiten. Man wird vor jedem dritten Hause einen Mann sitzen sehen, der eine Guitarre oder, wie es jetzt häufig ist, eine Harmonika spielt; man braucht nur in eine Schenke, pulperia, hineinzusehen und findet dort dasselbe Bild, einen von einer grofsen Menge umgebenen Sänger; zu der Melodie auf der Guitarre singt der Betreffende einförmige Weisen, meist näselnd, häufig gänzlich improvisierend, eine grofse lange Liebesgeschichte erzählend, deren einzelne Phasen alle in derselben monoton-näselnden Weise abgeleiert werden. Dafs diese Art des Singens und Vortragens gerade sehr einnehmend sei, läfst sich mit dem besten Willen nicht behaupten; allein sie ist so charakteristisch, dafs, wer einmal den Tonfall dieses soi-disant Gesanges angehört hat, denselben niemals wieder vergessen wird. So vergeht der Abend, und bis in die Nacht hinein werden diese Vorträge fortgesetzt.

Im übrigen singt man das Lied von dem Zamuro, dem grofsen, schwarzen, unverschämten Aasgeier, welcher überall auf den Mauern der

Häuser und den umstehenden Bäumen nach Abfall lüstern hockt; dieses Lied besitzt eine Melodie, welche sich durchaus der Gangart der Zamuros anschliefst, deren nach seitwärts gerichtetes eilfertiges Trippeln höchst lächerlich ist.

Auch singt man von dem kleinen grünen Papagei, der zur Messe gehen will, und dem seine Frau daher früh das Hemd plätten mufs, ein Lied von einnehmendem Text und noch weit reizenderer Melodie. Der Liebeslieder giebt es natürlich auch Legion, und es wäre wohl der Mühe wert, deren eine Reihe aufzuzeichnen, aber vor allen Dingen verdienen dies die Melodieen, deren es wahrhaft entzückende giebt.

Zum Weihnachtsfeste singt man die sogenannten aguinaldas, die Weihnachtslieder, deren Melodie ebenfalls eine monotone, fast klagende ist, und welche ebenfalls meist aus dem Stegreif vorgetragen werden. Die einzelnen Personen eines Hauses werden besungen, von jeder gute Eigenschaften, körperliche oder seelische, hervorgehoben, und als Entgelt dafür erhält die Menge einige Kupfermünzen oder auch gröfsere Geldbeträge. Die Menge setzt sich zusammen aus jungen Leuten, die mit Klappern, Rasseln, Trommeln, allerlei sonstigen Musikinstrumenten und einer venezolanischen Flagge angerückt kommen und einen Höllenlärm vollführen.

Auch in der Neujahrsnacht findet in den gröfseren Städten viel Lärm statt. Als ich am 31. Dezember 1884 abends in Maracaibo angelangt war und, todmüde, früh ins Bett ging, liefsen mich die Rufe, der Lärm der Bevölkerung auf der Strafse, die Freudenschüsse, Raketen und das Geläute aller Glocken bis ein Uhr nicht schlafen; und als ich das Versäumte früh nachholen wollte, hatte bereits um sechs Uhr die Bevölkerung auf dem Hafenplatze vor dem Minlos-Breuerschen Hause einen Stier angebunden und ein Stiergefecht im kleinen in Scene gesetzt.

Feuerwerk bildet eine der hauptsächlichsten Belustigungen der Venezolaner und darf bei keiner Gelegenheit, auch am hellen Tage, nicht fehlen. Als im Dezember 1884 in Valencia die Sitzung der Kammer des Staates Carabobo begann, erfolgte mittags zwölf Uhr eine Viertelstunde lang unaufhörliches Geknatter von Feuerwerkskörpern, und ähnlich verhält es sich bei jeglichem anderen Anlafs, sei es auch nur der Namenstag irgend eines bedeutenden Mannes.

Im übrigen sind Stiergefechte und Hahnenkämpfe besonders beliebt, welche Vergnügungen ich jedoch persönlich für im höchsten Grade verabscheuungswürdig halten mufs, da es oft gar roh und zügellos dabei hergeht. Viel besser gefielen mir die Sonntagsnachmittags-Beschäftigungen der Bewohner der kleinen Cordillerendörfer, namentlich Pregonero, Mucuchachí, Guaraque u. s. w., welche eine Art Wettrennen veranstalteten und auf ihren halb wild gemachten Pferden in rasendem Galopp über den Marktplatz und durch die Strafsen sprengten, wobei man ihre Reitkunst und ihre Geschicklichkeit im Herumwerfen und Parieren der Pferde bewundern mufste.

Verfeinerte Genüsse hat man natürlich im Centrum des Landes; in Los Teques bei Carácas gab es sogar ein fahrbares Piano, welches auf der Strafse spielte, und in Carácas, Valencia u. s. w. kann man Oper, Operette und Konzerte aller Art haben.

Im allgemeinen aber bewegt sich das Leben der männlichen Bevölkerung in den freien Stunden des Tages in den Pulperias. Diese Pulperias sind Schenken, meist am Wege oder nahe der Landstrafse; in den Städten liegen sie zu mehreren in jeder Strafse. Man verkauft in ihnen die allernotwendigsten täglichen Lebensbedürfnisse, als da sind Käse, Zucker, Guarapo, Anisado, Aguardiente, ferner Dulces und Früchte, auch Brot, aber in der Regel kein Fleisch. Die Pulperias haben meist einen kleinen Ladentisch, hinter dem der Pulpero, der Besitzer der Schenke, steht, hie und da von seiner Frau oder Tochter umgeben. Die Anzahl der Pulperias ist Legion; genaue Statistik derselben ist mir nicht zugänglich, da meist auch die Tiendas de viveres und Bodegas, die Läden für Lebensmittel und Getränke, mit den Pulperias zugleich aufgeführt werden; allein wenn man z. B. liest, dafs La Grita (Rojas Anuario 419) nicht weniger als 80 Bodegas und Pulperias hat bei etwa 3000 Einwohnern, so kommt auf fast 40 Einwohner schon eine Schenke; in Carache giebt es bei 2000 Einwohnern 35 Bodegas, kurz die Pulperias sind wie Sand am Meer, doch bilden sie auf den Landstrafsen eine grofse Erleichterung für den Reisenden, da derselbe stets in der Lage ist, sich ein erfrischendes Getränk, Agua de panela oder etwas Ähnliches, herstellen zu lassen.

Natürlich wird durch die vielen Pulperias der Trunksucht Vorschub geleistet, die in Venezuela nicht selten ist. Nicht allein das niedere Volk ruiniert sich häufig damit und fällt dem Reisenden lästig, sondern auch mancher Höhergestellte fällt schliefslich dem Trunke zum Opfer. Ziemlich oft raunte man mir, wenn ich nach dem Grunde des Todes des Herrn A. oder des Herrn B. fragte, flüsternd ins Ohr: er trank zu viel, tomaba demasiado, oder tomaba muchos tragos, wörtlich: er nahm viele Schlucke. Auch junge Deutsche laufen Gefahr, diesem Laster in die Arme zu geraten, und doch begreife ich wohl, wie jemand dazu gelangen kann; denn die Verführung dazu liegt in dem Klima, welches verlangt, dafs dem Magen etwas Anregendes, Reizendes geboten werde, und die Langeweile treibt ebenfalls dazu. Man hat doch, namentlich wenn man stets auf einen Fleck gebannt ist, zu wenig Anregung, zu wenig europäische

Lebensfreuden. Der Tröster Aguardiente lockt, und nur zu oft folgt ihm auch wohl jemand, von dem man es nicht für möglich gehalten hätte. Allmählich nimmt er statt drei viertel Wasser und ein viertel Rum halb und halb Rum und Wasser, später aber überwiegt der Rum, schliefslich nimmt der Betreffende gar kein Wasser mehr zum Rum, und der körperliche, wirtschaftliche, soziale und geistige Ruin ist die Folge.

Auch herrscht die Sitte, dafs der Wirt den Gastfreund oder überhaupt Bekannte einander auffordern, ein Glas Rum mit Wasser, Brandy oder einen Cock-tail zusammen zu trinken, und der Anstand erfordert dann, dafs der Bewirtete sich dafür erkenntlich zeigt und seinerseits den Bewirtenden einladet, und zwar unmittelbar darauf, so dafs oft, wenn man in eine Tienda tritt, um ein Glas Brandy con agua zu nehmen, daraus ganz unwillkürlich zwei werden.

Ich glaube, dafs die Trunksucht wesentlich eingeschränkt werden könnte, wenn es in Venezuela ein Getränk gäbe, welches, etwa wie unser einfaches Bier, zugleich zwar Alkohol enthielte, aber doch gut bekäme, leicht wäre und billig hergestellt werden könnte.

Ein anderes Laster, namentlich, so weit ich es beurteilen kann, unter den niederen Klassen verbreitet, ist die Spielsucht. Schon bei Hahnenkämpfen wird ganz unvernünftig gewettet, allein man hat auch ein regelrechtes Hazardspiel, sowie Kartenspiele, bei denen grofse Summen verloren werden können. El Juego, das Spiel, „Si señor, el juego, si no hubiera el juego“, „Ja, ja, Herr, das Spiel, wenn es das Spiel nicht gäbe“, so sagten oftmals namentlich alte Männer zu mir und zeigten dabei auf irgend einen Vagabunden. Der Nachsatz ist leicht zu ergänzen, er soll heifsen, so wäre vieles anders. Ich glaube, dafs dem Spiel eine ganze Reihe von Existenzen zum Opfer fallen, und habe sogar meinen Diener Manuel im Verdacht gehabt, dafs er diesem Laster zuweilen frönte.

Im übrigen glaube ich nicht, dafs viele Laster in Venezuela herrschen, wenigstens nicht mehr als anderswo. Was den Diebstahl betrifft, so ist man im allgemeinen ziemlich sicher vor Langfingern, und ich habe nur in der Landschaft Trujillo üble Erfahrungen gemacht, indem man mir in Valera einen schönen alten Dolch und in Carache eine alte verrostete Uhrkette aus Stahl, die keinen Real mehr wert war, stahl. Ob es Zufall ist, dafs mir diese Dinge gerade in Trujillo abhanden kamen, oder ob die Bevölkerung dort in der That mehr stiehlt als anderswo, will ich hier auf sich beruhen lassen.

Raub ist höchst selten, und wer sich etwa einbildet, dafs man in Venezuela stets auf der Hut vor Strafsenräubern sein müfste, dürfte sich bei der Reise im Lande sehr angenehm enttäuscht sehen. Mir ist niemals auch nur ein Versuch bekannt geworden, dafs man einen Reisenden hätte berauben wollen, obwohl ich nicht leugnen kann, dafs ich, namentlich in vielbesuchten Posadas, aber auch in sehr entlegenen Strichen im Gebirge, meine Waffen mit voller Absicht zur Schau trug. Ich glaube auch nicht, dafs man einen Deutschen ohne weiteres angreifen würde, einesteils weil man die Fremden respektiert, natürlich so lange sie auf dem Boden des Gesetzes bleiben, dann aber auch, weil man die Ernsthaftigkeit der Deutschen ganz wohl kennt und weifs, dafs sie zwar wenig schiefsen, aber, wenn sie einmal schiefsen, das Ziel auch zu treffen suchen. Nur in Barquisimeto plünderte einmal Anfang Oktober 1885 eine Räuberbande die Ortschaft Curarigua, als ich mich gerade in dem benachbarten Barbacoas befand, allein dies geschah zur Zeit der allgemeinen Wahlunruhen, wo überhaupt alle Strafsen unsicher waren und allerlei verdächtiges Gesindel von dem politischen Streit Vorteil zu ziehen suchte. In Kriegszeiten kann ich überhaupt niemandem raten, im Lande zu reisen, da es zwar nicht gerade gefährlich, wohl aber im höchsten Grade ungemütlich ist, insofern man niemals sicher ist, ob man die Maultiere auch nur noch einen Tag behält oder ob sie plötzlich verschwunden sind. In Barquisimeto befand ich mich im Oktober 1885 andauernd zwischen zwei feindlichen Lagern, konnte allerdings einige kleine Ausflüge machen, mufste aber die Untersuchung des Berglandes von San Felipe infolge heftiger Kämpfe im Yaracui aufgeben.

Bei dieser Gelegenheit fielen auch mehrere politische Morde vor, welche leider im Lande nicht selten vorkommen und in keinem Teile der Republik fehlen, aber in den Jahren 1884—1886 ganz besonders häufig in Barquisimeto und der Cordillere aufzutreten schienen.

Sieht man von diesen im höchsten Grade bedauerlichen politischen Morden ab, so wird in Venezuela im allgemeinen der Prozentsatz der Morde gewifs nicht höher sein als in anderen Ländern; Liebe, Eifersucht, Raublust werden auch wohl hier die hauptsächlichsten Triebfedern zum Morde bilden. Allerdings ist die auf Mord stehende Strafe nicht geeignet, den Prozentsatz dieser Verbrechen zu verringern, denn zehn Jahre Zuchthaus als Maximum ist doch für das todeswürdigste Verbrechen eine zu geringe Strafe. Hier liegt überhaupt ein Schaden in den Einrichtungen der Republik; die Justizverhältnisse erscheinen mir noch nicht geordnet und die Rechtspflege nicht energisch genug, und dieser Punkt dürfte wohl noch am meisten der Verbesserung bedürftig sein.

Die Gesetze sind gewifs vorzüglich und können kaum übertroffen werden, allein die Rechtspflege ist zu mild, vor allen Dingen im Verhältnis zur ungeheuren Gröfse des Landes.

Ebensowenig ist die Heeresmacht geeignet, volle Sicherheit und Ruhe im Lande zu schaffen; wenn einmal ernstliche Unruhen ausbrechen sollten, so ist schwer abzusehen, wie die Centralregierung in Caracas ihrer Herr werden wollte; acht Bataillone Infanterie zu je 300 Mann, also im ganzen 2400 Mann, ferner je eine Kompagnie Reiterei und Artillerie, in Summa 2545 Soldaten und 240 Offiziere, verteilt auf zwölf Plätze in der Republik, sind denn doch im Verhältnis zu den enormen Entfernungen im Lande von gar keiner Bedeutung für die Sicherheit und ganz unzureichend, um mit Aussicht auf irgendwelchen Erfolg zu operieren. Die Territorialmiliz aber hängt mehr von den Interessen ihrer betreffenden Heimatsstaaten als von der Centralregierung ab. In der ganzen Cordillere liegen z. B. nur ein paar Mann in San Antonio del Táchira, dem Grenzorte gegen Colombia.

Unter den Krankheiten, welche die Bevölkerung decimieren, haben wir als gefährlichste schon im dritten Kapitel das gelbe Fieber bezeichnet, welches neuerdings, entgegen früheren Erfahrungen, auch in höher gelegene Gebirgsorte, wie z. B. Caracas, und Ende 1887 auch nach Trujillo und Betijoque in der Cordillere eindrang und namentlich unter der ärmeren Bevölkerung aufräumte. Auch über die Malariafieber, Wechselfieber und sonstige ähnliche Erscheinungen habe ich schon oben gesprochen. Hier mögen nur noch einige andere Krankheiten berührt werden.

Dysenterie, Ruhr, pujas ist häufig, wie ich schon im dritten Kapitel berichtet habe; überhaupt liegt es in der Natur des Klimas, daſs die Unterleibsorgane stärker leiden als die Lungen. Dennoch giebt es natürlich auch Lungenkranke, Schwindsüchtige in Venezuela, ja man hat sogar bestimmte klimatische Kurorte gegen die Schwindsucht angewandt. Einer derselben ist das eben genannte, vom gelben Fieber heimgesuchte Betijoque am Steilabfall der Anden von Trujillo gegen den Maracaibo-See.

Ferner hat man ganz besonders viele Hautkrankheiten, auch Aussatz. Aussätzige sitzen häufig an den Straſsen und entblöſsen dort ihre zerfressenen Glieder, um das Mitleid der Passanten zu erregen. Aussätzige verkehren auch ganz besonders oft auf den Märkten und Festen, welche in bestimmter Reihenfolge abgehalten werden. Wochenmärkte haben viele Städte, z. B. in der Cordillere. In Táriba im Táchira war, wenn ich nicht irre, Montags und Donnerstags Markt, in Merida sicher an denselben Tagen, andere Städte hatten ihre Märkte Sonnabends, Dienstags, Mittwochs, ja sogar auch Sonntags. Dagegen habe ich in der Landschaft Trujillo dieses System der Wochenmärkte nicht gefunden.

Weit groſsartiger sind die Fiestas, Feste, welche an bestimmten Tagen im Jahre, in jeder Ortschaft ein- oder zweimal, gefeiert werden, meist am Tage der Ortsheiligen der betreffenden Stadt oder des Fleckens. Bei diesen Fiestas strömt eine groſse Menschenmenge in dem betreffenden Orte zusammen. Trödler stellen ihre Buden auf, Kaufleute errichten ihre fliegenden Läden, Gaukler und vielleicht einmal ein Puppentheater treten auf. An diesen Fiestas wird aufserordentlich viel getrunken, gegessen, gespielt und Musik gemacht, und die Hahnenkämpfe stehen dann in Blüte; zuweilen finden auch Stierkämpfe statt, wenn der Raum dafür vorhanden ist.

Zu diesen Fiestas stellen sich denn auch Bettler jeden Alters ein, und namentlich Kranke, Aussätzige fehlen nicht. Die Aussätzigen sind vielleicht zum grofsen Teil Syphilitiker, deren Leiden im fortgeschrittenen Stadium vernachlässigt worden sein mag. Denn die Syphilis ist sehr verbreitet und über das ganze Land verstreut. Allerdings soll sie nicht in so heftigem Grade auftreten wie in Europa, aber dafür scheint sie weitere Volksschichten ergriffen zu haben. Es ist nicht zu leugnen, dafs die Syphilis einer der Krebsschäden der Republik ist, indem ihr auch gerade unter den besseren Kreisen sehr viele Leute zum Opfer fallen. Befördert wird sie durch die Verstärkung des Geschlechtstriebes, der durch das heifse Klima angereizt wird, und durch die leichte Zugänglichkeit der niederen Klassen, namentlich Negerinnen und Indianerinnen. Auch fehlt alle und jede Kontrolle, und die kleinen Städte, wie Merida und Barquisimeto, sind im Verhältnis von dieser Seuche mehr heimgesucht als Carácas und Valencia. Ein junger Deutscher thäte daher infolge der gänzlich mangelnden Kontrolle gut, sich zu verheiraten, sobald seine Stellung es ihm erlaubt, oder sich, wie es allgemein Sitte ist, eine querida, eine Geliebte, zu halten, die, wie überhaupt die venezolanischen Frauen, der Treue nicht ermangeln sollen, obwohl ein solches Verhältnis allerdings stets für unmoralisch gilt.

Es giebt Schriftsteller, welche in bezug auf die Sittlichkeit den südamerikanischen Frauen überhaupt das schlechteste Zeugnis ausstellen. Man kann jedoch vor derartigen Urteilen nicht genug warnen. Wer die Seestädte flüchtig besucht, wer die grofsen Bevölkerungscentren kennen lernt, der findet allerdings schlimme sittliche oder vielmehr unsittliche Zustände; allein das kann und wird man schliefslich in jedem Lande finden. Der Kern des Landes, die Distrikte des Inneren aber bergen doch sehr gute Sitten; leider aber pflegen viele oberflächliche Reisende nach den wenigen Küstenstädten das ganze Land zu beurteilen. Ich gebe gern zu, dafs die Anzahl der unehelichen Kinder in manchen Staaten, z. B. Carabobo, auch nach der offiziellen Statistik ganz kolossal ist. Allein man darf in Venezuela keinen europäischen Mafsstab anlegen, sondern südamerikanischen. Wer in Südamerika alles vom Standpunkte der europäischen Heimat censieren will, wird bald nichts mehr finden, was er nicht verwerfen zu müssen glauben sollte. Hier gilt es eben, unparteiisch vorzugehen und mit den Thatsachen zu rechnen, dafs z. B. viele Ortschaften im Gebirge so weit von Pfarrdörfern entfernt liegen, dafs die

Leute selten oder niemals geistliche Hilfe in Anspruch nehmen können, daſs man sich ferner um die standesamtliche Eintragung der Ehe nicht kümmert; es ist eben Sitte, daſs das Volk sich zusammenfindet und oft erst nach jahrelangem Leben sozial und kirchlich gültig vereinigt wird. Sehr viele scheuen auch die Gebühren der Verehelichung.

Allein wenn böswillige oder unerfahrene Reisende auf Hörensagen hin die ganze Frauenwelt, auch der höheren Stände, unsittlichen Lebenswandels anklagen, so kann man nicht scharf genug seine Stimme dagegen erheben. Ich will nicht leugnen, daſs auch unter den höheren Ständen in Venezuela in geschlechtlicher Beziehung gesündigt werden mag, aber wo geschähe dies nicht? Und ist es deshalb nötig, das Verdammungsurteil über die ganze groſse Klasse der besseren Frauen und Mädchen zu sprechen? Und was die Ehen zwischen Deutschen und Venezolanerinnen betrifft, so gebe ich zwar zu, daſs im Grunde vielleicht schwer zu vereinigende Verschiedenheiten der Ansichten unter den Beteiligten existieren, und daſs dadurch oft der Grund zu einem unglücklichen Ausgang der Ehe gelegt wird; allein ich kenne andererseits aus eigener Anschauung eine Reihe der glücklichsten, ungetrübtesten Ehen zwischen Deutschen und Venezolanerinnen, welche letzteren mir nicht nur wegen ihrer Tüchtigkeit im Haushalt, ihrer Liebenswürdigkeit und Güte, sondern auch ihrer Fähigkeit, alles, Gutes und Böses, mit ihren Gatten zu teilen, die gröſste Achtung und Bewunderung eingeflöſst haben.

Wenn ich persönlich einen Einwand gegen eine Ehe eines Deutschen mit einer Venezolanerin machen sollte, so wäre es der, daſs die letzteren im Inneren häufig einen allzu engen Gesichtskreis haben; allein in Carácas, Valencia, Maracaibo u. s. w. ist dies doch schon anders geworden.

Was nun die vielgerühmte Schönheit der Creolinnen betrifft, so bin ich im allgemeinen enttäuscht gewesen. In Carácas sah ich zwar eine Reihe von reizenden Erscheinungen, deren beste Empfehlung die ungewöhnliche Grazie der Bewegungen zu sein schien, ganz abgesehen von ebenmäſsigen Gesichtszügen, schwarzen Augen und prachtvollem Haar. Andererseits sah ich in der Cordillere, namentlich in La Grita und Merida, einen mir persönlich noch mehr zusagenden Typus der Frauen, nämlich im Gegensatz zum üppigen spanischen Creolentypus der Caraqueñas denjenigen zarter gebauter Figuren, fast deutscher Gesichter, mit rosigen Wangen, blendendweiſser Haut, zierlichen Formen, doch aber schwarzem Haar und schwarzen Augen. Diese Bergbewohnerinnen haben mir ganz besonders gefallen.

Dagegen sieht man unter dem niederen Volke wirklich sehr selten eine Schönheit, ja sogar selten auch nur eine verhältnismäſsig reizvolle Erscheinung. Teils stört der Schmutz, welcher den niederen Klassen oft anhaftet, teils die Cigarre im Munde, teils aber sind die Züge durch frühen geschlechtlichen Genufs und viele Arbeit entstellt, alt geworden und nicht mehr frisch. Alle diese Elemente, Dienstboten, Arbeiterinnen auf den Haciendas, überhaupt fast alle Töchter der geringeren Klassen sind meiner Ansicht nach im Verhältnis weit weniger hübsch als die jungen Männer, unter denen man zuweilen hervorragend schöne, aber auch männliche Gestalten antrifft.

Achtzehntes Kapitel.

Das Karibische Gebirge.

Unter „Karibischem Gebirge“ verstehen wir, wie bereits Seite 4 bemerkt, das gesamte Bergland östlich der Rios Yaracui und Cojedes-Nirgua, einen geschlossenen Gebirgszug, welcher durch die Senke zwischen Rio Yaracui und Rio Barquisimeto von den Ausläufern der Cordillere getrennt wird.

Beim Kap Codera bricht der nördliche Zug des Karibischen Gebirges ab, doch ist auch die Gegend von Cumaná und Carúpano östlich des Busens von Barcelona noch dazu zu rechnen, und aus geologischen Gesichtspunkten auch selbst noch die Insel Trinidad. Dieses in sich zusammenhängende gleichartige Gebirge hat daher einen Querbruch bei Barcelona, einen zweiten am Kap Paria aufzuweisen und scheint außerdem in der ganzen Länge vom Yaracui bis zum Kap Paria durch einen großen Längsbruch begrenzt zu sein, so daß überall die Küstenkette steil ins Meer abstürzt. Es ist nicht unmöglich, daß die Inselkette von Tortuga, Margarita und den Testigos einerseits, Aves, Roques, Orchilla, Blanquilla andererseits einst mit dem Karibischen Gebirge zusammengehangen hat, wie denn noch heute die Meerestiefen zwischen diesen Inseln und dem Festlande nur gering sind. Auch die Insel Grenada und die Grenadinen sind durch eine unterseeische Bank mit Trinidad, Tobago, Testigos, Margarita und dem Festlande verknüpft. Auf diesem ganzen Gebiete sinkt die Meerestiefe nicht unter 200 m; nur auf einem schmalen Streifen zwischen Kap Codera und der Halbinsel Araya, im Süden der Insel Tortuga, überschreitet sie 200 m. Im allgemeinen zeigen die unterseeischen Erhebungen langgestreckte schmale Formen, welche für die Nordküste Südamerikas charakteristisch zu sein scheinen; wenigstens finden wir die Form der Goajira-Halbinsel wiederholt in der submarinen Bank, auf welcher die Inseln Bonaire, Aves, Roques und Orchilla liegen, und ferner in derjenigen, welche Grenada und die Grenadinen trägt; auch die Verknüpfung von Tabago mit Trinidad neigt zu dieser Form und ebenso in geringerem Maſse die Halbinsel Paria.

In geologischer Hinsicht zerfällt das Karibische Gebirge in zwei der Längsrichtung nach zu trennende Teile, nämlich den älteren Norden und den jüngeren Süden. Die nördliche Seite des Gebirges besteht fast ausschlieſslich aus krystallinischen Schiefern, Gneis, geringen Einlagerungen von Granit und Kalkstein; die südliche aus denselben Gesteinen, dazu aber einerseits Serpentinen, andererseits jüngeren Sedimenten der Kreidezeit.

Diese Anordnung läſst sich bis zum Kap Paria, ja auch noch bis nach Trinidad verfolgen: überall ist der nördliche Steilrand des Gebirges der ältere, der südliche flacher gegen die Llanos verlaufende der jüngere; zwischen Kap Codera und der Halbinsel Araya ist es der alte krystallinische Zug, welcher durch Einbruch Einbuſse erlitten hat, der jüngere südliche Rand setzt sich ungestört gegen Osten fort.

Am Südrand gegen die Llanos hin liegen bei San Juan de los Morros, Flores und gegen Parapara zu jüngere (?) Eruptivgesteine, Diabasporphyrite und Phonolithe (?) sowie viele Serpentine, meines Wissens das einzige Vorkommnis von eruptiven Felsarten im Karibischen Gebirge und nördlich des Orinoco überhaupt.

Leider kenne ich von dem Karibischen Gebirge nur die Westhälfte, nämlich die Gegend von Carácas bis zum Rio Yaracuy, welche ich zweimal, im November-Dezember 1884 und im Oktober-November 1885, jedoch im allgemeinen nur wenig eingehend und auch zweimal durch Fieber unterbrochen, bereiste.

Im allgemeinen zeichnet sich das Karibische Gebirge durch sanfte runde Formen ohne Hochgebirgscharakter aus; die gröſsten Höhen, der Pico de Naiguatá und die Silla, erreichen noch nicht 3000 m, bleiben also noch um mehr als 1300 m unter der Schneegrenze zurück und entsprechen etwa der Waldgrenze; schon aus diesem Grunde kann das Karibische Gebirge nicht mit der Cordillere in Nebenbuhlerschaft treten.

Ebenso, wie wir oben in geologischer Beziehung einen Gegensatz des Nordens und Südens des Gebirges gesehen haben, in derselben Weise finden wir auch orographisch eine Trennung des Gesamtgebirges in einen nördlichen und einen südlichen Zug, welche parallel nebeneinander verlaufen und mit Sicherheit vom Yaracuy bis zum Kap Codera zu verfolgen sind. Ersterer Zug heiſst die Küsten-Cordillere, Cordillera costanera, letzterer die Sierra del Interior, der innere Zug. Der nördlichere ist geschlossener, in sich gefestigter, einheitlicher, höher, der südlichere zeigt Neigung zur Auflösung in Berg- und Hügelland und besitzt den

Charakter einer geschlossenen Kette eigentlich nur im Osten von Villa de Cura. Gegen Südwesten beugen sich beide, und ihre Grenze scheint sich hier zu verwischen; der Cerro Tucuragua im Osten des Rio Cojedes scheint noch zur südlichen Kette zu gehören, die Berge von Nirgua, Bejuma, Chirgua mufs man noch zur nördlichen rechnen.

Der nördliche Gebirgszug ist der weitaus grofsartigere. Wenn man von den Antillen aus zur See sich der Küste Venezuelas, etwa bei La Guaira, nähert, so sieht man viele Stunden vor der Landung, bald nachdem man die Inseln Los Roques passiert hat, des Mittags eine Reihe von hohen Bergspitzen über die Wolken hervorragen. Morgens und abends sollen sie meist wolkenfrei sein, allein wie überall in den Gebirgen der Tropen schon am Vormittag die Dünste an den Bergen emporsteigen und sich zu Mittag in Wolkenform an ihnen anlagern, so auch hier; man sieht dann nur den verbrannten roten Fufs des Gebirges und die duftigen äufsersten Höhen, oft auch nicht einmal diese. Die ungeheuere absolute Höhe von fast 3000 m, der Steilabfall des Gebirges unmittelbar in das Meer hinab erzeugen ein landschaftlich äufserst erhabenes Bild; wenn das Gebirge wolkenfrei ist, so sind es die Farbenkontraste, welche anziehend wirken, der rotbraune Fufs, die weifsen Häuser der Stadt La Guaira, der darüber lagernde üppige, frische Hochwald in den höheren Teilen des Gebirges und die Wasserdampf-umwebten Spitzen. Gerade bei La Guaira ist der Blick auf das Karibische Gebirge besonders schön, da einerseits hier die Berge die gröfste Höhe erreichen, andererseits kein Vorland existiert, sondern unmittelbar am Meere die steilen Felsen beginnen. Auch die Stadt La Guaira selbst hat keinen genügenden Platz am Uferstrande, sondern zieht sich in ihren höheren Teilen am Abhang aufwärts.

Auch weiter östlich, wahrscheinlich bis gegen das Kap Codera zu, dürfte die Küste ein ähnlich grofsartiges Bild gewähren, indem auch hier noch die Küsten-Cordillere steil ins Meer abstürzt. Gegen Westen zu tritt dagegen mehr und mehr ein wenn auch nur schmales Vorland zwischen dem Meere und dem Gebirge auf, und die gewaltige Höhe der Berge nimmt ab, so dafs das Gebirge bei Puerto Cabello ein ganz anderes Bild zeigt; langsam steigen hier Hügelzüge hintereinander auf, und erst mehrere Meilen landeinwärts treten die höchsten Gipfel an ihre Stelle. Auf der Strecke zwischen Puerto Cabello und dem Rio Yaracuy endlich finden wir ein zwar auch nur schmales, aber wohl ausgeprägtes Küstenvorland, das mit tiefem Walde bedeckt und fast unwegsam ist; durch dieses führt der fieberschwangere, gesundheitsgefährliche Weg von Puerto Cabello nach dem Yaracuy über die fast aufgegebenen Ansiedelungen Morón, Alpargatón, Urama, Cabria, Taria, welche, im Walde versteckt, wohl kaum jemals einen Aufschwung nehmen werden.

Die nördliche Kette, Cordillera costanera, ist, wie schon oben bemerkt, ein einheitliches, geschlossenes Gebirge, das in westöstlicher Richtung der Küste parallel zieht. Die Höhe nimmt von Osten nach Westen zu und erreicht in dem Pico de Naiguatá mit 2782 m den Gipfelpunkt; dennoch ist der etwas westlich des Naiguatá gelegene Gipfel La Silla de Carácas mit 2665 m bekannter, und zwar, weil Humboldt ihn im Jahre 1800 bestiegen hat, so dafs er seitdem stets für den höchsten Gipfel des Gebirges galt, bis ihn endlich der Naiguatá überflügelte. Dieser letztere wurde zuerst 1872 von dem Engländer J. M. Spence bestiegen, dann 1879 von den Herren A. Ernst, A. Aveledo und Diaz in Carácas, endlich im April 1884 und Februar 1885 von A. Jahn hijo und E. und W. Jagenberg, zwei in Carácas ansässigen deutschen Kaufleuten. Herr A. Jahn hijo, ein zur Zeit meiner Anwesenheit in Carácas dem Studium der Botanik obliegender Deutsch-Venezolaner, hat sich um die Erforschung des venezolanischen Küstenzuges Verdienste erworben, indem er ganz besonders sein Augenmerk auf die Berechnung der Höhen der einzelnen Gipfel richtete. U. a. veröffentlichte er in dem bei Rójas Hermanos in Carácas erscheinenden jährlichen Handels-Handbuch von Venezuela, dem Almanaque anuario del comercio, de la industria etc. de Venezuela 1886 S. 301, einen längeren Artikel über die Besteigung der Silla de Carácas, woraus ich Folgendes entnehme:

Zuerst bestieg im Jahre 1800 A. v. Humboldt die Silla de Carácas oder, wie sie genauer heifsen sollte, la Silla de Avila, indem der ganze Gebirgsstock östlich von Carácas Avila genannt wird. 1823 gelangten Boussingault, 1833 der venezolanische Mathematiker Cagigal, 1839 Eduard Otto, ein deutscher Reisender, auf den Gipfel; der Botaniker Linden folgte ihnen 1842, dann Dr. Ernst 1866 und J. M. Spence 1872. Seitdem gestaltete sich die Besteigung der Silla leichter und bequemer, so dafs zahlreiche Bewohner der Stadt Carácas den Gipfel der Silla erreichen konnten. Vom 29. bis 31. Dezember 1884 unternahmen Herr A. Jahn hijo, Dr. A. Aveledo und zwei andere Herren, sowie sieben Diener den Aufstieg über Chacao, Sabana Grande, Dos Caminos. Um 3 Uhr nachmittags erreichten die Reisenden die Häusergruppe von La Tenería, um 4 Uhr Cachimbo, Ranchos in 1675 m Höhe. Ein äufserst glatter, mit hohem Grase bewachsener Abhang führt hier aufwärts zunächst in die Region der Befarien. Um 8 Uhr 40 M. gelangte man am folgenden Morgen an die ersten Frailejón-Arten in 2422 m Höhe am Punkte Los Inciensos, während in der Cordillere von Merida das Frailejón erst bei 2600—2800 m Höhe beginnt. Die Vegetation wurde hier in einer

Höhe bereits spärlich, wo sie in den Anden Meridas sich noch in höchster Üppigkeit zeigt. Um $11^{1}/_{4}$ Uhr erreichten die Reisenden endlich den Hauptgipfel El Aguilón, den höchsten Punkt der „el Viejo del Avila" genannten, weil von Carácas aus gesehen einem alten Manne gleichenden Kuppe, die zu 2665 m bestimmt wurde; es ist dies der östliche Gipfel der Silla. Dieses Resultat ist etwas höher als das frühere, insofern Humboldt 2630, Cagigal 2628 m fanden, doch ist es nicht ungenau, da gleichzeitig vergleichende Beobachtungen in Carácas angestellt wurden. Die Mitteltemperatur des Gipfels wurde nach Boussingaultscher Methode zu 10°, die geringste Temperatur während der Anwesenheit auf dem Gipfel zu 6° gefunden.

Ich selbst mufste leider auf die Besteigung der Silla verzichten, da meine Zeit sehr bemessen und mein Augenmerk hauptsächlich auf die Cordillere von Merida gerichtet war; auch in der übrigen Küstenkette habe ich keine Bergbesteigungen machen können und bin daher auch hier auf die Angaben des Herrn Jahn angewiesen[1]).

Ende Februar 1886 besuchte Herr Jahn die sogenannte Colonia Tovar, eine frühere deutsche Ansiedelung. Hierher hatte die Regierung in den vierziger Jahren eine Anzahl südwestdeutscher Familien verpflanzt, die im Anfange auch glückliche Fortschritte in der Kultur des Landes machten, dann aber bald in den Bürgerkriegen der sechziger und siebziger Jahre zu grunde gingen; die Kolonie wurde gröfstenteils zerstört, die Bewohner zerstreut, heute leben nur noch wenige in der alten Heimstätte. Diese liegt 1802 m hoch (nach Jahn) am Fufse des Picacho de la Colonia Tovar. Der Weg von Carácas nach der Kolonie ist sehr gut; man braucht auf gutem Tiere zehn Stunden. Von Las Adjuntas im Thale des Rio Guaire reitet man am Macaraoflusse aufwärts, verläfst denselben nach $2^{1}/_{2}$ Stunden und steigt auf die Fila de Petaquire (2111 m), reitet dann auf dem Hauptkamm gegen Westen, passiert ein Hochmoor (Lagunazo) in 2238 m und überschreitet kurz darauf den Pafs in 2318 m Seehöhe. Von hieraus steigt man dann sanft abwärts in das Thal der Kolonie; es ist dieses wohl der höchste Pafs im Küstengebirge.

Auf dem Picacho de la Colonia Tovar, welchen Codazzi Tamaya nennt, entspringt der Rio Tuy. Nach Jahn ist der Gipfel 2455 m hoch, Codazzi giebt ihm nur 1211 m. Auch den östlich davon gelegenen Picacho del Palmar bestieg Jahn am 7. März 1886 und gelangte zu

[1]) Das Folgende nach einem Privatbriefe des Herrn Jahn an den Verfasser vom 27. April 1886, datiert Carácas.

Pferde bis 2025 m Höhe, dann in $2^1/_2$ Stunden auf ungebahnten Wegen zu Fufs bis auf den Gipfel, 2280 m (Codazzi giebt nur 1943 m). Die Aussicht von dem Palmar sowohl wie von dem Picacho de la Colonia Tovar ist prachtvoll; sie umfafst das Meer im Norden, den See von Valencia im Süden und erstreckt sich weit über die Sierra del Interior hinaus gegen die Llanos.

Soweit Jahn über die östlichen Teile des Gebirgszuges zwischen Valencia und Carácas. Auch die westlichen Teile untersuchte derselbe unternehmende junge Reisende und zwar im März 1885, und bestieg von dem Hafen Choroní aus den Pargo y Guavina, der nach seinen Messungen 1609 m hoch ist, und zwar an der Stelle, wo der Weg Choroní-Maracai das Gebirge überschreitet; die umliegenden Gipfel dürften höher sein, 2000—2100 m. Endlich besuchte Jahn von Puerto Cabello aus die Cumbre de Valencia, den alten Pafs zwischen Valencia und dem idyllischen Villenorte San Estéban bei Puerto Cabello; die Cumbre de Valencia fand Jahn zu 1370 m, den benachbarten Gipfel Hilaria schätzte er auf 1700 m. Endlich machte er auch den Weg Ocumare de la Costa—San Joaquin, dessen Pafshöhe er zu 1370 m bestimmte.

Wir sehen also, dafs auf diese Weise ein gutes Material über die Orometrie der Cordillera costanera beigebracht worden ist, welches als durchaus zuverlässig erachtet werden darf. Man findet, dafs im allgemeinen die Pässe etwa nur 500 m unter der Gipfelhöhe liegen; dies ist sowohl bei Ocumare und der Cumbre de Valencia der Fall, wie auch bei Choroní und dem Avila, wo der Pafs von Galipan mit 1900 m etwa 500 m unter die Kammhöhe eingesenkt ist.

Im allgemeinen führen nur verhältnismäfsig wenige Pässe über die Küstenkette, teils weil die an der Küste liegenden Ortschaften gröfstenteils nicht bedeutend genug sind, um Handel an sich zu ziehen, teils weil zwei g u t e Pässe genügen, um den Verkehr des Inneren nach den zwei Haupthäfen des Karibischen Gebirges zu leiten, nämlich nach Puerto Cabello und La Guaira. Das sind die Einsenkungen im Gebirge, welche denn auch jetzt von den Eisenbahnen benutzt werden, der Pafs von Cátia im Osten zwischen La Guaira und Carácas, der Pafs von Las Trincheras im Westen zwischen Puerto Cabello und Valencia.

Diese beiden Pässe sind die einzigen Einsenkungen von Belang auf der ganzen langen Strecke vom Rio Yaracuy bis zum Kap Codera, und daher haben sich denn auch hier die bedeutendsten Handelscentren entwickelt; man kann nicht sagen, dafs den Pässen auch entsprechend gute Häfen zur Seite stehen. Der Pafs von Trincheras führt zwar zum besten Hafen des Landes, Puerto Cabello, allein dieser liegt nicht am Ausgang des Passes, sondern zwei Stunden östlicher, und ebenso befindet sich vor dem Passe von Cátia gar kein Hafen, sondern nur eine schlechte Rhede, die von La Guaira. Der Paſs von Trincheras hat nur 600 m Höhe, der von Cátia 900 m. Ersterer senkt sich scharf gegen das Meer hinab, dagegen ist der Abstieg zur Ebene von Valencia sehr milde und gelinde und beträgt nur etwa 120 m.

Vom Inneren gesehen erscheint daher hier die Küsten-Cordillere als ein niedriges Hügelland, welches sich nur um ein weniges über die Ebene erhebt. Dieser Paſs heiſst der von Trincheras nach dem Gehöfte gleichen Namens, welches etwas unterhalb der Paſshöhe auf dem Nordabhange liegt und sich durch die Existenz einer auſserordentlich heiſsen Quelle auszeichnet, die am westlichen Bergabhang unmittelbar an der Straſse aus dem Gneis hervorsprudelt. In mehreren kleinen Armen bricht sie aus dem Fels hervor und bildet einen schmutzigen Tümpel mit starker Dampfentwicklung; schon von weitem sieht man von der Straſse aus eine weiſse Wolke über dem Becken schweben, in dem sich zahlreiche Schwefelabsätze gebildet haben. Denn die heiſse Quelle von Las Trincheras enthält auſser Kieselsäure, Chlor, Aluminium, Eisen, Magnesia, Calcium und organischen Stoffen 0,0340 gr. unter 65 gr. Schwefelwasserstoff, welcher überhaupt für viele der venezolanischen Quellen charakteristisch ist. Die Temperatur der Quelle ist sehr hoch, ja eine der höchsten überhaupt bekannten.

Humboldt fand	1800	90^{0}_{4} C.,
Boussingault und Rivero	1823	92^{0}_{2} und 97^{0} C.,
Karsten	1852	97^{0} C.,
Wall	1859	92^{0}_{22} C.,
Sievers	1884	91^{0}_{50} C.

Man sieht, daſs die Temperatur zwischen $90,_4$ (Humboldt) und 97 (Boussingault, Rivero, Karsten) schwankt, und zwar scheint von 1800—1852 eine Temperaturzunahme, seitdem eine Abnahme der Wärme eingetreten zu sein. Ob dieselbe etwa mit dem Erdbeben von 1812 im Zusammenhang steht, erscheint mir fraglich. S. S. 80/1.

Seit einigen Jahren ist die Quelle von Trincheras als Heilquelle benutzt worden, und der General Guzman Blanco hat einige Badehäuser aufstellen lassen, die jedoch von syphilitischen Kranken nur sehr selten benutzt werden.

Die Vegetation am Passe von Trincheras ist, wenn auch nicht sehr üppig, so doch frisch und schön; gegen die Küste zu steigert sich namentlich an dem Rio de Aguas Calientes die Frische und Zahl der Palmen, bis dann endlich an der Küste selbst die öden Kaktusdistrikte in ihr Recht treten, welche vom Orte Palito an bis kurz vor Puerto Cabello die sandigen Ufer bedecken. Wahrscheinlich bewegt man sich hier, wo Räder der Wagen und Füfse der Tiere tief in den Sand einsinken, auf verlassenem Meeresboden, wie denn überhaupt an manchen Punkten der Nordküste das Meer zurückzutreten scheint. Dafür spricht meines Erachtens nach die Sabane hinter der Stadt Puerto Cabello zwischen den äufsersten Häusern derselben und dem Portachuelo de San Estéban, den ersten Vorhügeln des Gebirges. Nachdem man in der Umgebung der Stadt einen recht schönen Kokospalmenhain an der Mündung der Flüsse Guaiguaza und San Estéban passiert hat, tritt man auf eine weite Sabane, die teilweise vom Meere überschwemmt zu werden pflegt, und über welche der Fahrdamm zum Kirchhofe führt. Diese Sabane ist ein gewaltiger Morast, durch welchen die Tiere und Wagen in der Regenzeit nur mit Mühe hindurchgelangen können.

Gegen Osten zu scheint sich dann die Küste in demselben Wechsel von Kaktusvegetation und Palmenanpflanzungen hinzuziehen, und hier liegen die unbedeutenden Ortschaften Borburata, Patanemo, Turiamo, Ocumare, Cata, Cayagua und Choroní; von letzterem Punkte an ist die Küste meines Wissens bis nach La Guaira zu fast menschenleer. Eine Reihe kleiner Flüsse bricht aus dem Waldgebirge hervor, und an ihnen liegen nun die genannten Dörfer, meist einige Kilometer vom Meere entfernt; das ist auch der Fall mit dem Städtchen Ocumare, das zum Unterschiede von einem zweiten Ocumare den Beinamen de la costa führt: das zweite Ocumare liegt am Rio Tuy südsüdöstlich von Carácas.

Das vorspringende Kap Blanco scheint diluvialen Alters zu sein und bringt einige Abwechslung in die fast geradlinig verlaufende Küste; östlich von La Guaira setzt sich der Typus derselben in ähnlicher Weise bis zum Kap Codera fort; hier liegen ebenfalls nur wenige kleine Ansiedlungen, wie Macuto, das neue Seebad von Carácas, dann Naiguatá, wonach der Pico de Naiguatá seinen Namen erhalten hat, Caraballeda und endlich Carguao. Auch hier ergiefsen sich zahlreiche kleine Bäche ins Meer, welche ihren Ursprung in der prachtvollen Waldregion der Silla- und Avilakette haben.

Der Ausblick von der Höhe dieser Kette gehört zu dem Schönsten, was man im Lande sehen kann. Es führt ein Reitweg über das Gebirge von Carácas über die Pulpería de Sanchorquiz, ein anderer über den Galipán nach Macuto. Namentlich das Meer ist unvergleichlich grofsartig zu nennen; man hat den Vorteil, dasselbe unmittelbar unter sich zu erblicken und das Getriebe der Schiffe deutlich aus kolossaler Höhe mit ansehen zu können. Leider hat man derartige Blicke in der Cordillere von Merida nicht, sondern in dieser ist man stets durch ein waldiges Tiefland von dem Maracaibo-See getrennt, und derselbe glänzt meist nur als ein silberner Streifen im Hintergrunde. Hier aber sieht man, ohne auch nur eine gröfsere Anstrengung durchmachen zu müssen, als ein paar Stunden zu steigen, das weite, sonnige, milde Karibische Meer weithin, so weit das Auge reicht, vor sich ausgebreitet; neben sich hat man die höchsten Bergriesen des Karibischen Gebirges, die Silla, den Naiguatá, unter sich die Häuser von La Guaira, und wendet man den Blick, so eröffnet sich das weite Thal von Carácas mit dem ausgedehnten Häusermeer, den zahlreichen prächtigen Gebäuden, die aus demselben emportauchen, der gegenüberliegenden Kette der Altos, den hellgrünen Zuckerrohrpflanzungen, Maisfeldern und den Pappel- und Weidengruppen, zwischen denen sich der kleine Rio Guaire entlang schlängelt.

Auch der Südabhang der ganzen Küstencordillere von Nirgua bis Carácas ist mit Wald bedeckt, aber nur in den höheren Teilen; am Fufse und unteren Abhang herrscht Trockenheit, Waldlosigkeit, Sterilität, der Boden ist in der Trockenzeit in Spalten gerissen, spärliche Vegetation kleidet ihn, die Farbe ist braunrot. Öde und leer erscheinen diese unteren Teile; dazu sind sie mit dem trostlosen Kaktusgebüsch bedeckt, welches namentlich in der Gegend von Valencia augenscheinlich immer gröfsere Strecken Landes in Beschlag nimmt: daher präsentiert sich die Cordillera costanera, von Süden gesehen, bei weitem nicht so gut wie von Norden aus.

Zwischen der nördlichen Kette, der Cordillera costanera, und der südlichen Serrania del Interior zieht sich ein langes Thal hindurch, welches im Westen durch den See von Valencia, im Osten durch den Rio Tuy bezeichnet wird; dieses lange Thal streicht in der Richtung der Gebirgsketten fast genau westöstlich, bildet für Ackerbau und Verkehr das eigentliche Centrum und darf als Hauptlebensader des Karibischen Gebirges gelten, zumal seine höchste Erhebung sich bei El Consejo auf nur 630 m Höhe stellt. Dieses ganze Thal gehört also im allgemeinen der tierra caliente an; leider kenne ich nur den westlichen Teil von dem Wirtshause Guayas und der Ziegelei Tejerias an gegen Westen zu, glaube jedoch nicht, dafs der Rio Tuy auf irgend einem Teile seines Laufes einen Durchbruch durch vorliegende Querriegel zeigt: unterhalb der Mündung des Rio Guaire wird er bereits schiffbar. Das obere Tuythal ist landschaftlich bevorzugt; zwischen den hohen Gebirgsketten eingesenkt, besitzt es im allgemeinen beträchtliche Wärmegrade und ist daher an manchen Stellen von prachtvoller Vegetation erfüllt. Allerdings ist die Kultur bereits sehr stark in das Thal des Tuy eingedrungen, und ebenso wie sich im mittleren und unteren Teile des Thales eine Reihe von Ortschaften aneinanderfügen, Tácata, Cua, Ocumare, San Francisco, Santa Teresa, Araguita u. a., ebenso ist auf der Strecke von Las Tejerias bis El Consejo eine ununterbrochene Folge von

Haciendas bemerkbar, welche dem Ganzen einen wohlhabenden, civilisierten, lebhaften Anstrich geben. Meist sind es Zuckerrohrhaciendas, weit ausgedehnte, hellgrün schimmernde Flächen des Zuckerrohres leuchten im Thale; dazwischen erheben sich hie und da die roten Ziegeldächer der Wirtschaftsgebäude und die Schlote der mit Dampf betriebenen Destillationsfabriken: denn das Hauptaugenmerk wird hier auf die Erzeugung des Aguardiente de caña, des Zuckerrohrbranntweins, gelegt, dessen Konsum im Lande ein ganz ungeheuer grofser ist. Unmittelbar östlich des Dorfes Consejo bricht der Tuy, ein seichter, wasserarmer Flufs, aus dem Gebirge hervor; von Consejo bis Guayas hält sich die Strafse stets an seinem linken Ufer, leicht in den Bergabhang gebrochen, ohne Kunstbauten, doch gut und nur in der Trockenzeit infolge gewaltiger Staubwolken beschwerlich.

Desto grofsartiger ist diejenige Strecke der Fahrstrafse, welche zwischen Guayas und Carácas das Bergland von Los Teques durchschneidet.

Dieses Bergland von Los Teques wird von den Vorbergen der nördlichen Küstenkette gebildet, welche langsam gegen den Tuy abfallen und deren Höhe von etwa 600 auf 1600 ansteigt; man hat daher von Guayas aus eine beträchtliche Kletterei bis zum höchsten Punkte des Weges, dem Wirtshause am Alto de la Cortada in etwa 1200 m, zu überstehen. Dieser Abhang ist aus weifsem Quarzit und Schiefern gebildet, und die in den Fels gesprengte Strafse zieht in ungeheueren Serpentinen langsam aufwärts, so dafs man mehrere Stunden zur Bewältigung dieser Cuesta (Aufstieg) braucht; doch lohnt ein grofsartiger Blick auf die Gebirgswelt im Süden die Mühen des Aufstiegs, und auch von Los Teques kommend wird man durch prachtvolle Aussicht überrascht. Als ich im November 1884 früh um Sonnenaufgang auf die Höhe des Alto de la Cortada kam, bot sich meinen Augen das entzückende Schauspiel des Kampfes der Sonne mit den Nebeln über dem braunroten Gebirgslande; gerade wenn man von Los Teques kommt, ist der Eindruck schöner, weil man die kleine Stunde von Los Teques aus bis zum Alto stets durch eine Felswand zur Linken von dem grofsartigen Anblicke abgezogen ist: plötzlich thut sich, nachdem man um die äufserste Spitze derselben herumgeritten ist, bei einem einzeln stehenden Hause wie mit einem Zauberschlage der Blick auf das Gebirgsland auf. Als ich im Dezember 1885 zu Wagen an diese Stelle kam, war die Sonne noch nicht aufgegangen, und erst bei Los Canales, ein wenig unterhalb der Höhe (1185 m), brach der Morgen an. Die Kühle war beträchtlich und zwang uns, in der schwach erleuchteten Posada einen Kaffee bereiten zu lassen; in Decken gehüllt erwarteten wir den Aufgang der Sonne; plötzlich stieg sie über den höchsten Spitzen im Osten herauf und übergoſs die Schluchten und Thäler des Berglandes mit einem Lichtschimmer; schnell verbreitete sich das Licht, und nach einer halben Stunde lag alles in hellstem Sonnenschein vor uns, nur die Nebel in den Schluchten wallten noch auf und ab, Rettung suchend vor den Strahlen der Sonne.

Rasch vollzieht sich der Übergang von der Finsternis zum hellen Tage, doch ist er kein ganz plötzlicher. Die Vorstellungen von dem urplötzlichen Einbrechen der Tageshelle und andererseits auch der Nacht sind unrichtig; man kann zum mindesten zwanzig Minuten zählen von dem Augenblicke, wo man zuerst die Schrift im Notizbuche mühsam entziffern kann, bis das Licht vollkommen deutlich wird, aber immerhin bleibt doch der Eindruck der fast ruckweisen Zunahme der Tageshelle. Ebenso schnell vollzieht sich dann auch der Übergang aus dem verschlafenen, fröstelnden, unbehaglichen Zustande der Übernächtigkeit vor dem Sonnenaufgang zum vollen Bewuſstsein der erwachten Thätigkeit; die häufig etwas erlahmten Glieder dehnen sich aus, auch die Maultiere wachen plötzlich völlig auf und beginnen unwillkürlich eine regere Gangart, in der Stunde von 6—7 Uhr morgens pflegt man gewöhnlich die gröſste Zahl von Kilometern zurückzulegen, auch die Maultiertreiber vor den Posadas beschleunigen die Packung der Waren und Anschirrung der Tiere, und häufig werden sie in ihren Vorbereitungen durch die Tageshelle überrascht. Doch verkehren auf dem Wege von Carácas über Los Teques und Consejo nach Victoria und Valencia die Maultierzüge auch des Nachts; wenigstens sah ich sie spät abends und wieder morgens früh ihres Weges ziehen. Eine lange Reihe von Karren, ein jeder von einem Maultiere gezogen, bewegt sich die Straſse entlang, jeder Karren führt eine Laterne, jedes Maultier eine kleine Glocke: so hört man oft von weitem bereits einen Maultierzug, ehe man ihn sieht, oder man erblickt weit abwärts oder aufwärts am Berge eine Reihe von Lichtpunkten, die langsam vorwärts ziehen; in gleichmäſsigem Schritt wandelt die Karawane einher, man hört nur den Tritt der Tiere, das Knarren der Räder und den Zuruf der Treiber, alles automatisch, gleichmäſsig, gespenstisch.

Nicht bei jedem Karren ist ein Treiber, und die Tiere gehen daher oft unregelmäſsig schwankend hin und her, so daſs es oft schwer ist, an einem solchen Karrenzuge vorbeizugelangen, da man häufig Gefahr läuft, an den abschüssigen Abhang hinuntergedrängt oder an der Bergwand gequetscht zu werden; dennoch zog ich letzteres als das kleinere Übel vor, da man wenigstens Gelegenheit hat, nur an einem Bein zu Schaden zu kommen, anstatt an der Seite des Abhanges in ganzer Person samt Tieren und Gepäck in die Tiefe gedrängt zu werden. Zuweilen wird auch die Straſse durch die Maultierzüge völlig versperrt, sei es, daſs ein

Rad eines Karrens abgelaufen oder eine Kollision mit einer des Weges kommenden Kutsche erfolgt ist, was namentlich an Wendungen des Weges oder in Schluchten häufig ist. Besonders auf den grofsen Verkehrsstrafsen treten solche Hindernisse oftmals ein, denn z. B. auf der Strafse Carácas—Los Teques ist der Verkehr der Karren einkolossaler; eine Reihe folgt der anderen, und kaum ist man der Quetschung durch die eine Serie glücklich entgangen, so wird man genötigt, wieder gegen eine zweite Vorsichtsmafsregeln zu treffen. Namentlich die mitgeführten Lasttiere kommen oftmals in Verwirrung; denn wenn sie selbst auch glücklich vorbeikommen, so bleiben doch die Warenbündel an einem vorbeiziehenden Maultier oder Karren hängen, die Leinen verwirren sich, die Tiere vermögen nicht von einander loszukommen, ein zweites und drittes drängt sich hinzu, die hinteren stofsen vorwärts, und es entsteht ein ungeheuerer Wirrwarr, in den sich die fluchenden Stimmen der beiderseitigen Treiber, Diener, Herren mischen. Oft kostet es lange Zeit, die Tiere zu entwirren, und es kann die Notwendigkeit eintreten, die Ladung abpacken zu müssen, was dann einen Aufenthalt von gewifs einer halben Stunde verursacht.

Auch andere Hindernisse bieten sich dar. Als ich im Dezember 1885 mit meinem Vater von Maracai nach Valencia fuhr, fanden wir eben jenseits der Halbinsel Cabrera eine kleine hölzerne Brücke über eine kaum 3 m breite Wasserrinne von etwa 2 m Tiefe und steilen Wänden zerstört. Ein grofser Zug von Maultieren war dort bereits zum Stocken gekommen, und die Arrieros bemühten sich, eine Notbrücke herzustellen; nach Verlauf von einer halben Stunde war dieselbe endlich fertig und auch unsere Kutsche mit Mühe über die Schlucht hinübergebracht worden. Charakteristisch für das Volk war dann der Umstand, dafs, sobald die Kutsche als letztes Gefährt die Notbrücke passiert hatte, diese schleunigst wieder abgebrochen wurde, so dafs und damit die später folgenden Reisenden dieselbe Mühe haben sollten. Dieses Schicksal ereilte auch sogleich darauf eine von Valencia nach Carácas fahrende Kutsche mit einer gefeierten Sängerin.

Aus dem Gebirgslande von Los Teques (Cocuizas, Higuerote bei Humboldt) entspringt der Rio Guaire, wahrscheinlich am Picacho del Palmár; an diesem Flusse liegt in einem Thalbecken die aufblühende Stadt Los Teques, weit ausgedehnt und eigentlich in zwei Hälften geschieden. Sie hat entsprechend ihrer Höhenlage von 1150 m ein kühles gemäfsigtes Klima, und es ist zu verwundern, dafs nicht mehr Caraqueños sich aus ihrer immerhin doch noch heifsen und neuerdings auch ungesunden Stadt in diese kleine hübsche Bergstadt zurückziehen, die auch in kultureller Beziehung grofse Fortschritte macht. Hat sie doch bei weitem das beste Gasthaus, welches ich im Inneren getroffen, ein Gasthaus, dessen einzelne Zimmer sogar mit Nummern versehen sind und das sich im November 1884 ganz besonders durch gutes Essen auszeichnete.

Der interessanteste Abschnitt der Reise von Valencia nach Carácas ist aber ohne Zweifel das tiefe Erosionsthal des Rio Guaire zwischen Los Teques und Antímano: gleich nachdem man bei Los Teques den Fluſs passiert hat, beginnt dasselbe. Der Guaire flieſst tief unten, und die Straſse, welche sich stets in bedeutender Höhe über dem Flusse erhält, ist in die Schieferfelsen gesprengt und besitzt unendlich viele und scharfe Windungen; so fällt sie allmählich von 1150 auf 1000 m Höhe in immer derselben Gestaltung. Sie ist eine echte Gebirgsstraſse und macht ihren Erbauern Ehre; in der That waren auch mehrere Anläufe notwendig, um die Straſse zu vollenden, deren Baukosten bedeutend sind. Dort, wo der Guaire sich mit dem Rio Macarao vereinigt, hört das Erosionsthal mit steilen Wänden auf, und es beginnt das auſserordentlich liebliche Thal von Antímano bei dem Gehöfte Las Adjuntas; von hier ist es nicht mehr weit bis Carácas, und wir wollen daher das Thal von Carácas und Antímano im neunzehnten Kapitel eingehender behandeln.

Südöstlich von Los Teques setzt sich das Bergland fort und trägt zwischen Carácas und dem Tuy eine Reihe von Ortschaften, die ich jedoch nur dem Namen nach kenne; sie führen den Gesamtnamen Los Altos und liegen in 1000 bis 1400 m Höhe. Zu ihnen gehören San Antonio (1400 m), San Diego (1275 m), Carrizal (1300 m), Baruta (1000 m) und El Hatillo (1150 m)[1]); von diesen ist Baruta bekannt wegen früher dort ausgebeuteter Goldminen, über die der Ingenieur J. G. Klemm in der Berg- und Hüttenmännischen Zeitung 1859, 8. August, Näheres berichtet; wenn jemals die Gruben ergiebig waren, so ist jedenfalls heute nicht mehr die Rede davon.

Bei dem Orte El Consejo betritt man die Wasserscheide zwischen dem Tuy und dem Rio Aragua, welcher in den Valenciasee fällt. Diese Wasserscheide ist ganz eben und fast unmerklich zu überschreiten; zu beiden Seiten des Weges ziehen sich natürliche Gärten hin, mit groſsartiger Blumenpracht, zahlreiche Kaffeepflanzungen beginnen hier. Schon der Eingang zum Orte El Consejo vom Tuy her zeigt die charakteristischen Schattenbäume der Pflanzungen, welche in eine groſse Allee vereinigt sind und köstlichen Schatten geben; im Thale des Rio Aragua, der aus mehreren Quellflüssen bei La Victoria entsteht, nehmen sie einen ganz besonders groſsen Raum ein. Weithin dehnen sie sich aus,

---

[1]) Jahn, im Anuario de Rójas Hermanos 1886 S. 295.

und man kann namentlich auf dem Wege von Victoria nach Cagua stundenlang ununterbrochen durch die Kaffeepflanzungen reiten. Das grüne Laub, die roten Beeren, die weifsen Blüten bilden eine anmutige Farbenzusammenstellung. Obwohl der Kaffeestrauch selbst kaum mehr als Mannshöhe erreicht, so gleichen doch die Kaffeepflanzungen vollkommenen Wäldern, weil die zu ihrem Schutze gepflanzten Schattenbäume solche bilden. Daher ist es stets angenehm zu hören, dafs viele Kaffeepflanzungen am Wege befindlich seien, da dann sicher auf Schatten zu rechnen ist, Schatten, der auf den Strafsen im centralen Venezuela nur in sehr spärlichem Mafse zu finden ist. Denn im allgemeinen zeigt sich auch hier im Thale des Rio Aragua kein Wald, und es sind einzig und allein die Kaffeehaciendas, welche grofsen Baumwuchs hervorrufen. Sowie man aus der Region derselben heraustritt, beginnen Dürre, Staub, Hitze, Kaktus, Gestrüpp und Wassermangel. Im Thale von Aragua liegen zahlreiche Ortschaften, La Victoria, Cagua, Santa Cruz unmittelbar am Flusse, San Mateo nahe dabei, Turmero und Guëre etwas nördlicher gegen Maracai zu. Der Rio de Aragua wird bei La Victoria von einer Kettenbrücke überspannt, die Ende 1884 noch nicht ganz fertiggestellt war.

Bei Cagua befindet man sich am Fufse der nördlichen Abhänge der Serrania del Interior, welche unmittelbar südlich von La Victoria in dem hohen Gipfel Pao de Zarate aufsteigt; hier befindet sich eine Kupfergrube, die eine Zeitlang ausgebeutet wurde, aber, soviel ich weifs, keinen genügenden Ertrag gegeben hat. Gegen Osten zu zieht die Serrania del Interior in geschlossenem Zuge bis zum Busen von Barcelona und gegen den Rio Unare.

Ihre Höhe ist nicht näher bekannt, doch dürfte sie 2000 m kaum übersteigen, wahrscheinlich beträgt sie im allgemeinen nur 1500 bis 1800 m. Eine Reihe von Gipfeln sind von Codazzi angegeben: südlich Victoria der Guaraima, der sich im Osten an den Pao de Zarate anschliefst, dann die Loma del Hierro (Eisenrücken), der Consumidero, Roncador, die Loma de Viento, Palomita und Alta Gracia bei Orituco. Vom Tuythal führen zahlreiche Wege über dieses Gebirge nach den Städten am Rande der Llanos; ob gute Pässe und niedere Einsenkungen darunter sind, vermag ich nicht zu sagen, glaube jedoch, dafs die Kette im allgemeinen streng geschlossen und ohne tiefere Einsenkung einherzieht. Würde es einen guten Pafs im Süden des Tuy geben, so wäre wohl kaum der grofse Umweg nötig, den jeder zu machen gezwungen ist, der auf der grofsen Strafse von Carácas nach den Llanos, speziell Calabozo, ziehen will, nämlich über Villa de Cura, also ganz nahe am Valenciasee. Der Grund für die Notwendigkeit dieses Umweges liegt eben ohne Zweifel in der Paſslosigkeit der Serrania del Interior; der gerade Weg von Carácas nach Calabozo würde sonach über die Altos oder über Teques, dann den Rio Tuy, die Loma del Hierro und San Sebastián führen. So aber umgeht die Straſse den eigentlichen Hauptzug der Serrania del Interior im Westen an der Einsenkung von Villa de Cura und windet sich dann wieder südöstlich im Thal des Tucutunemo und Guárico hinab. Bei Villa de Cura zeigt sich nämlich eine Senke von nur 570 m Seehöhe in der Serrania del Interior, welche letztere sodann in WSW.-Richtung am See von Valencia entlangzieht. Auf dem höchsten Punkte der Senke liegt Villa de Cura, die jetzige Hauptstadt des Staates Guzman Blanco. Niedrige Hügel umgeben sie; erst weiter westlich und südwestlich erheben sich wieder gröſsere Höhen.

Die Serrania del Interior scheint ein Gebirge von eigentümlicher Zusammensetzung zu sein: Gneis, Kalkstein und Serpentin sind mit Sicherheit von Jahn nachgewiesen, und zwar in der Reihenfolge von Nord nach Süd, quer über die Loma del Hierro.

Der Nordabhang des Gebirges ist der waldreiche, der Südabhang der kahle, entsprechend den von Norden und Nordosten kommenden Regenwinden. Das Gebirge zeigt bei Villa de Cura und San Sebastián, von Süd aus gesehen, verwitterte, öde, kahle Formen: die Ausgleichung der Oberflächen-Unterschiede ist hier schon weit vorgeschritten, besonders hohe Gipfel fallen nicht auf. Die Vorberge sind rund, gebuckelt, abgeschliffen, einzeln aneinander gereiht, meist kahl, nur mit Graswuchs bestanden; die Farben grau, rotbraun und gelbbraun, wodurch der öde, verlassene Charakter des Ganzen noch verstärkt wird. An Höhe nimmt das Gebirge langsam gegen Süden ab und geht hier allmählich in die gewellten Hügel von Párapára und Ortiz, dann in die Ebene über.

Nur am Rio Guárico erheben sich eine Reihe eigentümlicher Oberflächenformen: das sind die Morros von San Juan und San Sebastián. Ich kenne nur die ersteren aus der Nähe, die letzteren nur aus der Ferne, doch scheinen sie zusammmengehangen zu haben und den letzten Rest einer durch Thätigkeit des Meeres zerrissenen und zerstörten Kalksteinbedeckung zu bilden. Besonders zwei gewaltige, mehrere hundert Meter über das Urgebirge hervorragende Klötze sind hervorzuheben, eben die Morros von San Juan, die man weithin sieht, von Maracai am Valencia-See, von der Straſse Maracai—Villa de Cura, von den Bergen um Villa de Cura und ohne Zweifel auch von der Cordillera costanera aus. Der eine erscheint als Zuckerhut, der andere mehr als oblonger Klotz; in der Nähe verlieren sie jedoch diese Formen mehr und mehr. Sie bestehen aus steil gestellten Kalksteinschichten und scheinen die Reste einer Kreideküste zu bilden, welche die Serrania del Interior gegen die heranbrausende Brandung des Tertiärmeeres der Llanos schützte; als Riffe und Klippen mögen sie dort aufgeragt haben, heute haben sie ihren gefährlichen Charakter verloren und dienen als Naturmerkwürdigkeiten und als Heilstifter; denn an ihrem Fuſse sprudelt eine 34 Grad heiſse Quelle.

Da sie jedoch nicht unvermittelt aus der Ebene aufsteigen, so haben sie nicht denjenigen Eindruck auf mich gemacht, den ich infolge ihrer Höhe von 900 m und weiten Sichtbarkeit von ihnen erwartete. Neben den zwei groſsen Morros liegen mehrere kleine Reste von Kalkstein, durch welche sich der Rio Guárico seinen Lauf gebahnt hat; in ihrer Fortsetzung erheben sich dann weiter östlich die Morros de San Sebastián zwischen den Rios Paguaisito und Pao, Zuflüssen des Guárico.

Den Durchbruch des kleinen Flusses Tucutunemo durch das Serpentingebirge bei Villa de Cura benutzt die neuerbaute, auſserordentlich schlechte Fahrstraſse nach San Sebastián und San Juan de los Morros; die Gegend ist, wie der ganze Südabhang, öde und traurig, die Straſse überschreitet den tiefen Rio Guárico, über welchen keine Brücke besteht, so daſs oftmals der Verkehr unterbrochen wird, ferner den Rio San Juan.

Im Süden des Rio San Juan dehnt sich nun das niedrige Hügelland von Flores aus, eine Wildnis mit nur wenigen Gehöften. Dürftiger Wald deckt die Gegend, viele kleine Schluchten durchfurchen sie, aber das Wasser ist spärlich, es stagniert, da hier die Wasserscheide zwischen dem Rio Paito und dem Guárico liegt. Die Natur ist hier von einer unheimlichen Stille; kaum einen Vogelruf hört man, kaum eine Quelle rieselt, alles ist tot und öde. In dieser Wildnis liegt am Fuſse des Cerro de Flores das gleichnamige Dorf, ein Komplex von einem Dutzend Hütten an einem kleinen Wasserlauf. Zum Glück bieten einige Schänken erträgliche Wohnungsverhältnisse. Hier nahm ich am 30. November 1884 meine erste Bergbesteigung zu Pferde vor, ein Verfahren, das mir Ungeübtem damals groſse Mühe bereitete; durch den Buschwald klommen wir aufwärts, rechts und links schlugen die Büsche den Reiter, über Baumstümpfe und Wurzeln, durch Dick und Dünn ging die pfadlose Kletterei, bis endlich die Maultiere nicht weiter konnten und zu Fuſse gegangen werden muſste. Wir erreichten auch nicht den Gipfel des Cerro de Flores, sondern nur eine etwa 900 m hohe, flache, vorspringende Ecke, von der aus jedoch eine überaus lohnende Aussicht zu genieſsen war. Da lagen die Berge des Nordens, die ganze Serrania del Interior; im Vordergrunde die Morros de San Juan und weiter östlich die von San Sebastián, im Süden die Galera, mauerförmig wie ein

Wall gegen die Llanos aufragend, dahinter die unendliche Ebene selbst, in graublaue Dunstmassen gehüllt, unabsehbar.

Die Städte Parapára und Ortiz waren hinter Hügeln verborgen, aufser Flores war keine menschliche Wohnung zu erblicken, von der Sonne verbrannt erschien alles wüst und öde, einzig der Rio Guárico zog sich wie ein Silberfaden in weitem Bogen hin.

Der Cerro de Flores selbst ist ein aus Serpentin bestehender Berg mit einer kolossalen Caldera, einem Kessel, aus dem eine Schlucht herausführt; schroff stürzen die Flanken des Berges zur Caldera herab, im übrigen aber ist der Abfall des Cerro de Flores sanft und langsam, wie hier überall sind die Abhänge stark durchfurcht, und der höchste Kamm ist scharf wie ein Messerrücken.

Im November-Dezember 1884 gelangte ich nur bis Flores, und befriedigt von dem ersehnten Anblicke der Llanos kehrte ich um; im November 1885 erreichte ich jedoch die Stadt Ortiz an der Galera, wurde aber durch Fieber verhindert, die Llanos und die Galera zu betreten; damals stand alles unter Wasser, die ganze Gegend schien überschwemmt. Die Regenzeit trat noch gegen ihr Ende diesesmal ganz besonders heftig auf, der Himmel hing völlig voll von blauschwarzen drohenden Wolken, ein trüber Wasserdampf und Dunst lagerte über der Sabane, ungeheuere Wasserlachen und Pfützen standen überall auf der Strafse, täglich strömten gewaltige Regenmassen auf die unglückliche Stadt Ortiz herab, und die Fieber grassierten wieder einmal in dieser schon 1884 heimgesuchten Stadt. Ich habe selten eine melancholischere, traurigere, ödere Landschaft gesehen, als diese durch Dunst und Nebel abgesperrte Stadt in der Sabane, ohne viel Leben, ohne Verkehr, umgeben von Wasserflächen. Auch die Bewohnerschaft schien deprimiert; mit gesenktem Kopfe schlichen die Leute einher. Es fehlte sogar Musik, die sonst stete Begleiterin der Venezolaner. In der That hatten sie Grund zum Kopfhängen, denn die Fieber hatten in den Jahren 1884 und 1885 furchtbare Verwüstungen angerichtet und z. B. die Stadt San Juan de los Morros von 1200 Einwohnern auf kaum 100 reduziert.

Zwischen Parapára, Ortiz und Flores behält die Gegend ihren öden, hügeligen bis ebenen, trostlosen Charakter bei, und ich glaube auch, dafs dasselbe östlich und nördlich bis zum Rio Guárico, sowie nordwestlich gegen den Valencia-See hin der Fall sein wird. An den Quellen des Rio Guárico scheiden die Cerros Baul, Palmar, Yuma, Cerro Azul und Cuipa, sowie der gegen Südost vorgeschobene Platilla das öde traurige Hügelland des Guárico von der lachenden, blühenden und landschaftlich entzückenden Umgegend des Valencia- oder Tacarigua-Sees.

Westlich des Valencia-Sees setzt sich das Karibische Gebirge noch weiter fort, und zwar unter Abschwenkung nach WSW und SW. Sowohl die Küstenkette macht diese Drehung durch als auch die Serrania del Interior, beide unter Abnahme der Höhe. Der Punkt der Drehung des Streichens fällt mit einer grofsen Senke zusammen, die quer durch das Gebirge zieht; im Norden wird sie durch den Pafs von Las Trincheras (s. S. 279) eingeleitet, und gegen Süden zu folgt dann die Ebene von Valencia. Wie die Senke in der Serrania del Interior beschaffen ist, kann ich nicht mit Bestimmtheit sagen, doch ist es deutlich, dafs der Rio Pao die Fortsetzung derselben bildet, und dafs am Abfall des Cerro Cuipa gegen Westen der Einschnitt in der südlichen Gebirgskette sich befindet. Die südliche Kette scheint hier recht niedrig zu sein, worauf auch die Existenz einer Fahrstrafse von Valencia nach San Carlos deutet, welche über Tinaquillo und Tinaco am Rio Tinaco entlang zieht; die südliche Kette wird hier an drei Stellen von Flüssen durchbrochen, nämlich im Osten vom Rio Pao, in der Mitte vom Rio Tinaco und Rio San Carlos. Es ist bemerkenswert, dafs sich die Quellflüsse dieser Rios am nördlichen Abhange der südlichen Kette sammeln und dann vereint dieselbe durchbrechen; so bilden der Paito, Guataparo und Chirgua den Pao, der Tamanaco und Tinaco den Tinaco, der Tirgua, Onoto, Oruje und Tacuao den Rio San Carlos. Es scheint also, als ob das grofse Längsthal des Tuy und des Valencia-Sees sich südwestlich gegen den Cerro Madera hin fortsetze und hier anstatt durch einen Längsstrom von mehreren Querströmen durchzogen würde, die durch Gebirgsquerriegel von einander getrennt sind.

Ähnlich scheint auch die nördliche Kette gebaut zu sein: dieselbe zieht mit geschlossenem Kamme von Trincheras über Chirgua gegen den Cerro de Santa Maria und den Rio Yaracui, wird aber von einer kleinen südlich davor gelagerten Nebenkette begleitet, welche ebenfalls wieder als Staumittel für die Flüsse dient, die von der nördlichen Kette herabkommen; im allgemeinen ist auch hier ein Längsthal zu bemerken, das die Städte Nirgua, Miranda, Bejuma enthält, aber durch eine Reihe von einzelnen Rücken in besondere Abteilungen zertrennt wird, welche alte Seebecken zu bilden scheinen. Die Flüsse kamen von der Hauptkette herab, konnten die südliche Nebenkette nicht durchbrechen und stauten ihr Wasser zu kleinen Seen, bis dann der Durchbruch durch die südliche Nebenkette erfolgte und dadurch das Seebecken trocken gelegt wurde. So finden wir nebeneinander von Osten nach Westen das Becken von Chirgua mit dem Rio Chirgua, welcher gleich darauf bei Tarabana die südliche Kette durchbricht, dann das Becken von Bejuma mit dem Rio Tirgua, ferner dasjenige des Rio Aguirre und das des Rio Agua de Obispo; hierauf die beiden Becken der Rios Onoto und Tigre mit den Orten Miranda und El Tigre und endlich dasjenige von Salom und Nirgua. Fast alle diese Becken liegen in der Höhe von 640 bis 650 m: Chirgua 640 m, Bejuma 675 m, aber der Rio Tirgua in 650 m, Rio Aguirre 650 m, Rio Agua de Obispo 645 m, Miranda 650 m: El Tigre 645 m: dazwischen befinden sich Querriegel von 715 bis 820 m Höhe, die also um nur 75 m bis 180 m über der Thalsohle erhaben sind. Nur das Becken von Nirgua liegt höher, in 820 m, und dies ist auch das einzige, von welchem aus der Fluſs sich nicht südlich, sondern westlich einen Ausgang verschafft hat, indem der Rio Nirgua nach den Sabanen von Burĺa abflieſst. Alle diese Becken sind mit Sabanenvegetation, dichtem, hohem Grase, bestanden, und nur an den Fluſsufern findet sich Wald. Merkwürdigerweise harmoniert die Höhe von 645 m gerade mit der vermuteten höchsten Erhebung des Seespiegels des Tacarigua-Sees, welcher wahrscheinlich bis zu den Bergen bei La Victoria und dem Passe von Las Trincheras gereicht haben dürfte. Diese alten Seebecken sind äuſserst fruchtbar, fast eben und daher zur Anlage von Ortschaften wohl geeignet; in der That erblühen denn auch hier seit neuerer Zeit eine Reihe kleiner niedlicher Städte, unter denen Miranda und Bejuma die bedeutendsten sind. Kaffeekultur ist ihre Hauptbeschäftigung, und ihr Aufblühen verdanken sie in erster Linie der Erbauung einer Fahrstraſse von Valencia nach Nirgua, welche auch im wesentlichen die durch das unterbrochene Längsthal vorgeschriebene Richtung einhält.

Im Südwesten von Nirgua erhebt sich der Picacho de Nirgua, ein Glimmerschieferstock von etwa 1400 m Höhe; an seinem Fuſse beginnt der Rio Nirgua sich in das Bergland einzuschneiden und zwischen dem Picacho de Nirgua und dem Cerro de Santa Maria durchzubrechen, sein Thal ist ein tiefes, gewundenes Erosionsthal, und an seinem Ufer liegen die Kupferminen von Burĺa, eine bereits wieder aufgegebene Unternehmung. Das dort gewonnene Kupfer ist nicht übel, allein einerseits die Frachtkosten von Nirgua bis Valencia, andererseits die zu geringen Geldmittel und Arbeitskräfte, endlich aber auch wohl namentlich die unrichtige Bearbeitung der Minen werden die Hauptgründe für den Verfall dieses Unternehmens sein.

Mit Nirgua hört überhaupt eigentlich die Civilisation auf; die Fahrstraſse endet dort, und es existiert keine nennenswerte Verbindung mit Barquisimeto. Im Thale des Rio Nirgua vermag man nur bis zu den Ruinen von Burĺa abwärts zu gelangen: dann schwenkt der Weg in nördlicher Richtung ab, obwohl von diesem etwa 500 m hoch gelegenen Punkte nur noch ein auf wenige Kilometer verteilter Abstieg von etwa 250 m genügen würde, um in die Sabanen von Yaritagua hinabzugelangen; statt dessen hat man in das Waldgebirge der Quebrada Báquira hinabzutauchen und auf aufserordentlich schlechten Wegen den Rio Yaracui zu gewinnen, den man etwas östlich von Chivacoa erreicht. Dieser Weg entschädigt allerdings durch schönen Waldwuchs für die gehabten Mühen, allein für den Verkehr wäre es empfehlenswerter, unmittelbar westlich in die Sabanen von El Hato auf der Wasserscheide zwischen Rio Yaracui und Rio Nirgua gelangen zu können.

Indessen besteht eigentlich gar kein Verkehr zwischen Yaritagua und Barquisimeto einerseits und Nirgua andererseits, denn erstere Orte schaffen ihre Produkte nach La Luz, dem Endpunkte der Bahn von Tucacas nach den Minen von Aroa; von Tucacas aus führt ein kleiner Dampfer Waren und Passagiere in wenigen Stunden nach Puerto Cabello.

Die Verkehrslosigkeit zwischen dem Yaracui und Nirgua ist auch wohl der Grund für die neuerliche Abtrennung des Departamento von Nirgua von dem Staate, jetzt Seccion, Yaracui gewesen, zu welchem Nirgua in den Jahren 1873 bis 1882 gehörte; es ist gar nicht zu leugnen, dafs Nirgua in jeder Beziehung mehr nach Valencia und dem Staate Carabobo als nach dem Yaracui hin gravitiert.

Südlich von Nirgua liegen ebenfalls Kupfererze im Glimmerschiefer bei Los Aguacates, doch dürfte auch hier kein besonderer Reichtum vorhanden sein; das Gebirge südlich Nirgua ist öde, kahl und besteht wahrscheinlich gröfstenteils aus Gneis und krystallinen Schiefern.

Zwischen den äufsersten Ausläufern der Ketten von Chirgua einerseits und den Thälern von Aragua andererseits, zwischen der nördlichen und südlichen Hauptkette, liegt nun eingebettet der See von Valencia oder Tacarigua, wie er bei den Karibenstämmen, die dort ansässig waren, hiefs. Der Tacarigua-See liegt nach Codazzi in 432 m Seehöhe (516¼ varas), was ungefähr mit meinen eigenen Untersuchungen übereinstimmt. Die Länge des Sees von Westen nach Osten von der Mündung des Rio Cabriales bis zum Ostufer beträgt etwa 45 km, die gröfste Breite zwischen der Hacienda Yuma, östlich von Guiguë im Süden bis nach Mariara im Norden etwa 20 km, sein Umfang beträgt 125 km, seine Oberfläche etwa 550 qkm. Dieselbe ist also ungefähr gleich der Hälfte des Fürstentums Waldeck; von diesen 550 qkm gehören etwa 125 qkm zum Staate Guzman Blanco, 425 qkm zum Staate Carabobo; die Grenze verläuft von der Halbinsel Cabrera hinüber nach dem vorspringenden Steilufer bei Magdaleno. Der See besitzt zweiundzwanzig Inseln, deren gröfste die Insel Burro ist, und unter denen ferner die zweiundachtzig Ellen hohe Insel Chamberge erwähnenswert ist. Ihre Namen sind im östlichen Teile: Caguire, Zorro, die Klippen Hormiga und Hormiguita sowie Catua, endlich die 1796 erschienenen drei Inseln Las Nuevas Aparecidas. Zum Staate Carabobo gehören dagegen die westlicheren Inseln Burro, Culebra, Otama und Caiquire, Chamberge, Brujita, Cura, Horno, Caboblanco, Vagre, Araguato, Pan de Azucar, Fraile, Cucarache, Cucarachito, die Peñas Vagrecitos, Monacillos und die Klippen beim Morro de Guacara, sowie bei der Halbinsel Cabrera.

Die Tiefe des Sees beträgt 70 m, so daſs also sein Boden in 360 m Seehöhe liegt; sie soll von NO. nach SW. zunehmen, also von dem Flachufer gegen das Steilufer zu.

Es sollen im ganzen zweiundzwanzig Flüsse und Bäche in den Tacarigua-See münden, unter denen die Rios Cabriales oder de Valencia und Aragua die bedeutendsten sind; ferner sind zu erwähnen die Rios Turmero, Guacara und Guiguë.

Die Ufer des Sees sind im allgemeinen flach, nur der Süden auf der Strecke Yuma—Magdaleno und der Norden an der Halbinsel Cabrera zeigen Steilufer. Daſs diese einzigen Punkte, wo Steilufer sich befinden, einander gerade gegenüberliegen, deutet darauf hin, daſs ein unterseeischer Rücken in dem östlichen Teile des Sees verborgen liegt, der bei weiterem Fallen des Wassers des Sees zu einer Teilung desselben in eine gröſsere westliche und einer kleinere östliche Hälfte führen würde. Es sind deutliche Anzeichen von der Existenz dieses Rückens vorhanden, denn einerseits liegen Klippen vor der Halbinsel Cabrera und deuten deren Fortsetzung in den See hinaus an, andererseits befindet sich die Insel Burro unmittelbar westlich der Verbindungslinie der Steilküsten und bietet das Bindeglied zwischen beiden dar.

Wahrscheinlich sind auch die übrigen Inseln und Klippen die Gipfel einer Hügelkette, über welche sich der See ausbreitet. Genauere Messungen der Tiefe fehlen; doch dürfte zu vermuten sein, daſs der See in der Nähe der Steilufer tiefer sein wird, als am Ufer der Flachküsten.

Der Tacarigua-See besitzt die Eigenschaften eines Binnensees durchaus nicht vollkommen; sein Wasser hat nur einen ganz leichten Geschmack nach Salz, während doch ein abfluſsloser Binnensee fast stets salziges Wasser führt. Und doch erscheint der See von Valencia als ein abfluſsloser See.

Der See besitzt drei Arten von Fischen, die Guabina (Erythrinus), welche auch in den Llanos-Flüssen vorkommt, ferner die Sardine (Paccilia vivipara), welche ebenfalls in den Llanos und auch bei Carácas in dem Rio Guaire lebt, und endlich den Vagre (Platystoma), welcher sich ebenfalls im Rio Guaire findet.

Es entsteht nun die Frage, ob nicht einst doch der See von Valencia einen Abfluſs nach den Llanos oder dem Karibischen Meere gehabt habe, und diese Frage hängt zusammen mit derjenigen nach den Schwankungen des Wasserspiegels des Sees.

Es steht fest, daſs das Wasser des Sees seit historischen Zeiten beträchtlich gefallen ist. Oviedo berichtet, daſs die Stadt Valencia 1555 eine halbe legua, also etwa $2^1/_2$ km, vom See entfernt gegründet worden sei [1]: heute liegt die Stadt volle 3 leguas, also 15 km vom See entfernt, im Jahre 1800 lag sie 2700 toisen, also fast 5 km landeinwärts; der Proceſs der Abnahme des Wassers müſste also demnach seit 1800 ganz besonders rasch vor sich gegangen sein. Allerdings scheinen gerade Ende des vorigen und Anfang dieses Jahrhunderts mehrere neue Inseln aufgetaucht, andere landfest geworden zu sein. 1796 erschienen die drei Inseln Las Nuevas Aparecidas, und der Morro de la Cabrera war noch 1820 Insel; jetzt ist die Halbinsel Cabrera mit den äuſsersten Klippen verwachsen. Die Halbinsel Cabrera war übrigens noch um 1740 eine Insel, indem ausdrücklich berichtet wird, daſs das 1740 errichtete Fort auf der Isla de la Cabrera gelegen habe. Die Burro-Insel liegt jetzt der Küste näher als früher. Die Cerros von Guacara, die Insel Cascabel, die kleinen Hügel am Caño Camburí und die Isla de la negra oder Corotopana können mit Sicherheit als solche bezeichnet werden, die erst in diesem Jahrhundert landfest geworden sind. Noch Mitte dieses Jahrhunderts muſste man von dem Ufer des Sees nach der Insel Corotopana schwimmen. Der Weg am nördlichen Ufer des Sees wird immer weiter südlich gerückt: früher machte die Straſse von Valencia nach Maracai bei dem sogenannten Auyamal einen gewaltigen Bogen, dessen konkave Seite gegen Süd sah; jetzt führt der Weg auf der Sehne dieses Bogens am Seeufer, früher zog er am Abhang der Berge. Früher wurde der quer über die Halbinsel Cabrera führende Weg bei jedem Norte, einem von NO. kommenden Winde, überschwemmt, heute ist dies nicht mehr der Fall. Der Puerto de la negra war zu Oviedos Zeit eine halbe legua von Valencia entfernt, der von Arenales ebenso weit von Maracai; jetzt ist ersterer fast drei leguas, letzterer noch weiter von Maracai entfernt.

Humboldt fand auf den Inseln Cura und Cabo Blanco mehrere Toisen über dem Wasserspiegel feinen Sand mit Helix- und Valva-Arten, was als ein sicherer Beweis für das Fallen des Wassers angesehen werden darf.

Seit Humboldt scheint das Wasser noch weiter gefallen zu sein. Allerdings berichtet Boussingault, daſs 1822 der See im Steigen begriffen gewesen, daſs die Nuevas Aparecidas zu Klippen geworden, und die Halbinsel Cabrera so schmal geworden sei, daſs die Winde wieder die Wogen über den Weg Valencia—Maracai wälzen konnten. Flüsse, welche

[1] Oviedo, Historia de la provincia de Venezuela 1723.

sechs Monate kein Wasser zu führen pflegten, füllten sich wieder mit solchem. Boussingault glaubt, daſs dieses Ansteigen des Sees die Folge der zunehmenden Bewaldung und infolgedessen zunehmenden Niederschläge sei, indem infolge des Unabhängigkeitskrieges im Anfange des Jahrhunderts viele Pflanzungen eingingen, und an ihrer Stelle der Wald aufschoſs, ebenso wie Humboldt der Ansicht war, daſs es wesentlich die Ende des 18. Jahrhunderts zunehmende Entwaldung sei, die das Sinken des Wassers herbeiführe. Und in der That berichtet nach Beendigung der groſsen Kriege Codazzi 1841 wieder, daſs das Wasser von neuem sinke. Ich selbst fand auch am westlichen Ufer des Sees einen starken Rückgang seit 1835. Auf der Hacienda des Sr. Alejandro Llanos, welche am Caño Camburí lag, sah ich eine Stelle, wo nach der Versicherung des Hacendado 1835 bei seiner Ankunft in der Gegend der See gewesen sei; diese Stelle lag etwa 1 km vom See, ½ km von der Hacienda entfernt.

Man führte die Abnahme des Wassers auf die zunehmende Entwaldung zurück. Doch berichtet Humboldt selbst, daſs früher der Rio Pao in den Valencia-See gemündet habe, aber im Laufe des 17. Jahrhunderts durch einen Gutsbesitzer daselbst nach den Llanos abgeleitet sei, daſs aber noch damals (1800) der Caño Camburí zu Zeiten aus dem See floſs. Damals muſs also der See von Valencia abwechselnd abfluſslos und wieder dem Orinoco tributär gewesen sein. Es scheint, daſs zu Anfang dieses Jahrhunderts in der That der Valencia-See steigende Tendenz zur Rückkehr in seine alte hydrographische Abhängigkeit vom Orinoco gezeigt habe. Wenigstens berichtet Dr. Alamo in Carácas in einem Aufsatze „Estudios sobre el lago de Valencia“ in der „Opinion Nacional“ in Carácas vom 3. Januar 1884, daſs 1817 einige Flüchtlinge, von den Spaniern verfolgt, auf die Weise den Verfolgern entgingen, daſs sie sich am See von Valencia einschifften und durch den Caño Camburí oder Bucarito, dann durch den Rio Paito, Rio Pao, Portuguesa, Apure zum Orinoco gelangten. Ferner berichtet Alamo, daſs 1853 der General Arriento bei der Befahrung des Sees mittelst eines Dampfers festgestellt habe, daſs der Caño Camburí aus dem See herausflösse. Demnach wäre also ursprünglich der Valencia-See abfluſslos gewesen, aber am Ende des 17. Jahrhunderts durch einen Hacendado dem Orinoco tributär gemacht worden; es scheint auch, als ob der See noch bis in die neueste Zeit hinein dem Orinoco zugeflossen sei, so daſs also das ganze Gebiet des Sees bis zum Passe von Trincheras und La Victoria hin bis in die siebziger Jahre dem Orinoco tributär gewesen ist. In der That floſs früher, wie mein Wirt, Don Alejandro Llanos, Besitzer der Hacienda Siparo oder Progreso, ausdrücklich bestätigte, der Caño Camburí aus dem

See heraus in den Rio Paito und auf diese Weise in den Rio Apure und Orinoco. Dieses Verhältnis hat sich seit nunmehr sechzehn Jahren aber wieder verändert, da der Hacendado Amarado Muñoz, durch die Überschwemmungen des Rio Paito veranlaſst, denselben wieder abgeleitet hat, so daſs 1884 der Rio Paito in der sogenannten Loma de la Sabana de San Pablo entspringt, bis zu einem Punkte Los Araguatos flieſst, dort sich teilt, auf der südlichen Seite den Namen Rio Paito beibehält, in seinem nördlichen Arm Canes heiſst, sich mit diesem Arm bei Eglita wieder vereinigt und nun als Caño Camburí in den See hineinflieſst. Seit sechzehn Jahren ist also die Existenz eines Binnensees in Venezuela, welcher bis 1872 in den Orinoco abfloſs, durch künstliche Einflüsse wieder hergestellt worden; ich selbst habe persönlich gesehen, daſs der Caño Camburí in den See hineinflieſst, indes soll zur Regenzeit immer noch ein Zusammenhang mit dem Rio Pao bestehen; die früheren Zuflüsse des Rio Paito, der Tocuyito und der Guataparo, gehen jetzt in den Chirgua und dann erst in den Rio Pao.

1884 wurde mir berichtet, daſs der Spiegel des Sees wieder zu steigen anfinge, und zwar seit 1882; es würde interessant sein, zu erfahren, ob etwa durch diese Veränderung in dem Laufe des Rio Paito und Caño Camburí das Steigen des Seespiegels hervorgerufen wird. Neuerdings berichtet Hesse-Wartegg, daſs der Valencia-See wieder in den Orinoco abflösse; vielleicht hat der steigende See den Caño Camburí wieder gestaut und einen neuen Durchbruch zum Orinoco vollzogen. Wenn in der That der Tacarigua-See bis Ende des 17. Jahrhunderts ein abfluſsloser Binnensee gewesen ist, so läſst sich vielleicht vermuten, daſs die geringe Menge von Salzgehalt, welche das Wasser des Sees besitzt, der Rest eines früher gröſseren Salzgehaltes ist, welcher sich nach Eröffnung des Ausfluſses des Sees in den Orinoco mehr und mehr verminderte.

Wenn nun schon für die letzten Jahrhunderte ein Sinken des Wasserspiegels des Tacarigua-Sees mit Sicherheit zu konstatieren ist, so scheint der See doch in früheren Zeiten noch um einen weit höheren Betrag vermindert zu sein, der Spiegel um ein bedeutendes höher gelegen zu haben.

Fast um den ganzen See herum zieht sich ein Gebiet blendend weiſsen Sandbodens, welcher ohne Zweifel früheren Seegrund darstellt. Kleine Muscheln finden sich darin, Helix- und Valva-Arten, die noch jetzt im See leben; man nennt diesen Boden Tierra de caracolillo, Muschelerde. Diese Formation bedeckt vor allem den Nord- und Westrand des Sees, und zwar in beträchtlicher Ausdehnung, indem im Norden die Breite dieses Sandstreifens etwa fünf Kilometer, bei Guacara und gegen Valencia mehr als das Doppelte und auch im Westen etwa zehn Kilometer betragen dürfte; sämtliche Ortschaften des Nordufers und auch einige am Westufer liegen auf diesem Sandstreifen, dessen blendendes Weiſs die Augen angreift und dessen Pflanzendecke eine spärliche ist. Namentlich zahlreiche Kaktusarten und Euphorbien, Mimosen und Dornen breiten sich auf der Sandfläche aus, und nur an den von der Nordkette herabkommenden Flüssen findet sich frischere Vegetation; an diesen Flüssen liegen denn auch die Ortschaften Guacara, Guayos, San Joaquin, Maracai und die Haciendas Cura, Mariara und Saladillo; oft mehrere hundert Meter von dem Seeufer entfernt.

Im Norden muſs der Tacarigua-See einst bis an die Bergkette gereicht haben, leider konnte ich jedoch Zeitmangels halber nicht bis dorthin vordringen.

Im Westen gehört die groſse Ebene am Rio Cabriales oder de Valencia zu der Sandzone, dem verlassenen Seeboden; möglicherweise erstreckte sich der See einst bis an den Alto Uslar, südwestlich von Valencia und den Rio Tocuyito; hier habe ich keine sicheren Beobachtungen machen können, glaube jedoch eher an noch gröſsere Ausdehnung als an eine geringere. Nur kleine Ansiedelungen liegen auf dieser Strecke, Mijagual, Cascabel und Charal, sowie Zuckerrohr-Haciendas am Ufer des Sees. Hier im Westen befinden sich ferner Hügelketten, nördlich des Caño Camburí runde, langgestreckte Hügel von groſser Ähnlichkeit mit den Inseln des Sees; wahrscheinlich waren diese Hügel in früherer Zeit Inseln im See und wurden durch den allmählichen Rückgang des Wassers landfest. Von Süden aus hatten wir sie zunächst im Norden, dann im Osten.

Am Südufer des Sees tritt der Sandboden zurück, und frisches morastiges Land mit Zuckerrohr- und Bananenpflanzungen dehnt sich hier aus; wahrscheinlich sind dies jüngst verlassene Seebodenteile schlammigen Bodens. Hier liegen Bucarito, Barburata und Gueque, sowie Perez, lauter Haciendas, zum teil mit prachtvollen Ausblicken auf den See, endlich das Dorf Guiguë am gleichnamigen Flusse. Östlich dieser Ortschaft tritt die Südkette unmittelbar an den See heran und entsendet eine Reihe von Ausläufern von Süden nach Norden gegen den See gegenüber der Insel Burro, Ausläufer aus Gneiſs und Glimmerschiefer, welche auſserordentlich schwierig zu überschreiten und gänzlich menschenleer sind, wie denn überhaupt das Südufer des Lago de Valencia sehr spärlich bevölkert ist.

Im Osten der vorspringenden Ausläufer der Südkette liegen die kleinen Ortschaften Magdaleno und Guarabate, erstere fast am See selbst, inmitten frischer Vegetation und schöner Pflanzungen, letztere in 520 m Höhe im Hügelland von Villa de Cura. Auch hier zeigen die Grabungen stets das Vorhandensein von Seeboden; man findet bei Villa de Cura von oben nach unten 1½ m schwarze Humuserde, ⅛ m weifse, muschelige Erde (Tierra de caracolillo) und hierauf Sand und Wasser. Sicher ist, dafs der See bis zu den Hügeln von Casupito bei Villa de Cura gereicht haben mufs, doch ist es nicht unmöglich, dafs er Villa de Cura selbst erreicht hat (573 m), was einen früheren Stand von 140 m über dem jetzigen Niveau beweisen würde.

Auf dem Wege von Villa de Cura nach Cagua befindet sich unterhalb von Pueblito an der Bergwand ein weiterer Beweis für die Existenz des Seespiegels in Gestalt zweier Terrassen, die etwa je 1 m hoch sind; in der oberen, zuweilen auch in der unteren befinden sich Höhlungen, die augenscheinlich dem brandenden Wasser des Sees zuzuschreiben sind, die Felsen sind scharf poliert und geglättet. Sodann sieht man auf demselben Wege eine im Austrocknen begriffene Lagune Namens Taguaguay, welche augenscheinlich ein letzter Rest des Sees ist, ferner finden sich zwischen der Lagune Taguaguay und dem See wieder isolierte Hügel, augenscheinlich frühere Inseln desselben; soweit nicht Schlammboden mit Zuckerpflanzungen (bei Santa Cruz am Rio Aragua) vorhanden ist, besteht der Boden hier überall aus der Tierra de caracolillo.

Endlich sind Anzeichen vorhanden, dafs der See sich auch bis nach La Victoria ausdehnte. Gleich hinter La Victoria erhebt sich ein kleiner Hügel, an dessen Ostseite die der Witwe des 1878 verstorbenen Präsidenten Alcantara gehörige schlofsartige Hacienda Belen liegt.

Dieser Hügel macht durchaus den Eindruck einer Insel in dem Thale des Rio Aragua. Er ist langgestreckt, etwa 60 m hoch, schwach bewaldet; gleich darauf folgt ein kurzer höherer Hügel, dessen runde Formen sich später noch mehrfach wiederholen; sogleich westlich davon erhebt sich eine lange, schmale Hügelkette, dann ein zweiter, runder, hoher mit Palmen bewaldeter Cerro. Darauf folgt endlich eine lange Hügelkette von den Formen derjenigen, die sich an dem Orte San Mateo vorbei bis Cagua ausdehnt. Die Höhe dieser Hügel schwankt zwischen 60 und 100 m. Sie haben alle eine auffällige Ähnlichkeit mit den Inseln des Sees von Valencia.

Die runden, scharf abgeschliffenen Formen, der Wechsel zwischen kurzen, höheren und langen, langgestreckten Formen, die Art und Weise der Bewaldung, die Höhe etc. entsprechen so genau den Formen der Inseln des Sees von Valencia und denjenigen der Hügel, die anerkanntermafsen früher Inseln des Sees waren, dafs sich mir die Vermutung aufdrängte, dafs auch diese Hügel früher zu den Inseln des sich weit gegen Osten erstreckenden Sees von Valencia gehören. Schon Humboldt sagt: „Ich zweifle nicht, dafs in sehr alter Zeit das ganze Thal vom Fufse des Gebirges Cocuysa bis zum Torito und den Bergen von Nirgua von der Sierra de Mariara (Nordkette) bis zu den Bergketten von Guiguë (Südufer) zum Guarimo und der Palma unter Wasser stand. Kleine Helix- und Valva-Arten, die mit den jetzt am See lebenden identisch sind, kommen in drei bis vier Fufs dicken Schichten tief im Lande bis Turmero und Concesion bei Turmero vor." Dieses Concesion ist wohl das heutige Consejo, also schon östlich der Wasserscheide gelegen.

Auch im Nordwesten des Sees scheint derselbe früher weit gröfsere Areale bedeckt zu haben. Auf dem Wege von Nagua-Nagua nach dem Hofe Barbula, also auf dem Wege nach Puerto Cabello, bemerkt man, dafs, wie es scheint, alte Strandlinien sich an den östlichen Bergen entlang ziehen und zwar in sehr bedeutender Höhe; es scheint, dafs hier eine Bucht des Sees existiert hat, und in der That bedeckt Sand und Kaktusvegetation die Gegend zwischen Valencia und der Küstenkette. Auch westlich und südwestlich von Valencia erheben sich einzelne isolierte Hügel auf der Ebene zwischen der Stadt und dem Alto Uslar, und überblickt man von diesem oder einem anderen erhöhten Standpunkte aus die Gegend, so springt einem die Wahrscheinlichkeit der früheren weiteren Ausdehnung des Sees von Valencia in die Augen.

Wenn nun in der That bei Consejo Muscheln gefunden sind, die denjenigen des Tacarigua-Sees entsprechen, so mufs der Spiegel desselben früher noch bedeutend höher gestanden haben, als bisher angenommen wurde. Es mufs damals der ganze Zwischenraum zwischen der nördlichen und der südlichen Kette überschwemmt gewesen sein. Setzen wir die jetzige Höhe des Sees zu 430 m und Consejo zu 620 m, so erhalten wir eine Erhöhung des Seespiegels um 200 m: das Wasser desselben mufs daher die Senke von Villa de Cura (567 m) überflutet und hier mit den Llanos kommuniziert haben; die Verbindung mit den Llanos bestand aufserdem über das Thal des Rio Paito-Pao. Aber es mufs auch sogar ein Zusammenhang mit dem Karibischen Meere durch das Tuythal existiert haben; denn wenn wirklich Consejo einst zum Gebiete des Sees gehört hat, so mufs auch das Tuythal vom Wasser überflutet gewesen sein, da kein Punkt des Tuythales höher liegt als 620 m. Auch am Pafse von Trincheras mufs das Wasser bis weit über den jetzigen Hof Bárbula, fast bis zur jetzigen Pafshöhe (680 m) sich erstreckt haben.

Wir ersehen also aus allem diesem, dafs einst wahrscheinlich eine

Wasserverbindung zwischen den Llanos bei Pao und Ortiz über den Rio Pao und Villa de Cura zum Valencia-See und von diesem über die flache Wasserscheide von La Victoria und Consejo nach dem Tuythal, von diesem endlich zum Karibischen Meere vorhanden gewesen sein muſs, welche in ähnlicher Weise die Nordkette des Karibischen Gebirges zwischen Puerto Cabello und Kap Codera von der Südkette schied, wie noch heute die krystallinische Kette der Halbinseln Araya und Paria durch eine Reihe von Lagunen östlich von Cariaco von dem südlich davor gelegenen Kreidegebirge von Cumanacoa und Caripe geschieden wird; vielleicht bestand auch zwischen diesen östlichen Ketten einst eine vollständige Meeresstraſse.

Neunzehntes Kapitel.

Die Städte des Karibischen Gebirges.

In dem Karibischen Gebirge liegen die beiden gröfsten Städte Venezuelas und eine ganze Reihe mittelgrofser, meist in dem grofsen Längsthale zwischen den beiden Hauptketten; dazu zwei Hafenstädte, Puerto Cabello und La Guaira. Wir beginnen mit der Hauptstadt

Carácas. Wenn man mit der Eisenbahn von La Guaira heraufgekommen ist und die Pafshöhe von nicht ganz 1000 m (Cátia 945 m) erklommen hat, so erblickt man das weite Thal von Carácas, welches sich zwischen der Küstenkette und den Vorbergen derselben von Westen nach Osten erstreckt und von dem Rio Guaire durchflossen wird. Das Thal von Carácas ist erfüllt mit dem Schutt und Gerölle der Abhänge der Küstenkette, einer ungeheuren Menge von Material, das durch die Bäche herabgeschafft worden ist. Demgemäfs senkt sich der Boden im allgemeinen von Norden nach Süden, insofern die nördliche Kette mehr Geröll gegen Süden herabsendet, als die südliche gegen Norden; ferner aber senkt sich die Sohle des Thales auch von Westen nach Osten, von Antímano gegen Petare um ungefähr 70 m auf einer Strecke von 20 km, die man in etwa vier Stunden zurücklegen kann.

Ganz besonders auffällig ist der Gegensatz der Nord- und Südseite des Thales. Im Norden ragen die kolossalen Berge des Avila, der Silla, des Naiguatá bis zu 1800 m relativer Höhe über dem Thale auf; im Süden liegen die niedrigen Hügel, welche das Thal von Carácas von den südlich davor liegenden Dörfern Los Altos trennen. Man befindet sich eben im Thale von Carácas auf einem Absatze des Steilabfalls der nördlichen Kette; die Vorberge derselben haben ihren eigentlichen Absturz erst gegen das Tuythal zu.

Von Westen nach Osten zieht sich nun in diesem Thale des Rio Guaire die Hauptstadt der Republik, Carácas, hin, umgeben von zahlreichen kleinen Ortschaften, Ansiedlungen, Haciendas und Villen, welche aus der verhältnismäfsig kräftigen Vegetation heraustauchen.

Die Stadt Carácas wurde 1567 von Diego Lozada unter dem Namen Santiago de Leon de Carácas gegründet, wobei Carácas der Name der dort ansässigen Karibenstämme war. Dieser letztere allein hat sich im Laufe der Jahrhunderte erhalten, und dies ist in der That eine häufige Erscheinung; wir finden in Venezuela eine Reihe von Städten und Dörfern, die unter Anrufung eines Heiligen gegründet und mit dem Namen der dort wohnhaften Indianerstämme belegt wurden, sehr häufig erhielt sich dann nur der letztere.

Die Stadt Carácas hat sich trotz vieler Angriffe der Indianer allmählich in die Höhe gearbeitet und wurde schon zur spanischen Zeit als die bedeutendste Stadt Hauptort des Generalkapitanats von Carácas; die Republik änderte hierin nichts, sondern behielt Carácas als Hauptstadt bei.

Die Stadt zählte 1884 etwa 55000 Einwohner, also so viel wie Würzburg und Mainz, doch ist ihre Ausdehnung viel bedeutender als die der gleichgrofsen deutschen Städte. Der Grund hierzu liegt in der Bauart; die spanische Bauart liebt überhaupt geräumige Häuser, und die Erdbebengefahr bringt es mit sich, dafs mit Ausnahme weniger staatlicher Gebäude nur einstöckig gebaut wird. So besteht denn die Stadt aus einer ungeheuren Anzahl einstöckiger Häuser, welche im allgemeinen sehr tief, aber wenig breit sind, so dafs die Stirnseite derselben unscheinbar ist. Dazu kommt, dafs an der Aufsenseite meist keinerlei Schmuck erkennbar ist: eine Reihe vergitterter Fensteröffnungen, zwei bis zehn, je nach der Gröfse des Hauses, springen gegen die Strafse vor, ebenso ist das Ziegeldach leicht über die Vorderwand des Hauses hinausgebaut; man sieht daher in den Strafsen nichts weiter als Fenstergitter und vorspringende Dächer, und wenn nicht die grellen Farben der Häuser, zahlreiche Inschriften und Geschäftsschilder eine gewisse Abwechslung in die Strafsen brächten, so würden dieselben aufserordentlich monoton sein; in der That sind diejenigen Strafsen, welche keine Läden oder Geschäftshäuser bergen, äufserst einförmig. Ich kann mich noch immer nicht des etwas deprimierenden Eindrucks erwehren, welchen ich bei meiner Ankunft in Carácas empfing. Mein Gastfreund, Herr Georg Stelling, ein seit langer Zeit in Carácas ansässiger, sehr angesehener deutscher Kaufmann, empfing mich bereits in La Guaira und brachte mich nach Carácas hinauf; vom Bahnhofe fuhren wir per Wagen nach seinem im Südwesten der Stadt gelegenen Hause. Nachdem wir eine Zeitlang durch völlig einförmige Strafsen gefahren waren, erwartete ich jeden Augenblick in eine grofsartigere Stadtgegend zu gelangen, sah mich jedoch getäuscht, und schliefslich hielten wir vor einem äufserlich ebenso monotonen Hause. In der Folgezeit sah ich, dafs fast alle übrigen Häuser der Stadt dieselbe einförmige schmucklose Stirnseite hatten.

Desto mehr wurde ich überrascht, als ich den inneren Hof betrat. Die schöne alte spanische, wohl in ganz Südamerika herrschende Sitte verlegt in den offenen Hof der Häuser den sonst meist fehlenden Garten; dieser offene Hof, Patio, entspricht durchaus dem altrömischen Atrio und wird in vielen Häusern zu einem geradezu entzückenden Aufenthalt umgeschaffen. Alles, was an tropischen Zier- und zum Teil auch Nutzpflanzen vorhanden ist, findet sich in manchen venezolanischen Häusern im Patio zusammengestellt. Der meist rechteckige Raum ist für Ankömmlinge im Lande eine Quelle der Erfrischung und immer wieder sich erneuernden Aufmerksamkeit. Zum Teil ist es die Blütenpracht, dann wieder der herrliche Duft, auch namentlich die erfrischende Kühle der auf den Steinplatten gezogenen Topfpflanzen und des häufig dort aufgestellten Springquells, welche den aus der heifsen staubigen Strafse und von dem glühenden Pflaster oder Sandboden in das Haus Tretenden in das wohlige Gefühl der Erquickung durch Vegetation und der anheimelnden Ruhe versetzen. Im Inneren des Landes sah ich hie und da Tamarinden, Ceibabäume, ja auch hochstämmige Palmen im Patio angepflanzt, namentlich in älteren Häusern aus der spanischen Zeit. Im allgemeinen aber findet man in allen venezolanischen Privathäusern, wenigstens in den gröfseren Städten, einen Garten im Hause selbst, welcher denn auch den Bewohnern als fast ständiger Aufenthalt dient. Auf derartige Anpflanzungen im Patio wird seitens der Venezolaner und Fremden viel Geld verwendet, was ich vollkommen begreife, da eigentliche Gärten nicht existieren und die Städte staubig und heifs sind; Ausflüge in die Umgebung sind ebenfalls wenig erfrischend, da die Strafsen zur Trockenzeit äufserst staubig und schattenlos, zur Regenzeit sehr schlüpfrig und morastig sind, so dafs kein besonderer Genufs mit Ausfahrten verknüpft ist. Öffentliche Gärten giebt es zwar, allein sie werden aufserordentlich wenig benutzt; denn Spazierengehen ist eine in Venezuela fast unbekannte Gröfse, und wer spazierenreiten will, begiebt sich gewöhnlich auf die umliegenden Dörfer.

Um den Patio sind die Zimmer gruppiert, meist mehrere Schlafzimmer, ein Efszimmer und eine sala, ein grofses Zimmer für Empfang von Besuchen und Gesellschaften.

Die Fuſsböden bestehen meist aus Steinplatten oder Holz, doch werden Matten, Petatas, darüber gedeckt, die angenehmer sind als Teppiche, welche letzteren der Hitze und namentlich der Insekten halber durchaus unpraktisch sein würden und daher ungebräuchlich sind. Die Möbel bestehen aus denselben Gründen meist aus Rohrsesseln, Rohrsofas und vor allen Dingen aus Schaukelstühlen, ohne welche eine venezolanische Familie nicht auskommen kann. Namentlich vor und nach den Mahlzeiten werden die Schaukelstühle gebraucht, deren Bewegung unwillkürlich einen wohlthuenden Einfluſs auf die Verdauung und auſserdem einen kühlenden Luftstrom hervorbringt. Die Wände sind meist grau oder mit einer dunklen Farbe angestrichen, die Auſsenseiten der Häuser dagegen grell, gelb, rot, blau, grün, doch auch weiſs, grau und in matten Farben; infolge dieses Farbenwechsels bieten manche Städte namentlich im Innern trotz der eintönigen Bauart viele Abwechslung dar.

Platte Dächer sind sehr selten; man findet sie erst im Westen in gröſserer Zahl, und namentlich in den Hafenplätzen und Seestädten, so in Maracaibo und in Barranquilla in Colombia. Wie bemerkt, pflegen die Dächer aus Ziegeln hergestellt zu sein.

Hinter dem Hause liegt die Küche und hinter dieser der Hof, in welchem Geflügel, Katzen und Hunde ihr Reich haben, und zuweilen auch Pferde und Maultiere gehalten werden. Hier befinden sich auch die selbst in Carácas noch äuſserst primitiven Anstandsorte, deren Existenz im Innern des Landes unbekannt ist. Bei Regengüssen werden der Patio und der hintere Hof häufig überschwemmt, doch ist man so sehr daran gewöhnt, nur in der freien Luft zu leben, daſs diese heftigen Regengüsse im Hause selbst nur dem Neuling als etwas Bemerkenswertes erscheinen.

Die Beleuchtung geschieht durch gewöhnliche Lampen oder durch Ampeln, die von der Decke herunterhängen; beide sind abends, namentlich nach Regengüssen, groſse Anziehungspunkte für geflügelte Insekten und daher für Sammler stets ein wesentliches Förderungsmittel zur Erzielung der Ausbeute.

Die Straſsen von Carácas sind systematisch geordnet; da Venezuela überhaupt in vielen Äuſserlichkeiten den Vereinigten Staaten von Nordamerika nachzustreben sucht, so ist auch unter anderem die Straſseneinteilung des neueren New-York nachgeahmt worden.

Man hat daher die in der Mitte der Stadt sich rechtwinklig schneidenden groſsen Straſsen mit dem Namen Avenida (Avenue) belegt und unterscheidet nun von der Plaza Bolívar, dem Mittelpunkte der Stadt, aus vier Straſsen, die Avenida del Norte und ihre Verlängerung nach Süden, die Avenida del Sur, und ebenso nach West und Ost die

Avenida del Oeste und Avenida del Este. Diesen parallel laufen nun die übrigen Strafsen und zwar heifsen alle nördlichen der Avenida Oeste parallelen Strassen Oeste Nro. 1, 3, 5, 7, 9, 11, 13, alle südlich derselben Oeste Nro. 2, 4, 6, 8 u. s. w, Ebenso die nördlich der Avenida Este befindlichen Este 1, 3, 5 u. s. w. südlich derselben Este 2, 4, 6, 8. Ferner heissen die der Avenida Norte parallelen Strassen im Westen Norte 2, 4, 6 etc., im Osten Norte 1, 3, 5, 7 u. s. w., und dasselbe ist mit den Strassen Sur 1, 3, 5 u. s. w. im Süden der Fall. Diese Einteilung ist sehr einfach, sehr langweilig, aber sehr praktisch, wenigstens in der Theorie; denn in der Praxis kümmert sich kaum jemand darum, sondern man rechnet nach Esquinas, Ecken. Jeder Häuserblock, jedes Häuserkarree (manzana) hat also vier Ecken, und man bezeichnet nun z. B. das Geschäft der Herrn Jagenberg Hermanos als „entre San Francisco y Pajaritos“ d. h. zwischen der Ecke von San Francisco und der von Pajaritos oder das Geschäft des Herrn Stelling als „Mercaderos á San Pablo“ von der Ecke von Mercaderos bis San Pablo.

Für Fremde ist diese Bezeichnung höchst lästig, da es natürlich schwer, wenn nicht fast unmöglich ist, sich im Anfang unter den hunderten von Ecken zurechtzufinden; ich selbst habe acht Wochen in Carácas zugebracht, gestehe aber offen, dafs ich nur sehr wenige Esquinas kenne, und diese meist nur durch fortgesetzt gelesene Annoncen in den Zeitungen. Denn das Unglück ist, dafs nicht die Namen der Esquinas angeschlagen sind, sondern nur die der Strafsen. Andererseits ist das niedere Volk, Kutscher, Arrieros, Bummler etc., die man event. auf der Strafse befragen könnte, nicht dazu zu bringen, die einfache Einteilung der Strafsen Sur 1—15 etc. zu begreifen, zumal da sie nicht lesen können, was an den Strafsenecken angeschlagen ist; auf diese Weise entsteht für den Fremden ein arges Dilemma: der Fremde kennt die Strafseneinteilung, aber nicht die Esquinas, der Eingeborene die Esquinas, aber nicht die Strafseneinteilung. Wie soll man sich auf diese Weise verständigen? Erst durch lange Anwesenheit in der Stadt ist es möglich, völlig klaren Einblick in die Frage der Esquinas zu erlangen; allein, wer lange in Carácas lebt, bedarf keiner Esquinas mehr, sondern orientiert sich nach wohlbekannten Geschäften, z. B. „El libro“ von Jagenberg Hermanos oder der Botica (Apotheke) von Styrup etc.

Leider war 1885 das Pflaster der Stadt Carácas so aufserordentlich schlecht, dafs das Fahren mit Wagen geradezu lebensgefährlich wurde; wie ich höre, ist 1887 dieser Übelstand durch den General Guzman Blanco beseitigt worden.

In der Mitte der Stadt befindet sich die Plaza Bolívar, der gröfste öffentliche Platz, welcher als Centrum von Carácas gilt und mehrere öffentliche Gebäude besitzt. An seiner Nordseite liegt die Casa Amarilla, der Sitz des Präsidenten der Republik; auch diese Casa Amarilla ist dem „Weifsen Hause“ in Washington nachgeahmt, der Name bedeutet: „Gelbes Haus“. An der Plaza Bolívar liegt ferner die Kathedrale (Ostseite) und die erzbischöfliche Residenz (Südseite); auf dem mit Bäumen recht hübsch gezierten Platze steht ein wirklich vorzügliches Reiterstandbild des Befreiers der südamerikanischen Republiken, des Generals Simon Bolívar; dieses Standbild ist deutsche Arbeit, wenn ich nicht irre aus München. Die Plaza Bolívar wird durch eine Reihe von Kandelabern erleuchtet und macht in ihrer Gesamtheit, namentlich abends bei Lampenlicht, einen entschieden imposanten Eindruck.

Überhaupt ist Carácas reich an öffentlichen Gebäuden, deren schönstes meines Erachtens nach die im gotischen Stile ausgeführte Universität und Bibliothek ist; dieses aus weifsem Sandstein ausgeführte Gebäude steht an der Plaza del Capitolio neben dem Palacio de Artes y Oficios. Die Universität leidet nur unter einem Übelstande, nämlich dafs der ziemlich hohe und spitze Turm nicht in Harmonie zum Unterbau steht; dieser letztere ist verhältnismäfsig niedrig, insofern er aufser dem Erdgeschofs nur ein Stockwerk enthält, und daher erscheint das Ganze unproportioniert und gedrückt. Aber namentlich abends bei Lampenlicht oder auch bei hellem Vollmondlicht machen die zahlreichen weifsen Spitzen der Universität einen merkwürdig packenden, man möchte fast sagen zauberhaften Eindruck.

Gedrückt erscheint auch der Palacio federal selbst, welcher im Süden sich unmittelbar an die Plaza Bolívar anschliefst und der eigentliche Sitz der Regierung ist; er enthält verschiedene Ministerien, z. B. die des Innern und der Justiz, ist ebenfalls nur zweistöckig, sehr umfangreich, lang, aber schmal: die Erdbebengefahr wird auch hier wohl den Sieg über die Harmonie davongetragen haben.

Zwischen der Universität und dem Palacio federal steht eine Reiterstatue Guzman Blancos, hinter der Universität eine Bildsäule Bolívars, denselben in stehender Stellung zeigend, ein Geschenk des Handelsstandes von Carácas.

Da ich gerade von Denkmälern rede, so will ich die übrigen in der Stadt vorhandenen hier zusammenstellen. In der Universität selbst steht eine Bildsäule eines grofsen Mathematikers, Cajigal, ferner eine solche des bedeutenden Arztes Vargas; sodann hat Washington eine Bildsäule auf dem Platze Santa Ana; der General Monagas steht auf der Plaza de Carabobo vor dem Theater; Antonio Leocadio Guzmán, Vater des Präsidenten Guzmán Blanco auf der Plaza El Venezolano, der General Zamora auf der Plaza de Abril, der General Falcón auf der Plaza

Falcón und Miranda auf der Plaza del Panteon Nacional. Endlich hat man dem General Guzman Blanco noch ein großartiges Standbild auf einem Hügel über der Stadt Carácas errichtet, nämlich auf dem sogenannten Paseo Guzman Blanco (früher Calvario).

Doch bleiben wir bei der Betrachtung der Stadt. In der Universität befindet sich auch das Museo Nacional im ersten Stock, neben der Bibliothek; dieses Museo Nacional ist ganz besonders durch die Centennarfeier Bolívars 1883 bereichert worden, indem zur Feier dieses Geburtsjubiläums eine allgemeine Ausstellung venezolanischer Besonderheiten aus allen Teilen des Landes veranstaltet wurde, welche dann dem Museo Nacional überwiesen worden ist.

Man findet eine ziemlich reichhaltige Mineralien-Sammlung, ferner zoologische Gegenstände in Menge, endlich namentlich ethnologische Dinge, viele Waffen, Kleider, Geräte und Schmuckgegenstände der Indianer Guayanas und der Goajira, kurz ein sehr lebhaftes und schönes Gesamtbild. Ferner werden im Museo Nacional die von Bolívar erstrittenen Trophäen aufbewahrt, sodann Degen, Andenken und Erinnerungen an Bolívar, ferner z. B. der Stock der Fahne der britischen Legion aus der Schlacht von Carabobo und endlich Bilder und Gemälde, deren Gegenstände aus den Unabhängigkeitskriegen stammen. Am interessantesten für Venezolaner ist jedenfalls der Sarg Bolívars, in welchem die Überreste dieses großen Feldherrn von Santa Marta nach Carácas überführt worden sind.

Die Mängel des Museums bestehen in der geringen Beleuchtung und der schwachen Dotierung. Man sieht mit dem besten Willen nur wenig, da augenscheinlich der allerunpassendste Saal zur Aufstellung gewählt ist; auch reichte 1884 die Dotierung des Museums nicht einmal zur Erneuerung des Spiritus für die zoologischen Präparate aus, so daß wertvolle Stücke dem Verfall entgegengingen. Endlich herrscht auch Raummangel, welchem ganz wohl abgeholfen werden könnte, wenn man einen Teil der Sammlung in andere Räume überführte.

Der Direktor des Museums ist Herr Dr. Ernst, ein seit langer Zeit in Carácas ansässiger Deutscher, dem die Professur für Naturwissenschaften an der Universität Carácas übertragen worden ist. Dr. Ernst ist auch zugleich Ober-Bibliothekar; die Büchersammlung beträgt etwa 30 000 Bände und eine Anzahl Handschriften. Der genannte Gelehrte nahm mich sehr freundlich auf und imponierte mir besonders durch die ungeheure Vielseitigkeit seines Wissens, ganz abgesehen von seiner ausgezeichneten Beschlagenheit in seinem Spezialfache, der Botanik, ferner auch durch die besondere nicht jedem eigene Fähigkeit, sein Wissen mitzuteilen, und endlich durch seine prachtvolle Privatbibliothek, deren Reichtum an wertvollen Americanis mein fast neidisches Verlangen erregte.

Im allgemeinen befinden sich die Naturwissenschaften jedoch in Venezuela noch im Zustande der Vernachlässigung, wenngleich durch die Anstellung des Herrn Dr. Ernst bereits insofern grofse Fortschritte zu erkennen sind, als einerseits durch den Genannten eine Reihe meist botanischer Facharbeiten herausgegeben worden sind, dann aber ganz besonders durch die Lehrthätigkeit desselben das Interesse für Naturwissenschaften im Lande verbreitet wird, insofern viele junge Leute aus dem Innern, z. B. auch aus Merida und der Cordillere überhaupt, in Carácas ihre Studien machen und auf diese Weise aufser ihren obligaten philosophischen und Verwaltungs-Studien auch mancherlei auf die Natur ihres Landes Bezügliches lernen können.

Die Bibliothek und das Museum sind beide Schöpfungen des Generals Guzman Blanco vom 11. Juli 1874, wie denn überhaupt eigentlich alles, was an öffentlichen Gebäuden, Kunstwerken, wissenschaftlichen Instituten, Bauten, öffentlichen Anlagen und zur Verschönerung der Stadt dienenden Einrichtungen auf den General Antonio Guzman Blanco zurückgeht. Wie mag Carácas vor dem Jahre 1870 ausgesehen haben? Was wäre die Stadt ohne Guzman Blanco? Ich bin überzeugt, dafs Carácas sich ganz wohl mit allen übrigen Hauptstädten der süd- und centralamerikanischen Republiken messen kann, natürlich unter Berücksichtigung der Einwohnerzahl.

Wir wollen hier gleich einer weiteren Schöpfung des Generals Guzman Blanco gedenken, nämlich des wirklich prachtvollen Theaters, welches denn auch mit Recht Teatro Guzman Blanco heifst. Es erhebt sich auf der Plaza de Carabobo im Süden der Stadt und macht auf den Eintretenden durch die Gröfse des Zuschauerraums, die Eleganz der Formen, die bequemen Eingänge, die geschmackvolle Ausstattung und namentlich durch die gewaltige Ausdehnung der weiten Halle einen geradezu imponierenden Eindruck. Im November 1884 gab man Opern, u. a. auch „Margarethe“ von Gounod, im Dezember 1885 Operetten; leider standen die Leistungen der Truppe nicht im Verhältnis zur äufseren und inneren Schönheit des Hauses.

Besonders interessant ist natürlich für den Fremden die venezolanische Gesellschaft, namentlich das weibliche Publikum, welches in den Rängen verteilt ist, und dessen helle Kleider und Spitzenschleier, Blumen und Fächer eine äufserst malerische Wirkung ausüben. Man hält sich daher mehr an die Betrachtung der Zuschauer als an die Aufführungen und thut wohl daran. Im Parquet und Parterre sitzt die männliche

Bevölkerung, meist im schwarzen Gehrock, wie denn überhaupt die Theaterbesucher mehr auf Gesellschaftstoilette halten als in Deutschland.

Ein weiteres grofses öffentliches Gebäude ist das Panteon Nacional im äufsersten Norden der Stadt an der Plaza del Panteon Nacional, auf der die Statue Mirandas steht, des Vorläufers Bolívars, der den eigentlichen Anstofs zur Unabhängigkeitserklärung gab. Das Panteon dient zur Aufnahme der sterblichen Reste der berühmten Männer der Nation, ist also eine Art Westminster-Abtei, oder gleich dem Pantheon in Rom. Vor allem befindet sich darin das Grab Bolívars mit einem glänzenden Monumente des „Libertador y Padre de la Patria“ in buntem Marmor, ausgeführt von Tenerani. Aufserdem liegen dort eine Reihe bedeutender Venezolaner bestattet, namentlich die Helden der Unabhängigkeitskriege, die den Titel „Ilustre Procer“ führen, d. h. etwa „berühmter, erhabener Mann“.

Zur Zeit meiner Anwesenheit in Carácas starb ein solcher, und zwar der Vater des Generals Guzman Blanco, Don Antonio Leocadio Guzman; infolge der ungeheuren Bedeutung Guzman Blancos wurde denn auch der Vater mit den grofsartigsten Ehrenbezeugungen beigesetzt. Da dieses Leichenbegängnis ein Stück venezolanischen Lebens entrollt, wie man es nicht oft zu sehen bekommt, so will ich hier eine Schilderung dieses Ereignisses geben: denn ein solches war es für Carácas.

Antonio Leocadio Guzman starb am 13. November 1884 spät abends. Am 15. trug man seinen einbalsamierten Leichnam in die Kapelle des Palacio Federal, um ihn dort dem Volke auszustellen. Die Kapelle war mit den Fahnen Venezuelas, Colombias, Ecuadors, Perus, Bolivias, also der fünf von Bolívar befreiten Republiken, geschmückt, und eine Ehrengarde hielt die Totenwacht. Drei Tage lang blieb der Leichnam hier ausgestellt; das Volk drängte sich in Scharen herbei, namentlich die Frauen lagen betend, in tiefer Trauer, auf den Steinplatten der Kapelle und an den Stufen vor der Bahre. Die Stadt Carácas bewahrte acht Tage lang offizielle Trauer, die Regierungsgebäude und die fremden Konsulate hifsten ihre Flaggen halbmast, vom Turm der Kathedrale wehte ein langer schwarzer Wimpel. Die Universität erhielt zehn Tage Ferien, die Freischulen wurden geschlossen; diejenigen Schulen jedoch, in denen Schulgeld bezahlt wird, setzten ihren Kurs fort. Die Studenten der Universität waren über die unerwarteten Ferien aufserordentlich erbaut, und ich hörte den Ruf: „Ojalá que muera todos los dias un procer“, „möchte doch jeden Tag ein berühmter Mann sterben“. Alle Zeitungen erschienen mit Trauerrand, und ungeheure Leitartikel verbreiteten sich über das Leben und die Verdienste des Toten. Am 18. November waren alle Strafsen, durch welche der Leichenzug gehen sollte, mit schwarzen

Wimpeln und Trauerfahnen beflaggt, auf denen die Buchstaben A. L. G. und das Bildnis des Verstorbenen prangten. Alle Glocken läuteten, von Stunde zu Stunde wurde ein Kanonenschuſs abgefeuert, auf den Straſsen verkaufte man Trauerschleifen, die an die Schultern befestigt wurden, und Lebensbeschreibungen des Verblichenen. Um neun Uhr morgens begann die Beerdigung. Voran schritt ein Musikkorps, dann ein Bataillon Infanterie und eine Batterie Artillerie. Es folgte der Klerus mit dem Bischof von Guayana an der Spitze (der erzbischöfliche Stuhl von Carácas war gerade verwaist), sie trugen Kruzifixe. Darauf kamen fünf Mädchen von etwa 14 Jahren, die Blumen streuten und in Farben, Emblemen und Schärpen die fünf Republiken Venezuela, Colombia, Ecuador, Peru, Bolivia darstellten. Die Zeitung „La Nación" nannte diese Mädchen ‚bellos angeles', „schöne Engel", allein ich fand sie gerade ausnehmend häſslich, während es wirklich eine Fülle schöner Mädchen in Carácas giebt, und man Auswahl genug gehabt hätte. Eine zweite blumenstreuende Gruppe von acht Mädchen stellte die acht Staaten Venezuelas dar; dann folgten eine Anzahl Studierender des Polytechnikums mit den Ehrendekorationen des Toten. Hierauf kam das Pferd desselben, welches die „Nacion" als „impaciente corcel", „ungeduldiges Streitroſs" bezeichnete, obwohl es nie eine Schlacht mitgemacht hat. Sodann folgte der sechsspännige, mit weiſsen Decken und vielen Blumen sowie den Farben und Fahnen der fünf Republiken geschmückte Leichenwagen mit dem Sarge. Dahinter schritten die Anverwandten (General Guzman war gerade in Europa), ferner die Präsidenten und Deputationen der Staaten, die Behörden des Distrito Federal, die Mitglieder der Academia Venezolana, die Mitglieder der Universität, die Räte der Regierung. Sodann der Präsident der Republik, General Joaquin Crespo, mit breiter gelb-blau-roter Binde angethan, im Frack und Cylinder; dahinter die Minister, der Gouverneur des Distrito Federal, General Barret de Nazaris, der Gouverneur des Staates Guzman Blanco, General Tosta Garcia. Hierauf folgten die fremden Diplomaten, mit Ausnahme desjenigen Deutschlands, welcher abwesend war, und des holländischen, da die diplomatischen Beziehungen Venezuelas und Hollands seit langem unterbrochen sind; erwähnen will ich noch besonders den Generalkonsul von Honduras, Herrn Alfred Rothe, Herausgeber der Zeitung „El Siglo". Zum Schluſs ergoſs sich ein ungeheurer Strom von Vertretern der Presse und von Schulkindern, worauf ein Bataillon Infanterie und die fünfzehn Lanzenreiter des Präsidenten folgten. Die Bevölkerung stand in schwarzen Massen am Wege und stürzte hinter dem Zuge her. Alles wälzte sich dann in die Kathedrale, welche wirklich prachtvoll geschmückt war, und in der die Mitglieder der italienischen Oper ein Requiem sangen, welches in Anbetracht des Umstandes, dafs nur fünf Proben veranstaltet werden konnten, für Carácas recht gut ging, wenigstens nach der Versicherung meines besonderen Freundes, des Bassisten Herrn Abramoff aus Odessa. An der Kathedrale war ein Triumphbogen aus drei Etagen von Gewehren, Trommeln, Emblemen und Miniaturkanonen errichtet, was eigentlich in Anbetracht des friedlichen Lebens des Verstorbenen wenig passend erschien. Im Pantheon hielt der General Barret de Nazaris die Grabrede, während der Präsident Crespo sich darauf beschränkte, gedruckte Zettel zu verteilen, die seine Gedanken enthielten. Hier sang die Opera italiana das dies irae; um 1 Uhr nachmittags war die Feierlichkeit beendet.

Antonio Leocadio Guzman war 82 Jahre alt geworden und starb in seiner Vaterstadt. Er war ohne Zweifel ein bedeutender Redner, der auch einen guten Stil schrieb und politisch die Rolle eines der Gründer der liberalen Partei spielte. Eine Zeitlang war er Sekretär des Generals Bolívar, dann Gesandter in Colombia und Minister des Äufsern. Über seine schlechten Eigenschaften, deren er ebenfalls eine ganze Anzahl hatte, will ich hier nach dem Grundsatze: „de mortuis nil nisi bene" hinweggehen.

Die Kirchen der Stadt Carácas sind wenig sehenswert. Die Kathedrale allerdings ist schön und die Kirche von Santa Ana zierlich und hübsch; interessant ist der Turm der Kirche Altagracia, welcher durch das Erdbeben von 1812 verdreht worden ist: er zeigt zwei Spalten, welche in der Richtung W-O. verlaufen; der zwischen beiden übereinander gelegenen Spalten befindliche Teil des Turmes mit seinen vier Säulen ist dem Beschauer zugedreht worden, so dafs er mit den oberen und unteren Teilen einen geringen Winkel bildet. Ferner besitzt die Stadt Carácas die Kirchen de las Mercedes, de San Juan, La Pastora, die Kapelle des Calvario und die von Lourdes.

Das Kirchspiel der Kathedrale nimmt das Centrum der Stadt ein, im N.W. schliefst sich daran der höchstgelegene Stadtteil Altagracia, im N.O. Candelaria; südlich der Kathedrale liegen die Kirchspiele von San Juan in S.W., Santa Teresa in S.O. und Santa Rosalía in S. Ich wohnte 1884 im äufsersten Südwesten nahe der Plaza Abril in der Calle Sur 12, Nr. 11, später im Westen in der Calle Sur 6.

Interessant ist die kleine Kapelle des Calvario, welche sich oberhalb des Bahnhofs auf einem Hügel erhebt und mit ihren weifsen Zacken und Spitzen weit ins Thal hineinschaut. In ihrer Nähe wurde 1885 eine riesige eiserne Brücke gebaut, welche die Strafse von dem Bahnhof nach der Stadt überspannt und den Verkehr zwischen dem Paseo Guzman Blanco und den nördlichen Stadtteilen, sowie den Vorbergen der Küstenkette vermitteln sollte, ein mir einigermafsen zwecklos erscheinendes Unternehmen. Nahe dem Bahnhof und der Kapelle des Calvario befindet sich auf dem Hügel Calvario selbst der Paseo Guzman Blanco, ein grofser öffentlicher Garten mit ganz aufserordentlich schönen Anlagen. Hier hat Guzman Blanco wirklich ein Meisterstück geschaffen, indem er an Stelle eines kahlen, öden, verbrannten Hügels einen zauberisch schönen botanischen Garten setzte, welcher leider 1885 vernachlässigt wurde. Seltene und gewöhnliche Tropenpflanzen, unter denen ich vor allem die prachtvollen Chaguaramas-Palmen oder Palma real (Oreodoxa regia) hervorhebe, sind hier künstlich angepflanzt und von Dr. Ernst mit Namensschildern bedacht worden. Zwischen den Baumgruppen befinden sich Käfige mit wilden Tieren, jungen Jaguaren, Wildkatzen etc., sowie Vogelhäuser, gefüllt mit den ausgezeichnetsten gefiederten Bewohnern der Gegend. Das Ganze krönt ein Standbild Guzman Blancos in mehr als Lebensgröfse; man steigt in spiralförmigen Aufgängen zu der Plattform hinauf, auf welcher die Statue steht. Von dieser Plattform aus hat man eine grofsartige Aussicht über das Thal von Carácas und die Stadt selbst, deren gewaltige Längen-Ansdehnung hier besonders ins Auge fällt. Weithin erstreckt sich das Grün der Zuckerrohrfelder, namentlich gegen Westen zu bis nach La Vega und Antímano; grüne Wiesen bedecken die Ufer des Rio Guaire, und über allem erheben sich drohend die kolossalen Massen der Küstenkette. Wenn man zwischen vier und fünf Uhr nachmittags von hier auf die Öffnung im Gebirge bei Cátia schaut, so erblickt man wie plötzlich und gleichsam mit einem Zauberschlage weifse Wolken, Nebel, durch den Pafs der Eisenbahn heraufdringen und die Stadt rasch in ihrer Hülle verbergen; dann sinkt die Temperatur schnell und Frösteln überkommt den infolge der Mittagshitze leicht gekleideten Wanderer, ja auch die Passanten in den Strafsen der Stadt. An den Bergen ballen sich die Nebel, ziehen hin und her, wallen auf, wallen ab, bis sie endlich im Laufe des Abends verschwinden. Anders ist das Schauspiel, wenn man früh morgens auf die Berge steigt: da sieht man unter sich die Stadt in ein Nebelgewand gehüllt, am Boden des Thales zieht der Nebel hin, aus dem wogenden See tauchen die Kirchturmspitzen der Stadt Carácas inselgleich hervor, die Bergzüge der Umgebung schweben über dem Nebel, feierliche Stille herrscht; um uns her ist es hell, sonnig, klar, und nicht satt kann man sich sehen an dem grofsartigen Schauspiel. Gegen neun Uhr morgens, oft schon früher, beginnt der Nebel zu zerreifsen, einzelne Stadtteile leuchten hervor, um wieder zu verschwinden, bald aber verfliegt die Nebelhülle, und der Tag mit seinem glühenden Sonnenlicht tritt in sein Recht.

Schön auch ist der Blick auf die Stadt von den südlichen Bergen, gegen El Valle zu; hier hat man unmittelbar zu seinen Füfsen die

Vega des Rio Guaire, die Auen am Flufsufer, Wiesen, Weiden, Pappeln und Palmen; über den Flufs spannt sich die Puente de hierro, die eiserne Brücke, das abendliche Ziel der Caraqueños. Hierher pilgern am Abend viele, um der Kühle und Frische des Flufsufers zu geniefsen; in kleinen Gartenwirtschaften trinkt und ifst man einen letzten Abendimbifs. An der Brücke stehen im Mondlicht zwei Reihen stolzer Chaguaramas-Palmen, der stolzesten unter den Palmen des Landes; der Stamm ist gerade, schlank, am untersten Fufse schmäler als weiter aufwärts, hoch oben trägt er eine schöne Krone feiner Wedel. Meines Wissens kommen diese Palmen nur bis etwa 1000—1200 m Höhe vor, so dafs Carácas einer der höheren Punkte ist, an denen sie sich noch finden.

Von der eisernen Brücke aus führt eine Pferdebahn durch die Strafsen der Stadtteile von Santa Rosalía und Santa Teresa nach der Mitte der Stadt, dem Palacio Federal. Diese Pferdebahnwagen sind offen, das Geleise schmalspurig; sie fahren verhältnismäfsig schnell, ein schriller Pfiff warnt die Passanten, scharfe Kurven an den Strafsenecken führen zuweilen Entgleisungen herbei. Es giebt mehrere Pferdebahnlinien, welche die entfernten Stadtteile mit der Mitte verbinden, so auch eine nach dem Kirchspiel von San Juan, dem Ausgange der Stadt nach Antímano zu. Im übrigen hat man Droschken mit zwei Pferden und für Ausfahrten aufserhalb der Stadt festgebaute, gegen die Stöfse des holprigen Weges gewappnete Kutschen mit drei nebeneinander gespannten Pferden, endlich gröfsere Reisewagen für Touren von mehreren Tagen, z. B. nach Valencia, Villa de Cura u. s. w.

Aufserhalb der Stadt Carácas liegen ein Irrenhaus, welches ebenfalls der General Guzman Blanco gebaut hat, und der Stiergefechts-Zirkus, an dessen Ausgange durch ein grofses Loch in der Mauer die Knochen der getöteten Tiere hinausgeworfen werden; zuweilen dienen diese Knochen dann zu Bauzwecken, insofern die armen Bewohner der äufsersten Stadtteile sie oft zu Hecken und Zäunen um ihre Wohnungen verwenden.

Am östlichen Ausgange der Stadt befindet sich der Matadero publico, das öffentliche Schlachthaus, auf dessen Mauern andauernd Scharen von Aasgeiern sitzen, deren Amt, die Strafsenpolizei, sie bei den Bewohnern gern gesehene Gäste werden läfst. Da sie nicht geschossen werden dürfen, so vermehren sie sich stark und werden aufserordentlich frech; im ganzen Innern findet man sie, besonders auch im Westen des Landes, dem Táchira: es scheint, dafs sie sich besonders an Bevölkerungszentren einfinden, einer gröfseren Beute gewifs.

Von Westen aus gelangt das Wasser in die Stadt. Zwar durchfliefsen mehrere kleinere Bäche dieselbe, und die nördlichen Stadtteile erhalten ihr Wasser denn auch von ihnen, besonders der Quebrada Catuche, allein der gröſsere Teil von Carácas, der Westen, Süden und wie ich glaube auch der Osten, beziehen ihr Wasser aus der groſsen Wasserleitung von Macarao, welche mit bedeutenden Kosten in dem Thale von Antímano an den Bergwänden entlang geführt ist und das Wasser von Macarao oberhalb Antímano, an einem Nebenfluſs des Rio Guaire, herleitet. Da sie jedoch oben offen ist, so gilt ihr Wasser nicht für gut; oftmals sollen in den achtziger Jahren Scharen von Heuschrecken in das Wasser gefallen und dort umgekommen sein, was allerdings nicht zum Vorteil der Qualität des Wassers ausschlagen konnte.

Um die Stadt Carácas herum liegen eine Anzahl kleiner Dörfer, unter denen La Vega und Antímano im Westen, Sabana Grande, Chacaito, Chacao und Dos Caminos im Osten besonders zu nennen sind. Erstere Orte lernte ich auf Spazierritten kennen, die ich, um meine Reitfähigkeit zu prüfen, machte; letztere besuchte ich am Tage Allerheiligen zu Wagen mit meinen Gastfreunden Herren Stelling und Don Carlos Engelke. La Vega ist ein kleines Dorf mit Indianerbevölkerung, welche Thonfiguren aller Art zu fabrizieren pflegt; so besitze ich z. B. von ihnen eine Reihe von Bischöfen und Frauen, sowie Tieren, endlich auch Bolívar und Guzman Blanco in Thon äuſserst charakteristisch und unter Wiedergabe ihrer besonderen persönlichen Eigentümlichkeiten. Leider führt Bolívar einen Revolver, was als ein kleiner Anachronismus zu bezeichnen ist.

In Antímano erhebt sich eine glänzende Villa des Generals Guzman, welche ein recht behagliches und geschmackvolles Äuſsere hat, von innen kenne ich sie leider nicht. Im übrigen kann ich nicht behaupten, daſs Antímano einen so überwältigenden Eindruck auf mich gemacht hätte, wie die Caraqueños annahmen; ich finde, daſs die Vegetation bei Chacao zum teil schöner ist, und das ist für mich und wohl für alle Fremden das Ausschlaggebende. Deshalb ist für alle Welt San Estéban bei Puerto Cabello das Ideal aller Tropenidylle. Aus diesem Grunde kann ich auch für El Valle nicht schwärmen, eines der Dörfer südlich von Carácas in dürrer, staubiger Umgebung hinter den häſslichen kahlen Bergen. Trotzdem man sowohl nach Antímano wie nach El Valle nunmehr per Eisenbahn gelangen kann, würde ich Chacao und Dos Caminos vorziehen; hier ist mehr Land, weniger städtischer Luxus, der noch in Antímano zu erkennen ist.

Wenn der Sommeraufenthalt irgendwohin verlegt werden soll, wenn wir einmal „temperieren“ wollen, wie die Deutschen vielfach in ihrem schauerlichen deutsch-spanischen Jargon sagen, dann mag es nach den

Bergen gehen oder ins Seebad nach Macuto, und dahin bitte ich den Leser mich jetzt zu begleiten.

Das Seebad Macuto liegt eine halbe Stunde östlich von La Guaira auf einem kleinen Stück flachen Strandes, welcher dem Steilabfall des Gebirges vorgelagert ist. Natürlich kann von irgend welchem Luxus-Charakter nach Art von Ostende, Brighton, Tourville, Scheveningen nicht die Rede sein; nur eine geringe Anzahl von Häuschen liefert eine relative Bequemlichkeit, und nur wenige Leute sind in der glücklichen Lage meines Gastfreundes in La Guaira, des Herrn Winckelmann, in Macuto eine Villa zu besitzen. Diese Villa, ein niedliches kleines Haus, ziemlich entfernt vom Strande gelegen, wird mir in unauslöschlicher Erinnerung bleiben, da ich in derselben meine erste Nacht in Venezuela zubrachte. Was Macuto so anziehend macht, sind nun zwei Momente: einmal die prachtvolle Vegetation, die Kokospalmenhaine und Parkanlagen, dann aber die vielleicht damit in Zusammenhang stehende relative Frische oder, besser gesagt, etwas geringere Hitze als in La Guaira. Natürlich ist auch Macuto, an und für sich betrachtet, ein sehr heifser Platz, wie alle an der Nordküste Venezuelas liegenden Orte, aber es weht in Macuto weit mehr Brise als in La Guaira, und infolge dessen pflegt der Aufenthalt dort viel erträglicher zu sein; aufserdem ist Macuto gesünder als La Guaira. In dem geradezu kläglichen Buche: Souvenirs du Venezuela par J. de Tallenay, der Frau des früheren belgischen Gesandten in Carácas, findet sich auch eine Ansicht von Macuto, welche so wenig verlockend ist, dafs, wenn sie der Wirklichkeit entspräche, kein Hund in das Seebad gehen möchte. Man kann jedoch auf der Plaza Bolívar in Carácas recht gute Photographieen von Macuto kaufen; man sieht darauf die weifsen Häuser des Ortes, versteckt hinter den gewaltigen Kokospalmen am Strande. Die Küste hat hier eine Einbuchtung, und rund um diese zieht sich die Kokosallee, davor stehen eine Reihe von sofaartigen, sehr breiten Steinbänken, welche merkwürdigerweise mit dem Rücken gegen das Meer gekehrt sind; kleine Holzbänke befinden sich unmittelbar unter den Kokospalmen. Wer Anlage zur Schwärmerei hat und Genufs an Träumereien findet, möge nicht versäumen, Macuto zur Vollmondzeit zu besuchen, denn in der That ist der Aufenthalt unter den prachtvollen Exemplaren der Palmen des Abends bei Vollmondlicht ein geradezu zauberischer: das Meer donnert und brandet den ganzen Tag, doch läfst es gewöhnlich auch darin abends nach, und man hört nur ein leises Rauschen der auf den flachen Strand hinaufrollenden Wogen. Ich glaube nicht, dafs ich nur deshalb eine so grofse Vorliebe für Macuto gewonnen habe, weil ich meinen ersten tropischen Vollmondabend und überhaupt meinen ersten Abend im Lande dort verlebte, sondern die allgemeiner werdende Anerkennung auch seitens der allerdings sonst nicht nach Naturschönheiten, sondern eher nach regem gesellschaftlichen Leben begierigen Caraqueños und Caraqueñas spricht für die nicht nur in der Einbildung eines von der Tropennatur geblendeten und verblüfften Ankömmlings, sondern auch in Wirklichkeit vorhandenen Reize dieses Platzes.

Eigentliche Badehäuser, Karren in der See, sind erst, wenn ich nicht irre, 1885 erbaut worden und fehlten daher noch zur Zeit meiner Anwesenheit Ende 1884; es scheint überhaupt, als ob Macuto, das ich seitdem nicht wiedergesehen habe, sich in den letzten Jahren ganz besonders verschönert hätte. Eine Eisenbahn verbindet Macuto mit La Guaira und daher auch mit Carácas, doch dürften Freunde der Natur und des Reitens den Bergweg von Carácas über den Galipan nach Macuto vorziehen, welcher mit einem guten Maultiere nicht sehr viel länger aufhält als die Eisenbahnfahrt, da er geradeswegs über das Gebirge führt, während die Eisenbahn einen riesigen Bogen zu machen gezwungen ist.

Wenden wir uns nun zu den übrigen Städten des zentralen Venezuelas, so finden wir in der Hafenstadt La Guaira einen im allgemeinen nur sehr wenige Annehmlichkeiten bietenden Ort, und ich habe den Eindruck, als ob ein jeder, welcher genötigt ist, lange Zeit in La Guaira zuzubringen, seine Anforderungen an das Leben stark zurückzuschrauben genötigt sein wird. Ich gebe allerdings zu, dafs ich La Guaira sehr viel weniger kenne als die übrigen bedeutenderen Städte Venezuelas, da ich nur einen Tag dort zugebracht habe; allein obwohl ich gerade dort meine allerersten Eindrücke vom Lande empfing, die für gewöhnlich in der Erinnerung die packendsten zu sein pflegen, so sind dieselben doch keine sehr angenehmen. Vor allem ist es die berüchtigte Hitze, welche der Stadt den Namen „El infierno de Venezuela“, die Hölle Venezuelas, gegeben hat; das Thermometer hält sich meist auf 29 ° C., was zwar an und für sich nicht so aufserordentlich ist, da alle Küstenplätze und namentlich auch die Städte der Llanos ebenso hohe Hitzegrade zeigen, allein es ist wesentlich deshalb in La Guaira so unerträglich heifs, weil es nachts wenig abkühlt und die Brise weniger fühlbar ist als z. B. in Macuto und Puerto Cabello. Die Stadt hat kaum Raum zwischen dem Gebirge und dem Meere, und die nächtliche Wärme-Ausstrahlung ist daher dort viel geringer, als in dem frei gelegenen Puerto Cabello und in den auf weiter unabsehbarer Ebene erbauten Städten der Llanos. Daher erhält sich auch nachts die Wärme wie in einem Kessel, und namentlich in den heifseren Monaten ist auch dann wenig Linderung zu spüren.

Die Stadt ist lang und schmal; zum teil erstrecken sich die Häuser an den ersten Vorbergen des Gebirges aufwärts, was ein malerisches Bild erzeugt. Leider sind aber diese unteren Abhänge der Küstenkette aufserordentlich steril, öde, verbrannt, meist braunrot bis ziegelrot gefärbt, gänzlich verwittert und mit Kaktus, Opuntien, Cereus bestanden. Die immerhin bedeutenden Mengen von Feuchtigkeit, welche der Passatwind das ganze Jahr hindurch gegen die Küste führt, und welche auch in der Trockenzeit nicht fehlen, schlagen sich an den oberen Teilen des Gebirges nieder und erzeugen dort die prachtvollen frischen Hochwälder aus der Vegetationsregion der Baumfarne. Die unteren Teile des Gehänges erhalten weniger Regen und sind daher weit kahler und wasserloser. Wenn es in La Guaira regnet, so hat man es gewöhnlich mit heftigen, echt tropischen Regengüssen zu thun, welche infolge ihrer elementaren Gewalt die geringe etwa noch vorhandene Humusschicht von den Abhängen abschwemmen und infolge dessen wenig Gras- und Baumwuchs aufkommen lassen; auch die Entwaldung dürfte im Laufe der Jahrhunderte das Klima extremer und die Vegetation ärmer gemacht haben.

La Guaira kann in diesem Jahre 1888 sein dreihundertjähriges Jubiläum feiern, welche Gelegenheit sich die Guaireños kaum entgehen lassen dürften. Denn nach einer Übersicht der Geschichte der Stadt La Guaira, welche der in der venezolanischen Geschichte vorzüglich bewanderte und überhaupt litterarisch und wissenschaftlich ebenso tüchtige, wie persönlich liebenswürdige und fein gebildete Dr. Arístides Rójas in Carácas in seinem Almanaque Anuario del comercio etc. 1882, S. 98 ff., gegeben hat, wurden 1588 die ersten Hütten an der Küste von La Guaira von den Spaniern erbaut, also beinahe ein volles Jahrhundert nach der Entdeckung. Die erste Ansiedlung an dieser Küste überhaupt gründete Fajardo 1560 in Gestalt der Villa de Collado im Westen des jetzigen Dorfes Naiguatá. Diese Ortschaft wurde jedoch bald durch den Kaziken der Kariben Guaicaipuro zerstört, und es folgte darauf eine zweite Gründung auf demselben Platze, diesmal unter dem Namen Nuestra Señora de la Candelaria de Caravalleda 1567. Durch die falsche Politik des Gobernadors Luis de Rójas wurden die Einwohner aber schon 1583 zum Aufgeben der Ansiedlung gezwungen, und nach dem Abgange dieses Mannes gründete dann Diego de Osorio 1588 eine Stadt an der von den Eingeborenen Guaira genannten Stelle. Der Grund, weshalb dieser Ort gerade in einer so überaus ungünstigen Lage erbaut wurde, liegt in der Politik der Spanier, ihre Hafenplätze möglichst dort anzulegen, wo Meer und Land gleichmäfsig eine Landung der Feinde erschwerten. Denn La Guaira ist kein eigentlicher Hafen, sondern eine offene Rhede, in welcher das Meer sich meist in großer Bewegung befindet, und gegen Westen schützt das Cabo Blanco vor einem unvermuteten Überfall. Diese Naturbeschaffenheit der Umgebung ist aber für die jetzige Stadt La Guaira durchaus kein günstiger Umstand mehr; denn als Hafen ist der Ort außerordentlich ungünstig, so daß oftmals das Löschen und Laden der Dampfer unmöglich wird. Ich erinnere mich eines Falles im Dezember 1885, wo mehrere Tage hindurch das Meer derart bewegt war, daß eine Reihe von Dampfern große Verspätungen erlitten, indem es absolut unmöglich war, die Ladung zu löschen. Daher hat denn auch die Landung der Passagiere meist seine Schwierigkeiten, die Schiffe ankern in einer beträchtlichen Entfernung vom Lande, und man wird daher zunächst in ein kleines Boot geschafft, welcher Übergang bereits nicht zu den Annehmlichkeiten gehört; dann kommt es oft vor, daß man noch etwa 30—40 Schritte vom Strande entfernt genötigt ist, das Boot zu verlassen und sich der Schulter eines Negers anzuvertrauen, und so hatte auch ich meine Landung am 29. Oktober 1884, nachmittags 3 Uhr, zur Zeit starken Nordostpassats, zu bewerkstelligen; für Damen ist diese Art der Landung natürlich noch weit unangenehmer. Wenn das Meer gar zu aufgeregt ist, so wird die Ausschiffung der Passagiere oftmals nach Macuto verlegt: so geschah es z. B. in den Tagen vom 3.—7. Dezember 1887, bei Gelegenheit eines ganz ausnahmsweise hohen Seegangs, der auf einen Orkan bei Haiti zurückgeführt wurde.

Man hat infolge der ungünstigen Verhältnisse der Rhede von La Guaira im Jahre 1885 begonnen, einen Wellenbrecher ins Meer hinauszubauen, allein dieses Unternehmen hat mit fast unübersteiglichen Hindernissen zu kämpfen. Nachdem bereits in den Jahren 1885 und 1886 mehrfach die Grundbauten des „tajamar“ beschädigt worden waren, hat der hohe Seegang vom 3. Dezember 1887 einen großen Teil des halbfertiggestellten Molo samt Maschinen und Arbeitsmaterial weggerissen und der englischen Kompagnie, welche den tajamar baut, einen bedeutenden Schaden zugefügt. Diese plötzliche Zerstörung vieler Hoffnungen ist um so mehr zu bedauern, als die Regierung keine Kosten und Mühen gescheut hat, das schwierige Werk durchzusetzen. Und doch ist dieser „tajamar“ ein dringendes Bedürfnis für La Guaira, denn die Stadt ist nur deshalb noch am Leben, weil sie eben Hafen von Carácas ist; würde Carácas aufhören zu existieren, so verschwände La Guaira unbedingt sofort vom Erdboden. Wenn nun in der That die Zentralbahn durch Carabobo nach Valencia zu stande kommt, eine Bahn, die den Guaire abwärts, Tuy aufwärts und dann am Valencia-See entlang nach dieser letzteren Stadt führen soll, so könnte eventuell der Handel von Carácas nach Valencia und dem Hafen Puerto Cabello übergehen, wenn der Hafen von La Guaira andauernd schlecht bliebe, oder es könnte auch die Linie Carácas—Guairethal—Rio Chico—Carenero in Frage kommen, wodurch an Stelle einer offenen Rhede ein vorzüglicher Hafen, Carenero, gesetzt würde.

Guaira soll nach Rójas einerseits Wind, Brise, Bewegung der Luft, andererseits Schmelzofen für Metalle bedeuten (S. 101—103); doch neigt er sich mehr zu der Ansicht, dafs Guaira eine Zusammenziehung (Synkope) des Namens Guanaira sei, welchen ein damals an der Küste ansässiger Indianerstamm geführt habe.

Rójas fand den Namen La Guaira zuerst auf einer Karte von Laet von 1640 im „Novus Orbis"; auch spricht Herrera davon, dafs der Hafen von La Guaira viel Sassaparille ausführe, aufserdem begann der Handel La Guairas mit Fett, Häuten, Nutzholz, besonders nach den Antillen. La Guaira wurde mehrfach von den Flibustiern heimgesucht, zuerst 1595 von einem englischen Piraten; 1601 baute man den ersten Molo. 1670 wurde La Guaira von dem französischen Flibustier Gramont eingenommen, 1703 folgte ein Angriff der Holländer, 1743 und 1744 solche der Engländer.

Der Handel der Stadt verfiel Anfang des 18. Jahrhunderts erstaunlich, und zwar derart, dafs von 1700—1730 nur fünf spanische Schiffe von La Guaira nach Cadix und kein einziges in umgekehrter Richtung verkehrte, alles infolge der Vernachlässigungen seitens des Mutterlandes. Erst die Bildung der Compañia Guipuzcoana, einer Handelsgesellschaft der baskischen Provinzen Spaniens, brachte neues Leben (1728); es entstand ein neuer Molo, welcher bis 1847 bestehen blieb, und auch das Zollhaus der Stadt entstammt der Thätigkeit der Guipuzcoana, welche 1780 einging. Die kriegerischen Jahre, welche zu Ende des 18. Jahrhunderts folgten, fügten dem Handel schweren Schaden zu, und darauf begann dann der langjährige Unabhängigkeitskrieg bis 1821, in welchem die Stadt und Festung La Guaira eine sehr wichtige Rolle spielte; auch in den folgenden Bürgerkriegen bis 1870 litt die Stadt oft und schwer.

Als ein wichtiges Datum in der Entwicklung derselben ist auch der 16. Dezember 1842 zu bezeichnen, an welchem Tage der erste Dampfer vor La Guaira erschien (nach Rójas, Anuario 1886 S. 366 aber am 30. November 1841).

Durch das Erdbeben von 1812 wurde La Guaira fast vollständig zerstört, und infolge dessen ist die jetzige Stadt verhältnismäfsig neu, jedoch ohne besonders hervorragende Gebäude. Aufser dem Zollhause und zwei Kirchen ist höchstens noch das Theater erwähnenswert. Die alten Festungswerke sind 1882 geschleift worden.

Die Bevölkerung der Stadt mag jetzt etwa 8000 betragen; als besondere Kuriosität will ich anführen, dafs in La Guaira nur ein Advokat, Herr Andres A. Ravelo, ansässig ist (Rójas Anuario 1886, 367), also einer für 8000 Seelen, während in Carácas 98 angeführt sind, also etwa einer für 550 Einwohner.

Die grofse Nebenbuhlerin von La Guaira ist die Hafenstadt Puerto Cabello, deren Bevölkerung ich auf fast 10 000 Seelen schätze. Diese Stadt hat im Gegensatz zu La Guaira einen ganz besonders schönen Hafen, dessen Ruhe und Sicherheit ihr denn auch angeblich den Namen verschafft haben soll, indem Puerto Cabello „Haarhafen“ heifst, wodurch ausgedrückt werden soll, dafs die Schiffe ebensogut an ein Haar wie an ein Ankertau hätten gelegt werden können.

Puerto Cabello liegt weit günstiger als La Guaira, indem es eine Halbinsel aus Korallenkalk einnimmt, welche zuweilen durch das Eindringen des Meeres über die Sabane südlich der Stadt zu einer Insel gemacht wird, so dafs ein amphibischer Küstenstrich zwischen der Stadt und dem Kirchhof am Fufse der Berge liegt.

Vor dem Hafen dehnen sich ungeheure Mangrovenwälder sowie auch Korallenriffe aus, auf deren einem das Fort Libertador liegt. Eine Reihe kleiner Inseln aus Korallenkalk und Mangrovendickichten ziehen sich in östlicher Richtung hin und umschliefsen die Boca grande und den Puerto Nuevo, sowie die Bahia de Santa Lucía. Die Einfahrt in den Hafen ist schmal, aber tief, und die gröfsten Dampfer vermögen unmittelbar an der Werft zu ankern, ein ungeheurer Vorzug gegenüber La Guaira; doch ist der Hafen nur klein und der Raum für die oftmals in der Zahl von fünf bis sechs dort liegenden grofsen Dampfer beschränkt.

Der gröfsere Teil der Stadt Puerto Cabello liegt auf der äufsersten Landzunge der Halbinsel von Nord nach Süd gestreckt, davor gegen Süden die Vorstadt. Die beiden Teile der Stadt heifsen offiziell Union und Fraternidad, im Volksmunde Puente Dentro und Puente Fuera, d. h. „innerhalb und aufserhalb der Brücke“; es gab nämlich früher eine Brücke über einen schmalen Meeresarm, welcher die Mangrovelagunen mit dem Meere verband. Nachdem dieser Arm zugeworfen ist, was, nebenbei bemerkt, zur Verbesserung der gesundheitlichen Verhältnisse wesentlich beigetragen hat, besteht die Stadt nur noch aus einem Ganzen, dessen Teile jedoch die alten Namen beibehalten haben.

Im allgemeinen hat Puerto Cabello von jeher dieselben Schicksale wie La Guaira durch Angriffe von Flibustiern und später der englischen Flotte zu erleiden gehabt, dann einen Hauptsitz der Guipuzcoana gebildet, zugleich aber auch den besonderen Versuchspunkt des holländischen Schmuggelhandels mit Curaçao abgegeben und auch im Unabhängigkeitskriege sowie in den Wirren der Revolutionen eine wichtige Rolle gespielt.

Der Hafen wird aufser von dem Fort Libertador auch durch die oberhalb der Stadt auf den nächsten Hügeln gelegenen Forts La Vijia und Reducto geschützt, welche letzteren etwa 400 m von einander entfernt liegen und zugleich als Gefängnisse dienen. Auf dem Fort Vijia befindet sich eine grofse Zisterne.

Die Stadt Puerto Cabello besitzt weit mehr anziehende öffentliche Gebäude als La Guaira; vor allem ist das Theater sehr hübsch, welches seit 1862 gebaut, aber infolge der politischen Wirren bis 1885 noch nicht fertig gestellt worden ist, doch vermute ich, dafs es inzwischen (1886) vollständig beendet sein wird. Ferner ist die Casa Municipal, ein ziemlich umfangreiches Gebäude aus dem Jahre 1865, besonders wegen seiner verhältnismäfsigen Gröfse und leidlichen Ausstattung zu rühmen; ein dort ausgestelltes Bild Bolívars ist mit einer leider allzu bombastischen Inschrift versehen.

Die Kirchen sind unbedeutend, eine alte, San José, eine neue vom Jahre 1862. Ganz besonders schön ist die Alameda publica, oder Plaza 19 de Abril, Erinnerungstag der Einnahme von Carácas durch Guzman Blanco 1870, also des Beginnes der neuen friedlichen Ära. Diese Alameda ist ein öffentlicher Garten nahe dem Meere am NW-Ende der Halbinsel; um eine Fontäne gruppieren sich acht prachtvolle Chaguaramaspalmen und eine Reihe anderer hochstämmiger tropischer Bäume, die jedoch leider nicht genügend von Schlinggewächsen und Schmarotzerpflanzen freigehalten werden, so dafs der Verlust einer ganzen Reihe von Bäumen zu befürchten ist. Von dem Hause des früheren deutschen Konsuls, Herrn Kempf, hat man eine prachtvolle Aussicht auf diese Alameda und das dahinter liegende Meer. Über dasselbe hinweg schweift der Blick nach der Punta de Tucacas, dem vorspringenden Kap im Westen der Yaracui-Mündung, wohin ein kleiner, seines argen Schaukelns halber verrufener Dampfer fährt. In der Nähe dieser Alameda liegt der Klub, von dessen Veranda im ersten Stocke ein prachtvoller Blick auf den Hafen, das Fort Libertador und das Meer sich eröffnet. Nahe daran befindet sich auch das Zollhaus, die Aduana.

Die Hauptstrafse von Puerto Cabello ist die Calle del Comercio, in welcher eine Reihe der bedeutendsten deutschen Häuser ihre Warenlager haben, infolgedessen meist reges Leben und namentlich Reihen von maultiergezogenen Karren in der Strafse wahrnehmbar sind. Diese Calle del Comercio ist mit Telephondrähten und Telegraphenstangen besetzt und durchzogen, deren Vorhandensein die gröfsten Errungenschaften der

Kultur bezeugt. Es giebt kaum einen gröfseren Kontrast als die Telephondrähte in der Stadt und kaum hundert Schritte davon die Sabane mit den zahlreichen Zamuros, die ein Aas fressen, oder den äufserst primitiven Hütten der Neger; auf der einen Seite die extremste Civilisation, auf der andern der Urzustand.

Aufserhalb der Stadt Puerto Cabello breitet sich, wie bereits bemerkt, eine kleine Küstenebene bis zu den Vorbergen aus; sie ist mit salzigen Ausblühungen bedeckt und wird zuweilen vom Meere überschwemmt, aber auch bei starken Regengüssen ist sie fast ungangbar, gänzlich morastig und schlammig.

Über diese „Sabana" führt ein gepflasterter schmaler Weg zum Kirchhof, welcher am Fufse der Berge liegt. Ursprünglich war diese recht gute Fahrstrafse nur für den Verkehr der Leichenzüge bestimmt und nicht nur gegen die Flanken, wo der Morast sich ausbreitet, sondern auch gegen die Stadt und die Strafse nach San Estéban durch Ketten abgesperrt, so dafs die Reiter und Wagen von dem letztgenannten Orte sich stets durch den Morast hindurch zu quälen hatten. Eine Zeitlang fügte man sich dieser widersinnigen Anordnung der Obrigkeit, aber zu Neujahr 1886 waren plötzlich eines schönen Morgens die die Fahrstrafse absperrenden Ketten verschwunden, und kein Mensch wufste, wohin sie geraten waren. Der Verkehr bewegte sich seitdem stets über die Fahrstrafse, und es war ein öffentliches Geheimnis, dafs man diese plötzliche Änderung einem Wagen- und Pferdebesitzer zu verdanken hatte, der seine Tiere nicht länger durch den Morast leiden und seine Wagen nicht unbrauchbar machen lassen wollte.

In der That ist der Verkehr von der Südseite her stark, indem etwa dreiviertel Stunden landeinwärts das Sanssouci der deutschen Kaufleute, die Villenkolonie San Estéban, liegt, das Eldorado aller Maler und Botaniker. San Estéban ist mir in ganz Venezuela als ein Unikum erschienen, als das Ideal eines europäisch-kultivierten tropischen Landaufenthalts. Es besteht aus einer Reihe von Villen und ziemlich vielen Hütten und Häuschen der Eingeborenen, es ist ein beginnendes Dorf. Die Hütten und Villen liegen zerstreut an einer langen Strafse, welche in zahlreichen Windungen den kaum 60 m hohen Portachuelo, einen kleinen Pafs in der äufsersten Küstenkette, überschreitet. Diese Küstenkette steigt nach dem Innern zu rasch zu grofsen Höhen, bis zu 1700 m, an und fällt langsam gegen das Meer hinab.

Unmittelbar am Wege zum vorgenannten Kirchhofe beginnt der Aufstieg auf den Portachuelo, der hier mit Kaktus, Dornen und Gestrüpp bewachsen und ein rotbrauner verwitterter Bergabhang ist, in dessen Flanken das Wasser tiefe Furchen gerissen hat. Kaum aber hat man den Portachuelo überschritten, so tritt an die Stelle der dürren öden Vegetation ein äufserst frisches Bild; Wiesen und Pflanzungen zeigen sich am jenseitigen Abhang des Portachuelo, der Weg führt durch hochstämmige Tropenpflanzen; Kakao-Haciendas liegen unmittelbar am Wege, die Brotbäume stehen hier in üppigster Entfaltung, frischer und würziger wird die Luft, an Stelle der glühenden Sonne über der trockenen Ebene von Puerto Cabello tritt erquickender Schatten, den die Bergwand selbst spendet, an Stelle des Lärms der Stadt finden wir hier idyllische Ruhe, welche nur zuweilen durch Vogelruf unterbrochen wird, oder durch das Murmeln des Flusses, welcher im engen Waldthale herabeilt. Nach einer etwa viertelstündigen Fahrt erreicht man die ersten Villen, und nun führt der Weg ununterbrochen zwischen solchen hindurch, unter schwankenden Kokos- und anderen Palmen, an den schwarzen düsteren Kakao-Haciendas vorbei, durch Bananengebüsch; an jeder Wendung des Weges öffnet sich eine neue Aussicht auf ein anderes prachtvolles Vegetationsbild, und Natur und Kunst wetteifern hier zur Verschönerung des Thales. Die Villen der Europäer, meist mit Gärten umgeben, sind einstöckig, seltener zweistöckig, luftig, leicht gebaut, mit Verandas, Korridoren und Gallerien ausgestattet; namentlich in den Veranden konzentriert sich das Leben der europäischen Kolonie. Meist stehen einige schlanke Chaguaramas-Palmen vor den Häusern, doch waren 1885 ihre Blätter leider von den Heuschrecken angefressen.

Von San Estéban aufwärts führt ein früher oft benutzter, jetzt fast verfallener Pfad über die Cumbre nach Valencia; man kann daher sagen, dafs eigentlich in San Estéban die Welt mit Brettern vernagelt ist und nur für gute Fufsgänger und Bergsteiger weiterhin offensteht. Es haben sich also die Europäer in einem lauschigen Winkel angesiedelt und sind hier völlig unbelästigt von dem niederen Volke, aufser an besonderen Festtagen, wie Weihnachten etc. Morgens pflegen die Europäer, oder sagen wir, Deutschen — denn beides deckt sich fast ganz — zu Wagen oder zu Pferde in die Stadt zu fahren oder zu reiten, um erst abends gegen sechs Uhr wieder zurückzukehren. Obwohl sie daher nur den geringsten Teil des Tages in San Estéban zubringen, so sind die dort verbrachten Stunden, nämlich die Morgen- und Abendstunden, doch gerade die angenehmsten. In diesen Tageszeiten ist San Estéban frisch, feucht, kühl und stets schattig; am Tage steigt die Temperatur stark und giebt Puerto Cabello nicht viel nach, allein morgens und abends ist der Unterschied ein ganz bedeutender, was um so mehr zu bewundern ist, als San Estéban nur 35 m über dem Meere liegt. Die ganze Frische und Kühle ist daher auf Rechnung des klaren Gebirgsflusses, des schattigen Bergwaldes und der Einklemmung zwischen hohen Bergen zu setzen.

Trotz der berückenden idyllischen Schönheit des Thales von San Estéban habe ich doch Deutsche kennen gelernt, welche nicht viel von diesem lieblichen Orte hielten. Mir ist ein solches Urteil stets unverständlich gewesen, und ich weiſs auch, daſs z. B. mein verehrter Freund Herr Prof. A. Goering in Leipzig, dessen sechsjährige Wanderungen in der Argentina und Venezuela ihn zu einem der besten Kenner südamerikanischer Landschaft stempeln, und dessen künstlerische Neigungen und Talente ihm ein besonderes Recht geben, über Schönheit ein richtiges Urteil zu fällen, stets San Estéban nur mit dem Ausdrucke vollster Bewunderung zu nennen pflegt.

Was meines Erachtens nach in San Estéban so reizvoll berührt, ist die eigentümliche Mischung von höchster Kultur und prachtvollster, üppigster, ja ursprünglichster Tropenpracht. Es ist gewiſs nicht zu leugnen, daſs es Gegenden giebt, welche weit groſsartigere Vegetationsbilder zeigen, wie z. B. die Urwälder des Zulia am Südufer des Sees von Maracaibo und die gewaltigen Wälder der Llanos am Südrande der Cordillere; allein in diesen hat man mit der üppigen Natur in Gestalt überwuchernder Pflanzenmassen, ungeheuer feuchten Klimas, morastiger Sumpfstrecken und dadurch erzeugter buchstäblich bodenloser Wege so sehr zu kämpfen, daſs der volle Genuſs des Groſsartigen momentan durch die Eindrücke des Ärgers und der Belästigung, der Mühsal und Unbequemlichkeit beeinträchtigt wird. Andererseits will ich zugeben, daſs es gewiſs Orte giebt, deren Kulturrang ein noch höherer oder ebenso hoher ist wie der San Estébans; gewiſs haben die Deutschen in Maracaibo ihr Tuskulum in Los Haticos ebenso hübsch einrichten, die Valencianer ihr Camaruco ebenso gut möblieren können, von Macuto und Antímano ganz zu schweigen. Allein in keinem dieser Orte findet sich eine solche Tropenpracht, vereinigt mit so groſser kultureller Bequemlichkeit; denn in den Urwäldern fehlen die Villen, und in den Villenkolonieen fehlt die üppige Tropenvegetation: nur in San Estéban findet sich beides vereinigt; wer das nicht an sich selbst erfahren, von dem behaupte ich, daſs er entweder zu wenig derartige Tropen-Sanssoucis kennen gelernt oder bereits zu lange in den Tropen gelebt hat, um sich noch ganz ohne Rückhalt den überwältigenden Eindrücken einer im höchsten Grade üppigen Tropenvegetation hingeben zu können.

Doch lassen wir den Streit um die Schönheit San Estébans; ich kann nur jedem meiner Leser von Herzen wünschen, einige Abende und auch Morgen auf der Terrasse der Villa Baasch zuzubringen, deren liebenswürdige Bewohner mir freundliche Aufnahme gewährten: die Ruhe und Stille, die Kühle und Frische, dabei aber doch echt tropische Wärme, die Eindrücke der entzückenden Landschaft, alles dieses im Verein erweckt bei dem einmal dort Gewesenen immer und immer wieder den Wunsch nach Rückkehr.

Wenn man von Puerto Cabello früh morgens wegreitet, so erreicht man gegen Abend, nach einem nicht allzu beschwerlichen Ritt über den Paſs von Trincheras, die hinter der Küstenkette in dem groſsen Längsthale liegende Stadt Valencia, die zweitgröſste Stadt des Landes, die von der Natur designierte, zur Zeit jedoch politisch noch nicht dazu gemachte eigentliche wahre Hauptstadt Venezuelas.

Die Lage von Valencia ist in jeder Beziehung eine zentrale und in vieler eine bessere als die von Carácas. Die Stadt Valencia liegt erstens weiter westlich als Carácas, also näher dem eigentlichen Schwerpunkt der Republik; sie hat ferner einen weit besseren Hafen als Carácas, und der Übergang über die eigentliche Küstenkette ist ein viel leichterer als zwischen Carácas und La Guaira. Sodann liegt Valencia in einer gewaltigen Ebene und vermag sich nach allen Richtungen bedeutend auszudehnen, während Carácas in einem immerhin doch nur engen Gebirgsthale, eingekeilt zwischen hohen Bergen, gefangen liegt. Endlich besitzt Valencia einen ausgezeichneten Paſs nach den Llanos zu, fast unmerklich senkt sich das Land nach den groſsen Ebenen hin, und es bedarf keiner Übersteigung groſser Gebirgsketten, um dieselben zu erreichen; auch dies ist ein Vorteil gegenüber Carácas, das nur mit Mühe von den Llanos aus zu erreichen ist, — kurz, alle Wege und Straſsen laufen unwillkürlich nach Valencia zusammen, aus den Llanos, aus dem groſsen Längsthal des Valencia-Sees, aus dem Westen und von dem besten Hafen des Landes her; dagegen hat man auf der Reise nach Carácas, von welcher Seite man auch kommen mag, überall hohe Gebirge zu übersteigen.

In der That ist Valencia auch bereits zweimal als Hauptstadt Venezuelas anerkannt worden; einmal, im Jahre 1812, als der Kongreſs dorthin berufen ward, wurde Valencia thatsächlich als Hauptstadt designiert, das andere Mal, 1831, nach dem Zerfall des groſsen Colombia, wurde ebenfalls der Kongreſs Venezuelas nach Valencia berufen, wodurch unwillkürlich die Lage der Stadt als eine centrale anerkannt worden ist. Auch fällt in die Ebene von Valencia die Entscheidungsschlacht von Carabobo, 28. Mai 1814, denn Carabobo liegt nur wenige Kilometer von Valencia entfernt. Endlich wurden auch 1858 und 1870 zwei Kongresse von groſser politischer Wichtigkeit in Valencia abgehalten.

Valencia wurde unter dem Namen „Nueva Valencia del Rey“ im Jahre 1555 von Alonso Diaz Moreno gegründet, nachdem die Städte in Barquisimeto, dieses selbst und Burʼia, nicht aufblühen wollten. Obwohl die zahlreichen Indianer, welche an den Ufern des Tacarigua-Sees saſsen, im Anfang der Neugründung manche erhebliche Schwierigkeit bereiteten, so kam die Stadt doch bald zu gröfserer Bedeutung und entwickelte sich rasch. Besonders zu leiden hatte Valencia bald nach seiner Gründung von den Horden des Tyrannen Lopez de Aguirre, eines Abenteurers aus guter spanischer Familie, der sich gegen Philipp II. empörte und viele Jahre hindurch Südamerika durch seine Raubzüge in Schrecken setzte. Im Jahre 1677 wurde Valencia durch französische Korsaren geplündert. Auch in den Unabhängigkeitskriegen, namentlich in den Jahren 1812 und 1814, war Valencia oftmals Belagerungen und Plünderungen ausgesetzt, und dies um so mehr, als von Valencia der Anstofs zur Unabhängigkeitserklärung ausgegangen war. Die Bürgerkriege der Republik brachten, namentlich in den Jahren 1835, 1858, 1870, manches Elend über die Stadt, und so vermochte dieselbe nur langsam in die Höhe zu kommen, zumal da auch das furchtbare Erdbeben vom 26. März 1812 sehr bedeutenden Schaden angerichtet hatte.

Vor dem Erdbeben waren die bedeutendsten, namentlich die Handels-Quartiere im Westen der Stadt, am Fufse der Hügel von Guacamayo; seitdem hat sich der Hauptverkehr nach dem Osten und Norden gezogen, und auch gegen Süden zu wächst Valencia bedeutend.

Im Osten der Stadt fliefst der Rio Cabriales oder de Valencia. Über ihn wurde 1818 und 1819 durch Kriegsgefangene auf Befehl des spanischen Generals Murillo eine ausgezeichnete steinerne Brücke erbaut, welche drei Bogen von acht Meter Höhe und fünf Meter Breite besitzt. Im Jahre 1885 ist dann unweit der vorigen eine zweite Brücke hinzugekommen.

An öffentlichen Gebäuden ist Valencia natürlich ärmer als Carácas, doch ist die Kathedrale sehenswert, welche seit 1813 an Stelle einer durch das Erdbeben zerstörten kleinen Kirche errichtet worden ist; indessen konnte der Bau infolge der störenden Wirkung der Bürgerkriege erst 1849 beendet werden. Sechs grofse Säulen von $9^1/_2$ m Höhe flankieren die Eingänge und tragen ein dreieckiges Portal. Zwei Türme von beträchtlicher Höhe mit Kuppeln erheben sich zu beiden Seiten desselben. Fünf Seitenkapellen von je 32 m^2 Areal befinden sich aufserhalb der eigentlichen Kirche.

Die Front der Kathedrale ist dem wirklich aufserordentlich schönen öffentlichen Hauptplatze der Plaza Bolívar zugekehrt, welcher 7524 m^2 Areal besitzt und mit Bäumen bepflanzt ist, die sich um eine Reihe von Steinbänken gruppieren. Auch Feldstühle in gröfserer Zahl laden zum Sitzen ein, und namentlich abends bei Mondschein pflegt ein reges Leben auf der Plaza Bolívar zu herrschen; eine städtische Kapelle, besser geschult als die Militärkapelle von Carácas, konzertiert dann von 8—9 Uhr abends. Die Schönheit der Vollmondabende Valencias ist berühmt: „Gott scheint Valencia näher zu sein als irgend einem anderen Orte", ist das Wort eines der Erzbischöfe von Valencia; in der That verzeiht die erstaunliche Klarheit und Reinheit des Himmels diesen etwas starken Lokalpatriotismus. Ein Kandelaber und 48 Laternen sorgen bei mangelndem Mondlicht für die Erleuchtung des wirklich imposanten Platzes.

Auch die Plaza Guzman Blanco, etwa halb so grofs wie die Plaza Bolívar, geschmückt mit einer Säule zu Ehren Guzmans, ist bemerkenswert.

Endlich wollen wir noch die Kirchen Candelaria, San Francisco und San Blas, alle mit entsprechenden freien Plätzen, sowie die Markthalle, El Mercado, erwähnen.

Eine besondere Sehenswürdigkeit ist das grofse Schlachthaus, dessen Erbauung Herr Calafat ermöglicht hat. Es liegt aufserhalb der Stadt und besteht aus zwei parallel zu einander liegenden Hallen mit einem engen Gange dazwischen. An diese Hallen schliefst sich draufsen ein weiter Hof, in welchen die Rinder getrieben werden. Nachmittags beginnt nun das Einfangen mittelst Lassos. In dem weiten Corral jagen die zum Einfangen angestellten Knechte die Rinder umher und suchen sie gegen den Eingang des schmalen Ganges zu treiben; nicht immer gelingt dies bald, denn die Tiere weigern sich, gleichsam in Ahnung ihres Schicksals, in den Gang hineinzutreten, und es eröffnet sich da häufig ein aufregendes Schauspiel. Lange jagen die wild gewordenen Rinder im Corral umher, bis sie endlich wütenden Auges und mit grofsem Getöse in den schmalen Corridor hineinstürzen, wo sie sofort gefesselt und an die Pfosten gebunden werden, um daselbst gegen Morgen den Todesstreich zu empfangen. Die ganze Anlage ist durchaus praktisch, sauber und reinlich, das Blut läuft rasch ab, die Abfälle werden hinweggeräumt, und der Eindruck, den dieses Schlachthaus auf den Beschauer macht, ist ein durchaus günstiger; jedenfalls dürfte keine andere Stadt in Venezuela, auch Carácas nicht ausgenommen, zur Zeit ein so durchaus zweckentsprechendes und nach humanen Prinzipien eingerichtetes Schlachthaus besitzen.

Es scheint, dafs man in Valencia die Tiere besser behandelt als die Menschen, wenigstens die gestorbenen Menschen. Denn auf den Kirchhöfen, welche sich am westlichen Ausgange der Stadt befinden, besteht eine ganz eigenartige und durchaus unästhetische Einrichtung. Man vermietet nämlich die Gräber nur für zwei Jahre; wer später nicht mehr zahlt, wird des Grabes für verlustig erklärt. Die Knochen der dort bestatteten Toten werden herausgenommen und in einen gewaltigen Behälter geworfen, der in der Mitte des Hauptkirchhofs steht. Eine häfslichere Sitte habe ich nirgends in Venezuela angetroffen, und sie kontrastiert sehr mit den Totenfesten am Dia de los Difuntos (2. November), wo die Bevölkerung, namentlich die Frauen, scharenweise und in grofser Toilette, aber meist schwarz gekleidet, zu Fufs, zu Pferde, zu Wagen nach den Kirchhöfen wandert und dort die Messe hört.

Aufserhalb der Stadt, in der Nähe der Kirchhöfe, steht auf einem Hügel das Standbild Guzman Blancos, in Nachahmung desjenigen auf dem Calvario in Carácas ebenfalls auf einer Plattform, zu der ein spiraliger Aufgang hinaufführt. Doch fehlt die prachtvolle Umgebung des botanischen Gartens von Carácas, und die kolossale Bildsäule auf dem öden, kahlen, hässlichen Hügel macht daher keinen besonders schönen Eindruck. So haben die Valencianer zwar ihre Plaza Bolívar wie in Carácas, aber kein Standbild darauf, und andererseits zwar ihr Standbild Guzman Blancos auf einem Hügel, aber keine Vegetation darum herum, wie in Carácas.

Von den übrigen Städten im Karibischen Gebirge ist wenig zu sagen. Zwischen Carácas und Valencia sind höchstens Maracai, La Victoria, Guacara und südlich der Serrania del Interior Villa de Cura zu erwähnen; alle diese sind kleine Landstädte. Villa de Cura ist Hauptstadt des Staates Guzman Blanco und hat neuerdings durch Anlage eines schönen, mit Bildsäulen geschmückten Hauptplatzes (natürlich Plaza Bolívar) vor der Hauptkirche sehr gewonnen. Wenn ich nicht irre, ist dies die Kirche de las Mercedes, deren Äufseres durch Konstruktion grofser Kuppelbauten sehr verschönert worden ist. Im übrigen liegt Villa de Cura in einer häfslichen Umgebung in 570 m Höhe und hat nur Bedeutung als Durchgangspunkt des Handels und Verkehrs von Carácas nach den Llanos von Calabozo. Die Stadt soll erst kaum hundert Jahre alt sein.

Auch La Victoria dürfte neu sein und zeichnet sich durch gute Bauart, saubere Strafsen, eine Kettenbrücke über den Rio Aragua und hübsche Umgebung aus. Maracai ist im starken Aufblühen begriffen, namentlich auch infolge der Gunst des Generals Crespo, Präsidenten von 1884—1886, dessen grofse Besitzungen in der Nähe liegen. Die Stadt besitzt einen sehr hübschen Hauptplatz und liegt etwa 5 km vom Tacarigua-See entfernt. Von einem kleinen Hügel unmittelbar über Maracai hat man eine grofsartige Aussicht auf den See und die Berge des Nordens und Südens.

Nur Guacara ist eine ältere Stadt, da schon Ende des 17. Jahrhunderts dieser Name als Indianerdorf vorkommt; auch Guacara liegt etwa 5 km vom Seeufer entfernt und ist im Aufblühen begriffen.

Von den westlich Valencia liegenden Ortschaften sind Miranda und Bejúma ganz junge Orte, was auch in ihrem Äufseren vorteilhaft hervortritt. Bejúma datiert aus dem Jahre 1840, Miranda ist noch jünger.

Montalbán und Nirgua dagegen sind ältere Städte.

Montalbán war als Pueblo del arado de Montalbán bereits im 17. Jahrhundert vorhanden, liegt aber zur Zeit von dem groſsen Fahrwege Valencia-Nirgua entfernt. Trotz eines bedeutenden Kaffeebaus scheint es daher nicht mit Bejúma und Miranda konkurrieren zu können, die Montalbán zu überflügeln beginnen.

Nirgua wurde 1628 von Juan de Meneses y Padilla gegründet und hat sich infolge seines Kaffeebaues und seines frischen Klimas (820 m Höhe) rasch emporgeschwungen. Zur Zeit jedoch scheint Nirgua trotz der Fertigstellung des Fahrweges nach Valencia an Bedeutung zu verlieren, zumal da keine Straſse von Nirgua nach Barquisimeto führt, sondern die Stadt äuſserster Endpunkt des Camino carretero ist und daher eine Art vorgeschobenen Postens bildet. Die Hoffnungen, welche sich an die Minen von Buría im Thale des Rio Nirgua knüpften, haben sich ebenfalls nicht verwirklicht, und ich halte dafür, daſs überhaupt der dortige Kupferreichtum nicht genügend ist, um irgendwelche günstige Resultate hoffen zu lassen.

Was endlich die Städte im Süden der Serrania del Interior betrifft, so ist die Stadt San Sebastian de los Reyes eine der älteren des Landes, und ebenso stammt Ortiz aus dem Jahre 1694; doch wurden in den letzten Jahren diese Orte so sehr durch Fieber dezimiert, daſs der Wohlstand doch allmählich erhebliche Einbuſsen erleidet.

Zwanzigstes Kapitel.

Jetziger Zustand des Landes.

Venezuela hat eine republikanische Verfassung und bildet einen Bundesstaat von acht Staaten, acht Territorien, zwei Ackerbau-Kolonieen und dem Bundesdistrikt von Carácas.

Die acht Staaten, welche seit der neuen Territorialeinteilung durch Guzman Blanco 1882 bestehen, sind die folgenden:

Central-Staaten	Guzman Blanco,	Hauptstadt	Villa de Cura.
	Carabobo,	„ „	Valencia.
	Lara (Barquisimeto),	„ „	Barquisimeto.
Westliche Staaten	Los Andes,	„ „	Merida.
	Falcon,	„ „	Capatárida.
Östlicher Staat	Bermudez,	„ „	Barcelona.
Llanos-Staat	Zamora,	„ „	Guanare.
Südlicher Staat	Bolívar (Guayana)	„ „	Ciudad Bolívar.

Die acht Territorien sind folgende:

Amazonas, Alto Orinoco, Caura und Yuruari in Guayana; Delta an der Mündung des Orinoco; Colón, enthaltend die Inseln Testigos, Hermanos, Blanquilla, Orchilla, Aves, Roques; Goajira auf der gleichnamigen Halbinsel am Golfo de Venezuela; endlich Armisticio an der äufsersten Westgrenze gegen Colombia.

Die Kolonieen heifsen Bolívar und Guzmán Blanco. Erstere liegt 8 km nordwestlich von Guatire bei Carácas, letztere zwischen Orituco und Caucagua in der Höhe von 1800 m in der Serranía del Interior, 120 km südlich von Carácas.

Sie sind für eventuelle Einwanderer gegründet und sollen denselben sogleich die Gelegenheit bieten, Land zu erwerben und zu bebauen; da ich diese Kolonieen nicht aus eigener Anschauung kenne, so vermag ich kein Urteil über ihren Wert zu fällen. Übrigens wurde schon 1840 eine Kolonie namens Tovar in etwa 2000 m Höhe auf der Küstenkette des Karibischen Gebirges an den Quellen des Rio Tuy angelegt und mit deutschen, meist badischen Einwanderern besiedelt, doch ist diese Gründung infolge der Revolutionswirren vollständig gescheitert.

Der Bundesdistrikt endlich begreift nur die Stadt Carácas und ihre nächste Umgebung in sich und ist nach dem Muster des nordamerikanischen Bundes-Distriktes Washington errichtet worden.

Die Bedeutung der Territorien und Kolonieen ist gegenüber derjenigen der Staaten sehr gering, doch bestehen auch unter den Staaten bedeutende Unterschiede, je nach der gröfseren oder geringeren Kultur. Den eigentlichen Kern der Republik bilden die Staaten Guzmán Blanco und Carabobo; zweiten Ranges sind die Staaten der Peripherie: Los Andes, Falcon, Lara, Bermudez, und sehr viel geringeren Einflufs besitzen der Llanos-Staat Zamora und der Staat Bolívar in Guayana.

Sämtliche acht Staaten haben ihre eigene Verwaltung, hängen jedoch von der National-Regierung in Carácas ab.

Carácas ist zugleich Hauptstadt des Distrito Federal, wie auch der ganzen Republik.

Die Bevölkerung Venezuelas bestand im November 1873 aus 1784194 Seelen; Ende April 1881 betrug sie: 2075245 Köpfe, also ein sehr grofser Zuwachs von 291051 Seelen, was gleich 15,68 % oder pro Jahr gleich 2,10 % ist. (Rójas Anuario 1883. S. 31.)

Abgenommen haben die Staaten Cojedes um 1886 und Zamora um 2684 Seelen, also die Llanos. Zugenommen hat am stärksten Barquisimeto (um 32261), ferner Trujillo (22734), Barcelona (22432). Der Distrito Federal hat sich von 60010 auf 69394 Einwohner gehoben, wovon auf Carácas 55638 Köpfe kommen (24138 männlich, 31500 (!) weiblich) gegen 48897 im Jahre 1873.

Bevölkerung Venezuelas Ende April 1881.

	Staaten	Einwohner	Männlich	Weiblich
1	Distrito federal	69 394	30 756	38 638
2	Estado Guzman Blanco	494 002	238 009	255 993
3	„ Carabobo	159 851	77 646	82 205
4	„ Bermudez	257 867	127 867	130 000
5	„ Zamora	236 371	117 118	119 253
6	„ Lara	233 752	110 590	123 162
7	„ Los Andes	293 108	142 722	150 386
8	„ Falcon	187 051	89 179	97 872
9	„ Bolívar	54 422	28 079	26 343
10	Territorio Goajira	33 864	15 449	18 415
11	„ Alto Orinoco	18 230	8 401	9 829
12	„ Alto Amazonas	18 060	8 655	9 405
13	„ Colón	137	137	—
14	„ Yuruari	17 640	10 110	7 530
15	Colonia Guzman Blanco	1 496	800	696
	Summa:	2 075 245	1 005 518	1 069 727

Aus dieser Tabelle ergiebt sich, dafs die drei Staaten Carabobo, Guzman Blanco und Bermudez sowie der Distrito Federal, also die östlich des Yaracui gelegenen Staaten, allein zusammen 981114 Einwohner, also fast die Hälfte der gesamten Bewohnerschaft des Landes, besitzen. Diese Staaten haben aber zusammen nur ein Areal von 175643 qkm, also nur $^{2}/_{13}$ des Areals der Republik. Daraus folgt, dafs die gröfste Dichtigkeit der Bevölkerung in den östlichen Küstenstaaten vorhanden ist. Am dichtesten bevölkert ist Carabobo, der eigentliche Kern Venezuelas, wo 22,2 Einwohner auf 1 qkm kommen; dann folgt die Seccion Guzman Blanco des gleichnamigen Staates (13,74), hierauf Trujillo (10,12), der Yaracui (9,93), Seccion Bolívar des Staates Guzman Blanco (9,07), Barquisimeto (7,91), Cojedes (6,71), Cumaná (5,84), Táchira (5,73); am dünnsten bevölkert sind Apure (0,33), Zulia (0,80), Zamora (1,40), Maturin[1]) (1,50), Barcelona (2,88), Guárico (3,06), Falcón 3,86), Portuguesa (3,95), Merida (4,51). Wir sehen, dafs also die Llanos, das Tiefland, die Umgebung des Maracaibo-Sees, das sterile Coro und die Hochgebirgslandschaft Merida am schwächsten, die inneren Thäler des Karibischen Gebirges, die Ost- und Westseite der Cordillere und das Hügelland von Barquisimeto am stärksten bevölkert sind[2]).

In unserer Tabelle fehlt die Kolonie Bolívar; die Territorien Caura, Delta und Armisticio sind unter die ihnen nächstliegenden Staaten eingerechnet. Über die Zahl der Indianer in Guayana fehlen die Angaben. Guayana und das Amazonas-Gebiet nehmen zusammen die Hälfte des Areals der Republik ein, besitzen aber nur 110000 Einwohner, also nur etwa $^{1}/_{20}$ der Gesamtzahl Venezuelas.

An der Spitze der Republik und der National-Regierung steht der Präsident, welcher auf nur zwei Jahre gewählt wird, wie denn überhaupt alle zwei Jahre das gesamte Personal der National-Regierung und der Regierungen der einzelnen Staaten wechselt, was von keinem guten Einflufs auf die Entwicklung des Landes sein kann.

Dem Präsidenten stehen acht Minister zur Seite, nämlich für das Innere, das Fomento (allgemeine Verbesserung und Hebung des Landes), den öffentlichen Unterricht, die öffentlichen Bauten, die Finanzen, den öffentlichen Kredit, Krieg und Marine sowie endlich für das Auswärtige. Am wenigsten Bedeutung unter diesen hat das Kriegsministerium, am meisten das Finanz-, Foment- und Unterrichts-Ministerium sowie das des Innern. Die Minister wechseln ebenfalls mit ihrem gesamten Personal von zwei zu zwei Jahren.

[1]) Alle diese waren früher, bis 1882, selbständige Staaten, jetzt sind es Secciones der neugebildeten gröfseren Staaten.

[2]) Dr. A. Villavicencio, La republica de Venezuela. Tabelle.

Aufserdem bestehen zwei Volksvertretungen, die Kammer der Deputierten und der Senat, welche beide je vier Jahre ihr Mandat behalten. Die Zahl der Deputierten beträgt 52, die der Senatoren 24. Die Deputierten werden von dem Volk durch direkte Wahlen gewählt, und zwar kommt auf je 35000 Einwohner ein Abgeordneter. Die Senatoren werden von dem gesetzgebenden Körper der einzelnen Staaten ernannt, und zwar entsendet jeder Staat drei Senatoren, im ganzen also 24, ohne dafs auf die gröfsere Bedeutung und Volkszahl des einen oder des anderen Staates Rücksicht genommen wird.

Die Abgeordneten-Kammer und der Senat bilden zusammen den Kongrefs, welcher den Bundesrat wählt, und zwar besteht dieser aus siebzehn Personen, nämlich je zwei Abgeordneten für jeden der Staaten, (je einen Senator und einen Deputierten) und endlich einen Delegierten des Distrito Federal.

Dieser Bundesrat erwählt nun den Präsidenten, so dafs die Wahl eines solchen ein recht komplizierter Vorgang ist.

General Guzmán Blanco hat seit 1870 eine Reihe von Jahren hindurch den Präsidentenstuhl eingenommen, jedoch stets mit den gesetzlichen Unterbrechungen der zwei Jahre. So war z. B. 1882—1884 der General Guzmán Blanco Präsident, 1884—1886 sein Anhänger, General Joaquin Crespo, 1886—1888 wieder General Guzmán Blanco, für den jedoch der General Hermogenes Lopez die Stellvertretung ausübt, da Guzmán Blanco meist im Auslande lebt. Im Juli 1888 wurde Rójas Paul für 1888—1890 zum Präsidenten gewählt.

Jeder einzelne Staat hat ebenfalls wieder seinen eigenen Präsidenten, und jede Seccion der einzelnen Staaten ihren Gobernador.

Die Zahl der Secciones der Staaten ist je nach der Gröfse verschieden; so hat z. B. der Staat Guzman Blanco vier, Lara nur zwei Secciones, die meist den vor 1882 bestehenden Staaten entsprechen (S. S. 57/58).

Die alle zwei Jahre stattfindenden Neuwahlen aller dieser Beamten versetzen das Land in fast ununterbrochene Unruhe, welche mir für das Gedeihen der Republik nicht gerade erspriefslich erscheint.

Die oberste richterliche Gewalt steht dem Bundesgerichtshof zu, während jeder einzelne Staat und der Distrito Federal seine besonderen niederen Gerichtshöfe besitzt.

Die Finanzen der Republik befanden sich bis vor wenigen Jahren in bedauernswürdigem Zustande. Den Bemühungen des Generals Guzmán Blanco ist es zuzuschreiben, dafs sich die Finanzlage neuerdings bedeutend gebessert hat, indem ein beträchtlicher Teil der Staatsschuld abbezahlt worden ist Dadurch ist die 276 000 000 Bol. betragende äufsere Schuld auf 68 040 000 in 1887 zurückgegangen. Die innere Schuld erreicht immer noch den Betrag von Bol. 39 285 632.40.

Die Einnahmen und Ausgaben des Staates haben in den letzten Jahren sich nicht die Wage gehalten, sondern es ist 1884—1886 ein mit den Jahren steigendes Defizit zu konstatieren gewesen. Während 1883 ein Überschufs von 4 Millionen Bolívares vorhanden war, ergab 1884 ein Defizit von $1^3/_4$ Millionen Bol., 1885 ein solches von $1^1/_2$ Mill. Bol. und 1886 einen Ausfall von 3,6 Mill. Bol.[1]). Den Grund für diese Verschlechterung wird man in den ungünstigen Zeitverhältnissen suchen müssen. Die Jahre 1884 bis 1886 sind berüchtigt wegen der niederen Kaffeepreise und der aufserordentlich verheerenden Heuschreckenplage, welche das ganze Land von Maracaibo bis Cumaná verwüstete und z. B. in Lara geradezu Hungersnot hervorrief. Dazu traten Dürre, 1885 auch gröfsere Wahlunruhen und allgemeine Handelskrisen. Man kann jedoch annehmen, dafs nach dem feuchten Jahre 1886/87, dem starken Steigen der Kaffeepreise und dem Nachlassen der Heuschreckenplage eine Besserung in den finanziellen Verhältnissen des Landes eintreten wird, wobei zu berücksichtigen ist, dafs so überaus reiche Länder wie Venezuela sich rasch erholen und eine einzige günstige Kaffeeernte imstande ist, den Ausfall von Jahren wett zu machen.

Die Einnahmen des Staates betrugen 1886 B. 27 341 184.62, die Ausgaben B. 30 985 007.15. Die Hauptquellen der Staatseinnahmen liegen in den Einfuhrzöllen, dem Verkauf von Stempelmarken, den Salinen, der Rente des öffentlichen Unterrichts und dem Ertrag der Bundes-Territorien. Von den 27 Mill. Einnahmen von 1886 ergeben die Einfuhr- und Transitzölle allein $22^1/_2$ Mill. B., die Rente des öffentlichen Unterrichts über $1^1/_2$ Mill. B., die Stempelmarken $1^1/_4$ Mill. B., die Erträge der Territorien $^1/_2$ Mill. B. Von dem Rest fällt noch ein bedeutender Teil auf die Einnahmen aus den Staatsländereien und den Telegraphen.

Die Ausgaben des Staates zeigen, dafs mehr als ein Fünftel auf die Finanzoperationen, ein weiteres Fünftel auf das Ministerium des Innern verwendet werden, während die öffentlichen Bauten, die öffentlichen Kredite und Krieg- und Marinezwecke je etwa ein Siebentel ausmachen, und sich in das letzte Siebentel der öffentliche Unterricht, das Foment-Ministerium und das Auswärtige teilen. Die Einnahmen haben sich von 1830 bis 1886 von $5^3/_4$ Mill. B. auf $27^1/_3$ Mill. B. gehoben, und ähnlich sind die Ausgaben in demselben Zeitraum von 5 Mill. B. auf 31 Mill. B. gestiegen.

---

[1]) Nach einer Mitteilung des venezolanischen Generalkonsulats in Paris an die „Frankfurter Zeitung“ sind allerdings diese Zahlen unrichtig, obwohl sie im offiziellen Statistischen Jahresbericht der Republik für 1887 stehen. Dadurch sinkt die Vertrauenswürdigkeit dieser Publikation natürlich sehr (Frankfurter Zeitung, Handelsblatt 1888. 21. Juni. Nr. 272).

Ich entnehme diese Zahlen dem 1884 und 1887 erschienenen „Statistischen Jahresbericht über die Vereinigten Staaten von Venezuela“ welcher in fünf Sprachen, Spanisch, Französisch, Englisch, Deutsch, Italienisch, herausgegeben worden ist.

In kirchlicher Beziehung ist Venezuela in vier Bischofssprengel eingeteilt, welche unter dem Erzbistum von Carácas und Venezuela stehen. Diese vier Sprengel sind das Bistum Merida für die Cordillere, das Bistum Barquisimeto für Teile der centralen Staaten, das Bistum Calabozo für die Llanos und das Bistum Guayana.

Der öffentliche Unterricht ist von dem General Guzmán Blanco 1870 neu organisiert worden, indem der Elementar-Unterricht unentgeltlich erteilt und obligatorisch gemacht wurde. Man hat daher auch in den kleinen Dörfern sogenannte Bundesschulen, Escuelas federales, und die offizielle Statistik berichtet von im Jahre 1886 vorhandenen 1312 Schulen mit 80 900 Schülern, wozu noch 645 Privatschulen mit 18 566 Schülern kommen, also im ganzen 1957 Schulen mit 99 466 Schülern. Allerdings sind diese Schulen in den entfernteren Staaten des Landes durchaus nicht immer in Thätigkeit; sowohl in den Llanos von Zamora wie auch in der Cordillere, dem Staate Los Andes, wurde mir mehrfach mitgeteilt, daſs diese oder jene Schule nicht gehalten werden könne, und zwar aus zwei Gründen, erstens aus Mangel an Mitteln, und zweitens infolge Abwesenheit der Schüler. Es ist daher anzunehmen, daſs jene Zahl von 1312 Escuelas federales stark zu reduzieren ist.

Der höhere Unterricht beschränkt sich wesentlich auf die Universität Carácas, welche 30 Professoren und 366 Studenten zählt. Die Studenten sind jedoch meist ganz junge Leute unter 18—20 Jahren, und schon deshalb läſst sich kaum ein Vergleich mit unseren Universitäten ziehen. Ferner ist die Lehrmethode eine ganz andere und ähnelt viel mehr dem Unterricht in unseren höchsten Klassen der Gymnasien und Realschulen als auf unseren Universitäten, da Auswendiglernen und Abfragen eine bedeutende Rolle spielen. Eher lieſsen sich südeuropäische, z. B. italienische Verhältnisse, wenigstens in Bezug auf das Alter oder besser gesagt die Jugend der Zuhörer zum Vergleich mit Carácas heranziehen. Der Unterricht geschieht meist nach französischen Vorbildern und Lehrbüchern. Daſs die Leistungen der Professoren ebensowenig auf dem Niveau deutscher Verhältnisse stehen, ergiebt sich aus der einfachen Thatsache, daſs 1885 die Studenten der Medizin die Entlassung eines Professors forderten, weil derselbe nicht einmal die Virchow'sche Zellentheorie beherrschte.

Wie bereits bemerkt, kann die Universität Merida erst recht nicht als unseren Hochschulen gleichstehend betrachtet werden. Namentlich die philosophische Fakultät ist ein Torso, indem z. B. 1875 die Mathematik und Philosophie aufgehoben wurden, also zwei der allgemeinsten, grundlegendsten und wichtigsten Fächer. Später sind, wie ich höre, wieder einige Fächer hinzugefügt worden, allein von einer Universität kann füglich wohl nicht die Rede sein. Überhaupt ist auch in Carácas die philosophische Fakultät die schwächste. Namentlich der naturwissenschaftliche Unterricht liegt sehr im Argen und ist erst seit den siebziger Jahren überhaupt eingerichtet worden; doch vereinigt Herr Prof. Ernst noch jetzt sämtliche Naturwissenschaften auf seinem Lehrstuhl, so daſs dieselben jedenfalls nur in beschränktem Maſse gelehrt werden können.

Auch die Medizin ist nicht derart vertreten, daſs sehr ersprieſsliche Resultate erzielt werden könnten; trifft man auf der Reise im Innern einen guten Arzt, so stellt sich denn auch regelmäſsig heraus, daſs derselbe in Paris studiert hat. Übrigens giebt es auch einen hervorragenden Augenarzt in Carácas, der in Heidelberg seine Studien gemacht hat, das ist der schon in Dr. Sachs' Buche „Aus den Llanos“ erwähnte Dr. Coello, welcher sogar mit einer Heidelbergerin verheiratet ist. Deutsche Ärzte leben in La Guaira und Puerto Cabello.

Die „Polytechnische Schule“ entspricht ebenfalls durchaus nicht den Anforderungen, die wir an eine solche zu stellen gewöhnt sind, indem in ihr einfach nur Anleitung gegeben wird, wie die Handwerker ihre Gewerbe am besten zu betreiben haben. Bei Staatsbauten, Eisenbahnen, Straſsen, Wasserbauten greift man daher denn auch stets zur Hilfe ausländischer Techniker. Überhaupt darf man bei der Beurteilung der venezolanischen Verhältnisse keinen europäischen Maſsstab anlegen, da namentlich die Unterrichts-Institute noch völlig neu sind, und im allgemeinen ganz andere Anschauungen über Wissenschaft herrschen als bei uns; denn es giebt nur auſserordentlich wenige Leute, welche die Wissenschaft um ihrer selbst willen betreiben, fast alle benutzen sie nur, um sich ein Einkommen als Ärzte zu verschaffen oder als Juristen Zutritt zu den höheren öffentlichen Ämtern zu erhalten.

Kunst ist ebenfalls noch ganz unentwickelt, und in Bezug auf Litteratur muſs zwar anerkannt werden, daſs die Venezolaner im Durchschnitt ein sehr groſses Talent, namentlich für Dichtkunst, speziell für Lyrik, besitzen, daſs aber doch bisher keine über das Durchschnittsmaſs hinausgehenden litterarischen Produktionen erschienen sind. In Manuel Tejera's „Venezuela pintoresca é ilustrada, Paris 1877“ befindet sich im zweiten Bande ein Anhang über die Litteratur Venezuelas, der viele auf diesem Gebiete thätige Männer aufzählt, jedoch ohne daſs eine Erscheinung ersten Ranges darunter wäre.

Auch dies aber beweist wenigstens einen erfreulichen Anfang und berechtigt zu gröſseren Hoffnungen für die Zukunft. Über das Museo

Nacional und die Bibliothek habe ich bereits bei der Beschreibung von Carácas (S. S. 308) gehandelt.

Was nun die Verkehrsverhältnisse betrifft, so ist unter der Verwaltung des Generals Guzman Blanco und seiner Nachfolger sehr vieles geschehen, so dafs nicht geleugnet werden kann, dafs ein ganz erstaunlicher Aufschwung, namentlich seit den letzten fünf Jahren, zu verzeichnen ist.

Vor dem Jahre 1883 besafs Venezuela nur eine einzige schmalspurige Eisenbahn, die auch eigentlich nur zum Frachtverkehr diente, nämlich die Bahn von den Kupferminen von Aroa, genauer La Luz, nach dem Hafen Tucacas an der Grenze von Coro, Barquisimeto und Carabobo. Diese Bahn ist 90 km lang, diente früher ausschliefslich zum Transport des Kupfers und war von einer englischen Gesellschaft erbaut worden, um die Kupferminen einigermafsen einträglich zu gestalten. Zur hundertjährigen Geburtsfeier Bolívars, 1883, wurde dann die erste Eisenbahn für Personenbetrieb eröffnet, welche die Hauptstadt Carácas mit dem Hafen La Guaira verbindet. Diese 38 km lange Bahn ist ein hervorragendes Meisterstück der englischen Ingenieure; denn einerseits hat sie auf ganz kurzer Strecke die Höhendifferenz von 900 m zu überwinden und die gewaltige Küstenkette zu ersteigen, andererseits ist das Gestein dieses Gebirgszugs derart verwittert, dafs die Ausführung des Baues grofse Bewunderung erregt. In der That ist diese Eisenbahn eine echte Gebirgsbahn mit unendlichen Zickzacklinien, zahlreichen Tunnels und Kurven von erschreckend kleinem Radius, was jedoch nicht hindert, dafs man abwärts überaus schnell fährt, während allerdings die Fahrt aufwärts sehr viel langsamer von statten geht. Dieser Bahn zu Liebe ist die Fahrstrafse nach La Guaira aufgegeben worden, was sich als ein Fehler herausgestellt hat, da mehrfach vollkommene Stockungen des Verkehrs eingetreten sind, wenn nämlich die gewaltigen Regengüsse und zum Teil erheblichen Felsrutschungen den Bahnkörper sperrten, was jedes Jahr einigemal zu geschehen pflegt. Wie ich höre, ist denn auch neuerdings die Fahrstrafse wieder freigegeben worden. 1885 verkehrten in jeder Richtung pro Tag zwei Züge.

La Guaira ist ferner mit seinen Vororten Maiquetia und Macuto durch Eisenbahn verbunden, welche recht häufig fährt, indem täglich je zehn Züge in jeder Richtung verkehren. (7 km.)

Von Carácas gehen zwei kleine Zweigbahnen nach El Valle, $5^1/_2$ km, und Antímano, 9 km, ab, von denen letztere erst 1887 eröffnet worden ist.

In demselben Jahre ist auch die Bahn von dem Hafen Carenero nach Rio Chico dem Betrieb übergeben worden, wodurch letzterer nahe der Tuy-Mündung gelegene Ort einen guten Hafen erhalten hat, so daſs der Kakaobau jedenfalls davon vielen Vorteil haben wird. Die Entfernung beträgt 32 km.

Die Eisenbahn von Puerto Cabello nach Valencia ist fertig gestellt und im Frühling dieses Jahres 1888 eingeweiht worden; sie ist 54 km lang und wird von der gröſsten Bedeutung für den Handel beider Städte werden.

Man hat also die beiden gröſsten Städte der Republik, Carácas und Valencia, mit ihren Häfen La Guaira bez. Puerto Cabello durch Eisenbahnen verbunden; es lag nahe, nun auch Carácas mit Valencia selbst zu verbinden. Diese Strecke bietet keine Schwierigkeiten von Valencia bis zum Rio Tuy, groſse aber zwischen diesem und Carácas, indem das Bergland von Los Teques zu überschreiten wäre. Man hat sich daher zu einem Umwege entschlossen und will den Rio Guaire abwärts und dann den Rio Tuy aufwärts verfolgen. In der That sind schon 10 km dieser Linie, von Carácas nach Petare, im Betrieb, und weitere 44 km, Petare—Santa Lucía, im Bau.

Auch in der Cordillere ist 1887 die erste Eisenbahn, La Ceiba—Sabana de Mendoza, eingeweiht worden.

Im Bau sind ferner die Linien Santa Cruz—La Fria im Zulia, 90 km, Barcelona—Kohlenminen, 19 km, und Rio Orinoco—Goldminen des Yuruari in Guayana, 200 km, bis zum Endpunkt Guacipati bei El Callao, der bedeutendsten Goldmine.

Sodann trägt man sich mit gewaltigen Plänen zur Verbindung von Carácas mit dem Orinoco über Guarenas, Guatire, Rio Chico; ferner will man eine Bahn von Carácas über La Victoria und das Südufer des Sees von Valencia nach San Carlos in den Llanos legen, wozu ein Kontrakt mit dem Hause Krupp in Essen in Aussicht steht; auch soll Puerto Cabello über den Yaracui und die Senke des Rio Cojedes mit den Llanos von Araure und Agua Blanca verbunden, und die Bahn von Tucacas nach La Luz bis Barquisimeto, vielleicht bis Tocuyo, ja Trujillo, fortgesetzt werden.

Ferner soll Coro mit seinem Hafen La Vela durch Eisenbahn verknüpft werden, und Maracaibo in Cojoró an der Goajira einen durch Eisenbahn mit Maracaibo zu verbindenden Auſsenhafen bekommen (s. S. 18). Endlich besteht der Plan, von Merida eine Bahn nach Mucuchies und Bobures, also durch das Hochgebirge nach dem Maracaibo-See, zu bauen, und San Cristóbal will man durch eine ebensolche dem Rio Uribante und den Llanos nähern.

Fertiggestellt sind im ganzen 232 km, im Bau begriffen 407 km und projektiert 1982 km Eisenbahnen.

Ob zu den letzteren Linien genügend Geld wird aufgetrieben werden können, bezweifle ich; allein gegenüber der früheren Stagnation ist die grofse Thätigkeit der Regierung in Verkehrsangelegenheiten mit Freuden zu begrüfsen und zu hoffen, dafs wenigstens eine oder die andere der geplanten Linien zustande kommen möge.

Aufser den Eisenbahnen bestehen eine Reihe von Fahrstrafsen in Venezuela, die jedoch sehr ungleichmäfsig über das Land verteilt sind, insofern die meisten auf die Centralstaaten fallen, während der Osten und die Llanos spärlicher bedacht sind. In der Cordillere existiert überhaupt gar keine Fahrstrafse, und erst von Cúcuta in Colombia nach dem Puerto Villamizar findet man wieder eine solche, die jedoch durch die dortige Eisenbahn (s. S. 184) ersetzt worden ist. Über den Osten des Landes bin ich nicht genügend unterrichtet, doch zeigt die Karte des Statistischen Jahresberichts von Venezuela 1887 nur eine einzige ganz kurze Fahrstrafse von Barcelona nach dem Meere.

Am Nordrande der Llanos zieht eine Fahrstrafse von Guanare über Ospino, Araure nach San Carlos und von dort nach Valencia.

In Barquisimeto besitzen die Städte Tocuyo und Barquisimeto eine solche Verbindung, die bis zum Endpunkt der Tucacas-Aroa-Eisenbahn, La Luz, fortgesetzt ist. Auch ist die Stadt Barquisimeto durch eine allerdings schlechte Fahrstrafse mit Araure—Acarigua in den Llanos verbunden. In Carabobo giebt es eine Fahrstrafse von Valencia nach Nirgua, eine andere von Valencia nach Puerto Cabello und von dieser Stadt nach San Estéban. Ferner erwähnte ich bereits die Strafse von Valencia nach San Carlos über Tinaquillo und Tinaco. Endlich verknüpft eine grofse Fahrstrafse Valencia mit Carácas, welche am Nordufer des Valencia-Sees über Maracai einherzieht und dann das Bergland von Los Teques durchschneidet (s. S. 283).

Im Staate Guzman Blanco ist Carácas durch Fahrstrafsen mit Villa de Cura und San Juan de los Morros sowie San Sebastián verbunden; ferner zieht eine Fahrstrafse von Carácas über die „Altos“ nach Cua und Ocumare am Rio Tuy; sodann eine weitere von Carácas nach Santa Lucia, sowie eine von Carácas über Guarenas nach Caucagua.

Die Brauchbarkeit dieser Strafsen ist verschieden: am besten ist ohne Zweifel die Strafse von Carácas nach Valencia, diejenige von Carácas nach La Guaira ist nach Erbauung der Eisenbahn aufgegeben worden, sollte jedoch neuerdings wieder instandgesetzt werden. Die Fahrstrafsen heifsen in Venezuela Carreteras, Karrenwege.

Einen aufserordentlich grofsen Aufschwung haben der Post-, Telegraphen- und Telephonverkehr genommen. Die Post ist im allgemeinen gut organisiert; wenigstens ist mir während meines vierzehnmonatlichen

Aufenthalts in Venezuela niemals ein Brief verloren gegangen. Man hat neunzehn Oberpostämter und 142 Unterpostämter, dazu die Generalverwaltung in Carácas. 1886 wurden fast drei Millionen Poststücke aller Art befördert. Geringere Sicherheit herrscht bei der Beförderung von gröſseren Paketen, wenigstens insofern dieselben in abgelegeneren Teilen des Landes oft sehr lange Zeit zur Reise brauchen. Man hat Briefmarken für das Inland und für das Ausland zu unterscheiden; erstere tragen den Kopf Bolívars und die Überschrift Escuelas (Schulen), letztere ebenfalls das Bild Bolívars und die Umschrift „Estados Unidos de Venezuela" oder „Venezuela" allein. Venezuela besitzt auch Postkarten und gehört seit 1. Januar 1880 zum Weltpostverein.

Die europäische und amerikanische Post befördern neun Dampferlinien, nämlich die deutsche Hamburg-Amerikanische Pakctfahrt-Aktien-Gesellschaft, die englischen Linien Royal Mail von Southampton, Harrison-Line von Liverpool und West-India and Pacific-Line von demselben Hafen, ferner zwei französische Linien der Compagnie générale transatlantique von St. Nazaire und Bordeaux, sodann eine holländische und eine spanische Linie, zu denen endlich die Red-D-Line von Venezuela über Curaçao nach New-York kommt.

Im allgemeinen verkehren daher 18 Dampfer in jedem Monat nach jeder Richtung. Sodann ist Maracaibo durch Dampfer „Maracaibo" der Red-D-Line mit Curaçao verbunden, und auch Venezuela unterhält eine Reihe von Dampferlinien für den Küstenverkehr, z. B. auf dem See von Maracaibo, sodann zwischen La Guaira und Carenero, La Guaira und dem Oriente, sowie La Guaira, Trinidad und Ciudad Bolívar am Orinoco; endlich verkehren Dampfer zwischen La Guaira und La Vela de Coro und Puerto Cabello—Tucacas.

Für den Personenverkehr mit Europa ist die beste Linie die französische, sodann die englische „Royal Mail". Die Hamburger und die übrigen englischen sowie die holländische und spanische Linie besitzen nur Warendampfer, doch werden Passagiere ebenfalls mitgenommen und wenigstens auf den deutschen Schiffen gut verpflegt.

Die nordamerikanische Linie fährt rasch, doch sind die Dampfer so scharf gebaut, daſs sie auſserordentlich schwanken; die Verpflegung läſst auf der Rückreise Venezuela—New-York manchmal zu wünschen übrig.

Das Telegraphenwesen ist in Venezuela seit 1880 auſserordentlich ausgebildet worden. 1883 gab es schon mehr als 1832 km, 1887 4179 km Telegraphendrähte.

Nicht nur die Centralstaaten, sondern auch die Cordillere, die Llanos und der Osten sind mit einem Netz von Telegraphen überzogen worden; sogar der Orinoco ist bei Ciudad Bolívar überschritten, indem man auf einem kleinen Felsen im Flusse eine Telegraphenstange von riesiger Höhe errichtet hat. 1885 legte man die Linie Guanare—Ospino am Llanos-Rand und projektierte die Linie Trujillo—Boconó. Durch die grofse Linie Carácas—San Antonio del Táchira ist Venezuela mit Colombia verknüpft worden. Dagegen fehlte bis 1887 der Anschlufs an das internationale Kabelnetz, insofern zwischen dem äufsersten Punkte des Ostens, Guiria, und Trinidad keine Verbindung bestand. Allerdings war Carácas mit Buenaventura am Pacific in Colombia verknüpft, allein infolge der ungeheuren Länge dieser Linie und der grofsen Störungen, die sie erleidet, zog man vor, von Europa nach Trinidad zu telegraphieren, von wo dann die Depeschen per Dampfer, daher mit Verlust von zwei bis drei Tagen, nach dem Festlande gebracht wurden; auf diese Weise erhielt Venezuela z. B. auch alle politischen Nachrichten aus Europa. Erst Anfang 1888 hat man das Kabel von Curaçao nach der venezolanischen Küste gelegt, und dadurch wird Venezuela in direkte Verbindung mit Europa und den Vereinigten Staaten Nordamerikas gelangen. Der Tarif für Depeschen in Venezuela ist ein sehr geringer; für 10 Worte bezahlt man 80 Pfg. = 1 Bolívar, dabei sind aber die Adresse und die Unterschrift aufserdem noch frei. Zur Nachtzeit ist der Tarif allerdings vierfach höher, an Fest- und Sonntagen doppelt so hoch. Nach Colombia kann man sogar vollständig gratis telegraphieren, da ein Dekret des Generals Guzmán Blanco von 1882 dies festsetzte. Man hatte in Venezuela 1887: 80 Telegraphenämter. Die Beamten zählen in den kleineren Orten wegen ihrer relativ gröfseren Kenntnisse meist zu den Honoratioren.

Leider funktionierte 1885 der Telegraph in der Cordillere sehr unregelmäfsig, da teils die Regierung ihn zeitweise mit Beschlag belegt hatte, teils aber Störungen auf den Linien einzutreten pflegten, die durch Elementar-Ereignisse oder durch Unkenntnis der Bewohner hervorgerufen wurden. Dadurch wurde allerdings die Benutzung des Telegraphen vielfach fast illusorisch gemacht, und im Gegensatz zu der Postbeförderung sind mir häufig Telegramme verloren gegangen.

Auch die neueste Errungenschaft, das Telephon, ist bereits an einigen Stellen in Venezuela eingeführt worden. In Carácas zählte die Telephon-Gesellschaft 1883 schon 250 Unterschriften, 1885 bereits mehr als 400. Der Abonnementspreis beträgt 26 Bol. = 20 M. 80 Pfg. monatlich. Auch zwischen La Guaira und Carácas war schon 1883 eine Telephonverbindung mit drei Drähten hergestellt, für deren Benutzung pro 5 Minuten 1 Bol. = 80 Pfg. erhoben wurde.

Endlich fand ich Ende 1885 auch zwischen Valencia und Puerto Cabello schon eine Telephonverbindung eingerichtet, deren Existenz mir z. B., als ich nach langer Reise vom Innern in Valencia ankam, erlaubte, mich telephonisch nach meinen in Puerto Cabello liegenden Gütern zu erkundigen.

Man sieht, dafs Venezuela sich die neuesten Errungenschaften der Elektrotechnik rasch zu nutze gemacht hat; grofs ist allerdings der Abstand dieser höchsten Kultur von den unmittelbar aufserhalb der Städte herrschenden Zuständen.

Der Handel der Republik Venezuela ist ohne Zweifel in lebhaftem Aufschwunge begriffen, zumal da der Kaffeehandel zu sehr grofsen Dimensionen erwachsen ist, wodurch Venezuela vorteilhaft gegen eine Reihe anderer Staaten, namentlich Colombia, Perú und Ecuador absticht. In der That nimmt der Wert der Kaffeeausfuhr Venezuelas fast volle 7/11 des gesamten Wertes der Ausfuhr ein, wenn man von den Erzen absieht. Denn 1885/86 exportierte Venezuela für 35½ Mill. Bol. Kaffee, während der Wert der Gesamtausfuhr von Produkten 54½ Mill. Bol. betrug; dazu kommen dann noch für 20½ Mill. Bol. Erze, so dafs die ganze Ausfuhr des Landes 72⅛ Mill. Bol. beträgt.

Wir haben bereits Seite 126/27 auf die Wichtigkeit des Kaffeebaus hingewiesen und dort auch schon bemerkt, dafs in zweiter Linie der Kakao steht, dessen Ausfuhr 1885/86 den Wert von 8½ Mill. Bol. erreichte. Als drittes Produkt kommen Rinderhäute hinzu, die 3 700 000 Bol. Wert absetzten, und ihnen stehen die Ziegenfelle nahe mit 2½ Mill. Bol. Wert. Diese vier Artikel machen also fast die gesamte Ausfuhr Venezuelas, immer abgesehen von den Erzen, aus. Der Rest der Ausfuhr verteilt sich auf eine sehr grofse Menge von Artikeln. Die fünfte Stelle nimmt Vieh, Rindvieh, ein mit 726 000 Bol. Wert; dann folgen Rehfelle (370 000 Bol.), Bauholz (308 000 Bol.), Tonkabohnen (290 000 Bol.), Dividivi (210 000 Bol.), Baumwolle (138 000 Bol.), Cebadilla (128 000 Bol.) und Chinarinde (113 000 Bol.). Weiter heben wir braunen Zucker, Guano, Strohhüte, Tabak, Farbeholz, Cocosöl, Kautschuk, Fischleim, Copaiba-Balsam, gesalzene Fische, lebende Pflanzen, sowie Pferde und Esel hervor. Eine sehr geringe Rolle spielen Früchte (S. S. 117).

Was die Erze betrifft, so wird jetzt ein sehr grofses Quantum Gold im Werte von 20 Mill. Bol., sowie Kupfer im Werte von 3 Mill. Bol. exportiert, so dafs die eigentliche Reihenfolge der wichtigsten Ausfuhrprodukte Venezuelas, dem Werte nach geordnet, folgende ist: Kaffee, Gold, Kakao, Rinderhäute, Kupfer, Ziegenfelle, Rindvieh, Rehfelle, Bauholz, Dividivi, Baumwolle, Cebadilla, Chinarinde, Zucker, Guano, Kautschuk.

Der gröfste Wert fällt auf den Hafen Ciudad Bolívar wegen des aus Guayana kommenden Goldes; dann folgen La Guaira, Puerto Cabello, Maracaibo, hierauf in sehr weitem Abstand La Vela de Coro, Carúpano und Guiria; in allen diesen Orten befinden sich Zollhäuser, sowie ferner noch in Maturin, Cumaná, Barcelona und Juan Griego auf der Insel Margarita, endlich in San Antonio del Táchira.

Während die Ausfuhr 82 Mill. Bolívares Wert hatte, betrug die Einfuhr 1885/86 62½ Mill. Bol., wovon 15¼ Mill. zollfrei eingingen. Die Einfuhr besteht wesentlich in europäischen Waren, sowie auch Nahrungsmitteln, z. B. Reis, und Luxusartikeln; denn die Industrie ist, wie unten ausgeführt werden wird, in Venezuela sehr gering.

Der wichtigste Einfuhrhafen ist La Guaira, auf den mehr als ein Drittel der gesamten Einfuhr fällt; dann folgen Puerto Cabello mit einem Fünftel, Maracaibo mit einem Elftel, Ciudad Bolívar mit einem Zwölftel. Der Rest verteilt sich auf die übrigen Häfen, sowie die Grenzstation gegen Colombia, San Antonio del Táchira.

Endlich kommt dazu die bedeutende Handelsbewegung durch Küstenschifffahrt, wofür die Statistik der Republik Venezuela sehr hohe Zahlen (Eingang 21⅛ Mill. Bol., Ausgang 37¼ Mill. Bol.) angiebt.

Unter den Handelsflaggen, ist, abgesehen von der venezolanischen, die deutsche am stärksten vertreten, indem fast ein Drittel des gesamten Tonnengehalts, 650 000 Tonnen von 2 Millionen, auf 524 deutsche Dampfer und 120 deutsche Segelschiffe fällt (1885/86). In zweiter Linie folgen die Amerikaner, dann die Franzosen mit je einem Sechstel des Tonnengehaltes, gleich darauf die Holländer mit fast ebenso viel, in weitem Abstand die Engländer mit einem Zwölftel, endlich die Spanier, Dänen, Norweger und zuletzt die Italiener.

Diese Zahlen zeigen deutlich das Überwiegen des deutschen Handels. In der That ist der englische Handel dem deutschen völlig erlegen, und man findet fast nur noch deutsche Handelshäuser in den Häfen, namentlich in Puerto Cabello. Allerdings zeigt sich neuerdings die Erscheinung, daſs die Venezolaner selbst anfangen, die Deutschen und Fremden überhaupt zu verdrängen. Auch darauf muſs hingewiesen werden, daſs das Hauptgeschäft beginnt, von den Häfen nach den groſsen Verkehrscentren im Innern zu wandern. Valencia und Carácas haben jetzt schon einen groſsen Teil des Handels von Puerto Cabello bez. La Guaira in Händen, und manche Firmen unterhalten in den Häfen nur noch Filialen des Hauptgeschäfts; diese Verhältnisse werden sich nach Eröffnung der Bahn Puerto Cabello—Valencia wahrscheinlich noch verschärfen.

Die Viehzucht des Landes ist ebenfalls in der Hebung begriffen, seitdem die innere Entwicklung des Landes geordneter geworden ist. Namentlich die Zahl des vorhandenen Rindviehs hat sich bedeutend vermehrt, und während noch 1883 mehr Schafe und Ziegen vorhanden waren als Rinder, überwiegt jetzt die Zahl der letzteren stark.

Die offizielle Statistik zählt für 1886:

Rindvieh:	5 275 481	Stück
Ziegen und Schafe:	4 645 858	„
Schweine:	1 439 185	„
Esel:	769 920	„
Pferde und Maultiere:	622 306	„

doch sind diese Zahlen nur geschätzt, nicht gezählt, und z. B. für die Vermehrung des Rindviehs seit 1883 ein Betrag von 10 % angesetzt, was etwas viel sein wird. Sichere Zahlen zu geben dürfte schwer sein.

Die Industrie liegt noch in den Anfängen, so dafs z. B. alle Bedürfnisse zur Hauseinrichtung, vor allem Möbel, Küchen- und Hausgerät, Geschirr aller Art, von Europa und Nordamerika eingeführt werden müssen. Allerdings fängt man an, für einzelne Industriezweige, z. B. Seife, Lichter, Cigaretten, Papier, Hüte etc., eigene Fabriken im Lande zu errichten, allein z. B. fast alle Kleidung und Schuhwerk werden noch von aufsen eingeführt.

Im folgenden versuche ich, nach dem Anuario del comercio, de la industria etc. von Rójas Hermanos für 1886 eine Zusammenstellung der in Venezuela vorhandenen Fabriken mit Angabe des Ortes zu geben, halte diese Liste aber selbst für unvollständig und nicht ausreichend, zumal da auch der Wert der einzelnen „fábricas" aufserordentlich schwankt; indes liegen keinerlei sonstige Materialien von irgend welcher Zuverlässigkeit vor. Charakteristisch in der Liste ist das völlige Fehlen von Barquisimeto, den Llanos und der Cordillere, mit Ausnahme der Cigarrenfabrik in San Fernando; namentlich aber die Cordillere ist gar nicht vertreten, während in Santander in Colombia die Städte Cúcuta Nudeln (fideos) und Pamplona Bier und Zündhölzer fabrizieren.

Seife, Lichter, Kerzen	Carácas viele, Cura 3, La Guaira 2, Carúpano 4, Puerto Cabello 4, Barcelona 1, Coro 3, Maracaibo 4.
Cigaretten, Cigarren	Carácas viele, Cura 2, La Guaira 1, Carúpano 2, Puerto Cabello 4, Coro 1, Maracaibo 3, Ciudad Bolívar 2, San Fernando de Apure 2, Yaritagua 16.
Schokolade	Carácas 5, Valencia 1, Puerto Cabello 1, Maracaibo 1.
Strohhüte	Carácas viele, Valencia 2, Carúpano 2.
Likör	Cura 4, Valencia 1, Cabure 4.
Essig, Öl	Coro 1,
Limonade	Carúpano 1.
Nudeln	Carácas 1, Valencia 1.

Papier	Carácas 3, Puerto Cabello 1.
Zündhölzer	Carácas 2 (deutsch), Puerto Cabello 1.
Alpargatas	Valencia 2.
Wagen	Carácas mehrere.
Landwirtschaftliche Maschinen	Valencia 1 (deutsch).
Eisenwaren	Valencia 3, Puerto Cabello 1.
Dampfmühlen	Puerto Cabello 1.
Besen	Ciudad Bolívar 1.
Destillierapparate	Valencia 2.

Was endlich den Bergbau betrifft, so hat Venezuela bis zum Jahre 1866 wesentlich nur Kupfer ausgeführt. Von diesem Jahre an beginnt aber der Export von Gold, der jetzt überraschenden Umfang angenommen hat. Die Goldminen von Callao im Südwesten der Sierra Imataca im Territorio Yuruari in Guayana gehören heute ohne Zweifel zu den reichsten der Erde. Das Gold findet sich im Quarz in den Diabasen, welche die Gneise des Urgebirges durchbrochen haben. Man hat eine grofse Menge von Gesellschaften gebildet, welche einzelne Minen ausbeuten sollten, allein nur eine hat grofsen Erfolg gehabt, diese allerdings in einer wahrhaft imponierenden Weise. 1866 führte man Gold im Werte von 1½ Mill. Bol. aus, 1884 dagegen fast 23 Mill. Bol. Fast der ganze Zuwachs ist auf Rechnung der Mine El Callao zu setzen, welche allerdings auch mehrfach wieder verlassen worden ist, bis sie endlich unter der jetzigen Leitung derart florierte, dafs die Aktionäre für jede Aktie von 1000 Bol. jetzt im ganzen B. 208 501.69 erhalten haben, im Durchschnitt pro Jahr B. 13 900.11 (1871—1885).

Diese Goldminen sind in der That das wahre Dorado und liegen auch gerade dort, wo die Spanier dasselbe vermuteten, in Guayana. Ganz Guayana scheint goldreich zu sein; wenigstens haben die Engländer, Franzosen und Holländer in ihren Besitzungen in Guayana ebenfalls stark goldhaltige Quarzriffe gefunden.

Die Kupferminen Venezuelas sind auf das nördliche Gebirgsland beschränkt. Die bekannteste, diejenige von Aroa, zwischen Tucacas und Barquisimeto, hat Veranlassung zur Entstehung der Eisenbahn Tucacas-La Luz gegeben. Sie florierte eine Zeitlang, war schon in den ersten Jahrhunderten der Entdeckung bekannt, geht aber ganz neuerdings wieder zurück.

1886 betrug die Ausbeute 25 000 Tonnen Mineral im Werte von

B. 2707000, 1884 etwa ebensoviel, 1885 dagegen ergab sich ein Wert von B. 3639000, 1883 sogar von B. 5000000. Der starke Rückgang der Kupferpreise und die allgemeine Handelskrisis haben diesen Minen in letztverflossener Zeit geschadet.

Die Kupferminen von Seboruco im Táchira und La Fortuna bei Bailadores in der Cordillere sind unbedeutend (s. S. 93 und 95). Bleierze, Weifsbleierz und Bleiglanz finden sich bei Carúpano und sollen dort auch Silber enthalten; auch bei Tipe nahe Carácas und in der Cordillere bei Niquitao (?) und Guaríco nahe Tocuyo kommen Bleierze vor.

Eisen scheint in der Cordillere von Trujillo häufiger zu sein, wird aber nirgends abgebaut. Dagegen geben die Kohlenlager von Barcelona im Oriente (Staat Bermúdez) Anlafs zu grofsen Hoffnungen, zumal da sie nahe der Küste liegen. Wahrscheinlich sind es Kreide- oder Tertiärkohlen, da die Steinkohlenformation in Venezuela nicht vorkommt. Auch in der Cordillere giebt es namentlich im Táchira an zahlreichen Stellen Kohlenflöze, die jedoch bisher nicht abgebaut wurden. Petroleum und Asphalt sind in der Cordillere und am Fufse derselben häufig.

Von allen genannten Metall- und Kohlenlagern haben bisher aber nur die Goldminen von Guayana, die Kupfergruben von Aroa und die Steinkohlenfelder von Barcelona wirkliche Ausbeutung erfahren. Jedenfalls aber hat sich der Bergbau Venezuelas in der neuesten Zeit ganz überraschend gehoben, und das unbekannte Guayana dürfte noch manche Goldschätze bergen, während von der Cordillere und dem Karibischen Gebirge nicht gerade viel zu erhoffen ist.

Einundzwanzigstes Kapitel.

Bevölkerung.

Die Bevölkerung Venezuelas ist eine aufserordentlich gemischte. Den eigentlichen Stamm derselben bilden die Indianer; dazu treten Weifse und Neger, Nachkömmlinge der Sklavenbevölkerung. Aber diese Elemente haben sich in der Weise miteinander vermischt, dafs einerseits die Mestizen, Mischlinge zwischen Weifsen und Indianern, und andererseits die Mulatten, Mischlinge zwischen Weifsen und Negern, überwiegen. Die rein weifse Rasse tritt gegen diese Mischungen stark zurück; wenn etwa noch 1 % der Bevölkerung rein weifs genannt werden kann, so dürfte das schon viel sein. Auch die reinen Neger sind selten geworden. Dagegen befinden sich, abgesehen von den Wildnissen am Orinoco und in Guayana, überhaupt noch eine grofse Anzahl von Indianern fast reiner Rasse in der Cordillere und den östlichen Staaten, namentlich bei Cumaná, sowie auch angeblich in Coro. In den centralen Staaten, Carabobo, Guzmán Blanco und Barquisimeto, findet man fast gar keine reinen Indianer mehr.

Am allerseltensten ist die Mischung zwischen Negern und Indianern, wahrscheinlich weil die Indianer einen noch weit stärkeren Abscheu gegen die Negerrasse haben als die Weifsen.

Aufser den genannten Mischungen giebt es dann natürlich auch wieder viele Unterabteilungen, Abstufungen der Rassenkreuzung, und auf diese Weise entstehen schliefslich eine grofse Reihe von besonderen Typen, für die die spanische Sprache eigene Worte hat. Man findet daher denn auch alle denkbaren Abtönungen in der Hautfarbe, vom tiefsten Schwarz über Braun, Gelb, zu Weifs. Braun wiegt bei weitem vor, da einesteils auch schon die Spanier, namentlich die in Venezuela vielfach eingewanderten Andalusier, einen braunen Ton in der Gesichtsfarbe haben, andernteils aber die vielfache Kreuzung mehr oder weniger auf braune Farbe hinausläuft. Namentlich in den tieferen Landstrichen Venezuelas ist die Bevölkerung dunkler als in den höheren, und vor allem fand ich sie in der Cordillere am weifsesten, hellsten, zartesten.

Es ist zweifellos, dafs die Höhenlage einen grofsen Einflufs auf die Hautfarbe hat; — nicht etwa, weil mit zunehmender Höhe die Bevölkerung lichter würde, — sondern ganz besonders deshalb, weil die Negerrasse in dem kühlen Höhenklima nicht zu leben vermag. Die Neger verbleiben in den warmen Gegenden und bevölkern daher z. B. in der Cordillere nur die tiefst gelegenen Thäler. Man findet die Negerrasse in der Cordillere nur in den Thälern des Nordabhanges, Südabhanges und den unter 800 m Höhe gelegenen Ortschaften. Unter den wenigen Städten der Cordillere, wo ich reine Neger in gröfserer Zahl gesehen habe, hebe ich Cúcuta, San Antonio, Rosario im Westen, Valera im Osten hervor. In Tovar sind sie schon selten, im höheren Gebirge fehlen sie vollständig; in Merida, La Grita und den übrigen hochgelegenen Bergstädten sieht man die dunkle kraushaarige Bevölkerung der Küstenstriche kaum mehr. Diese letzteren sind es wesentlich, in denen die Neger häufig sind. Wer in La Guaira, Puerto Cabello oder Maracaibo landet, kann Neger in Mengen, in allen Farbenabstufungen, — denn auch diese Rasse hat solche — und in allen Stellungen und Lebenslagen sehen; denn zuweilen erreichen sie hochangesehene Lebensstellungen und dominierenden Einflufs auf die Staatsgeschäfte. Meistens aber findet man sie in der Stellung von Arbeitern am Hafen, Dienern, Aufwärtern, oder auch hie und da als Gastwirte; namentlich zu allen Dienstleistungen sind sie geschickt und hängen, wenn man sie gut behandelt, treu an ihren Herren. Auch als Maultiertreiber, Arrieros, verdingen sie sich oftmals, doch bleiben sie, wie bemerkt, vorzugsweise in der Tierra caliente, und allenfalls in den unteren Teilen der Tierra templada, in die Tierra fria versteigen sie sich nicht. Gewöhnlich zeichnen sie sich durch gewaltige Körperkraft, namentlich Stärke des Kopfes, aus, auf dem sie grofse Lasten tragen. Das laute, lebhafte Wesen, die Freude an Festlichkeiten, Tanzen, Gelagen, die man im allgemeinen als Eigenschaften der Neger bezeichnet, tragen auch die venezolanischen Neger zur Schau.

Mehrmals habe ich sie in San Estéban bei Puerto Cabello die ganze Nacht hindurch ihre einförmigen Tänze aufführen sehen und hören; schweigend drehen sie sich um sich selbst, treten den Takt zur Musik, führen eigentümliche Schritte aus, fassen ihre Tänzerin bei der Hand, etwa wie bei uns in dem Tanze „La Tyrolienne“, und setzen auf diese Weise ihre Vergnügungen bis zum frühen Morgen fort. Darauf aber gehen sie ihren Geschäften nach, als ob nichts geschehen wäre.

Die Negerrasse sitzt besonders in den Küstengegenden Venezuelas, am Karibischen Meere, dessen warme sonnige Fluten den Negern behagen, so dafs auch oft Kapitäne und Schiffer ihrer Rasse angehören. Die Dampfer der Hamburg-Amerikanischen Paketfahrt-Aktien-Gesellschaft pflegen bei den Fahrten zwischen den einzelnen Tropenstationen Neger an Bord zu nehmen, um die schwere Arbeit von ihnen verrichten zu lassen, da die deutschen Matrosen naturgemäfs unter dem glühenden Klima leiden. Diese Neger werden dann z. B. in St. Thomas an Bord genommen, arbeiten während der Fahrt an den Küsten Südamerikas und den Inseln und werden bei der Rückreise des Dampfers wieder in St. Thomas abgesetzt. So werden die das Klima wenig gewöhnten deutschen Matrosen entlastet. Oft sind diese Neger widerspenstig, und die Kapitäne und Schiffsoffiziere pflegen ihnen dann ein Tau gegen die Kniekehlen zu schlagen, so dafs sie sofort umfallen. Denn so stark der Kopf des Negers ist, so schwach sind seine Beine; während einerseits manche Neger so lange mit den Köpfen gegeneinander rennen, bis einer von beiden zu Boden fällt, und auf diese Weise ihre Streitigkeiten ausmachen, genügt ein einziger Schlag in die Kniekehlen oder überhaupt gegen die Unterschenkel, um den Neger zu Boden zu werfen. Als Fufsgänger sind sie daher auch nicht sehr brauchbar, und will man gute Fufsgänger auf der Reise mit sich führen, so mufs man sich an die Indianer wenden, deren Fähigkeit im Marschieren ganz aufserordentlich grofs ist.

Die Neger scheinen auch in Coro, einem durchaus heifsen, für diese Rasse passenden Lande, einen grofsen Prozentsatz der Bevölkerung zu bilden. Wahrscheinlich ist dasselbe in dem sogenannten Oriente der Fall, bei Cumaná, Carúpano, Rio Caribe und den übrigen heifsen Häfen des Ostens. Ferner sieht man viele Neger in der feuchtheifsen Umgebung des Valencia-Sees, in der Stadt Valencia selbst, in den Thälern von Aragua und in der Hauptstadt Carácas.

Auch in Barquisimeto bilden sie ein wesentlich hervortretendes Element der Bevölkerung, und z. B. in der schönen Handelsstadt Tocuyo fand ich recht wohlhabende dunkelschwarze Kaufleute. Hier war für mich ein grofser Unterschied in der Bevölkerung wahrnehmbar. Ich kam von der Cordillere herunter, hatte zuletzt als letzten gröfseren Ort die Stadt Carache passiert, die kleinen Dörfer westlich Carache, Cuicas, Chejendé und Bolivia besucht und hier überall im wesentlichen noch indianische Bevölkerung gefunden, die zwar stark gemischt, aber doch in ihren Rasseeigentümlichkeiten noch ganz wohl zu erkennen war. Nun trat ich plötzlich in die heifse Kaktuslandschaft am Tocuyoflusse ein, und damit erreichte ich auch zuerst wieder die Tieflandsbevölkerung, viele Neger und viele Mischlinge von Weifsen und Negern.

Diese Tieflandsbevölkerung, die sich in dem gröfseren Teile der heifsen Gegenden Venezuelas findet, weicht in ihrer Zusammensetzung, eben wegen ihres stärker hervortretenden Negerelements, stark von derjenigen der höheren Regionen ab. Unten im Tieflande grofse Hitze, üppigste Palmenvegetation, Schlingpflanzen, grelle Lichteffekte, glühender Boden, glänzendweifse Häuser, dunklere Bevölkerung in weifsen Kleidern, viel Lärm, Leben überall, blauer Himmel, Sonne, Farben! Oben im Gebirge gemäfsigtes Klima, milde Luft, oder auch scharfe Winde, Wolken an den Berghängen, fern im Grunde eine kleine Ortschaft, Ruhe, Stille überall, selten einmal ein Mensch, und wenn ein solcher, dann ein schweigsamer Indianer. Einförmigkeit, Monotonie oben, bunter Wirrwarr unten.

Wer diese sich überall gleichbleibenden Gegensätze einmal eine lange Zeit über nicht eingesogen, oder wer dieselben überhaupt noch nicht gekannt hat, fühlt sich davon im Anfange im höchsten Grade ergriffen.

Man fühlt sich wie in eine andere Welt versetzt, wenn man plötzlich von dem einen Typus der Landschaft und der Bevölkerung nach dem andern gelangt. Ich hatte zu Ende 1884 die Centralstaaten Venezuelas zwischen Caracas, den Llanos und Valencia bereist, lernte Maracaibo kennen und glaubte nun bereits eine gröfsere Kenntnis von dem allgemeinen Charakter des Landes und der Menschen erlangt zu haben. Allein als ich in die Cordillere eintrat, erlebte ich eine grofse Überraschung. Denn hier stand ich plötzlich inmitten einer andern Landschaft und inmitten einer andern Bevölkerung. Anstatt der Lebhaftigkeit des Ostens und des Centrums Venezuelas fand ich hier ein merkwürdig stilles, ruhiges Wesen bei der Bevölkerung, entsprechend der erhabenen Ruhe der kleinen abgeschlossenen Gebirgsthäler. Abgeschlossenheit von dem Getriebe der Welt, Zurückgezogenheit, Stille und Ruhe, das ist die Signatur der Landschaft der Cordillere, und ruhig und stolz wie die Landschaft sind auch die Bewohner, zweifellos Eigenschaften, die von der zahlreichen indianischen Bevölkerung überkommen sind. Man kann sagen, dafs die Leute in der Cordillere weniger sprechen als im Tieflande; das erscheint als ein sehr geringfügiger Unterschied, ist aber für den Reisenden aufserordentlich fühlbar. Man kann in der Cordillere sogar Leute treffen, die schweigsam zu nennen sind, während in dem heifsen Tieflande und den Gebirgslandschaften der Tierra caliente die Lebhaftigkeit der Bevölkerung so grofs ist, dafs sie sich in fast ununterbrochener Unterhaltung befinden.

Im allgemeinen ist die Bevölkerung der Cordillere heller und ruhiger als die des Ostens und weist den zweiten geschilderten Typus fast allein auf. Daher ist denn auch die Cordillere ein grofser Gegensatz gegen den Osten und die centralen Staaten des Landes. Wie ein Bollwerk schützen die Páramos der Cordillere die inneren Thäler derselben vor dem Eindringen der Sitten des Ostens. Und auch von jeher scheint die Bevölkerung der Cordillere eine andere gewesen zu sein als die des Ostens und überhaupt aller Umgebungen der Cordillere.

Leider ist über die Indianerstämme Venezuelas nur sehr wenig bekannt, da einerseits die Spanier bekanntlich mit allen heidnischen Heiligtümern, Geräten etc. stark aufzuräumen pflegten, andererseits aber die Indianer Venezuelas nicht gerade besonders viele Wertsachen, Geräte und Schmuckgegenstände besessen zu haben scheinen.

Nach allem, was wir über den Zustand der Indianer Venezuelas vor der Eroberung wissen, können wir nur behaupten, dafs derselbe äufserst ärmlich und primitiv gewesen sein mufs.

Nichts ist über etwaige gröfsere Bauten oder bedeutendere Städte oder auch nur gröfsere gemeinsame Grabstätten berichtet worden, es scheint nichts von allem dem gegeben zu haben; man mufs vielmehr sich vorstellen, dafs die Indianer in zahlreiche kleine Stämme zersplittert waren, ohne einen festen Zusammenhalt, ohne einflufsreiche mächtige Führer, ohne das Bewufstsein gemeinsamer Stammesangehörigkeit. In der That scheinen die Bewohner der Cordillere ganz anderen Stammes gewesen zu sein, als die des übrigen Venezuela. Ebenso wie die Natur des Landes in der Cordillere mehr nach Colombia neigt als nach Venezuela, ebenso wie die Bewohner der Cordillere entschieden mehr colombianische Sitten haben als venezolanische, ebenso dürften auch schon vor der Eroberung die Stämme der Cordillere mehr nach den Bergvölkern der Provinz Santafé als nach den Küstenstämmen des Generalkapitanates Carácas hingeneigt haben.

Jedenfalls wohnten im Osten in den heutigen Centralstaaten und im „Oriente“ Karibenstämme, deren Reste noch an einzelnen Stellen erhalten sind. Wahrscheinlich waren sie die Nachfolger der Arowaken, die vermutlich vor Einwanderung der Kariben die Küsten des Karibischen Meeres bewohnten. Die Kariben machten den Spaniern, namentlich in der Gegend von Carácas, unter dem Kaziken Guaicaipuro keine geringen Schwierigkeiten, zerstörten unaufhörlich die neu gegründeten Ansiedlungen und verhinderten in der That für längere Zeit das Vordringen der Kultur.

An der Grenze des Karibischen Gebirges und der Landschaft Barquisimeto safsen die Jirajara-Indianer, deren Widerstand zur Zerstörung der begonnenen Minen von Búria führte. Im Osten, bei Cumaná, finden wir noch heute die Chaymas-Indianer, welche Humboldt auf dem Wege nach der Guácharohöhle begleiteten, deren Reste aber nur noch kümmerlich und wenig zahlreich sind.

Man kann aus den Ortsnamen bekanntlich vielfach auf die Verbreitung der einzelnen Stämme schliefsen, und so ist es auch in Venezuela möglich, an der Hand derselben gewisse Schlüsse über die Sitze der einzelnen Völkerschaften zu ziehen. Jedenfalls ist bemerkenswert, dafs die Cordillere vorzugsweise Namen besitzt, die dem Chibcha und den Dialekten von Tunja und dem heutigen Ober-Colombia, den Provinzen Boyacá, Cundinamarca und Santander entsprechen. Es sind meistens Namen, die auf der letzten Silbe betont werden, während im Osten Venezuelas und in den Centralstaaten diejenigen überwiegen, welche auf der vorletzten und vorvorletzten Silbe den Ton haben. Dazu kommt, dafs die Silbe gua, welche für den ganzen Osten und das Centrum des Landes höchst charakteristisch ist, in der Cordillere fast vollständig fehlt, indem nur wenige Namen dieselbe in sich führen. Natürlich müssen wir bei dieser Untersuchung von allen denjenigen Namen absehen, die einheimische Pflanzen und Tiere bezeichnen, wie z. B. Guacamayo, (Papagei, Ara), und Guayacan oder Guayavo (Bäume).

Coro, zum Teil auch noch Barquisimeto, bilden die westlichsten Ausläufer der Ortsnamen mit der Silbe gua, während man bei Durchblätterung der Ortschaftenverzeichnisse der Cordillere diese Silbe nur äufserst selten findet. Es scheint also der Strom der Karibischen Einwanderung an den Páramos der Cordillere abgelenkt oder zurückgestaut worden zu sein, insofern in die Cordillere nur wenige Karibische Ortsnamen eingedrungen sind. Am See von Maracaibo hat das Ostufer noch eine Reihe von Wörtern mit gua, das Westufer schon nicht mehr. Hier scheint der Spiegel des Maracaibo-Sees die Grenze gebildet zu haben.

In der Cordillere sollen nach den Forschungen des Herrn José Ignacio Lares in Merida die Timotes-Indianer den Hauptstamm gebildet haben. Die Arbeiten der Herrn Lares sind sehr dankbar zu begrüfsen, insofern er sich bemüht hat, alles, was noch an Resten der Sprache der Ureinwohner oder an Überlieferungen und Grabfunden vorhanden ist, zu sammeln und zu verarbeiten.

Leider ist sein angekündigtes gröfseres Werk über die Ureinwohner der Cordillere meines Wissens bisher nicht erschienen; doch bringt er schon in einem kleinen Aufsatze, welchen Dr. Ernst zugänglich gemacht hat, des Wissenswerten genug.

Lares hält, wie bemerkt, die Timotes-Indianer für den bedeutendsten Stamm der Ureinwohner der Cordillere. Ihre Sitze werden durch den noch heute vorhandenen Ortsnamen Timotes in das obere Motatánthal verlegt. Aufserdem wird berichtet, dafs Juan Maldonado 1559 die Timotes-Indianer bekriegte. Von den übrigen Stämmen safsen in Trujillo die Cuicas, welche als unbezwingbar dargestellt wurden; ferner sind die Ortsnamen Chachopo, Niquitao, Jajó, Boconó, Tonocó, Siquisai, Burbusai, Istacoi wahrscheinlich frühere Stammesnamen, ebenso wie auch Tostós nach Codazzi der Name eines Stammes der Cordilleren-Indianer ist.

In den mittleren Teilen der Cordillere, um Mucuchies und Merida, safsen die Tatuyes bei Merida selbst, die Guaquis an der Stelle der heutigen Stadt Ejido; die Quinaroes dort, wo Lagunillas liegt, die Tiguiñoes, Quinaroes im Chamathale; in der Nähe dieses letzteren safsen die Miguries bei Acequias und die Mirripuyes bei El Morro, endlich bei Pueblo Nuevo die Insumubies und die Mijues sowie Tapanos. Von allen diesen Stämmen hat sich eigentlich nur derjenige der Mirripuyes an den abgelegenen südlichen Abhängen der Sierra Nevada erhalten, so dafs man noch jetzt in dem Dorfe El Morro mit indianischen Zahlen rechnet, die Lares mitgeteilt hat.

Um die Stadt Mucuchies safsen die Mucuchies-Indianer, und unterhalb davon die Mucurubaes, Escagueyes und Tabayes, deren Namen in den Ortschaften Mucurubá, Escaguey, Tabai erhalten sind. Endlich finden wir im Süden des Rio Chama die Canaguaes, Aricaguas, Quinos, Mucuchachíes und andere, deren Namen noch in heutigen, wenn auch unscheinbaren Ansiedlungen fortleben.

An der Grenze von Merida und Táchira safsen die Bailadores, die Chamas im Chamathal, die Guaraques bei der gleichnamigen Ortschaft südlich Tovar; endlich im Táchira selbst finden wir die Taribas, Lobateras, Torosos im Torbesthale, sowie die Jirajaras; wahrscheinlich gehen auch die Ortsnamen Chururú, Pescurui, Sorca, Asua, Borotá, Quinimarí und andere auf alte Indianerstämme zurück, sicher sind die Capachos in der heutigen Ortschaft Capacho erhalten geblieben.

Am Nordfufs der Cordillere safsen die Zaparas, Atiles, Bobures, Tamanares und andere, von denen einige noch jetzt in den Namen kleiner Ortschaften, Halbinseln oder Inseln im und um den Maracaibo-See wiederzuerkennen sind, ferner die Motilones, von denen noch heute Reste in der Sierra de Perijá hausen.

Am Südabhang der Cordillere safsen die Caros, Coyones, Toboros, von denen keine Spuren mehr vorhanden sind.

Gegen Colombia zu wohnten in der Gegend von Pamplona die Chitareros und Laches, wilde Bergstämme, die sich zwischen die Cordillerenvölker und die Chibchas einschoben.

Was die Sitten der Bewohner der Cordillere betrifft, so weiſs man sehr wenig davon; die spärlichen Nachrichten darüber hat Lares zusammengetragen. Danach gingen die Cordilleren-Indianer unbekleidet, bemalten sich aber den Körper mit einem roten Farbstoff des Onoto-Baumes (Bixa orellana), doch waren auch Mäntel in den kühleren Gegenden in Gebrauch, die bei den Männern bis auf die Kniee, bei den Frauen bis auf die Füſse herabreichten und durch Gürtel sowie durch Nadeln an den Schultern befestigt wurden. Wahrscheinlich wurden diese Mäntel aus Baumwolle gefertigt und werden wohl im allgemeinen denjenigen geglichen haben, welche die Goajiro-Indianer tragen.

Die Kultur der Cordilleren-Indianer erstreckte sich auf Mais, Yuca, Arracache, Bataten, Kakao und Wassermelonen, und zwar wurden diese Früchte auf terrassenartigen Stufenbauten am Gehänge der Thäler angebaut, wie es die allgemeine Sitte der Indianer in den Anden, auch unter den Incas in Perú und Bolivia, gewesen ist.

Die Wohnungen hieſsen bohios, die Gotteshäuser Caneyes, und noch giebt es bei San Cristóbal eine Örtlichkeit, namens Los Caneyes.

Die Chamas hatten Einbäume, mit denen sie die Flüsse zu überschreiten pflegten, die übrigen Stämme erbauten aus Lianen zusammengeflochtene Seilbrücken, Tarabitas, welche jedoch jetzt nur noch in Colombia und den westlichen Andenstaaten, nicht aber in Venezuela im Gebrauch sind.

In den hohen Ketten der Cordillere, namentlich in den Höhlen des Kalkgebirges, finden sich noch heute Geräte, Schmuck- und vielleicht Kultus-Gegenstände der Indianer. Diese Gegenstände bestehen erstens in kleinen, roh aus Thon geformten Götterfiguren, welche von Löchern durchbohrt sind und, wie es scheint, aufgehängt wurden. Ob in ihnen Idole, die man anbetete, oder nur Zierden der Gotteshäuser, oder vielleicht Amulette gesehen werden müssen, die man um den Hals hängte, ist mir unbekannt. Fast möchte ich das letztere vermuten, da es augenscheinlich ist, daſs diese Götterbilder aufgehängt wurden. Es mag sein, daſs sie in derselben Weise getragen wurden, wie die Medias lunas, die Halbmonde der Indianer der Provinz von Santa Marta, welche nach den Angaben alter Schriftsteller die Gewohnheit hatten, ihr Haar durch derartige Platten festzuhalten oder auch solche auf der Brust zu tragen.

In gewissem Zusammenhang mit den Idolen stehen lange schmale Platten aus den in der Cordillere vorhandenen Gesteinen, namentlich Schiefern und Gneiſsen, gefertigt, hier und da auch aus Muscheln und Knochen, endlich wohl ferner aus Nephrit, der wahrscheinlich von weither bezogen wurde. Der Nephrit ist ein dem Serpentin nahestehendes Mineral, dessen schön schillernde Farben von allen Naturvölkern stets sehr geliebt worden sind. Doch fahndet man in Amerika noch immer nach dem Fundorte des Nephrites, ohne Klarheit darüber gewinnen zu können.

In Venezuela habe ich keinen Nephrit gefunden, und namentlich in der Cordillere dürfte keine Aussicht bestehen, den Nephrit aufzufinden. Dagegen führt die Serrania del Interior des Karibischen Gebirges, der südliche Zweig, welcher den Llanos parallel läuft, viel Serpentin, und es ist daher möglich, daſs wenn irgendwo Nephrit in Venezuela zu suchen wäre, dies in der Gegend zwischen San Sebastian und dem Rio Tuy zu geschehen hätte. Leider ist es mir nicht gelungen, diese Gebirgskette näher zu untersuchen.

Aus Nephrit wurden nun auch die oben erwähnten Platten gefertigt, welche die Form 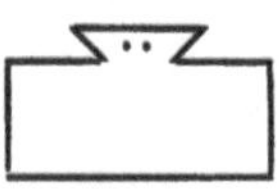 besitzen und mit zwei kleinen Löchern in dem oberen Vorsprunge versehen sind, so daſs man also auch von diesen Platten vermuten muſs, daſs sie aufgehängt wurden. Ich fand dieselben in gröſserer Zahl namentlich in der Cordillere von Boconó und Trujillo auf den höchsten Gipfeln der Llanoskette und der Teta de Niquitao.

Es scheint, als ob diese Gegenstände versteckt worden seien, und zwar wahrscheinlich vor den erobernden Spaniern oder vor den nach heidnischen Geräten fahndenden Mönchen des siebzehnten Jahrhunderts. Sehr alt werden diese Geräte nicht sein, da Dr. Gabaldón in Boconó auch eine Nachahmung eines spanischen Lanzenreiters unter den Idolen fand. Ich glaube um so mehr, daſs diese Sachen dort versteckt worden sind, als keinerlei sonstige Anzeichen uns berechtigen, die betreffenden Fundorte für Grabstätten zu erklären. In keiner derselben findet man Knochen oder Schädel, was auch schon Dr. Ernst zugiebt. Es scheint eben, als ob die Gegenstände in regelloser Unordnung zwischen die groſsen Blöcke z. B. des Gipfels der Tetas de Niquitao oder in die Höhlen der trujillanischen Ketten gesteckt worden sind. Je weiter man nach Westen vordringt, desto spärlicher werden die Idole, Platten und Steinbeile; im Táchira habe ich fast gar nichts von ihnen gehört, in Merida und Pueblo Nuevo giebt es manche, doch sind sie schwer zu erlangen, in Trujillo giebt es viele und die Bevölkerung giebt sie meistens für einen geringen Preis her.

Merkwürdig ist die Übereinstimmung der Grundformen der Idole mit denen der Platten, indem auch die Köpfe mancher Idole einen Vorsprung besitzen, wie die Platten, so daſs z. B. die obige Figur leicht durch Verlängerung nach unten in die Form eines menschlichen Wesens übergegangen sein kann, wobei in letzterem Falle der obere Vorsprung die Federkrone andeutet. Der gröfste Teil dieser meiner Sammlungen befindet sich zur Zeit im Museum für Völkerkunde in Berlin.

Die reinen Indianer sitzen heutzutage noch in den höchsten Regionen der Cordillere im kleinen Dörfern und Städten, die bereits fast ganz spanischen Charakter haben. Namentlich die Stadt Mucuchies ist das Centrum der Indianerbevölkerung; um sie herum liegen Mucurubá, Escaguai, Tabai, San Rafael, Chachopo, Timotes, Pueblo Llano, Santo Domingo, Las Piedras, alles hochgelegene Dörfer, deren landschaftlicher Charakter derjenige der Páramos ist. Weiter sind als Indianerdörfer zu bezeichnen: in Trujillo Las Mesitas, Niquitao, Tostós, Jajó, La Mesa de Esnojaque; in Merida: Acequias, El Morro, Canaguá, Mucuchachí, Mucutui, Aricagua und Jají, sowie auch Chiguará und Guaraque, in dem Táchira El Cobre oder Vargas.

Alle diese Ansiedlungen liegen nahe den Páramos und bezeichnen die letzten Zufluchtsorte der Indianer. Von den mittleren Strichen des Gebirges nahmen die Weifsen Besitz, im tieferen Lande siedelten sich die Neger an: für die Indianer blieb nur das Hochgebirge.

Doch finden sich auch in den Wäldern am Nord- und Südabhange Indianer, wie z. B. im Tieflande des Zulia am Maracaibo-See, in kleinen Ortschaften um San Carlos und Santa Barbara; ferner trifft man auch auf der Reise nach Santa Barbara sowie Pedraza am Südabhang Indianerreste, die den gesamten Rand der Cordillere zu umsäumen scheinen.

In den Llanos finden sich ebenfalls noch grofse Dörfer mit fast rein indianischer Bevölkerung, wie denn überhaupt der indianische Typus im ganzen Lande mehr und mehr überhand nimmt, nicht zum Schaden der spanischen Bevölkerung. Denn in den Indianern, mögen sie auch noch so stumpf, faul und ohne Ehrgeiz sein, erkennen wir doch dasjenige Element, welches einerseits dem Lande künftig die Kraft geben und dessen Kern bilden soll, andrerseits aber auch an Fähigkeiten weit über die Negerrasse hinausragt, und auch aus diesem Grunde in nicht allzu langer Zeit das herrschende Element sein wird. Die wenigen Weifsen, welche sich noch rein erhalten haben, werden mehr und mehr in der indianischen Bevölkerung aufgehen, und es sind schon jetzt Anzeichen der Bildung einer neuen Rasse vorhanden, welche in nicht ferner Zukunft deutlicher hervortreten und der Bevölkerung des gröfsten Teils des spanischen Südamerika ihren Stempel aufdrücken wird.

Blicken wir noch einmal auf das Gesagte zurück, so ergiebt sich, dafs ohne Zweifel seit etwa 15—20 Jahren ein erheblicher Fortschritt in der Entwicklung Venezuelas zu konstatieren ist. Vor allen Dingen hat die politische Unruhe, die fast unausrottbar erscheinende Revolutionssucht, bedeutende Einschränkung erfahren; die Zustände sind stabiler geworden, die friedliebenden Elemente haben Gelegenheit erhalten, sich der Kultur des Landes intensiver als sonst zu widmen. Sicherheit und Ruhe ist in das Geschäftsleben eingekehrt, Ackerbau, Handel und Bergbau sind ganz bedeutend aufgeblüht. Namentlich die Kaffeeproduktion hat sich gewaltig gehoben, der Bergbau in Guayana erweist sich als überaus ergiebig, auch Anfänge von Industrie sind gemacht worden, und die fast ganz lahm gelegte Viehzucht in den Llanos beginnt sich wieder zu regen. Kurz, die durch zahlreiche Kriege geschlagenen Wunden sind im Vernarben begriffen.

Sodann hat die Regierung in richtiger Würdigung der Sachlage zunächst alle verfügbaren Mittel auf die Erbauung von neuen grofsen Verkehrsstrafsen verwendet. Alle Eisenbahnen, welche wir auf Seite 338/9 erwähnt haben, sind neuesten Datums. Eine Reihe von Karrenwegen, Fahrstrafsen sind in den inneren Teilen des Landes angelegt; der Verkehr ist erleichtert, die Bewegungsfähigkeit der Waren und Produkte vermehrt worden.

Ferner ist das Land mit einem Netze von Telegraphendrähten überspannt und zum Teil sogar mit Telephonleitungen versehen worden. Auf dem Maracaibo-See und an der Küste vermitteln kleine Dampfer den Verkehr, und neuerdings ist sogar der Anschlufs an das grofse Kabelsystem der übrigen Erde bewerkstelligt worden.

Alles das sind Dinge, an die vor zwanzig Jahren noch kaum jemand zu denken wagte; für einen solchen, der Venezuela 1868 gesehen hat und es 1888 wiedersieht, dürfte das Land kaum wiederzuerkennen sein. Man kann daher mit Recht behaupten, dafs von den spanischen Republiken Südamerikas nördlich des Wendekreises Venezuela jetzt wohl diejenige sein dürfte, welche die raschesten Fortschritte macht. Perú und Bolívia sind durch den Krieg mit Chile ruiniert worden, Ecuador bleibt überhaupt mehr und mehr zurück, Colombia erliegt den Folgen der Revolution von 1884/85. Venezuela dagegen hat seit achtzehn Jahren fast völlige Ruhe genossen, und da es ein von der Natur überaus reich ausgestattetes Land ist, so erholt es sich von früherer Krankheit doppelt elastisch. Leider waren die siebziger und achtziger Jahre wirtschaftlich sehr ungünstig, teils wegen der allgemeinen Handelskrise, teils wegen der überaus zerstörenden Wirkungen der Heuschreckenplage, die sechs volle Jahre, von 1881—1886, das Land in seiner ganzen Ausdehnung verheerten. Nachdem diese Übelstände aufgehört haben, ist zu hoffen, dafs das Land sich noch mehr erholen und durch die belebenden Einflüsse der zahlreichen neuen Verkehrsadern weitere Fortschritte machen werde. Möge denn dieses schöne, reiche und von im allgemeinen intelligenter, zu grofsen Hoffnungen berechtigender Bevölkerung besiedelte Land einer glücklichen, sonnigen Zukunft entgegengehen!

Pierer'sche Hofbuchdruckerei. Stephan Geibel & Co. in Altenburg.

Verlag von L. Friederichsen & Co. in Hamburg:

Sievers, W. Dr.: Original-Routenkarte der Venezolanischen Cordillere (1:1000000) nebst Specialkarten des Chama-Thales, der Sierra Nevada und des Mittleren Táchira (1:400000) bearbeitet u. gezeichnet von L. Friederichsen. 1887. M. 4.

Sievers, W. Dr.: Geognostische Karte der Venezolanischen Cordillere (1:1 000 000). 1888. M. 4.

Andersen, Th.: Die Seeversicherung nach den in den hauptsächlichsten Staaten Europas geltenden gesetzlichen und anderen Bestimmungen. 1888. M. 12.

Brackebusch, L. Dr.: Mapa del Interior de la República Argentina, construido sobre los datos oficiales y sus propias observaciones hechas en los años 1875—83 (1:1 000 000). 6 Bl. 1885. M. 30.

Dahlström, H.: Erläuterungsberichte zu den generellen Vorarbeiten für den Bau des Nord-Ostste-Kananls Mil 6 Karten und Zeichnungen. 1885. M. 15.

Fischer, G. A. Die. Men Licht im dunklen Welttheil. Betrachtungen über die Kolonisation des tropischen Afrika unter besonderer Berücksichtigung des Sansibar-Gebietes. 1885. M. 2.50.

Friedrich, Carl: Die La Plata-Länder unter besonderer Berücksichtigung ihrer wirthschaftlichen Verhältnisse, Viehzucht, Kolonisation etc. 1884. M. 4.

Kraepelin, K. Prof. Dr.: Die deutschen Süsswasser-Bryozoen. Mit 7 Tafeln. 1887. M. 18.

Michow, H. Dr.: Die ältesten Karten von Russland. Ein Beitrag zur historischen Geographie. Mit 3 Karten. 1884. M. 4.

Möller, M., Regierungs-Baumeister: Wetter-Berather. Anleitung zum Verständniss und zur Vorausbestimmung der Witterung. Mit 2 Tafeln. 1886. M. 1.20.

Neumayer, G. Dr.: Die Deutsche Seewarte. Beschreibung der Centralstelle in Hamburg. Mit 29 Tafeln. 1886. M. 10.

Paasch, H.: Vom Kiel zum Flaggenknopf. Marine-Wörterbuch in englischer, französischer und deutscher Sprache. Erläutert durch 85 Tafeln. M. 20.

Segelhandbuch für den Atlantischen Ocean 1885 (M. 20), nebst **Atlas des Atlantischen Oceans** 1882 (M. 20), herausgegeben von der Direktion der Deutschen Seewarte. M. 40.

Schreiner, L.: Planta da Cidade de Sn. Sebastião do Rio do Janeiro (1:10000). M. 15.

Schultze, C. F. E.: Der rationelle Estanziabetrieb im Unteren La Plata-Gebiete. 1886. M. 3.0

Steinhaus, C. F.: Abhandlungen aus dem Gebiete des gesammten Schiffsbau wesens. Mit 14 Holzschnitten und 10 Tafeln. 1887—88. M. 15.

Stuhlmann, F. Dr.: Zur Kenntniss des Ovariums der Aalmutter. Mit 4 Tafeln. M. 5.

Toeppen, H. Dr.: Hundert Tage in Paraguay. Mit 1 Karte. 1885. M. 6.

Uruguay. Mapa de la República Oriental del Uruguay con Plano de la Ciudad de Montevideo (1:675 000). 2 Bl. 1884. M. 16.

Wohlwill, E. Dr.: Joachim Jungius und die Erneuerung atomistischer Lehren im 17. Jahrhundert. 1887. M. 4

Pierer'sche Hofbuchdruckerei. Stephan Geibel & Co in Altenburg.

www.ingramcontent.com/pod-product-compliance
Lightning Source LLC
LaVergne TN
LVHW092156300926
849161LV00002B/286